BERICHTIGUNGEN

Seite 65: Erläuterungen zur Abb. 40, vorletzte Zeile von unten, lies „NG“ statt „Ng“.

Seite 93: Tabelle 6, Zeile A 1, letzte Spalte, lies „10^{-4}“ statt „$10^{-3,8}$“.

Seite 211: Fußnote, lies „Tinox“ statt „Dinox“.

Seite 247: vorletzte Zeile, lies „Äthylenchlorhydrin (CH_2Cl-CH_2OH), Äthylenchlorid (CH_2Cl-CH_2Cl), Tetrachlorkohlenstoff (Rindite)“.

Pflanzliche Virologie, Band I

MAXIMILIAN KLINKOWSKI

PFLANZLICHE VIROLOGIE

BAND I

PFLANZLICHE VIROLOGIE

BAND I

Einführung in die allgemeinen Probleme

unter Mitarbeit von

Dr. G. Baumann, Aschersleben · Reg.-Rat Dr. R. Bercks, Braunschweig
Reg.-Rat Dr. O. Bode, Braunschweig · Dr. Ch. Schade, Halle
Dr. K. Schmelzer, Aschersleben · Dr. H. A. Uschdraweit, Berlin-Dahlem
Dr. J. Völk, Braunschweig und Dr. H. Wolffgang, Aschersleben

herausgegeben von

Prof. Dr. Maximilian Klinkowski

Direktor der Biologischen Zentralanstalt der Deutschen Akademie der Landwirtschaftswissenschaften zu Berlin, Institut für Phytopathologie Aschersleben und des Phytopathologischen Institutes der Martin-Luther-Universität Halle-Wittenberg

Mit 103 Abbildungen

AKADEMIE-VERLAG · BERLIN

1958

Erschienen im Akademie-Verlag GmbH, Berlin W 8, Mohrenstraße 39

Lizenz-Nr. 202 · 100/277/58
Satz und Druck: Druckhaus „Maxim Gorki", Altenburg
Bestell- und Verlagsnummer: 5277/I
Printed in Germany

Wir werden oft vor dem Unbekannten innezuhalten haben.
Rainer Maria Rilke

VORWORT

Vor mehr als 6 Jahrzehnten haben die grundlegenden Arbeiten von IWANOWSKI, BEIJERINCK und A. MAYER die pflanzliche Virusforschung aus der Taufe gehoben. Die Bedeutung dieser Untersuchungen wurde zur damaligen Zeit und lange danach auch nicht annähernd gewürdigt und verstanden. Heute steht die pflanzliche Virologie gleichberechtigt in der Phytopathologie neben den Wissenszweigen der Mykologie und der Bakteriologie, von denen letztere um die Jahrhundertwende auch noch um ihre Anerkennung rang. In allen Ländern der Erde ist in den letzten Jahrzehnten das Interesse für die pflanzliche Virusforschung immer größer geworden, da die wirtschaftliche Bedeutung der Virosen dies zwangsläufig bedingte. Die heute vorliegende Literatur ist nahezu unabsehbar geworden, und es ist kaum noch möglich, auf allen Teilgebieten den Stand unseres Wissens zu übersehen. Die pflanzliche Virusforschung ist heute in gleicher Weise Arbeitsgebiet des Biologen, sei er nun Botaniker oder Entomologe, des Biochemikers und des Biophysikers und anderer mehr. Die Vielfalt der Probleme hat uns dazu bewogen, in Form einer Gemeinschaftsarbeit einen Überblick über die hierher gehörigen Fragen zu geben. Wir begrüßen es dankbar, daß über trennende Grenzen hinweg sich Kollegen aus beiden Teilen Deutschlands bereit gefunden haben, am gleichen Werk zu schaffen. Die vorliegende Einführung in die pflanzliche Virologie — sie erhebt nicht Anspruch mehr zu sein — ist die Gemeinschaftsarbeit der Institute für Virusserologie, landwirtschaftliche Virusforschung und gärtnerische Virusforschung der Biologischen Bundesanstalt für Land- und Forstwirtschaft in Braunschweig bzw. Berlin-Dahlem und der Biologischen Zentralanstalt der Deutschen Akademie der Landwirtschaftswissenschaften zu Berlin, Institut für Phytopathologie Aschersleben, sowie des Phytopathologischen Institutes der Martin-Luther-Universität Halle-Wittenberg. Unser Bestreben ging dahin, das erste deutsche Buch der pflanzlichen Virologie zu schaffen, das als eine Einführung in dieses Wissensgebiet gedacht ist und damit andere Bücher handbuchartigen Charakters nicht überflüssig machen soll. Dem Charakter dieses Buches entsprechend ist bewußt darauf verzichtet worden, Literatur zu zitieren und in den meisten Fällen wurde auch davon Abstand genommen, Autorennamen zu nennen. Wer sich über dieses Gebiet nicht nur orientieren will, sondern experimentell zu arbeiten gedenkt, der wird der Literatur an anderer Stelle nicht entraten können. Wir hoffen mit dieser Einführung in die pflanzliche Virologie dem Studenten der Landwirtschaft und der Biologie, dem Landwirt und dem Gärtner, dem praktischen Pflanzenschutzdienst und anderen Interessenten ein Hilfsmittel in die Hand gegeben zu haben, das sie über die wichtigsten Probleme unterrichtet. Wir haben erstmalig in der Virusliteratur überhaupt den Versuch unternommen, ein Praktikum der pflanzlichen Virologie zu gestalten. Es soll zur Ergänzung der phytopathologischen Vorlesung dienen und andererseits die Studenten der Landwirtschaft und der Biologie in die experimentelle Arbeit dieses Spezialgebietes einführen. Es wurden hierbei lediglich Versuche berücksichtigt, die ohne nennenswerten apparativen Aufwand für eine größere Anzahl von Studenten durchführbar sind. Die Auswahl der Experimente fiel auf dem Gebiet der Virologie, das in jeder Hinsicht noch so stark in Fluß ist, nicht leicht. In vielen Fällen schloß der völlige Mangel an kausaler Deutung den Versuch vom Praktikumsstoff aus. Die stoffwechselphysiologischen Veränderungen der viruskranken Pflanze sind häufig zu unspezifisch oder ihre Erfassung ist zu kompliziert, um den Versuch sinnvoll für ein Praktikum erscheinen zu lassen. Die Zahl der für den Unterricht geeigneten Versuche nimmt dank der intensiven Forschungsarbeit ständig zu, so daß die vorliegende Auswahl bald ergänzungsbedürftig sein wird. Nicht berücksichtigt wurden Versuche zur Elektronenmikroskopie, da im allgemeinen in den betreffenden Instituten kein Elektronenmikroskop den Studenten zur Verfügung steht. Man möge unserem Bemühen Verständnis entgegenbringen, wobei wir für Kritik und Anregung jederzeit dankbar sein werden. Wir hoffen, daß diese Einführung in die pflanzliche Virologie eine Lücke im deutschen Schrifttum zu schließen vermag und damit der pflanzlichen Virusforschung das Interesse sichert, das ihr unserer Meinung nach zukommt.

Aschersleben, März 1957

M. Klinkowski

INHALTSVERZEICHNIS

Einleitung

von

M. KLINKOWSKI

Geschichtliche Entwicklung

Die ersten verbürgten Nachrichten über das Vorkommen pflanzlicher Virosen gehen auf das 16. Jahrhundert zurück. Im Jahre 1576 beschrieb in Holland CAROLUS CLUSIUS (CHARLES DE L'ECLUSE) in seinem Buch „Rariorum stirpium per Hispanias observatrum historia" die „Buntstreifigkeit der Tulpe". Es handelt sich hierbei um eine Krankheit, die durch eine auffällige Flammung der Blüte gekennzeichnet ist, die den Zierwert dieser Pflanze erhöht. In den darauffolgenden Jahren, insbesondere zu Beginn des 17. Jahrhunderts, finden wir derartige Pflanzen sehr oft auf den Stilleben flämischer und holländischer Maler (Abb. 1), wir nennen hier nur die Namen AMBROSIUS BOSSCHAERT (1565 bis 1621), JACQUES DE GHEYN (1565—1629), JAN BRUEGHEL (1568—1625), BALTHASAR VAN DER AST (geboren vor 1590, gestorben nach 1660), ABRAHAM VAN BEYEREN (1620—1690), RACHEL RUYSCH (1664 bis 1750), JAN VAN HUYSUM (1682—1749) und JAN DAVIDSZ DE HAAN (1606 bis

Abb. 1. JAN VAN HUYSUM — Vase mit Blumen (London, Wallace Collection)

1683). Die Virusnatur dieser Krankheit blieb zunächst unerkannt, aber bereits im Jahre 1637 wußten die holländischen Tulpenanbauer, daß die Buntstreifigkeit durch Pfropfung auf einfarbige Tulpen übertragen werden konnte. Aus dem Jahre 1675 ist uns eine genaue Anweisung von BLAGRAVE über die Pfropfung von Zwiebelhälften erhalten. Mehr als 250 Jahre ist man der Auffassung gewesen, daß die Buntstreifigkeit der Tulpe provoziert werden konnte, wenn man Tulpenzwiebeln in nährstoffarme Böden pflanzte oder sie ungünstigen Umweltverhältnissen aussetzte. Erst im Jahre 1928 wurde die infektiöse Natur dieser Krankheit unter Beweis gestellt. Eine infektiöse Chlorose des Jasmins (vermutlich *J. officinale*) wurde 1715 in einer englischen Gartenbauzeitschrift beschrieben.

Weit zurückreichend sind auch die Nachrichten über Krankheitserscheinungen der Kartoffel, von denen wir heute wissen, daß es sich hierbei um Virosen dieser Kulturpflanze gehandelt hat. Aus der zweiten Hälfte des 18. Jahrhunderts sind uns Veröffentlichungen bekannt, in denen von einem „Abbau" (Degeneration) im Kartoffelbau Englands die Rede ist, der zu erheblichen Ertragsverlusten Veranlassung gab. Die erste Veröffentlichung von MAXWELL, einem englischen Bauern, geht auf das Jahr 1757 zurück. ANDERSON (1792) ist bereits damals zu der Einsicht gekommen, daß es sich hierbei um eine infektiöse Erkrankung handelte, daß erkrankte Kartoffelstauden stets wieder einen kranken Nachbau liefern und daß in der Stärke des Auftretens eine regionale Abhängigkeit zu erkennen ist. Er brachte eine Bekämpfungsmethode in Vorschlag, die in Form einer negativen Staudenauslese bis auf den heutigen Tag bedeutungsvoll geblieben ist. Er forderte bereits damals, daß diese Bereinigung frühzeitig zu erfolgen hätte. Wir wissen nicht, wann die Kartoffelviren erstmalig nach Europa gelangt sind, glauben jedoch annehmen zu dürfen, daß sie dieser Nutzpflanze aus ihrer Heimat in die neuen Anbaugebiete nachgefolgt sind. Welche Bedeutung den Kartoffelvirosen bereits damals beigemessen wurde, geht aus der Tatsache hervor, daß im Jahre 1778 die Agricultural Society of Manchester ein Preisausschreiben erließ, das die ursächliche Klärung dieser Krankheitserscheinungen zum Gegenstand hatte.

Die infektiöse Buntblättrigkeit des Abutilon (*Abutilon striatum* var. *thompsonii*) ist durch Veröffentlichung einer englischen Gartenbauzeitschrift seit dem Jahre 1868 bekannt. Diese Zierpflanze wurde nach England wahrscheinlich aus Brasilien oder Guatemala eingeführt, und die Gärtner erkannten sehr bald, daß die Buntblättrigkeit nicht samenübertragbar ist, sondern nur durch Pfropfung erhalten werden kann.

Die erste Hälfte des 19. Jahrhunderts lieferte nur unwesentliche Beiträge. Das Tabakmosaik — heute ist das Tabakmosaikvirus das Modellobjekt der pflanzlichen Virusforschung[1] — wurde 1859 erstmalig durch VAN SWIETEN beobachtet und 27 Jahre später gab ADOLF MAYER dieser Erscheinung den Namen

[1] Wir werden uns für das Tabakmosaikvirus häufig der heute allgemein üblichen Abkürzung „TMV" bedienen.

Mosaikkrankheit. Ihm verdanken wir den ersten Nachweis, daß durch Saftinjektion eine Krankheitsübertragung möglich ist. Dies ist der Ausgangspunkt der modernen pflanzlichen Virusforschung geworden. Im Zusammenhang hiermit sind die Namen zweier weiterer Männer zu nennen. DIMITRII IWANOWSKI gebührt das Verdienst, 1892 erstmalig zwischen Viren und anderen Krankheitserregern unterschieden zu haben. Er stellte fest, daß der Preßsaft mosaikkranker Tabakpflanzen gewöhnliche Bakterienfilter zu passieren vermag, ohne seine Infektiosität einzubüßen. Im Jahre 1898 bestätigte, unabhängig von dieser Feststellung, MARTINUS WILLEM BEIJERINCK diesen Befund und nannte das zunächst noch rätselhafte Agens „*contagium vivum fluidum*". Es erscheint

Abb. 2. ADOLF MAYER (1843—1942), DIMITRII IWANOWSKI (1864—1920), MARTINUS WILLEM BEIJERINCK (1851—1931). Die Wegbereiter der pflanzlichen Virusforschung

abwegig, in dem einen oder anderen der Genannten den eigentlichen Begründer der pflanzlichen Virusforschung zu sehen, wir werden sie stets mit gleichem Verdienst als die Begründer bzw. Wegbereiter dieses Wissenszweiges zu nennen haben (Abb. 2).

Wir sprechen heute von 4 Phasen der pflanzlichen Virusforschung. Die erste Phase datiert von der Beschreibung der Buntstreifigkeit der Tulpe im Jahre 1576 bis zum Jahre 1869. Wir verstehen darunter einen Zeitabschnitt, in dem die ersten Krankheitserscheinungen beschrieben wurden und von denen wir heute mit Sicherheit wissen, daß sie Virosen darstellen. Man hat diesen Zeitabschnitt auch als Phase der Symptomatologie bezeichnet.

Die zweite Phase der pflanzlichen Virusforschung umfaßt den Bereich der Jahre 1869 bis 1906. In dieser Zeit wurde die Basis geschaffen für die wissenschaftliche Untersuchung der bisher unbekannten Krankheitsagenzien. Neben MAYER, IWANOWSKI und BEIJERINCK sind hier speziell im Zusammenhang mit der infektiösen Buntblättrigkeit verschiedener Pflanzen — die Namen des Franzosen LEMOINE, des Belgiers MORREN und der Deutschen LINDEMUTH und ERWIN BAUR zu nennen. Mit dieser Phase verbunden ist die Entstehung verschiedener Theorien über die Natur des Virus. Man sah in dem Virus ein durch die Pflanze produziertes Toxin, man sprach von Enzymen und anderem mehr. Wir können diesen Zeitabschnitt als Phase der Infektiosität bezeichnen.

Die dritte Phase der pflanzlichen Virusforschung ist als solche der Epidemiologie bzw. Epiphytie zu bezeichnen. Sie beginnt mit dem Jahre 1906 und dauert bis zum Jahre 1938. Wir beziehen in diese Phase die bereits 1901 durch TAKAMI erfolgte Feststellung der Übertragbarkeit des Virus der Zwergkrankheit des Reises durch eine Zwergzikade (*Nephotettix apicalis* var. *cinctipes*) ein, die damals noch nicht in ihrer wahren Bedeutung erkannt wurde. Heutzutage ist ein Verständnis der Epidemiologie pflanzlicher Virosen, ohne Kenntnis ihrer Insektenüberträger (Vektoren), in den meisten Fällen kaum noch möglich. Mit der Identifizierung der Komponente der Blattrollkrankheit durch APPEL (1905) beginnt das eigentliche Studium des unübersichtlichen und bis heute wirtschaftlich wichtigen Komplexes der Kartoffelvirosen, die in Deutschland und in anderen Ländern in ihrer Gesamtheit in der landwirtschaftlichen Praxis als „Kartoffelabbau“ bezeichnet werden. Bei der weiteren Analyse der Kartoffelvirosen gebührt den Holländern ein besonderes Verdienst. Acht Jahre nach der Veröffentlichung von APPEL unterscheidet ORTON neben der Blattrollkrankheit der Kartoffel das Mosaik (X-Virus) und die Strichelkrankheit (Y-Virus). Die anatomischen Untersuchungen von QUANJER führten zum Nachweis der Phloemnekrose bei blattrollkranken Kartoffelstauden. Im Jahre 1916 stellte er die bis dahin noch immer umstrittene Infektiosität der Blattrollkrankheit endgültig außer Frage. OORTWIJN BOTJES konnte 1920 die Übertragung durch die grüne Pfirsichblattlaus (*Myzus persicae*) nachweisen, nachdem ALLARD bereits 6 Jahre früher diese Blattlaus als Vektor aufgefunden hatte. Im Jahre 1918 wurde durch die Untersuchungen von NISHAMURA nachgewiesen, daß virusinfizierte Pflanzen nicht immer äußerlich erkennbare Krankheitssymptome aufweisen müssen, wie dies z. B. für *Physalis alkekengi* bei Infektion mit TMV gilt. Man pflegt derartige Pflanzen als „carrier“ zu bezeichnen. Dieser Tatbestand kann auch unter natürlichen Verhältnissen realisiert sein, wie im Jahre 1925 von SCHULTZ und JOHNSON bei Kartoffeln nachgewiesen werden konnte. In darauffolgenden Jahre war es VANTERPOOL, der bei einer Tomatenvirose erstmalig nachwies, daß die in Frage kommende Krankheit durch das Zusammenwirken zweier Viren bedingt ist. Heute sind uns eine ganze Reihe von derartigen Viruskomplexen bekannt, so sei hier als weiteres Beispiel die sog. Kräuselkrankheit der Kartoffel genannt. Ursprünglich hatte man angenommen, daß symptomatologische Differenzierungen kranker Pflanzen auf Infektion durch verschiedene Viren zurückzuführen sind. Es ist das Verdienst amerikanischer Autoren, nachgewiesen zu haben, daß die Viren keine stabilen Einheiten darstellen, sondern daß durch Mutationen Stämme unterschiedlicher Virulenz entstehen können. Derartige Virusstämme können sich beim gleichen Wirt in ihren Symptomen wesentlich unterscheiden und darüber hinaus auch in anderen bedeutsamen Merkmalen differenziert sein. Im Jahre 1928 entdeckte HOLMES, daß bei Infektion von *Nicotiana glutinosa* mit TMV Lokalläsionen entstehen, die quantitativ eine Abhängigkeit zur Viruskonzentration erkennen lassen. Von grundlegender Bedeutung ist die Feststellung von THUNG (1931) geworden, daß bei Infektion eines Wirtes durch ein Virus dieser gegen Infektionen durch Stämme des gleichen Virus geschützt ist. Dieser in Java an Tabak ermittelte Befund ist dann unabhängig hiervon für die Kartoffel durch SALAMAN in England, KÖHLER in Deutschland und OORTWIJN BOTJES in Holland bestätigt worden. Ursprünglich bezeichnete man diesen Tatbestand irrtümlich als „erworbene Immunität", heute sprechen wir von Prämunität (cross immunity), die u. a. für den Nachweis verwandtschaftlicher Beziehungen von Viren bedeutungsvoll geworden ist. Von weittragender Bedeutung wurde auch die Feststellung, daß Pflanzenviren Antigene sind und bei Injektion in Tiere Antikörper bilden, die spezifisch reagieren. Die Verwendung serologischer Methoden ist mit dem Namen DVORAK (1937) verbunden. Heute kommt diesen Methoden, die für die Diagnose, für die Ermittlung verwandtschaftlicher Beziehungen und für die Identifizierung Bedeutung besitzen, besonders in Holland, England und Deutschland größere praktische Bedeutung zu. In die Mitte der zwanziger Jahre fällt auch der Beginn der Virussystematik; als ihr eigentlicher Begründer ist der Amerikaner JAMES JOHNSON anzusehen. Diesem ersten Versuch sind inzwischen weitere gefolgt, wobei die Namen von K. M. SMITH und von HOLMES zu nennen wären (siehe S. 185). In den dreißiger Jahren ist der Schwerpunkt der Forschung auf die physikalisch-chemische Bearbeitung des Virusproblems verlagert worden. ELFORD (1930) gelang es, durch die Anwendung von Kollodiummembranen definierter Porenweite die Grundlagen für die Größenbestimmungen einer Reihe von Viren zu erarbeiten. Als ein besonderer Meilenstein auf dem Wege der bisherigen Entwicklung erwies sich die Feststellung von STANLEY (1935), daß aus dem Preßsaft von mosaikkranken Tabakpflanzen das TMV als kristallines Protein gewonnen werden kann. Er stellte fest, daß das kristalline Protein alle Eigenschaften des TMV besaß. BERNAL und FANKUCHEN wiesen zwei Jahre später nach, daß es sogenannte Parakristalle in einem flüssigen Zustand bildet. BAWDEN und PIRIE (1937) analysierten das TMV und wiesen nach, daß es eine Verbindung von Protein und Nucleinsäure (Nucleoproteid) ist. STOREY stellte fest, daß *Cicadulina mbila*, der Vektor einer Maisvirose, in 2 Stämmen vorkommt, von denen nur der eine zur Virusübertragung befähigt ist, wobei die Differenzierung auf unterschiedliche Permeabilität der Darmwand zurückzuführen ist. Die zunehmende Kenntnis des Übertragungsmechanismus der Vektoren führte zur Einteilung in persistente und nichtpersistente Viren (HAMILTON WATSON). Die ersteren benötigen eine bestimmte Zeit im Vektor, bevor sie zur Infektion befähigt sind, man bezeichnet diese als Zirkulationszeit (HILLE RIS LAMBERS — 1941) oder Celationszeit (HEINZE — 1947).

Die vierte Phase der pflanzlichen Virusforschung ist gekennzeichnet durch Untersuchungen über die Chemie der Viren, die sich an die klassisch gewordene Entdeckung von STANLEY anschließen. In diesem Zeitabschnitt werden die Ultrazentrifuge und das Elektronenmikroskop in den Dienst der Virusforschung gestellt. 1939 gelingt es den Deutschen KAUSCHE, PFANKUCH und RUSKA erstmalig mit Hilfe des Elektronenmikroskopes das TMV zu photographieren. Damit eröffnet sich der pflanzlichen Virusforschung eine neue wichtige Untersuchungsmethode. Die Bedampfung mit Metallen (shadowcasting), von WILLIAMS und WYCKOFF (1944) erarbeitet, stellt eine wichtige methodische Verbesserung dar. Hand in Hand hiermit gehen Verbesserungen der Mikrotechnik. Das Ultramikrotom gestattet die Herstellung von Dünnschnitten bis zu 0,1 μ Dicke und erlaubt es jetzt, das Virus nicht nur in vitro, sondern auch in der Zelle selbst zu beobachten und zu untersuchen. Neuerdings haben auch die papierchromatographischen Methoden, speziell zum Nachweis von Aminosäuren, Eingang in die Virusforschung gefunden. Die Kanadier ANDREAE und THOMPSON wiesen z. B. nach, daß in blattrollkranken Kartoffelknollen die Aminosäuren Tryptophan und Tyrosin fehlen.

Wirtschaftliche Bedeutung

Die Zahl der Viruskrankheiten im Pflanzenreich ist in steter Zunahme begriffen, gleichzeitig steigt auch ihre wirtschaftliche Bedeutung. Sie ist heute weit größer als die der durch Bakterien bedingten Pflanzenkrankheiten. Genaue Angaben über die Höhe der durch Virosen bedingten Verluste sind schwierig, da ein wirklich befriedigender Standard für die Beurteilung fehlt und wir meist auf Schätzungen angewiesen sind. Verluste bei einjährigen Pflanzen dürfen nicht nur auf der Grundlage des Prozentsatzes der erkrankten Pflanzen (Befallsziffer) bewertet werden, sondern hierbei muß auch der Zeitpunkt der Infektion berücksichtigt werden, da bei Frühinfektionen die Verluste höher zu sein pflegen. Es müssen daher sowohl der Prozentsatz der Infektion sowie deren Stärke in Betracht gezogen werden. Andererseits sind bei bestimmten Pflanzen, so z. B. bei der Kartoffel, auch Spätinfektionen wirtschaftlich bedeutungsvoll, weil hier das Virus auf die Nachkommenschaft übertragen wird und in der darauffolgenden Anbauperiode Verluste bedingt.

Bereits im Jahre 1886 wurden in Holland die durch das TMV bedingten Verluste auf 25% geschätzt. Es ist bekannt, daß die Verluste beim Tabak bis zu 60% betragen können, wenn die Infektionen bereits zur Zeit das Auspflanzens erfolgen. Bei dieser Krankheit muß man zwischen reinen Ertragsverlusten und der Minderung der Qualität unterscheiden, letztere pflegt in der Regel bedeutungsvoller zu sein. In den Vereinigten Staaten von Nordamerika schätzt man die jährlichen Verluste durch das TMV auf 20 Millionen kg Tabak. In Europa ist das TMV besonders für den Tomatenanbau gefährlich geworden, wobei der alljährliche Ertragsverlust von durchschnittlich 10% den meisten Anbauern kaum zum Bewußtsein kommt. In Mitteldeutschland z. B. gibt es heute wohl kaum eine größere Anbaufläche, die nicht von diesem Virus infiziert ist und ihm ihren stillen Tribut zollt.

Ein instruktives Beispiel wirtschaftlicher Bedeutung bot uns die Vergilbungskrankheit des Pfirsichs (peach yellows). Aus einzelnen Anbaugebieten in den USA werden vor der Jahrhundertwende Verluste von 8 bis 88% gemeldet. Im Gebiet von Berrien County im Staate Michigan betrug im Jahre 1874 die Zahl der Pfirsichbäume 654000, im Jahre 1890 waren hiervon nur noch 42863 Bäume am Leben. In einem weiteren Gebiet, in Botecourt County im Staate Virginia, wurden 1890 130000 Bäume gezählt, von denen im Jahre 1908 nur noch 30000 vorhanden waren. Die progressive Zwergwüchsigkeit (phony disease), eine weitere Virose des Pfirsichs, hat allein im Staate Georgia (USA) den Verlust von rund einer Million Bäume zu Folge gehabt. Nach offiziellen Berichten des United States Department of Agriculture sind bisher insgesamt 2,6 Millionen Bäume dieser Krankheit zum Opfer gefallen, was einem Wert von 75 Millionen Dollar entspricht. Ist es in der Neuen Welt der Pfirsich, der die schwersten Tribute zu entrichten hat, so sind es in Europa andere Vertreter des Steinobstes, die erheblich durch Virosen in ihrer Existenz bedroht sind. Für die Pfeffingerkrankheit der Süßkirsche, die in Europa von der Schweiz her sich ausbreitet, mögen einige Zahlen des Ortes Pfeffingen selbst genannt sein. Die vor einigen Jahrzehnten noch ausgedehnten Kirschenwälder um Pfeffingen sind heute wenigen, meist kranken Bäumen gewichen. Im Jahre 1936 wurden von insgesamt 4000 18% als krank registriert, obwohl in den vorausgegangenen 10 Jahren bereits 1000 Bäume gefällt worden waren. Von 1000 im gleichen Jahr aufgepflanzten gesunden Jungbäumen waren 10 Jahre später bereits wieder 50% infiziert. Ähnliches gilt für die ,,Stecklenberger Krankheit" der Sauerkirsche, eine Virose, die in Mitteldeutschland stärker verbreitet ist. Hier ist mit einem jährlichen Absterben erkrankter Bäume bis zu 5% zu rechnen. Die Pflaume muß in Südosteuropa der Sharka-Virose ihren Tribut zollen. In Westbulgarien sind Hunderttausende, in Jugoslawien sogar 16 Millionen Bäume — was ungefähr der Hälfte des Bestandes entspricht — verseucht und werden allmählich ausgerottet.

In Dänemark hat man vor rund 15 Jahren die durch das Rübenmosaik im Futterrübensamenbau entstehenden Verluste auf 30—50% beziffert. In vielen Ländern Europas stellt in zunehmendem Maße die Vergilbungskrankheit der Rübe eine ernste Gefährdung dar. Erst vor wenigen Jahrzehnten eingebürgert, ist diese Krankheit heute zu einem Gegenstand steter Besorgnis geworden. Erkrankte Rüben bleiben nicht nur gewichtsmäßig (bis zu 50%) sondern auch in ihrer Zuckerproduktion erheblich hinter den sonst üblichen Erträgen zurück. Der Zuckergehalt sinkt um 1—2%. Auch das Zuckerrübenblatt — ein wichtiges Futtermittel — ist durch stark verminderten Eiweißgehalt entwertet. Die Rübenkräuselkrankheit, eine in Mitteleuropa auftretende Virose der Zucker- und Futterrübe, hatte vor 2 Jahrzehnten derart zugenommen, daß für wichtige Anbaugebiete die Produktion in Frage gestellt war. Durch das Fangstreifenverfahren und neuerdings durch das sog. niedersächsische Bekämpfungsverfahren gelang es zwar, dieser Virose ihren eigentlichen Schrecken zu nehmen, jedoch ist die Gefahr bis heute dadurch keineswegs beseitigt und erfordert ständige Beobachtung und Kontrolle.

Das Zuckerrohrmosaik, erstmalig 1892 beschrieben, hat sich in einem unverhältnismäßig kurzem Zeitraum über alle Anbaugebiete dieser Nutzpflanze ausgebreitet und wurde damit die Gramineenvirose mit dem größten Verbreitungsareal. Sie hat in vielen Teilen der Welt bedeutsame Schäden verursacht, ja es erschien eine Zeitlang, als ob die Kultur des Zuckerrohrs in vielen Gebieten zum Erliegen kommen sollte. Das Zuckerrohrmosaik hat in der Regel die alteingebürgerten Sorten zugrunde gerichtet, und nur der Übergang auf den Anbau hochtoleranter POJ-Sorten (POJ = Proefstation Oost Java) hat hier einen Ruin verhüten können.

Auswirkungen von internationaler Bedeutung hat neuerdings die afrikanische Sproßschwellungskrankheit des Kakaos. Diese Virose wurde im Jahre 1936 in der östlichsten Provinz der Goldküste, dem intensivsten Kakaoanbaugebiet der Welt, festgestellt. Mit ihrem Auftreten war ein starker Produktionsrückgang verbunden, der sich auf die Preise aller Kakaoerzeugnisse auswirkte. Einer Ernte von 116000 t im Jahre 1936/37 stand eine solche von 64000 t im Jahre 1945/46 gegenüber. Dieser Verlust entspricht einem Wert von 2 Millionen englischen Pfund, wovon mehr als die Hälfte dieser Virose zur Last zu legen ist. Die Geschichte des sterbenden Kakaos ist sicher die Geschichte der Sproßschwellungskrankheit. Im Gebiet der Goldküste wurden bis Juni 1955 in 92321 Anpflanzungen über 40 Millionen Bäume ausgehauen, davon allein im Januar 1955 mehr als 1 Million.

Wollten wir die Aufstellung vollständig gestalten, so müßten wir nahezu alle Nutzpflanzen erwähnen. Unter den Kulturpflanzen kennen wir heute mehr als 150 Arten, die durch Virosen geschädigt werden. Wir kennen Berichte über stärkere Schäden im Zwiebelanbau durch die Gelbstreifigkeit, die sich besonders im Samenbau auswirkt. In der Neuen Welt ist das Weizenmosaik zu einer ernsten Gefahr geworden und im Staate Kalifornien werden die Verluste durch die Piercesche Krankheit der Weinrebe auf 10 Millionen Dollar beziffert. Wir wissen, daß der Salat und die Kohlarten, die Leguminosen und die Cucurbitaceen, Gemüse aller Art und die Zierpflanzen geschädigt werden, wobei wir jedoch selten mit genauen Zahlen einer Ertrags- bzw. Qualitätsminderung aufwarten können. Bevor wir dieses Kapitel abschließen, sei noch der Kartoffel gedacht, die alljährlich den Virosen ihren Tribut zu leisten hat. In Deutschland sind die Verluste, die der Kartoffelanbau durch Virosen erleidet, mit einem Sechstel der Gesamternte sicherlich nicht zu hoch geschätzt. Für die Deutsche Bundesrepublik nimmt man

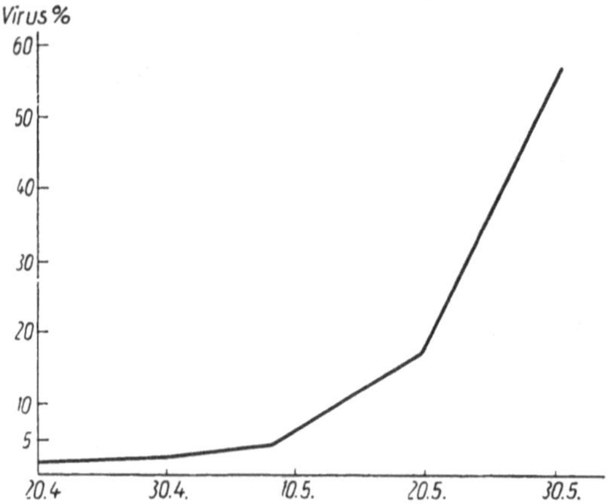

Abb. 3. Die Abhängigkeit der Virusinfektion im Nachbau vom Pflanztermin des Vorjahres (nach v. BERNUTH)

heute einen jährlichen Ertragsausfall in Höhe von mindestens 100 Millionen Mark an (Abb. 3). In England beträgt der jährliche Aufwand für den Bezug hochwertigen Pflanzgutes in den Abbaugebieten 5 Millionen englische Pfund. Der relativ harmlosen Kartoffelvirose, der durch das X-Virus bedingten Mosaikkrankheit werden in England 10% Ertragsausfall zur Last gelegt, was einer Menge von 200000 t pro Jahr entspricht. In anderen kartoffelbauenden Ländern dürfte mit gleichen Relationen zu rechnen sein. Gerade bei der Kartoffel muß man die bedeutenden Transportkosten berücksichtigen, die der Volkswirtschaft durch die Versorgung mit gesundem Pflanzgut entstehen.

Es besteht kein Zweifel, daß es neben den bereits genannten noch viele Virosen gibt, die nicht oder nicht genügend beachtet werden, insbesondere, wenn der Anbau auf kleinen Flächen erfolgt. Der Bauer und der Gärtner schreiben dann durch Virosen bedingte Verluste häufig ungünstigen Umweltsverhältnissen zu, sie werden auf ein allgemeines Risikokonto gebucht, ohne daß man sich bewußt wird, daß diese Ertrags- und Qualitätsminderungen durch Virosen hervorgerufen wurden.

Definition des Virusbegriffes

Virus (neutrum) ist ein altlateinisches Wort, das soviel wie Gift oder Gestank bedeutete; es wird in der lateinischen Sprache nicht in der Mehrzahl verwendet. In der deutschen Sprache ist der Plural Viren (seltener Vira) gebräuchlich (englisch viruses). Für die durch das Virus verursachte Erkrankung ist die Bezeichnung Virose üblich (englisch virosis).

Die Definition des Virusbegriffes hat im Verlaufe der bisherigen Entwicklung dieses Forschungsgebietes manchen Wandel erfahren. Es muß damit gerechnet werden, daß neue Erkenntnisse der verschiedensten Gebiete uns zukünftig eine genauere Definition gestatten werden als dies heute möglich ist. Wir wollen uns daher in diesem Zusammenhang darauf beschränken, eine Definition zu geben, die unserer derzeitigen Erkenntnis am ehesten zu entsprechen vermag:

„Pflanzenpathogene Viren sind Krankheitserreger von submikroskopischer Größe und ohne eigenen Stoffwechsel. Ihre Vermehrung ist nur in lebenden Zellen möglich, chemisch stellen sie Nucleoproteide dar.“

Natur der Viren

Seit der Entdeckung der Viren ist immer wieder die Frage nach der Natur dieser Gebilde aufgeworfen worden. Die Viren stehen in der Größenordnung zwischen den Makromolekülen der organischen Chemie und den Lebewesen aus dem Bereich der Mikroorganismen, den Bakterien. Der Tatbestand, daß es bisher noch nicht gelungen ist, Viren in vitro zu kultivieren, kann nach Ansicht vieler Forscher nicht als Beweis dafür gelten, daß es sich bei ihnen um nicht lebende, um „tote“ Gebilde handelt, denn auch die Kultur bestimmter Mikroorganismen, z. B. der Rostpilze, ist bisher nicht möglich, ohne daß es aussichtslos erscheint und dies eines Tages möglich sein wird. Mehrfach wurde die Behauptung aufgestellt, daß die Grenze zwischen lebender und toter Materie im Bereich der

Viren zu finden sei. Dies hätte zur Voraussetzung, daß die Gruppe der Viren aus heterogenen Elementen besteht. Hierfür liegen keine wirklich beweiskräftigen Gründe vor. Obwohl nur wenige Beziehungen zwischen pflanzen- und tierpathogenen Viren bestehen, lassen sich selbst hier eine Reihe gemeinsamer Eigenschaften finden. Eine andere Möglichkeit einer Trennung innerhalb des Gebietes der Viren hat sich bisher noch nicht finden lassen, da die Unterschiede durchaus gleitend sind.

Vielfach wird die Auffassung erwogen, daß wir es bei den Viren mit Bindegliedern zwischen belebter und unbelebter Welt zu tun haben, daß sie also gleichsam Vorstufen des Lebens darstellen. Die Viren können strukturmäßig als Zwischenglieder betrachtet werden, phylogenetisch ist dies jedoch kaum zu erwägen. Wir können in den Viren Modelle für die Vorstufe des Lebens sehen, nicht aber die Vorstufe selbst.

Trotzdem erscheint es wichtig, die Stellung der Viren im Rahmen der biologischen Welt zu fixieren und die möglichen Wege ihrer Evolution aufzuzeigen. Wir haben hierbei eine Reihe verschiedener Möglichkeiten zu betrachten, die auf der heutigen Kenntnis der Viren und anderer biologischer Objekte basieren. In mannigfach variierter Form tritt uns die Auffassung entgegen, daß es sich bei den Viren um entartete Zellkonstituenten handelt, seien es vagabundierende Gene, Abkömmlinge von Mitochondrien oder andere Plasmabestandteile. Zwischen den Viren und einzelnen Zellkomponenten bestehen sicherlich gewisse Ähnlichkeiten. Die hier geäußerte Vorstellung geht von der Auffassung aus, daß die Viren die Fähigkeit zur Reproduktion bewahrt haben und zusätzlich die Befähigung erlangten, die Zelle ihrer Bildung zu verlassen und in andere Zellen einzudringen. Die Erscheinungen der Viruslatenz und der Maskierung, die Tatsache, daß in bestimmten Fällen eine Virusübertragung nur durch Pfropfung zu erreichen ist, wobei infektiöse Zellproteine von Zelle zu Zelle übertragen werden sollen, werden zur Beweisführung für diese Auffassung herangezogen. Gewichtige Argumente werden hiergegen ins Feld geführt, ohne daß damit diese Frage als endgültig geklärt angesehen werden kann. Auf den Vergleich zwischen Virus und Gen sei noch etwas genauer eingegangen. Beiden gemeinsam sind Strukturen, die sich identisch reproduzieren können. Mutationen führen in beiden Fällen zu Veränderungen im inneren Aufbau dieser Struktur, die sich phänotypisch zu äußern vermögen. Virus und Gen sind von gleicher Größenordnung, soweit unsere bisherigen Kenntnisse über den Aufbau der als Gene bezeichneten Strukturen im Chromosom diese Schlußfolgerung zulassen. Nach schwedischen Untersuchungen sind die Chromomeren des Chromosoms, in denen man sich die Gene lokalisiert denkt, reich an Nucleinsäuren, die für eine identische Reproduktion der Chromomeren, und damit auch der Gene, verantwortlich sind. Auch für die Viren sind die Nucleinsäuren spezifisch, ihre Entfernung bedeutet Inaktivierung. Auf dieser Vergleichsgrundlage sind Hypothesen entwickelt worden, wie man sich eine derartige identische Reproduktion vorzustellen hat. Beim TMV wären die einzelnen Bausteine dieses Virus in Ketten angeordnet, die unverzweigt, aber paarweise durch Wasserstoffbrücken in einem bestimmten Aufbauschema aneinandergeheftet sind. Bei dem Vermehrungsvorgang lösen sich die Wasserstoffketten und die dadurch entstandenen Hälften regenerieren sich durch Anlagerung von Bausteinen, welche in der Zelle vorgebildet sind, zu neuen Doppelketten, wobei die ursprünglichen Hälften als ,,Druck- bzw. Gießform'', als Matrize dienen. Die basischen Gruppen eines Proteins binden die saueren Gruppen der Nucleinsäuren und es entsteht so ladungsgemäß ein Negativ, welches wieder basische Bausteine an sich zu ziehen vermag, um damit das ursprüngliche Positiv herzustellen (Matrizentheorie von FRIEDRICH-FREKSA). Diese Hypothese kann in gleicher Weise für die Reproduktion der Gene wie des Virus herangezogen werden. Man ist in dieser Auffassung so weit gegangen, für beide anzunehmen, daß sie belebt sind. Macht man sich diese Auffassung zu eigen, dann muß man als unterste Lebenseinheit nicht mehr die Zelle, sondern die ,,lebendige Struktur'' annehmen, und man kann sich dann dem Satz von FREY-WISSLING anschließen: *Omnis structura e structura*.

Wie andere Theorien über den Ursprung der Viren, kann auch die ,,Gentheorie'' bisher nicht widerlegt werden, jedoch sprechen gewichtige Argumente gegen sie. Mehrfach ist die Meinung geäußert worden, daß die Viren mehrere Eigenschaften besitzen, die unabhängig voneinander vererbt werden. Danach würde es zweckmäßiger erscheinen, die Viren nicht mit einem Gen, sondern einer Gruppe von Genen bzw. Chromosomenfragmenten zu vergleichen. Gegen die Auffassung der Viren als Kernfragmente spricht auch die Tatsache, daß die für die Nuclei charakteristische Nucleinsäure Desoxypentose darstellt, während die Pflanzenviren Ribonucleinsäure enthalten. Es ist auch die Vorstellung geäußert worden, daß das Virus auf das Gen einwirkt und auf diese Art die Bildung von Virusproteinen veranlaßt.

Bei der Betrachtung der Viren als chemische Substanz werden von den Vertretern dieser nichtvitalistischen Theorie (Proteintheorie) eine Reihe von Tatsachen ins Feld geführt. Der Vorstellung des ,,nichtlebenden'' Virus ist in verschiedener Weise Ausdruck verliehen worden. Man spricht von autokatalytischen Proteinen, von dem Merkmal einer übertragbaren Veränderung des Stoffwechsels, dem Produkt einer kranken Zelle, einer Produktion der Chromosomen des Zellkerns, von einem übertragbaren Toxin, sofern es Zellzerstörungen bewirkt oder schlechthin von einem übertragbaren Stimulans, wenn Zellwucherungen ausgelöst werden. Eine wesentliche Stütze erfuhr diese Theorie, als es gelang, aus viruskranken Pflanzen ein Protein von hohem Molekulargewicht zu isolieren, das alle Eigenschaften eines Virus aufwies. Man hat eingewendet, daß nicht bewiesen sei, daß dieses Virus lediglich in den Proteinkristallen eingeschlossen sei. Für die Identität spricht die Konstanz des Proteins, mit der es aus verschiedenen Wirtspflanzen gewonnen wird. Hält man an der Vorstellung einer zweiten Substanz fest, so müßte diese das gleiche Molekulargewicht, den gleichen isoelektrischen Punkt, kurz die gleichen physikalischen Eigenschaften wie das Protein aufweisen. Demgegenüber wird gegen die nichtvitalistische Theorie eingewendet, daß u. a. die Eigenständigkeit alles Belebten durch die Entdeckung der Virusproteine nicht angetastet wird.

Eine Reihe sowjetischer Forscher sind der Auffassung, daß die Viren eigenartige und verhältnismäßig einfach organisierte Lebensformen sind. Die Viren seien außerhalb der Zellen in einem anabiotischen Zustand, da die Bedingungen für ihre Lebenstätigkeit nicht vorhanden sind. In Anlehnung an eine bereits früher von deutscher Seite geäußerte Auffassung, wonach die Körperchen, die man gegenwärtig als Viren bezeichnet, wahrscheinlich nur sporenähnliche Formen des Lebenszyklus sind, werden die Viruspartikeln als eigenartige Ruheformen angesehen und als Virosporen bezeichnet. Bis jetzt war es üblich, anzunehmen, daß die Frage nach der Natur der Viruspartikeln zugleich die Frage nach der Natur der Viren wäre. Der direkten Untersuchung zugänglich ist nur ein bestimmtes Entwicklungsstadium der Viren, das Stadium, während dessen sie sich in einem Ruhezustand befinden, der sie befähigt, sich außerhalb der Makroorganismen aufzuhalten. Hinsichtlich der vegetativen Formen der Viren verfügen wir nur über indirekte Ergebnisse sowie über zahlreiche Vermutungen. Es besteht weitgehende Ähnlichkeit in der Struktur sehr verschiedenartiger Viruspartikeln. In allen Fällen ist die Nucleinsäure ausschließlich im Zentrum der Viruspartikeln konzentriert, und der periphere Eiweißteil, der die Rolle einer Hülle spielt, nimmt einen ziemlich großen Raum in ihnen ein. Die Viruspartikeln sind nach der Ansicht sowjetischer Forscher nicht homogen, sie sind nicht eine bestimmte Verbindung — ein Nucleoproteid — wie man früher glaubte; sie enthalten in der Regel eine ziemlich beträchtliche Menge träges Eiweiß, das die Rolle einer Hülle spielt. Die Zusammenhänge dieses Eiweißes mit dem Nucleoproteid, welches das Virus selbst bildet, können nicht als chemisch angesehen werden; sie haben offensichtlich anderen Charakter.

Einer größeren Anzahl von Anhängern erfreut sich die Hypothese, die die Viren als rückgebildete Organismen deutet. Man hat die Viren als mehr oder weniger komplexe genetische Systeme aufgefaßt, die getrennt und im evolutionären Sinne unabhängig von der Wirtszelle zu betrachten sind. Sie können die Wirtszelle von außen infizieren und sich in ihr vermehren. Wenn wir die Struktur und die Zusammensetzung der Viruspartikeln zur Erklärung der Natur der Viren heranziehen, so enthalten alle Viruspartikeln nach unserer heutigen Kenntnis Nucleinsäure und Protein, die in spezifischen Anteilen Nucleoproteine bilden. Die Viren enthalten dabei die gleichen Konstituenten (Nucleotide, Aminosäuren u. a.), wie dies für Nucleinsäuren und Protein anderen Ursprungs zutrifft. Man darf darin eine Bestätigung dafür sehen, daß sie keine neuen Lebensformen darstellen. Gegen einen solchen Ursprung der Viren, der so stark ausgeprägt ist, daß man davon gesprochen hat, daß die Viren ein „geborgtes Leben“ führen, spricht auch ihr obligater Parasitismus. Die Nucleoproteine oder zumindest die Nucleinsäuren, gelten auf Grund genetischer und zytologischer Befunde als das Substrat für die Reproduktion spezifischer biologischer Elemente. Da die Viren Systeme darstellen, die von ihren Wirten verschieden sind, ergibt sich als zwangsläufige Folgerung, daß die Nucleoproteine der Viruspartikeln das chemische Substrat beinhalten, in welchem die Virusspezifität lokalisiert ist. Auf der Unabhängigkeit und komplexen Natur der

Viren als genetische Systeme baut sich eine Theorie des Virusursprungs auf, nach denen die Viren durch regressive Evolution aus freilebenden Zellen entstanden sein sollen. Für diese vitalistische Virustheorie kann ein Beweis bisher nicht geliefert werden. Es ist schwer vorstellbar, daß eine regressive Evolution durch Parasitismus eine derart innige Beziehung zwischen Wirt und Parasit begründen kann. Diese Beziehung ist dadurch gekennzeichnet, daß das Virus als integrierender Bestandteil in die synthetischen Prozesse des Wirtes eingreift und in gewissen Fällen die Spezifität des Syntheseproduktes bestimmt. Neuerdings hat man auch die Möglichkeit zur Erörterung gestellt, daß die Vorfahren der Viren die von ihnen benötigte Energie einem Außenmedium und nicht einem Organismus verdanken. Wenn die vitalistische Virustheorie zu Recht besteht, so würden wir, wie dies bereits ausgesprochen worden ist, der biochemischen Erforschung von Nucleoproteiden nahegekommen sein, die das Merkmal einer Gattung übertragen.

Es lag nicht in unserer Absicht, die über den Ursprung der Viren und ihre Natur aufgestellten Theorien gegeneinander abzuwägen und auf ihren Wahrheitsgehalt eingehender zu untersuchen. Wir wollten dem Leser lediglich in gedrängter Form die Möglichkeit bieten, sich ein Bild über die derzeitigen Vorstellungen zu machen. Dies soll nicht bedeuten, daß wir uns den metaphysischen Standpunkt zu eigen machten, wonach die Frage der Entstehung der Viren, ebenso wie die jeglichen Lebens, für naturwissenschaftlich unlösbar zu gelten hat. Auch die Frage: Sind Viren lebend oder nicht lebend? blieb in unseren Darlegungen unbeantwortet. Es sei noch erwähnt, daß gegen die Auffassung, daß es sich bei den Viren um lebende Organismen handelt, eingewendet wird, daß es nur schwer vorstellbar sei, daß sich in einem Gebilde von 10 mμ die komplizierten Vorgänge der Respiration und Assimilation abspielen können. Wir müssen hierbei allerdings bedenken, daß sich Makromoleküle mit einem Molekulargewicht von mehreren Millionen vorläufig einem genaueren Einblick in ihre Strukturverhältnisse entziehen. Diese sind auch bei einfacher gebauten organischen Verbindungen noch ungeklärt. Viele Forscher sind der Meinung, daß das Problem belebt oder unbelebt wohl nie endgültig geklärt werden kann, da es weder eine genaue Definition eines lebenden Wesens noch ein klares Kriterium des Lebens selbst gibt.

ALLGEMEINER TEIL

Symptomatologie

von

H. A. USCHDRAWEIT

Allgemeines. Symptomablauf. Äußere Symptome: allgemeine Formveränderungen, Symptome an Sprossen, Blättern, Blüten, Früchten und unterirdischen Organen. Innere Symptome. Variabilität der Symptome in Abhängigkeit von Virus, Wirtspflanze und Umwelt.

Die Symptomatologie der Viruskrankheiten ist eigentlich nur ein Teil der Physiologie der Wirtspflanze. Daß sie von dieser getrennt behandelt wird, geschieht nur, weil unsere Kenntnisse noch nicht ausreichen, sie in jenem Rahmen so unterzubringen, daß die kausalen Zusammenhänge wenigstens angedeutet werden können. Jedoch kommt einer mehr oder weniger vollständigen Aufzählung, wie sie hier versucht werden soll, in der Virusforschung auch heute noch ein wesentlicher Platz zu. Trotz der großen Fortschritte, die mit Hilfe der Elektronenoptik, der Serologie und auch einiger chemischer bzw. physikalischer Methoden gemacht wurden, ist es immer noch schwierig, das Virus selbst nachzuweisen, und die makroskopisch oder mikroskopisch wahrnehmbaren Äußerungen der Pflanzen bilden meist die beste Möglichkeit, eine Pflanze als viruskrank zu erkennen. Die Symptome haben den ersten Anstoß zur Virusforschung gegeben, und nach ihren verschiedenen Formen prägte man die Bezeichnungen für Virosen wie z. B. Tabakmosaikkrankheit, viröse Vergilbung der Rübe, Kartoffelblattrollkrankheit, Kräuselkrankheit der Rübe, Bronzefleckenkrankheit und andere mehr. Auch in anderen Sprachen werden charakteristische oder besonders auffällige Krankheitsäußerungen zur Namengebung verwendet und selbst die vorgeschlagenen binären Bezeichnungen bedienen sich ähnlicher Formulierungen wie *Marmor*, *Annulus*, *Chlorogenus* u. a. Doch führen auch andere Krankheiten manchmal Namen, wie Gelbsucht, Kräuselkrankheit, Gelbfleckigkeit, die durchaus auch für Viren verwendet werden oder werden können. Leider ist eine solche Verwechslung nicht nur bei den Namen möglich. Auch die Symptome, die diese Namen veranlaßten, sind größtenteils nicht so eindeutig, daß aus ihnen die Ursache mit Sicherheit abgeleitet werden könnte. Panaschierungen sind weit verbreitet und allbekannt, als Ursache kommen aber nicht nur Viren, sondern auch genetische Faktoren in Frage. Ebenso wird Fadenblättrigkeit der Tomate nicht nur durch Viren, sondern auch durch Erbfaktoren bedingt. Das Blattrollen der Kartoffel kann ein Symptom der virösen

Blattrollkrankheit sein, jedoch können Trockenheit und chemische Substanzen ähnliche Erscheinungsbilder hervorbringen, selbst als Sortenmerkmale treten sie auf. Ähnlich ist es mit Vergrünungen, Blütenscheckungen und den vielen z. T. noch ungeklärten Deformationen, die in das Gebiet der Teratologie fallen wie Enationen, geschwänzte Blätter, Tütenblätter u. a., die als Virussymptome bekannt, z. T. sogar charakteristisch sind, vielfach aber auf noch ungeklärte Wachstumsstörungen oder genetische Ursachen zurückgehen. Besonders seien hier Deformationen erwähnt, die durch chemische Stoffe, Äthylen, Wuchsstoffe u. a. hervorgerufen werden. Hormone geben Symptome bei Tomaten, die wie Farn- oder Fadenblättrigkeit aussehen, und Kaliummangel äußert sich in Nekrosen. So groß die Vielgestaltigkeit der Symptome bei manchen Pflanzen ist, so gewinnt man manchmal den Eindruck, daß der Pflanze nur eine beschränkte Zahl von Reaktionsmöglichkeiten zur Verfügung steht, als deren Ursache eine Vielzahl von Faktoren auftreten kann. Es wäre sicher eine dankbare Aufgabe für die Physiologie, den Wirkungsweisen dieser Ursachen, die zu einem und demselben Erscheinungsbild führen, nachzuspüren. Bisher lassen sich kaum Hinweise auf die stofflichen Ursachen der Symptomausbildung finden. Aber selbst wenn sich durch Übertragungsversuche und andere Nachweisungsmöglichkeiten die Virusnatur der Erkrankung einer Pflanze hat klären lassen, reichen Symptombilder nur in den seltensten Fällen aus, um ein Virus eindeutig zu bestimmen. Es muß immer wieder betont werden, daß eine Krankheit im allgemeinen und eine Viruskrankheit im besonderen ein dynamisches Geschehen ist, das zwar von dem Virus und der Wirtspflanze in erster Linie bestimmt wird, auf das aber die große Zahl der Umweltfaktoren in fast unübersehbaren Kombinationsmöglichkeiten einen Einfluß hat, der manchmal sogar entscheidend den Krankheitsverlauf bestimmt.

Die Symptome können erst dann voll gewertet werden, wenn man sie als Ausdruck des physiologischen Krankheitsgeschehens deuten kann. Die vielen manchmal widersprechenden Beobachtungen werden dann ihre Erklärungen finden und sich nach Gestaltungsprinzipien einordnen lassen. Bei dem augenblicklichen Stand der Forschung müssen wir uns mit einer Aufzählung begnügen und eine Deutung späteren Forschungen überlassen.

Der Symptomablauf vollzieht sich in vielen Fällen in einer gewissen Regelmäßigkeit. Es muß aber betont werden, daß die folgenden Angaben über diesen Ablauf selbst für einen bestimmten Virusstamm auf einer genau nach Art und Sorte bestimmten Wirtspflanze unter verschiedenen Umweltsverhältnissen weitgehende Abänderungen erfahren können. Meistens sind im Krankheitsverlauf drei Phasen zu beobachten.

1. Lokal-, Primär- oder Initialsymptome: Nach einer Infektion bleiben häufig die Infektionsstellen makroskopisch unverändert, doch können in verhältnismäßig kurzer Zeit Gewebeveränderungen erscheinen, die als Lokalläsionen bezeichnet werden. Sie können chlorotisch oder nekrotisch sein und sich im Laufe der folgenden Tage vergrößern oder verändern (Abb. 4 und 5). Auch Hofbildungen treten auf.

2. Inkubationszeit: Bevor die Krankheitssymptome erscheinen, die ein Kennzeichen der allgemeinen Durchdringung der Pflanze, also der systemischen Erkrankung sind, verstreicht ein Zeitraum, den man als Inkubationszeit bezeichnet. Die Dauer der Inkubationszeit ist nur sehr bedingt ein spezifisches Kennzeichen. Da Virussymptome, vor allem Chlorosen, mosaikähnliche oder Fleckensymptome erst auf den im Zeitpunkt der Infektion noch nicht voll entwickelten

Abb. 4. Chlorotische Primärläsionen nach Infektion mit dem Gelbstamm des TVM auf Tabak (Sorte „Samsun") (Original USCHDRAWEIT)

Abb. 5. Nekrotische Primärläsionen nach Infektion mit TMV auf *Nicotiana sylvestris* (Original USCHDRAWEIT)

oder auf den noch später gebildeten Blättern auftreten, diese Entwicklung aber von dem Alter der Pflanze, ihrem Ernährungszustand und von Licht und Temperatur abhängt, kann selbst bei krautigen Pflanzen der Zeitraum von der Infektion bis zum ersten Auftreten der Frühsymptome erheblich schwanken, beträgt aber meistens nur wenige Tage bis Wochen. Bei holzigen Gewächsen sind manchmal mehrere Monate oder selbst Jahre nötig.

3. Systemische, Folge- oder Sekundärsymptome: Als frühestes Symptom werden Adernaufhellungen (Abb. 6) beobachtet, die später wieder verschwinden und den eigentlichen Frühsymptomen Platz machen. Bei manchen Virosen holziger Gewächse treten auch „Ölflecke", d. h. durchscheinende Flecke auf, die den Charakter von Frühsymptomen haben. Spät- und Dauersymptome

zeigen sich, nachdem die Frühsymptome abgeklungen sind und unterscheiden sich manchmal wesentlich von jenen. In manchen Fällen treten die Symptome mit besonderer Heftigkeit ein, eine Erscheinung, die als Schock bezeichnet wird. Man kann dann von einer akuten Phase sprechen, der eine chronische mit weniger schweren Symptomen zu folgen pflegt, die man auch als „Erholung" (recovery) bezeichnet. Die akute oder Schockphase geht häufig mit nekrotischen Erscheinungen Hand in Hand. Greift diese auf den Stammteil über, was besonders bei jungen infizierten Pflanzen geschieht, so können diese zugrunde

Abb. 6. Adernaufhellung nach Infektion mit dem Kartoffel-Y-Virus auf Tabak (Sorte „Samsun"), links gesund (Original USCHDRAWEIT)

gehen, während sie sonst nach Überstehen des Schocks, nach Erholung, wenn auch meist stark gehemmt, weiterwachsen.

Es möge nun eine Aufzählung von Symptomen folgen, die nicht den Anspruch auf Vollständigkeit erhebt. Die Beobachter gehen meist nicht nur von botanisch-physiologischen Erwägungen aus, sondern ziehen vor allem auch praktische Gesichtspunkte in Betracht. Dadurch ergeben sich für die Nutzpflanzen eine Fülle von Erscheinungen, die an den für den Verbraucher wichtigen Organen wie Blatt, Blüte und Frucht beobachtet werden und vielleicht biologisch untergeordnet sein mögen. Viele stehen sicher auch nicht mit dem eigentlichen Krankheitsablauf in direktem Zusammenhang, wie wohl alle Fälle von Fäule, wenngleich sie für das allgemeine Krankheitsbild ihre Bedeutung haben können. In solchen Fällen wird entweder die durch Viruserkrankung geschwächte Pflanze den Schwächeparasiten ein Eindringen oder die Ausbreitung ermöglichen oder das nekrotisierte Gewebe wird von Fäulnisorganismen angegriffen. Auch Welkeerscheinungen sind wohl meist nur Auswirkungen von Gewebezerstörungen, wenngleich sie für manche Viruserkrankungen als charakteristische und sogar namengebende Symptome gelten müssen.

Fast jede viruskranke Pflanze, auch wenn sie sonst im allgemeinen Habitus und Form und Farbe der Organe normal erscheint, ist in ihren Lebensäußerungen gehemmt (Abb. 7). Gewöhnlich läßt sich das nur im Vergleich mit gesunden Pflanzen feststellen und Beobachtungen hierüber sind schwierig, wenn es sich nur um eine kleine Anzahl von Pflanzen handelt. Daher ist in großen Beständen von Kulturpflanzen das Erkennen neuer Virosen oder Auffinden kranker Exemplare leichter als bei einzelnen oder in kleinen Gruppen stehenden Pflanzen. Wägungen und Messungen geben hierbei gewöhnlich einen guten Anhalt für Vergleiche. In vielen Fällen führt eine Viruserkrankung wohl zu einer Verkürzung der Lebensdauer oder bei vegetativ vermehrten Pflanzen zu einem „progressiven Abbau", zu einer ständigen Abnahme der Erträge, nur selten aber zu einem plötzlichen Absterben wie bei dem oben erwähnten akuten Verlauf, der sich meist nur auf Pflanzen beschränkte, die in frühem Stadium infiziert wurden. Wir kennen eine Reihe von viruskranken Gewächsen, die sich in Kultur befinden und offenbar ohne wesentliche Einbußen kulturfähig bleiben. Hierzu gehören besonders holzige Pflanzen wie *Abutilon* und andere mit infektiösen Panaschierungen, die im Vergleich zu den gesunden grünen Formen vielleicht etwas anfälliger, aber nicht schwächer sind als ähnlich panaschierte Formen, deren Blattmusterung durch Erbfaktoren bedingt sind.

Abb. 7. Allgemeine Wachstumshemmung bei Dahlie (links gesund, rechts Virusmischinfektion) (Original USCHDRAWEIT)

Auffälliger als die virösen Pflanzen mit allgemeiner Schwächung oder Hemmung sind solche, bei denen das Verhältnis der einzelnen Teile gestört wird. Auch hier kennen wir Fälle, wobei Farbabweichungen oder Formveränderungen der Organe kaum auftreten. So sind häufig Entwicklungsstörungen der Achsenorgane zu beobachten, wobei die Internodien stark verlängert oder verkürzt sind. Bei starker Verlängerung kann es durch beständiges Spitzenwachstum zu langen und schließlich überhängenden Zweigen kommen wie bei einer Virose von *Santalum*. Häufiger aber tritt zu der Verlängerung der Internodien auch eine übermäßige Verzweigung und ein Austreiben von Seitenknospen, die bei gesunden Pflanzen schlafend bleiben (Abb. 8). Diese Erscheinungen sind für manche Viren sehr charakteristisch und werden wie ähnliche andere Krankheitsbilder als Hexenbesen (witches' broom) bezeichnet (bei *Holodiscus*, Robinie, Esche, Flieder u. a.). Nicht immer werden die ganze Pflanze oder größere Teile hexenbesenähnlich, manchmal werden nur einzelne Zweige charakteristisch verändert. Bei der Hexenbesenkrankheit des Apfels (Proliferationsvirose) verzweigen sich die Wasserreiser ungewöhnlich stark.

Abb. 8. Übermäßige Verzweigung bei *Chenopodium quinoa* mit einem nicht näher bekannten Virus infiziert (Original Uschdraweit)

Häufiger noch als die Verlängerung der Internodien ist eine starke Verkürzung, die eine mehr oder weniger deutliche Stauchung der Pflanze oder einzelner Teile hervorruft. Bei der infektiösen Degeneration der Weinrebe kommt es zu „Kurzknoten" oder Doppelknoten durch das nahe Aneinanderrücken der Knoten, die Blätter sitzen dann dicht aufeinander und bilden Rosetten. Besonders fallen diese Rosetten auf, wenn die Internodien nur an der Spitze der Triebe stark verkürzt werden wie bei der Rosettenkrankheit des Pfirsichs. Rosetten kommen auch bei eintriebigen Pflanzen durch Stauchung des Sprosses vor, es entstehen dann Gebilde, die einem Kohl- oder Salatkopf ähnlich sehen.

Außer den Internodienveränderungen treten an Stengeln und Zweigen auch Formabwandlungen auf. Besonders auffällig sind Schwellungen, wie sie der Sproßschwellungskrankheit des Kakaos den Namen gegeben haben. Diese können bei Stammschößlingen den doppelten Durchmesser normaler Schößlinge haben und sowohl nodial wie internodial auftreten. Nicht selten sind die Triebe unregelmäßig gekrümmt und verbogen wie bei der Kräusel- (Krupuk-) Krankheit des Tabaks. Bei einer Teevirose (Phloemnekrose) tritt Zickzackwuchs der Stengel auf und bei der Baumwollpflanze werden knieartige Biegungen und Veränderungen des Ansatzwinkels der Seitenzweige beobachtet, die den Gesamthabitus der Pflanze sehr mißgestalten. Auch die Rinde wird manchmal charakteristisch verändert. Bei chlorophyllführenden Rindenschichten einjähriger oder junger mehrjähriger Sprosse und Zweige treten Verfärbungen auf, wie sie später bei den Blättern beschrieben werden. Holzige Gewächse zeigen auffällige Umbildugen. So treten bei *Pittosporum* Nekrosen auf; später löst sich die äußere Borkenschicht und wird abgeworfen. Bei der Steinfrüchtigkeit der Birne reißt die Epidermis junger Zweige auf, das darunterliegende Gewebe bricht zusammen; die Zweige bekommen ein der Eichenborke ähnliches Aussehen (Abb. 9). Bei mehreren Virosen der Gattung *Prunus* wird die Rinde unnatürlich rauh und rissig; bei dem Rindenbrand der Süßkirsche entstehen gummiexsudat-gefüllte Anschwellungen, nach deren Aufbrechen das Gewebe krebsartig wuchert. Sehr charakteristisch sind die verschiedenen Rindensymptome bei der Psorosiskrankheit der Gattung *Citrus*. Die Anfangssymptome äußern sich als Schuppenrinde mit oder ohne Gummibildung und in dem Auftreten von kleinen Pusteln mit darunter befindlichen braunen Flecken. Diese Erscheinungen sind zunächst lokal, breiten sich aber aus und später werden auch tieferliegende Rindenschichten und das Holz sichtbar geschädigt. Bei anderen Formen dieser Krankheit treten Risse oder Aushöhlungen auf.

Abb. 9. Krankhaft veränderte Rinde bei der Steinfrüchtigkeit der Birne (Original USCHDRAWEIT)

Diejenigen Pflanzenorgane, die am deutlichsten Virussymptome ausbilden, sind die Blätter. Wenn auch die uns am längsten bekannten Symptome bei Blüten wahrgenommen wurden wie die Buntstreifigkeit der Tulpe, so bilden doch Blattsymptome (vor allem die Farbänderungen) die wichtigsten und zuverlässigsten Hilfsmittel zum Erkennen und Nachweis von Virosen. Es ist vorgeschlagen worden, die Virosen je nach ihrer Eigenart, sich in Farbveränderungen vom Mosaikcharakter oder in chlorotischen und formverändernden Krankheitsbildern zu äußern, in zwei Gruppen aufzuteilen. Diese im allgemeinen zutreffende Einteilung hat aber zahlreiche Ausnahmen. Die Farbabänderungen haben zum größten Teil ihre Ursache in einer Reaktion des Chlorophylls auf den Virusbefall. Offenbar sind sie nicht eine Folge der partiellen Zerstörung von Chloroplasten, sondern entstehen bei jungen Pflanzenteilen dadurch, daß die Ausbildung der Chloroplasten an den verfärbten Stellen gehemmt oder wenigstens stark verzögert wird. Nur so ist es zu erklären, daß die Verfärbungen beim Altern der Blätter zurückgehen oder sogar völlig verschwinden und die Blätter wieder einheitlich grün werden. Daher treten sie nicht nur auf den Blättern auf, wo sie allerdings am meisten auffallen, sondern auch, wenn auch selten, auf anderen chlorophyllführenden Pflanzenteilen.

Blütenkelche werden ähnlich verändert und vor allem unreife Früchte zeigen vielfach dieselben Erscheinungen. Die hierbei auftretende Vielgestaltigkeit der Symptombilder hat eine Fülle von Benennungen veranlaßt und besonders die englische Sprache ist reich an Bezeichnungen für die Vielfalt der Erscheinungen (spot, blotch, speck, dot, mottle, mottling, mosaic usw.). Es mag auf den ersten Blick notwendig erscheinen, alle diese Ausdrücke genau zu umschreiben, um so eine exakte Beschreibung möglich zu machen. Doch ist die Variabilität dieser

Abb. 10
Das Mosaik (infektiöse Buntblättrigkeit) des *Abutilon* (Original USCHDRAWEIT)

Abb. 11. Das Mosaik des Tabaks (Sorte „Samsun") (Original USCHDRAWEIT)

Symptome, über die noch später zu sprechen sein wird, so groß, daß nur scheinbar damit eine größere Genauigkeit zu erzielen ist. Es ist vielmehr ratsam, die einzelnen Ausdrücke nicht genau festzulegen; es würde sonst eine Verbindlichkeit vorgetäuscht, die mit den tatsächlichen Verhältnissen nicht in Einklang gebracht werden kann. Der bekannteste und schon von Beginn der Virusforschung an viel verwendete Ausdruck für Blattverfärbungen ist Mosaik (Tabakmosaik, Gurkenmosaik usw.). Man versteht darunter eine Zeichnung, bei der verhältnismäßig kleine Bezirke von hellerem Grün, von gelblicher oder fast weißer Färbung mit normalem Grün über das ganze Blatt oder über Teile desselben abwechseln. Entsprechend der ursprünglichen Bedeutung dieses Wortes in der Kunstgeschichte für ein Bildwerk aus bunten Steinen wäre es empfehlenswert, diesen Ausdruck nur anzuwenden, wenn die Konturen der verschieden gefärbten Bezirke mehr oder weniger geradlinig sind wie das z. B. bei *Abutilon* meist der

Fall ist (Abb. 10). Diese scharfen geraden Umgrenzungen fallen gewöhnlich mit der Nervatur des Blattes zusammen. Doch hat die Variabilität der Krankheitsbilder gerade beim TMV dazu geführt, daß man allgemein heute mit „Mosaik" ein mehr oder weniger gleichmäßig verteiltes, aber deutlich abgegrenztes Muster verschiedenfarbiger Farbstufen bezeichnet (Abb. 11).

Sind die von dem normalen Grundton des Blattes abweichend gefärbten oder auch durchscheinenden, „Ölflecken"-ähnlichen Stellen größer, deutlich voneinander getrennt und unregelmäßig über das Blatt verteilt, so erscheint der Ausdruck „Fleckung" gerechtfertigt. Diese Erscheinung ist überaus häufig. In den meisten Fällen sind diese Flecke mehr oder weniger rund. Ihre Umrisse können scharf sein, zeigen aber vielfach auch undeutliche Ränder. Manchmal, besonders an älteren Blättern, verschwinden die Umrisse bis zu völlig verwaschenen Mustern. Treten nur wenige abweichende Flecke auf, womöglich von großen Ausmaßen, so wird man den Ausdruck „Scheckung" verwenden können, dies entspricht mehr dem Bild, wie es in der Tierzucht gebräuchlich ist (Abb. 12). In einigen Fällen wird der Ausdruck „Aucubamosaik" verwendet, der sich auf die Buntscheckigkeit einiger Gartenformen der Cornacee *Aucuba japonica* bezieht. Dieser Ausdruck erscheint ungeeignet, da er in Analogie zu anderen Bezeichnungen wie Gurkenmosaik, Tabakmosaik, eine Virose der *Aucuba* vorauszusetzen scheint und zu Mißverständnissen führt.

Abb. 12. Die Scheckung beim Apfelmosaik (Original USCHDRAWEIT)

Häufig treten Ringe auf (Abb. 13), wobei eine abweichend gefärbte Zone ein Zentrum von normalem Grün umgibt oder es bilden sich Muster aus Ringfragmenten. Diese Ringfleckigkeit, auch Ringmosaik (engl. ringspot), ist sehr charakteristisch für eine ganze Gruppe von Virusarten, man hat für sie den Gattungsnamen *Annulus* geprägt. Jedoch kommen Muster dieser Art auch bei anderen Virusarten vor. Gelegentlich zeigen die Ringe auch mehrere Zonen in konzentrischer Anordnung.

Fleckung, Scheckung und Ringfleckigkeit sind nicht notwendigerweise mit der Nervatur des Blattes verknüpft. Diese bestimmt wohl manchmal die Konturen der Mosaikzeichnung. In einigen Fällen besteht aber eine direkte und wahrscheinlich auch physiologisch bedingte Beziehung zwischen der Nervatur und der Farbverteilung. Als erstes Symptom einer systemischen Erkrankung kann

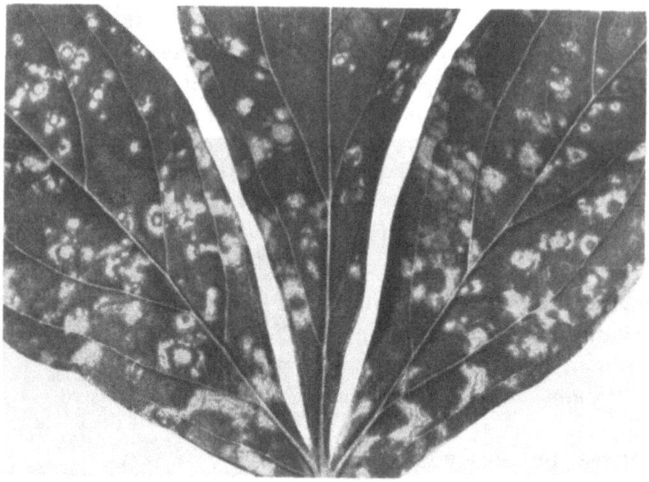

Abb. 13. Die Ringfleckigkeit der Pfingstrose (Original USCHDRAWEIT)

Abb. 14. Die Adernbänderung beim Apfelmosaik (Original USCHDRAWEIT)

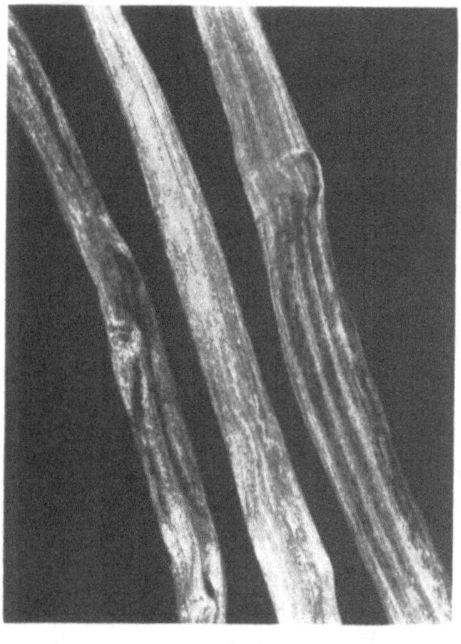

Abb. 15. Strichelförmige Zeichnungen der Zwiebelschlotte (Gelbstreifigkeit der Zwiebel) (Original USCHDRAWEIT)

man häufig eine deutliche Hellfärbung, geradezu ein Durchscheinendwerden der Blattadern beobachten, Adernaufhellung (vein clearing), die jedoch meist nur vorübergehend wahrnehmbar ist (z. B. bei Kartoffel-Y-Virus auf Tabak). Diese erstreckt sich meist gleichmäßig über das gesamte Blatt. In manchen Fällen tritt eine örtlich begrenzte Aufhellung oder Gelbfleckung eines Seitennervs und der angrenzenden kleinen Nerven auf.

Eine andere, durchaus an die Blattadern gebundene Erscheinung ist die Adernbänderung (vein banding) (Abb. 14). Hierbei sind die Adern von einer meist beiderseitigen Verfärbung begleitet, die sich durch ausgesprochen hellere

Abb. 16. Strichelförmige Zeichnungen bei einer Dicotyle (*Lathyrus odoratus*) nach Infektion mit einem unbekannten Virus (Original USCHDRAWEIT)

oder dunklere Tönung von der Grundfarbe des Blattes abhebt. Im Gegensatz zu der meist nur vorübergehenden Adernaufhellung bleibt die Adernbänderung in der Regel dauernd erhalten. Vielfach sind diese die Adern begleitenden Streifen gleichmäßig breit, es kommen aber auch Flecke von unregelmäßiger Breite und Gestalt vor, die deutlich von den Adern bestimmt sind. Mit den Blattadern hängen wohl auch die strichelförmigen Zeichnungen zusammen, wie sie vornehmlich bei den Monokotylen mit ihrer parallelen Nervatur zu beobachten sind. Hier treten hellgrüne bis gelbliche Striche von sehr verschiedener Länge und Breite auf (Abb. 15). Bei den Dikotylen werden solche Striche fast nur bei den Leguminosen beobachtet (Abb. 16).

Linienmuster der Dikotylen lassen sich vielfach von den Ringmustern herleiten. Es kommen aber auch sogenannte Eichenblattzeichnungen vor, die deutlich von den Adern abhängig sind und wohl mit der verschieden schnellen Ausbreitung der Viren in den Leitgeweben der Adern und dem Parenchym zusammenhängen (Abb. 17). Wie der Name sagt, zeichnen diese Linien die Umrisse eines gebuchteten, eichenähnlichen Blattes nach, wobei die Ausweitungen von den Adern bestimmt werden und die eingezogenen Stellen in dem Parenchymgewebe der Interkostalfelder liegen. Nur selten wird eine helle Verfärbung vom Blattrand bestimmt wie bei den chlorotischen, nach dem Blattinnern nicht scharf abgesetzten Rändern bei der Blattrandvergilbung der Erdbeere.

Manchmal werden Blätter und andere ursprünglich grüne Pflanzenteile auch gleichmäßig verfärbt. Die Chlorose ist eine Erscheinung, welche sehr verschiedene Ursachen haben kann wie Ernährungsstörungen, Parasitenbefall usw. Aber auch bei Viruskrankheiten ist sie zu beobachten und zwar werden nicht nur einzelne Blätter, sondern ganze Teile oder selbst ganze Pflanzen hellgrün, gelblichgrün oder sogar völlig gelb. Bei ausgesprochenen Gelbfärbungen wird auch die Bezeichnung „Vergilbung" (yellows) verwendet. Im Gegensatz dazu werden bei einigen Virosen die Blätter gleichmäßig dunkelgrün verfärbt. Bemerkenswert ist, daß diese gleichmäßig erscheinende Dunkelfärbung sich auch auf die normalerweise immer etwas helleren Adern erstreckt, die verdickt sind und zur Bildung von blattähnlichen Auswüchsen (Enationen) neigen (Abb. 24).

Abb. 17. Eichenblattmuster bei Dahlie nach Infektion mit einem Dahlienvirus (Original USCHDRAWEIT)

Aber auch andere Farbtöne treten bei viruskranken Pflanzen in gleichmäßiger Verteilung auf. Zwar dürfte es sich in manchen Fällen um sekundäre Erscheinungen wie Ernährungsstörungen oder Gewebeveränderungen handeln, doch erleichtern diese Tönungen häufig das Auffinden kranker Pflanzen und sind durchaus charakteristisch wie die rötlich-violetten Verfärbungen der Tomate bei mehreren Viren, bronzefarbige oder gelblichgrüne Tönung beim amerikanischen *Rubus*-Mosaik, bronzefarbige bis olivgrüne Farbtöne bei der amerikanischen Albinose der Süßkirsche. Bei der Blattrollkrankheit der Kartoffel tritt bei manchen Sorten eine Anthozyanbildung ein, wodurch der Rand der Blattunterseite rot oder auch schwarzblau erscheint, und bei der amerikanischen Büschelkopfkrankheit derselben Pflanze (purple top) treten gelbe oder purpurrote Verfärbungen der Blätter auf. Auch die normalen Verfärbungsvorgänge von der Jugendfarbe zum Grün des ausgewachsenen Blattes und der Übergang zur Herbstfärbung können durch Virosen gestört, verzögert oder beschleunigt werden. Die herbstliche Rotfärbung der Laubblätter von *Vaccinium macrocarpon*, das an der Falschblütigkeit erkrankt ist, bildet ein wichtiges diagnostisches Kennzeichen. Es kommt auch vor, daß die normale rötliche Färbung ausbleibt wie bei den Blattstielen mancher Erdbeersorten, die an der Blattrandvergilbung leiden.

Die physiologisch bestimmten Veränderungen bei Virosen der Blätter beschränken sich nicht auf die Farbe. Fast immer führen sie auch zu Formveränderungen, die in vielen Fällen kaum merkbar sind, in anderen aber zum Krankheitsbild Wesentliches beitragen und wichtige diagnostische Hilfsmittel sind. Eine Reihe von Viren beschränkt die Symptome auf Formveränderungen.

Obgleich bei dieser nach äußerlichen Gesichtspunkten angeordneten Aufzählung „innere" Symptome oder solche, die nur mikroskopisch wahrnehmbar sind, für sich behandelt werden sollen, möge hier ein Wort über die histologischen Zusammenhänge der Form- und Farbveränderungen folgen. Die gefleckten Blätter zeigen bei mikroskopischer Betrachtung von Blattquerschnitten deutlich, daß die hellen Bezirke durchweg dünner sind als die normal grünen. In den chlorotischen Teilen ist die Ausbildung der Palisadenzellen gehemmt, so daß sie nahezu isodiametrisch erscheinen. In Schwammparenchym verzögert sich die typische Ausbildung der Interzellularräume. Es bleiben also manche Blattbezirke zurück und erreichen entweder erst im Laufe des Ausreifens ihre normale Gestalt oder kommen nie zu einer völlig normalen Gestaltung. Diese physiologisch begründeten Beziehungen führen zu einer Störung der Entwicklung, die sich in Faltungen, Kräuselungen, Wellungen und Verbiegungen der Blattspreite äußert. Wie bei den Namen für die Verfärbungen haben sich hier auch viele Bezeichnungen eingebürgert, ohne daß sie eindeutig auseinander zu halten sind. Auch hier soll auf eine Klärung und Sichtung dieser Ausdrücke verzichtet werden, da die Übergänge sehr gleitend sind. Nur wenige Bezeichnungen sind unmißverständlich, wie z. B. „blasige Auftreibungen". Ist ein normal gefärbter und damit normal funktionsfähiger Bezirk des Blattes von hellerem, in seiner Entwicklung gehemmtem Gewebe umgeben, so wird er sich nach oben wölben und so entstehen diese dunkelgrünen Kuppen, die für eine Reihe von Virosen, z. B. für das Bohnenmosaik auf *Phaseolus*, charakteristisch sind (Abb. 18).

Abb. 18. Blasige Auftreibungen der Blattspreite beim Bohnenmosaik (Original USCHDRAWEIT)

In manchen Fällen bleiben die Adern im Wachstum zurück, während das Gewebe der Interkostalfelder sich normal entwickelt. So kommt es zu starken

Kräuselungen oder einer welligen Oberfläche, in der die Adern deutlich markiert und eingesunken erscheinen. Mit der veränderten Beschaffenheit mag es auch zusammenhängen, daß die Oberfläche im Vergleich zu gesunden Blättern in manchen Fällen stumpf, in anderen fettig oder glasiert erscheint. Auch abweichende Ausbildung der Wachsschicht bei *Brassica*-Arten nach Virusinfektion wäre hier zu erwähnen. Bei manchen Virosen bleiben Blattflecke aus oder sind sehr selten, dagegen nimmt, wie schon oben erwähnt, die gesamte Blattfläche einen anderen Farbton an. Es ist nun häufig zu beobachten, daß sich dann die Struktur des kranken Blattes verändert. Die Blätter werden lederartig steif bzw. starr wie bei der Blattrollkrankheit der Kartoffel oder spröde und brüchig wie bei der Vergilbungskrankheit und bei der amerikanischen Kräuselschopfkrankheit (curly top) der *Beta*-Rüben. Häufig tritt Zwergwüchsigkeit der gesamten Pflanze auf, und an den verkürzten Stengeln stehen die Blätter steif aufgerichtet. An heißen Tagen welken sie nicht so leicht wie die Blätter gesunder Pflanzen. Beim Berühren entsteht ein raschelndes, knisterndes Geräusch. Die Blätter vergilbungskranker *Beta*-Rüben sind so spröde, daß sie beim Zupacken unter deutlichem Krachen zerbrechen. Diese „Starrtracht" ist sehr charakteristisch für einige Virosen und läßt die kranken Pflanzen im Bestand leicht erkennen. Doch tritt auch der entgegengesetzte Fall ein. Die Schlotten der an Gelbstreifigkeit erkrankten Zwiebeln verlieren ihren normalen Turgor. Sie stehen nicht mehr aufrecht, sondern hängen unregelmäßig gewellt und verdreht schlaff herab.

Abb. 19. Formveränderungen der Blätter nach Infektion mit TMV (Sorte „Samsun") (Original USCHDRAWEIT)

Auch ohne daß das Blatt in Oberfläche und Umriß wesentlich verändert ist, kommt es zu typischen Entstellungen. Dazu gehört das Blattrollen, wobei sich die Blätter längs der Mittelrippe nach oben (Blattrollkrankheit der Kartoffel und viele andere), manchmal röhrenförmig aufrollen. In manchen Fällen erscheint das Blatt V-förmig gefaltet. Sehr zahlreich sind auch schalenförmig veränderte Blätter, wobei die Öffnung der Schale nach oben oder nach unten gerichtet sein kann.

Vielfach können Formveränderungen beobachtet werden (Abb. 19). Diese gehen manchmal mit einer Abänderung der Nervatur zusammen wie bei dem „virösen Atavismus" der schwarzen Johannisbeere. Hierbei wird die Zahl der

Seitenadern, die im Mittellappen von der Hauptader ausgehen, reduziert und auch die Aderung der Seitenlappen weicht vom Normalen ab. In manchen Fällen, wie z. B. bei der Pfeffingerkrankheit der Süßkirsche, löst sich die Hauptader in einzelne Stränge auf, während die Seitenadern verkümmern.

Besonders häufig sind Veränderungen der Blattumrisse. Bekannt sind die vielen Fälle, in denen die Blätter verschmälert werden. Die Reduktion der Blattspreite kann so weit gehen, daß nur noch die Blattadern übrigbleiben wie bei der durch mehrere Viren hervorgerufenen Fadenblättrigkeit der Tomate (Abb. 20) oder bei manchen Virosen der *Cucurbitaceae*. Sehr auffallend und charakteristisch sind auch Veränderungen des Blattrandes (Abb. 21). So kann bei normal ganzrandigen Blättern eine Zähnung auftreten wie beim Salatmosaik. Bei manchen Virosen wird eine vorhandene Zähnung der Blätter sehr verstärkt und eine stumpfe Zähnung ausgesprochen scharf. Bei manchen Tomatenvirosen ist diese Veränderung das erste wahrzunehmende Symptom. Gelappte oder gekerbte Blätter zeigen stark veränderte Blattformen (Hopfen).

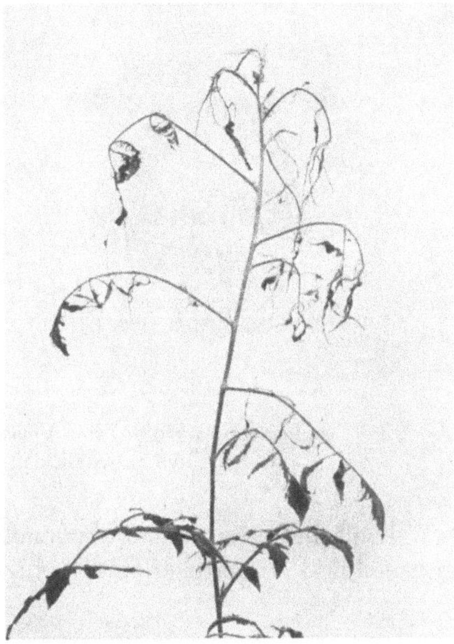

Abb. 20. Fadenblättrigkeit der Tomate nach Infektion mit TMV (Original USCHDRAWEIT)

Abb. 21. Veränderungen des Blattrandes bei Dahlie. Links gesund, rechts Mischinfektion (Original USCHDRAWEIT)

Abb. 22. Tütenblätter (Ascidien) bei *Nicotiana glutinosa* nach Infektion mit einem Stamm des Gurkenmosaikvirus (?) (Original USCHDRAWEIT)

Auffallend sind auch anomal asymmetrische Blätter. Die gefiederten Blätter von Kartoffel und Tomate erleiden sehr verschiedene Abwandlungen. Neben einer Unterdrückung der kleinen und Verringerung der großen Fiederblätter treten Vermehrung, asymmetrische Umgestaltung und Entstellungen aller Art auf. Gelegentlich werden diese Veränderungen nicht sehr glücklich als „Farnblätter" bezeichnet. Als Folge mancher Virosen lassen sich Erscheinungen beobachten, die aus der Teratologie bekannt sind wie Tütenblätter (Ascidien) (Abb. 22), geschwänzte Blätter (Abb. 23) und ähnliches. Bei diesen schweren Entstellungen, die z. B. bei *Nicotiana glutinosa* häufig sind, läßt sich eine eigenartige Veränderung der Blattoberfläche beobachten, die gelegentlich auch sonst vorkommt, besonders bei starken Adernveränderungen. Die Blattoberfläche erscheint unregelmäßig faserig gerippt und ähnelt dem Narbengewebe, das beim Ausheilen größerer Wunden bei Tieren gebildet wird. Es wäre vielleicht als

Abb. 23. Geschwänztes Blatt bei *Nicotiana glutinosa* nach Infektion mit einem Stamm des Gurkenmosaikvirus (?) (Original USCHDRAWEIT)

„narbige“ oder „genarbte“ Oberfläche zu bezeichnen. Zu den aus der Teratologie bekannten Erscheinungen sind auch Enationen (Abb. 24) zu rechnen, die häufig zu beobachten und z. B. bei der Pfeffingerkrankheit diagnostisch wichtig sind. Es handelt sich dabei um blattähnliche Anhängsel mit Blattoberflächengewebe, die aus Epidermis und Mesophyll zusammengesetzt sind und von Leitbündeln durchzogen werden. In Einzelfällen ist auch das Vorkommen von enationenähnlichen Bildungen an Blütenorganen beobachtet worden (Abb. 25).

Abb. 24. Enationen an *Datura innoxia* nach Infektion mit einem unbekannten Virus (Original USCHDRAWEIT)

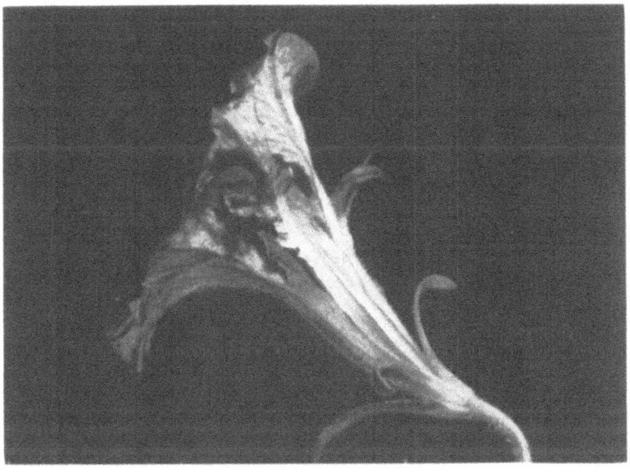

Abb. 25. Enationenähnliche Gebilde an *Petunia hybrida nana compacta* (Sorte „Ratsherr“) nach Infektion mit dem Aspermie-Virus der Tomate (Original PRACEUS)

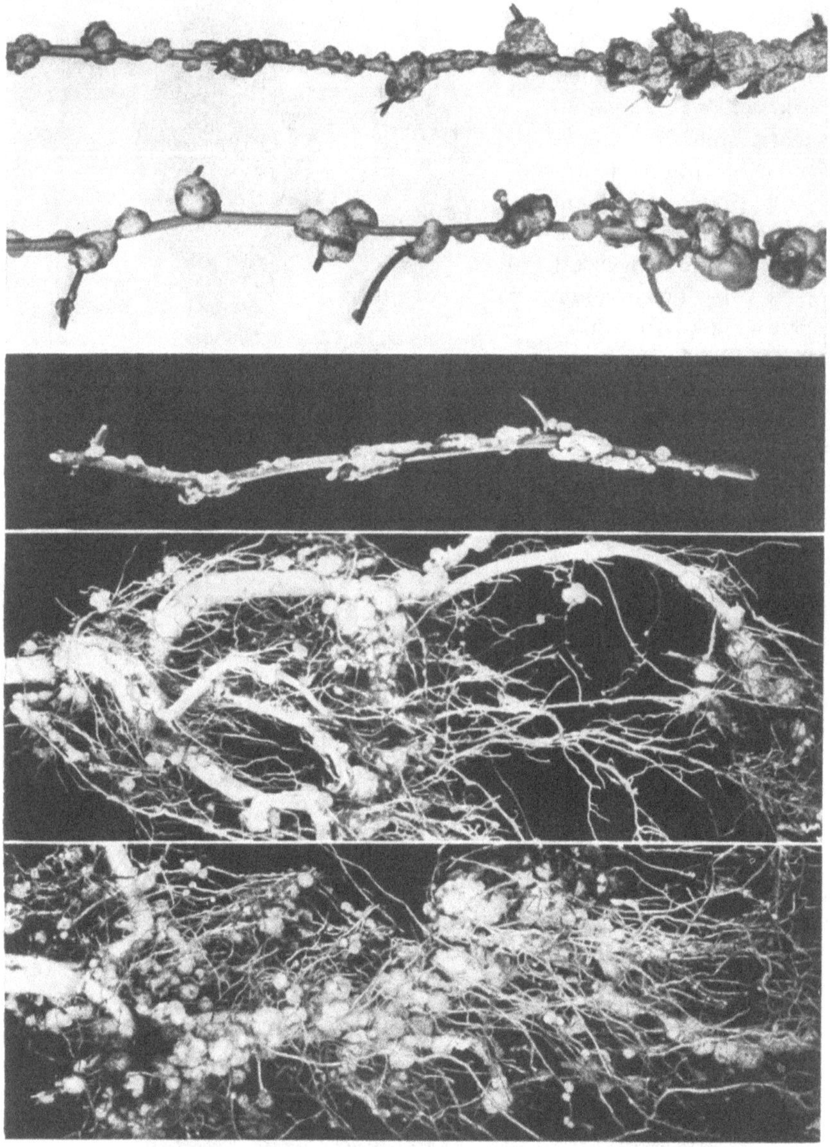

Abb. 26. Wundtumorenvirus. Links Stengelreaktionen, rechts starke und schwächere Wurzelreaktion bei Klon „C 2" des Steinklees (nach BLACK)

Auch der Blattstiel kann zu der Ausbildung von Virussymptomen beitragen, wie z. B. bei der Starrtracht. Ferner sind z. B. Blattstiele so verdreht, daß die Blattunterseiten der Blätter nach oben zeigen, oder sie sind stark verkümmert. Manchmal verändern sie auch die Haltung der Fiederblätter, wie z. B. bei der Tomate, so daß diese nach unten gerichtet erscheinen.

Eine zwar nicht sehr häufige, aber besonders auffällige Gruppe von Symptomen, die nicht nur an Blattstielen und Stengeln gebildet werden, sind Gallen. Diese haben ihren Ursprung meist in Phloemparenchym-Zellen. Sie treten z. B. bei der Fidschikrankheit des Zuckerrohrs auf der Blattunterseite als langgestreckte, schmale Erhebungen im Verlauf der Nerven auf. Bei der Zuckerrübe entstehen als Folge der Infektion durch das Kräuselschopfvirus warzenförmige Anschwellungen. Auch durch das Wundtumorenvirus werden z. B. bei *Rumex* an den vergrößerten Adern Papillen und sogar kleinere Tumoren gebildet. Auch die fleischig verunstalteten Blätter bei der Alloiophyllie der Anemone sind hier zu nennen (vergleiche auch Abb. 26).

Zu den wichtigsten Symptomen gehören die Nekrosen, deren Bedeutung für die Diagnose groß ist und die für die wirtschaftliche Seite des Virusproblems häufig von entscheidender Bedeutung sind. Diese Absterbeerscheinungen können ihren Ursprung wahrscheinlich in verschiedenen Geweben haben, besonders häufig gehen sie aber vom Phloem aus. Daß aber auch andere Gewebe nekrotisch verändert werden, zeigen Blattquerschnitte von bronzefleckenkranken Tomaten, wobei abgestorbene Zellen in der Epidermis und dem Palisadenparenchym auftreten und die charakteristischen Bronzeflecke hervorrufen. Auch ringförmige Zeichnungen und Muster aus Ringsegmenten können durch nekrotische Veränderungen entstehen, man spricht dann von Ätzmustern, da sie auf der glatten Blattfläche wie eingeätzt aussehen. Die Nekrosen sind häufig, z. B. bei der Kartoffel, schwarz gefärbt, doch treten auch bei anderen Pflanzen weißliche, graubräunliche oder rötliche Nekrosen auf. Manchmal geht der Absterbeerscheinung eine chlorotische Verfärbung voraus, in anderen Fällen wird erst bei völligem Absterben des Gewebes die Schädigung offenbar. Stirbt

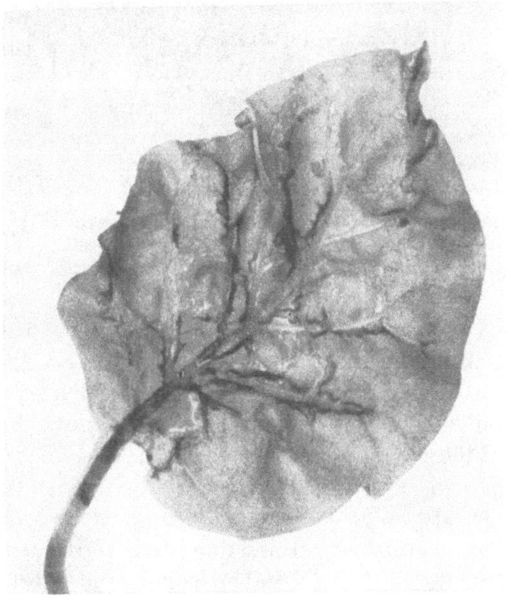

Abb. 27. Nekrotische Veränderungen bei der Streifen- und Kräuselkrankheit des Tabaks (Sorte „Samsun") (Original USCHDRAWEIT)

das Phloem z. B. in Stengeln oder Blattadern ab, so entstehen strichförmige Nekrosen, doch kommen auch fleckige und ringförmige Nekrosen vor. Manchmal bilden sich einzelne nekrotische Flecke, die dann später aus gesunden Geweben herausfallen und ein „Schrotschußbild" ergeben. Ferner werden strichförmige Zeichnungen (z. B. bei der Streifen- und Kräuselkrankheit des Tabaks) beobachtet, die erst das Wachstum des Blattes benachteiligen und später nekrotisch werden. Es entstehen dann Verbildungen und Zerreißungen, die zu den eindrucksvollsten Krankheitserscheinungen bei Virosen gehören (Abb. 27).

Abb. 28. Buntstreifigkeit (Blütenfarbenbrechung) bei Levkoje nach Infektion mit einem Cruciferenvirus (Original Uschdraweit)

Ein sehr charakteristisches Symptombild entwickelt sich beim Befall der Kartoffel mit dem Y-Virus. Es wird als Blattschwund (leaf-drop) bezeichnet. Die unteren und mittleren Blätter eines Stengels sterben vorzeitig ab, werden aber nicht sofort abgestoßen, sondern hängen zunächst vertrocknet am Stengel herunter. Das Absterben der Triebspitze, die Akronekrose, ist eine Erscheinung, die sich als Symptombild nicht wesentlich von anderen Nekrotisierungen unterscheidet, aber eine sehr interessante Bedeutung für das physiologische Geschehen der Viruserkrankung hat und daher an anderer Stelle besprochen werden soll.

Zu erwähnen wären schließlich Erscheinungen, die mit dem Blattfall zusammenhängen. Der normale herbstliche Blattfall der laubabwerfenden Gehölze kann durch Virusinfektion verfrüht oder verzögert werden. Auch kann er progressiv erfolgen, so daß immer nur wenige Blätter an den Spitzen der jüngsten Zweige stehen. Schließlich kann auch eine Selbstamputation der infizierten Blätter eintreten.

Blütensymptome werden dann besondere Beachtung finden, wenn wie im Blumen- und Zierpflanzenbau die Blüte das wirtschaftliche Endprodukt ist oder als Folge von Veränderungen der Blüte der Fruchtansatz unterbleibt. Blütenverfärbungen sind daher schon frühzeitig beobachtet worden (Tulpe 1576, Levkoje 1783) und haben sogar eine Wertsteigerung zur Folge wie bei den sogenannten Rembrandttulpen. Bei den Erscheinungen der Blütenfarbenbrechung oder Buntstreifigkeit bleibt es häufig bei der Farbabänderung, ohne daß Nekrosen oder Entstellungen dazukommen, so daß der ästhetische Wert tatsächlich kaum beeinträchtigt wird. Fast stets nehmen die verfärbten Bezirke die Gestalt von Streifen oder Strichen an wie bei Tulpe, Lilie, Gladiole, Levkoje, Veilchen, Tabak, selten sind ausgesprochene Flecke (Abb. 28). Es kommen aber auch Farbabänderungen, Farbintensivierungen oder Ausbleichungen vor (Abb. 29). Bei Chrysanthemen werden rote, bronzefarbene und braune Blüten völlig oder teilweise in gelbe umgewandelt; violettrote, hellrote und rosa werden weißgefleckt oder blaßgelb; dagegen verändern sich weiße nie, gelbe nur selten in hellgelbe oder weißgefleckte. Seltener ist das Auftreten von zusätzlichen dunkleren Farbtönen wie z. B. bei Iris, wo bei weißen Blüten purpurfarbene Töne, bei blauen schwarze Markierungen beobachtet werden.

Abb. 29. Farbausbleichung bei Blüten von *Primula malacoides*, die mit dem Gurkenmosaikvirus infiziert sind; links gesunde Blüten (Original USCHDRAWEIT)

Neben den Farbveränderungen treten auch vielfach Formumwandlungen auf. Verkleinerungen der Blüten sind häufig und werden mehrfach von Deformationen aller Art begleitet. Die zygomorphen Blüten von Sesam werden in radial symmetrische umgewandelt. Die Strahlenblüten von Chrysanthemen werden verschmälert und verkürzt, rollen sich zusammen oder werden wellig und zerknittert, so daß die Blumen einen zerzausten Eindruck machen. Bei dem virösen Atavismus der schwarzen Johannisbeere nehmen die Blüten eine mehr röhrenförmige Gestalt an. Die Blumenkrone von *Nicotiana glutinosa* wird unsymmetrisch und reißt auf.

Ferner wird teilweise oder völlige Reduktion der Blütenblätter beobachtet. Vielfach vergrünen die Blütenblätter, z. B. bei der Erdbeere, wo sie dann lange Zeit an dem Blütenboden unverändert sitzen bleiben. Vergrünungen kommen ferner bei Freesie, Hortensie, Rittersporn, Klee, Lein, Himbeere, Brombeere und vielen anderen Blütenpflanzen vor. An dieser Vergrünung beteiligen sich oft auch andere Blütenteile, besonders der Kelch.

Außer der Verlaubung des Kelches treten auch anomale Vergrößerungen und andere Veränderungen ein, die bei der Stolburkrankheit und ähnlichen Virosen sehr charakteristisch sind. Die Kelchsegmente sind nicht getrennt, der ganze Kelch ist blasenförmig erweitert und oben gezähnt, die Nerven sind rötlich verfärbt. Vergrößerte Kelche finden sich auch bei *Fragaria* als Folge einer *Rubus*-Virose. Bei derselben Virose wird auch der Fruchtknoten von *Fragaria* unnatürlich vergrößert. Überhaupt sind Veränderungen des Geschlechtsapparates nicht selten. Bei der Blütenvergrünung erstreckt sich die Verlaubung vielfach auf Staubblätter und Griffel. In anderen Fällen sind diese stark verkürzt, reduziert oder steril.

Auffallend ist auch, daß sich manchmal die Zahl der Blüten an den Blütenständen verringert oder daß die Blüten eine veränderte Haltung einnehmen, sich nicht oder nur unvollständig öffnen oder sogar vor dem Aufbrechen abgestoßen werden. Auch kann die Blütenausbildung völlig unterbleiben.

Sehr zahlreich sind auch die Beobachtungen über Virussymptome der Früchte, besonders bei denjenigen, die der menschlichen Ernährung dienen. In unreifem Zustand finden sich alle Symptome, die bei den Blättern zu beobachten sind wie Flecke, Ringe, blasige Auftreibungen (bei Gurken) und Nekrosen der verschiedensten Gestalt, z. B. bei Bohnen und Tomaten. Aber auch reife Früchte zeigen Farbveränderungen und Flecke. Kleinfrüchtigkeit wird bei verschiedenen *Prunus*-Arten gefunden, auch andere Gestaltveränderungen treten bei den verschiedensten Pflanzen auf; runde Früchte werden länglich, wie bei der Kleinfrüchtigkeit des Pfirsichs, und längliche rund. Bei einer *Citrus*-Virose (*Citrus*-Eichelfrüchtigkeit) weisen die Früchte eine ausgesprochene Eichelform auf. Die Fruchtschale bei Apfel und Pfirsich wird rauh und trägt warzige Auswüchse. Bei der Warzenkrankheit des Pfirsichs wird das Fruchtfleisch oft ledrig, manchmal sogar hart und knochenähnlich. Die Verholzung der Passionsfrucht führt zu unbrauchbaren Früchten, deren Perikarp ungewöhnlich verdickt und deren Pulpe stark verringert ist. Bei der Steinfrüchtigkeit der Birne ist neben der Bildung von Nekrosen und Kork die Bildung zahlreicher Sklerenchymzellen typisch (Abb. 30). Derartige Früchte sind schon äußerlich an ihrer Mißbildung zu erkennen, lassen sich nur schwer mit einem Messer durchschneiden und sind ungenießbar. Sehr zahlreich sind Berichte über Geschmacksveränderungen bei den Früchten von Himbeere, Pfirsich, Kirsche, *Citrus* u. a.

Die Beobachtungen an unterirdischen Organen sind naturgemäß nicht häufig und beschränken sich auf Dauerorgane oder auf Wahrnehmungen, die beim Ausmerzen kranker Pflanzen gemacht werden. Ganz allgemein scheint, entsprechend der reduzierten Wuchsfreudigkeit der viruskranken Pflanze, auch das Wurzelsystem in Mitleidenschaft gezogen zu sein und meist einen geringeren Umfang zu haben als das einer gesunden Pflanze. Eine Vermehrung der Faserwurzeln wird bei dem Kräuselschopf der Rübe berichtet, wodurch der Rübenkörper ein struppiges, bärtiges Aussehen erhält. Eine eigenartige Veränderung der Wurzelentwicklung tritt bei der infektiösen Möhrenvergilbung durch das Virus der Asternvergilbung auf; die Seitenwurzeln sind dabei in 4 Reihen an der Möhre angeordnet. Das frühzeitige Absterben der feinen Seitenwurzeln dürfte wohl meist sekundärer Natur sein, nur bei der Phloemerkrankung der Ulme wird es ausdrücklich als primäres Symptom genannt. Nekrosen werden häufig bei Wurzeln beobachtet. Es sind in erster Linie wohl die Phloemstränge, die von diesen Absterbeerscheinungen erfaßt werden und sich manchmal schon bei makroskopischer Beobachtung als deutlich schwarze Stellen abzeichnen. Bei der Korkwurzelkrankheit der Tomate, deren Virusnatur jedoch nicht gesichert ist, ergibt sich bei fortschreitender Erkrankung ein sehr eindrucksvolles Bild. In der Nähe der Primärnekrosen entstehen Korkgewebe, die sich

Abb. 30. Die Steinfrüchtigkeit der Birne (Original USCHDRAWEIT)

sehr stark entwickeln und Risse in der Rinde entstehen lassen. Das absterbende Rindengewebe wird in Schollen abgehoben, so daß schließlich nur der Zentralzylinder übrigbleibt.

Ein weiteres sehr abweichendes Symptombild ist bei dem Wundtumorvirus von *Melilotus* zu beobachten. Die Tumoren finden sich, wie schon oben erwähnt, auf Blättern oder Stengeln, aber auch an den Wurzeln. Ihre Größe ist sehr unterschiedlich, sie können klein und nur pustelähnlich sein, erreichen aber häufig einen Durchmesser von mehreren Millimetern und sind so zahlreich, daß sie die ganze Wurzel bedecken (Abb. 26).

Im Fleisch der Wurzelknollen der Süßkartoffel treten verschieden große dunkelbraune bis schwarze Korkflecke auf.

Auch an unterirdischen Organen, die nicht zum Wurzelsystem gehören, wie Sproßknollen, kommen Symptome vor. So zeigen Sproßknollen der Gladiolen, die mit dem Gelbmosaikvirus der Buschbohne infiziert sind, eine warzige Oberfläche und sind unsymmetrisch.

Die wirtschaftlich wichtigste Sproßknolle, die Kartoffel, zeigt eine ganze Reihe von Virussymptomen. In den USA wurden bei Blattrollinfektion netzförmige Gewebenekrosen beobachtet (Netznekrosen), die sich meist erst im Winterlager entwickelten (Abb. 31). Ähnliche Erscheinungen treten auch in Europa als Folge des „Aucuba-Mosaiks" auf (Pseudonetznekrose). Die in Nordamerika auftretende Gelbzwergigkeit bewirkt ebenfalls Verfärbungen des Knollenfleisches; außerdem treten verstreut braune Flecke auf. Die Keimung ist gehemmt, und die Triebe erreichen nicht die Erdoberfläche. Nekrotische Veränderungen der Gewebe am Kronenende der Knolle führen bei der auch aus

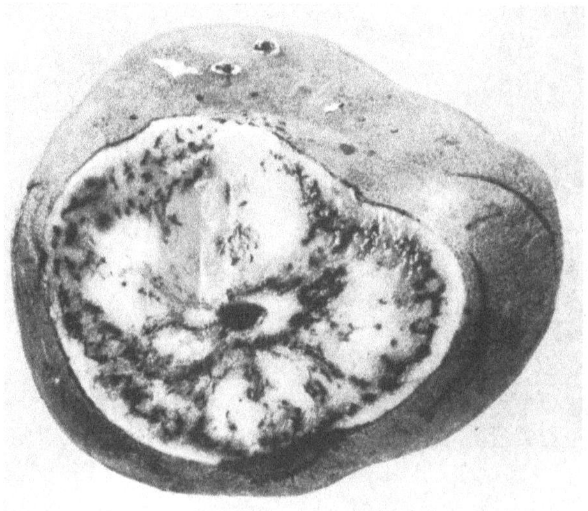

Abb. 31. Netznekrose bei Blattrollinfektion (nach FOLSOM, LIBBY, SIMPSON und WYMAN)

Nordamerika gemeldeten Kronenendbräune zu Verfärbungen der Knolle. Auch Gestaltveränderungen der Knollen kommen vor. Die Spindelknollenkrankheit trägt ihren Namen von den anomal in die Länge gezogenen, am apikalen Ende zugespitzten Knollen, die gelegentlich verkrümmt und verbeult sind. Die auffallend flachen Augen sind zahlreicher als bei gesunden Knollen, es scheint so, als wenn ein größerer Abschnitt der Stolonen in die Knolle eingezogen wird. Die Stolonen trocknen bis zur Ernte nicht ab und bleiben bis zuletzt mit den Knollen verbunden. Auch Farbveränderungen werden beobachtet. Anthozyanhaltige Knollenschalen werden ganz oder teilweise entfärbt. Die für manche Knollen charakteristische Rißbildung kann fehlen, die Schalen sind glatt, oft glänzend. Bei der „Kalikokrankheit" Nordamerikas zeigen die Knollen tiefe Risse und Zerklüftungen. Erwähnenswert ist die Auswirkung des Virus der infektiösen Asternvergilbung auf der Kartoffel; es werden nämlich an den oberirdischen Stengeln Luftknollen gebildet (Abb. 32).

Im vorhergehenden wurden im wesentlichen Symptome geschildert, die sich bei makroskopischer Beobachtung der Pflanze ergeben. Manche stellen aber, wie z. B. die Nekrosen, nur späte Stadien einer krankhaften Entwicklung dar, die im Beginn sich nur als Zusammenbruch einzelner Zellen oder Zellverbände äußert und daher nur mikroskopisch wahrzunehmen ist. Diese Erscheinungen treten offenbar vornehmlich im Phloem auf und haben gelegentlich großen diagnostischen Wert bei Farbnachweisen von Virosen. Es ist wahrscheinlich, daß den eigentlichen nekrotischen Erscheinungen Veränderungen der Zellstruktur vorausgehen wie übermäßige Kallosebildung. Über die verschiedene Dicke der Blätter, die deutliche Farbabänderungen wie Mosaik usw. zeigen, wurde bereits gesprochen.

Abb. 32. Luftknollenbildung bei Kartoffel nach Infektion mit dem Virus der infektiösen Vergilbung der Aster (nach SEVERIN)

Die auffälligste Erscheinung, die anscheinend keinen Einfluß auf äußere Symptome hat, aber bereits den ersten Beobachtern von Viruskrankheiten auffiel, ist die Anwesenheit von Einschlußkörpern in den Zellen kranker Pflanzen. Sie sind für manche Viren so charakteristisch, daß sie einen ausgesprochen diagnostischen Wert haben. Offenbar ist für ihre Entstehung das Virus von ausschlaggebender Bedeutung, denn die gleiche Wirtspflanze, in der bei Erkrankung durch TMV Einschlußkörper gefunden werden, zeigt diese Erscheinung nicht bei Erkrankung an Gurkenmosaik. Jedoch hängt die Bildung der Zelleinschlüsse mit dem Auftreten von Mosaiksymptomen zusammen, da bei einer nekrotischen Reaktion diese Erscheinung gewöhnlich unterbleibt. Auch finden sich die Einschlüsse nicht in jedem Zeitpunkt der Erkrankung.

Gut untersucht sind die Einschlüsse beim TMV, aber auch andere Viren führen zu ähnlichen Erscheinungen wie das X-Mosaik, das Y-Mosaik und die Blattrollkrankheit der Kartoffel, ein Virus von *Zygocactus* (*Epiphyllum*), das Dahlienmosaik, das Tabak-Ringfleckenmosaik und viele andere. Noch nicht beobachtet wurden Einschlüsse u. a. beim Gurkenmosaik und beim A-Mosaik der Kartoffel.

Allgemein treten zwei Formen der Einschlüsse auf.

1. Amorphe oder „amöboide“ Formen (X-Körper) und 2. kristalline Formen der verschiedensten Art. Die „X-Körper“ des TMV treten besonders häufig in

epidermalen Zellen und Haarzellen auf, sind aber auch in anderen Zellen zu beobachten. Sie sind rund oder oval, doch kommen auch andere Formen vor. Ihre Größe schwankt zwischen 5 μ und 30 μ. Sie werden passiv mit der Plasmaströmung transportiert. Bald nach Infektion der Zellen werden Granula beobachtet, die untereinander verschmelzen und schließlich die X-Körper bilden. Ob bei den fertigen X-Körpern eine Membran vorhanden ist, ließ sich noch nicht sicher nachweisen. Bei Verletzung z. B. mit einer Mikronadel zerfallen sie wieder in Granula, ähnlich denen, aus denen sie entstanden. Nach einiger Zeit verlieren sie ihren amorphen Charakter, es werden Kristalle gebildet, bis schließlich der gesamte Körper kristallin wird und nicht von den kristallinen Einschlüssen zu unterscheiden ist. X-Körper und kristalline Einschlüsse können gleichzeitig in denselben Zellen vorkommen. Sie werden etwa eine Woche nach der Infektion gebildet, und zwar dann, wenn auch die Folgesymptome auftreten, und erreichen ihr Maximum etwa einen Monat nach der Infektion. Dann nimmt ihre Zahl ab, und wenige Monate später sind sie meist völlig verschwunden. Es scheint ein Zusammenhang zwischen ihrem Auftreten und dem Auftreten der äußeren Symptome zu bestehen. Die kristallinen Einschlußkörper haben beim TMV meist die Gestalt unregelmäßig geformter, aber auch regelmäßig hexagonaler Plättchen, jedoch werden spindelförmige Körper, Nadeln und fadenähnliche Bildungen beobachtet, die hauptsächlich im Zytoplasma, jedoch auch in den Zellkernen vorkommen können.

Sie enthalten Virus, während bei den X-Körpern noch andere Bestandteile, wahrscheinlich aber nur zufällig, vorkommen können. Ihre Entstehung wird auf die Wirkung von Elektrolyten im Zellsaft zurückgeführt. Eine ähnliche Erscheinung kann in konzentrierten neutralen Viruslösungen in vitro durch Zusatz bestimmter Stoffe hervorgerufen werden. Jedoch unterscheiden sich diese künstlichen Präzipitate von den natürlichen Zelleinschlüssen dadurch, daß sie nicht wie diese echte Kristalle sind, was durch einen anderen physikalischen Zustand des Virus in vitro erklärt wird.

Viruseinschlußkörper treten nicht nur bei TMV, sondern bei einer ganzen Reihe von Viren auf, jedoch nicht bei allen. Die Formen der Einschlußkörper anderer Viren als des TMV variieren sehr stark. Es kommen X-Körper-ähnliche Bildungen, aber auch isometrische Kristalle, kristalline Platten, Kristallnadeln und fadenförmige Gebilde vor. Soweit die Entwicklung dieser Einschlüsse studiert wurde, konnte ein ähnlicher Ablauf wie beim TMV von Entstehung und Verschwinden beobachtet werden. X-Körper können in allen Geweben auftreten, nur nicht im apikalen Meristem. Manche Viren rufen sie in bestimmten Geweben bevorzugt hervor, so z. B. das Kartoffel-X-Virus in den Palisadenzellen, das Kräuselschopf-Virus der Zuckerrübe im Phloem und den benachbarten Zellen, andere lassen sie in verschiedenen Geweben entstehen wie das Bilsenkrautmosaik-Virus. Wie beim TMV besteht auch sonst eine gewisse Beziehung zwischen äußerer Symptomausbildung und dem Gehalt von Einschlußkörpern, doch kommen sie auch in den Wurzeln und sonstigen symptomlosen Teilen der Pflanze vor. Verhältnismäßig selten sind Einschlußkörper im Zellkern, sie werden z. B. beim Ätzmosaikvirus des Tabaks in der Form dünner flacher Plättchen gefunden, doch treten auch andere Formen auf. Sie sind, wie die übrigen Viruseinschlüsse, in den Zellkernen aller Gewebe beobachtet worden mit Ausnahme der des Vegetationspunktes. Bei Infektionen mit dem starken Stamm des Ätzmosaiks (*Marmor erodens* var. *severum* Holmes) treten sie besonders häufig auf. 30 Einschlüsse können in einem Zellkern vorhanden sein. Die Infektion wirkt manchmal stimulierend. Voll ausdifferenzierte Zellen fangen an sich zu teilen, nachdem die Einschlußkörper aus dem Kern ins Zytoplasma ausgeschieden wurden. In den Kernen der Tochterzellen werden erneut Einschlüsse gebildet.

Nachdem eine Übersicht über die verschiedenen Möglichkeiten von Virusäußerungen gegeben wurde, sollen nun noch Hinweise über die Veränderungen, welche bei den Symptombildern vorkommen können, folgen. Ein Hinweis auf den normalen Ablauf der Krankheitsbilder wurde bereits dem Aufzählen der Krankheitserscheinungen vorausgeschickt. Wenn wir z. B. im Versuch dasselbe Virusausgangsmaterial eines saftübertragbaren Virus verwenden und auf eine Reihe von Wirtspflanzen übertragen, so erhalten wir in den meisten Fällen eine große Verschiedenheit der Reaktionen, die sich in der Art der Symptome, aber auch in ihrer Intensität unterscheiden können. Es möge eine Aufstellung von den Symptombildern, wie sie durch Infektion mit dem Gurkenmosaikvirus entstehen, folgen, um diese Vielgestaltigkeit zu zeigen. Im allgemeinen bleibt bei der Infektion mit diesem außerordentlich weit verbreiteten Virus eine Schockwirkung aus. Es werden also nur die Lokalsymptome auf den Abreibeblättern (Anfangs-, Primär- oder Initialsymptome) und die systemischen Symptome (Folge- oder Sekundärsymptome) genannt.

Initialsymptome

Gurke

Auf den Keimblättern, auf denen die Inokulation vorgenommen wird, erscheinen runde hellgrüne Flecke, die oft ringförmig sind und sich manchmal gelb verfärben. Sie vergrößern sich oft zu unregelmäßigen gelben Bezirken oder werden unscharf und verschwinden nach einigen Tagen bis auf schwache Verfärbungen. Bei manchen Sorten bleiben diese Initialsymptome aber völlig aus. Nach etwa 8 Tagen folgt dann die systemische Erkrankung.

Chenopodium quinoa

Die Abreibeblätter zeigen nach 2 Tagen kleine Dellen, die sich zu Nekrosen mit heller Mitte, einem ockerfarbenen Ring und meist auch einer chlorotischen Zone von 2—3 mm entwickeln. Eine systemische Erkrankung folgt nicht.

Tabak

Nach 3 bis 4 Tagen erscheinen auf den behandelten Blättern runde helle Flecke und auch chlorotische Ringe, manchmal selbst nekrotische Ringe, Ringmuster oder Eichenblattmuster.

Systemische Symptome

Gurke

Nach Ablauf der Inkubationszeit treten auf den jüngsten Laubblättern kleine gelbgrüne Flecke auf, zuerst längs der Nerven und im Basalteil des Blattes, dann auch in den Interkostalfeldern und an der Blattspitze. Diese Flecke sind mehr oder weniger rund, oft ringförmig und werden schließlich unregelmäßig und fließen manchmal zusammen. Später gebildete Blätter zeigen dann das eigentliche Mosaikbild. Auch Welke und Nekrosen treten unter bestimmten Umständen, über die noch zu berichten ist, auf. Daneben finden sich deutliche Wuchshemmungen, Entstellungen und Auftreibungen der Blattoberfläche, Abwärtskrümmen des Blattrandes, Verkürzung der Internodien des Sprosses. Auch die Früchte zeigen Mosaiksymptome und Entstellungen. Große Sortenunterschiede können beobachtet werden. In Holland ist die vielgebaute Sorte „Venlose Nietplekker“ sehr anfällig und zeigt alle genannten Symptome in stärkster Ausprägung. Die Sorte „Delikatess“ zeigt geringere Wachstumshemmung, weniger bunte Früchte und geringere Welkeerscheinungen. Die Sorten „Chinese Long“, „Tokyo Long Green“ und „China“ zeigen nur ganz selten leichte Fleckung, wachsen aber durchaus normal, enthalten jedoch das Virus.

Blaue, weiße, gelbe Lupine und *Lupinus mutabilis*

Bei diesen Lupinenarten ruft das Gurkenmosaik die sogenannte Lupinenbräune hervor, die meist mit einigen oberflächlichen braunen Verfärbungen des Stengels beginnt, denen Verkrümmungen des oberen Sproßteils folgen. Das Stengelgewebe wird glasig-brüchig, die Pflanze stirbt schließlich ab und vertrocknet. *Lupinus polyphyllus* wird nicht befallen.

Primula obconica

Diese Zierpflanze ist leicht zu infizieren, zeigt aber wenige oder gar keine Symptome. Es lassen sich höchstens einige Flecke auf den Blüten farbiger Sorten und einige Zerschlitzungen der Blumenkrone oder eine schwache Mosaikscheckung der Laubblätter feststellen. Bei anderen *Primula*-Arten treten teils schwere Symptome wie Stauchung und Chlorose (besonders bei den sogenannten Polyanthusformen (*P. acaulis* × *veris*) auf, teils unterbleiben Symptome völlig trotz der Anwesenheit des Virus.

Tabak

Die systemische Erkrankung wiederholt die Vielfalt der Initialsymptome wie chlorotische Ringe, Linienmuster und Eichenblattzeichnungen. Später entstehen auch an den Stengeln braunschwarze Flecke, die schließlich einsinken und nekrotisch werden. Nach einiger Zeit zeigt der Zuwachs sehr viel geringere Symptome, bis schließlich eine Symptomausbildung gänzlich unterbleibt, also eine Erholung eintritt.

Nicotiana glutinosa

Die kranken Pflanzen sind meist schwer gestaucht. Die Blätter zeigen eine sehr ausgeprägte Scheckung mit blasigen Auftreibungen und Entstellungen aller Art wie Tütenblätter, geschwänzte Blätter, Blattverschmälerungen und narbige Blattoberseite. Auch Nekrosen kommen vor.

Durch ein einziges Virus werden also die meisten oben genannten Symptome hervorgerufen, wie diese Zusammenstellung zeigt, die sich noch beliebig erweitern ließe. Initialsymptome können unterbleiben wie bei einigen Gurkensorten, bei anderen zeigen sich chlorotische Primärläsionen, denen eine systemische Erkrankung folgt. Bei *Chenopodium quinoa* ergibt die Inokulation nekrotische Primärläsionen ohne darauffolgende systemische Infektion. Es treten manifeste systemische Symptome auf wie bei den anfälligen Gurkensorten, bei blauer Lupine, Tabak und *Nicotiana glutinosa*. Diese können später gemildert, maskiert werden wie bei Tabak, sie sind latent wie bei den Gurkensorten ,,Chinese Long" u. a., und es sind Arten aus einer sonst anfälligen Gattung immun, welche also überhaupt nicht befallen werden wie *Lupinus polyphyllus*. Auf die Notwendigkeit, bei Virusarbeiten mit Kulturpflanzen gut definierte Sorten zu verwenden und diese bei Arbeiten, bei denen das Symptombild entscheidend ist, genau anzugeben, sei hier ausdrücklich hingewiesen.

Bei Inokulationsversuchen, in denen das Verhalten einer großen Zahl von Pflanzen untersucht werden soll, empfiehlt es sich, tabellarische Übersichten zu geben, die meist wertvoller und übersichtlicher sind als selbst sehr exakte Symptombeschreibungen. Es mögen zwei Beispiele angeführt werden. C. W. ANDERSON berücksichtigt nur den Verlauf der Krankheit und verwendet folgende Symbole:

— = Oder. Es wird verwendet, wenn eine bestimmte Virusisolierung verschiedene Reaktionen auf verschiedenen Sorten einer bestimmten Indikatorpflanze oder wenn verschiedene Isolierungen einer bekannten Virusgruppe verschiedene Reaktionen auf einer bestimmten Indikatorpflanze hervorrufen (Beispiel: N — S)
+ = Indikatorpflanze ist schwierig zu infizieren, Infektionsresistenz. (Beispiel S +)
S = Nur systemische Symptome
SS = Systemische Symptome schwach (im wesentlichen latent)
LS = Lokalläsionen und systemische Symptome
SL = Systemische Symptome nur auf einigen Sorten; Lokalläsionen und systemische Symptome auf anderen
S,L? = Systemische Symptome; es ist nicht sicher, ob nicht auch Lokalsymptome auftreten
IS = Lokale und leichte systemische Symptome (im wesentlichen latent), aber Lokalsymptome nicht in Form von Läsionen
L = Lokalläsionen ohne nachfolgende systemische Infektion
T = Latente systemische Infektion
LT = Nur lokal latente (symptomlose) Infektion
N = Immun

Beispiel:

Vigna spp. reagiert auf:

einen Stamm des Gurkenmosaiks . . . . LS
Vigna-Mosaik Stamm A . . . . S
,, ,, ,, B . . . . N—S
,, ,, ,, C . . . . N—LS
Crotalaria juncea-Mosaik . . . . N
,, *mucronata*-Mosaik . . . . T—S

Eine andere Aufstellung von HOLMES geht mehr auf alle möglichen Symptome ein:

Verhalten der Wirtspflanzen

0 = Keine Vermehrung des Virus und keine Symptome (Nichtwirte)
1 = Vermehrung des Virus lokal, aber weder systemische Virusverbreitung noch Symptomausprägung (Pflanzen anfällig für lokalisierte maskierte Erkrankung)

2 = Virus auch in anderen als den Abreibeblättern anzutreffen, aber keine Symptomausprägung (Pflanzen anfällig für systemische maskierte Krankheit)

3 = Lokale Krankheitserscheinungen, jedoch keine Verbreitung des Virus (Pflanzen anfällig für lokalisierte manifeste Krankheit)

4 = Systemische Verbreitung des Virus und deutliche Symptome (Pflanzen anfällig für systemische und manifeste Krankheit)

Abkürzungen für Symptome

Ab	(abscission)	= Abfallen, Abtrennen
Bl	(black)	= schwarz
Br	(brown)	= braun
C	(chlorosis, chlorotic)	= Chlorose, chlorotisch
Ch	(chlorophyll-retention pattern)	= Chlorophyllmangel-Muster
Co	(concentric patterns)	= konzentrische Muster
Col	(collapse)	= Zusammenbruch
D	(death of plant)	= Tod der Wirtspflanze
Dif	(diffuse)	= diffus
Dis	(distortion, distorted)	= Entstellung, entstellt
E	(etched patterns)	= Ätzmuster
En	(enations)	= Enationen
Ex	(extreme)	= extrem
Fcd	(flowercolor deepened)	= Blütenfarbenverstärkung
Gr	(green, greenish)	= grün, grünlich
K	(klendusic, often escaping infection)	= Infektionsresistenz
L	(locally)	= lokal
Le	(leaf, leaves)	= Blatt, Blätter
M	(mottling)	= Scheckung
Ma	(masking)	= maskiert
Mv	(midvein)	= Mittelnerv
N	(necrosis, necrotic)	= Nekrose, nekrotisch
Ny	(necrosis with surrounding yellowing)	= Nekrose mit gelbem Hof
O	(no manifestation of disease observed)	= keine Manifestation der betr. Krankheit
Pc	(pale center)	= blasses Zentrum
Pe	(petiole or petioles)	= Blattstiel(e)
Pu	(puckered)	= warzig
R	(red)	= rot
Ri	(ring-like spots)	= Ringflecke
S	(systemically)	= systemisch
Se	(segments of rings)	= unvollständige Ringflecke
Sp	(spots)	= Flecke
St	(stem, stems)	= Stengel
Str	(streak)	= Strichel
Stu	(stunting)	= Stauchung
V	(virus recoverable)	= Virus ist wieder zu gewinnen
Vh	(virus absent)	= Virus nicht vorhanden
Vc	(vein clearing)	= Adernaufhellung
Vb	(vein banding)	= Adernbänderung
W	(white)	= weiß
Wi	(wilting)	= Welke
Y	(yellowing or yellow)	= Vergilbung oder gelb
Yo	(young)	= jung

Beispiel:

Symptome nach Inokulation mit TMV:

Cyphomandra betacea O

Nicotiana glutinosa 4 (L,V—BrNSpPc; S, V—NSp)
oder 3 (L, V—BrNSpPc; S, Va—O)

Tabak 4 (L,V—CSp, S, V—CVcPu—CM—Dis)

Paprika 4 (L,V—CSp—Ch; S, V—C—Stu—CM—Ch)
oder 4 (L, V—CSp—NSp—LeAb; S, V—CSp—NSp)
oder 3 (L,V—VSp—LeAb; S, Va—O)
oder 3 (L, V—CSp—NSp—LeAb; S, Va—O)

Sehr entscheidend für die Ausbildung und die Art der Symptome ist die Wachstumsphase, in der sich die Wirtspflanze befindet. Infektionen, die in den frühesten Stadien der Pflanze erfolgen, führen besonders bei nekrotischen Krankheitserscheinungen häufig zum Tod. Während der vegetativen Entwicklung verlaufen die Symptome gewöhnlich in der typischen Art. Daher ist diese Zeit besonders geeignet, das Auftreten der für das Virus und die Wirtspflanze charakteristischen Krankheitssymptome zu beobachten. Während der Blütenentwicklung nimmt die Bereitschaft der Pflanze, Blattsymptome zu entwickeln, beständig ab. Da Laubtriebe nur noch spärlich gebildet werden, besteht häufig kaum noch die Möglichkeit, die meist an den jungen Blättern besonders deutlichen Krankheitsbilder zu sehen. Erst wenn dann, wie z. B. bei der Dahlie, im Herbst wieder Seitentriebe auftreten, lassen sich noch einmal Symptome erkennen. Bei später Infektion unterbleibt auch häufig die Ausbildung der Symptome an Blüten und Früchten. Holzige Pflanzen, die infolge der Wachstumshemmung keine deutlichen Symptome mehr geben, können durch einen energischen Winterschnitt zur Intensivierung des Wachstums angeregt werden. Dabei treten die Symptome oft wieder besonders deutlich in Erscheinung.

Viele Viren zeigen die Fähigkeit, stark zu mutieren, und die dabei entstehenden Stämme ergeben auf der gleichen Wirtspflanzen-Art resp.-Sorte häufig außerordentlich verschiedene Symptome. Als Beispiel sei nur das Verhalten von Stämmen des TMV erwähnt. Fast alle Stämme geben bei normalen Temperaturen auf *Nicotiana glutinosa* nekrotische Primärläsionen. Auf *Nicotiana sylvestris* dagegen gibt eine Gruppe von TMV-Stämmen keine oder höchstens schwache chlorotische Primärläsionen und einen normalen Ablauf der systemischen Erkrankung. Eine zweite Gruppe, zu der die meisten in Deutschland auf Tomaten gefundenen Stämme, ferner die Gelbstämme gehören, ruft auf *Nicotiana sylvestris* nekrotische Primärläsionen hervor, und die systemische Erkrankung bleibt aus.

Die Zahl der Symptommöglichkeiten erhöht sich noch, wenn nicht nur ein einziges Virus die Wirtspflanze infiziert hat, sondern mehrere Virusstämme oder Virusarten. Es ist vorgeschlagen worden, von einem Virusgemisch (mixture) zu sprechen, wenn bei gemeinschaftlichem Vorkommen von zwei oder mehreren Viren oder Virusstämmen Symptome eintreten, die aus der Kenntnis der einzelnen Komponenten vorherzusagen waren. Bei der Ausbildung völlig neuer

Symptome soll von einem Viruskomplex (complex) die Rede sein. Es bleibt fraglich, ob diese Unterscheidung eine praktische Bedeutung hat.

In der Landwirtschaft und im Gartenbau werden wir es wohl meist mit mehreren gleichzeitig auftretenden Virusstämmen zu tun haben. Bei der großen Variabilität, die außer von den einzelnen Stämmen und den angebauten Sorten auch noch von der Umwelt bestimmt wird, dürfte eine Trennung der Begriffe wohl kaum möglich sein. Zur Erläuterung des Ausdrucks Viruskomplex diene ein Beispiel: Das TMV ruft auf den meisten Kulturtomatensorten eine deutliche Zuspitzung der Blattzähnung und mehr oder weniger wahrnehmbare Mosaikscheckung hervor. Nekrosen treten auf, sind aber selten und gefährden die Pflanze meist nicht erheblich. Das Kartoffel-X-Mosaik gibt meist nur undeutliche Scheckung und eine mehr oder weniger große Ertragsdepression. Die gleichzeitige Infektion mit beiden Viren führt zu einem Schock mit erheblicher Wuchshemmung, schweren Nekrosen an Stamm und Blättern und meist sehr ausgesprochener Mosaikzeichnung, dem bei jungen Pflanzen der Tod, bei älteren eine Erholung folgt, die meist schwer gefleckte Triebe zeitigt, bei der jedoch die Nekrosen abklingen. Ähnliche Erscheinungen werden auch bei anderen Viruskomplexen beobachtet; es kommen sogar Fälle vor, wo die Anwesenheit eines Virus nur dadurch wahrzunehmen ist, daß die Symptome nach Inokulation der befallenen Pflanze mit einem zweiten Virus, dessen Symptome bekannt sind, einen völlig abweichenden Verlauf nehmen.

Untersuchungen über den Einfluß der Umwelt sind im allgemeinen außerordentlich schwer durchzuführen, da die für eine exakte Behandlung notwendige Konstanz der Faktoren bei Variierung des zu untersuchenden Faktors praktisch nicht oder nur in engen Grenzen möglich ist. Die Virusliteratur ist reich an Beobachtungen z. B. zu dem Thema Symptomausprägung und Licht, ohne daß jedoch eindeutige Zusammenhänge gegeben werden können. Oft ist aus den Arbeiten aber nicht zu entnehmen, ob die Beobachtungen im Freiland oder Gewächshaus gemacht wurden und ob oder wie die Umweltfaktoren kontrolliert wurden. Für unsere Betrachtung ist es wertvoll zu wissen, daß Faktoren wie Licht, Temperatur usw. die Symptomausprägung beeinflussen. So scheint Lichtintensität im allgemeinen einen günstigen Einfluß auf die Ausbildung zu haben, doch werden auch gegenteilige Beobachtungen gemacht.

Bekannter sind Beobachtungen über den Einfluß der Temperatur. Sie kann das Verhalten der Wirtspflanze völlig verändern. Als Beispiel sei die Reaktion von *Nicotiana glutinosa* gegenüber einer Inokulation von TMV genannt. Bei Temperaturen bis zu 32°C entstehen auf den Abreibeblättern von *Nicotiana glutinosa* dunkelbraune nekrotische Primärläsionen, in denen das Virus in den meisten Fällen lokalisiert bleibt, nur ausnahmsweise kommen auch solche Läsionen auf anderen Blättern vor, vielleicht wenn Virusteilchen durch den Saftstrom mitgeführt werden. Eine echte systemische Erkrankung mit Mosaiksymptomen tritt jedoch nicht ein. Die Größe der Läsionen nimmt mit steigender Temperatur zu und bei Temperaturen über 35°C tritt systemische Infektion mit Mosaikscheckung der Blätter ein. Im allgemeinen kommt es bei hohen und niedrigen Temperaturen zu einer Maskierung, während mittlere Temperaturen deutliche Symptombilder geben. Das Optimum der Symptomausprägung liegt jedoch meist etwas tiefer als das Wachstumsoptimum.

Ein sehr schönes Beispiel über den Einfluß der Umwelt auf die Symptomausprägung liegt beim Gurkenmosaikvirus der Gurke vor. Nach der Infektion tritt eine kritische Periode ein, die einige Tage vor dem Ablauf der Inkubationsperiode beginnt und sich bis über deren Ende hinaus noch einige Tage erstreckt. In dieser Zeit entscheidet das Wetter den Krankheitsverlauf. Bei sonnigem warmen Wetter mit Maximumtemperaturen von 25° C und mehr entstehen nur Mosaiksymptome. Bei wolkigem kühlen Wetter mit Maximumtemperaturen

Abb. 33. Gleichaltrige Tabakblätter (Sorte „Samsun"), die zu verschiedenen Zeitpunkten mit TMV infiziert wurden (Original USCHDRAWEIT)

von 20° C und darunter tritt eine Welke auf, die zu einem allgemeinen Absterben der Pflanze führen kann. Bei unbeständigem Wetter mit Maximumtemperaturen von 20 bis 25° C treten teils Welken, teils Nekrosen auf.

Daß auch die Ernährung einen wesentlichen Einfluß auf den Krankheitsverlauf und im besonderen auf die Symptomausbildung hat, ist nicht verwunderlich, aber auch hierbei sind Veränderungen nicht vorherzusehen. Üppige Ernährung kann gelegentlich zu weitgehender Maskierung führen, doch führt starke Stickstoffdüngung auch zu frühzeitigerer und stärkerer Ausprägung des Krankheitsbildes. Es treten Krankheitserscheinungen bei Pflanzen auf, die bis dahin symptomlos waren und bereits vorhandene Symptome erfahren zusätzliche Verstärkung.

Abschließend mögen einige Bilder den komplizierten Symptomwandel zeigen, der offenbar durch die Umweltfaktoren eintreten kann. Alle Abbildungen zeigen Pflanzen von Tabak (Sorte „Samsun"), die mit Stämmen des TMV infiziert wurden. Abb. 33 zeigt vier verschiedene Blätter von vier verschiedenen

Abb. 34. Aufeinanderfolgende Blätter einer mit TMV infizierten Tabakpflanze (Sorte „Samsun") (Original USCHDRAWEIT)

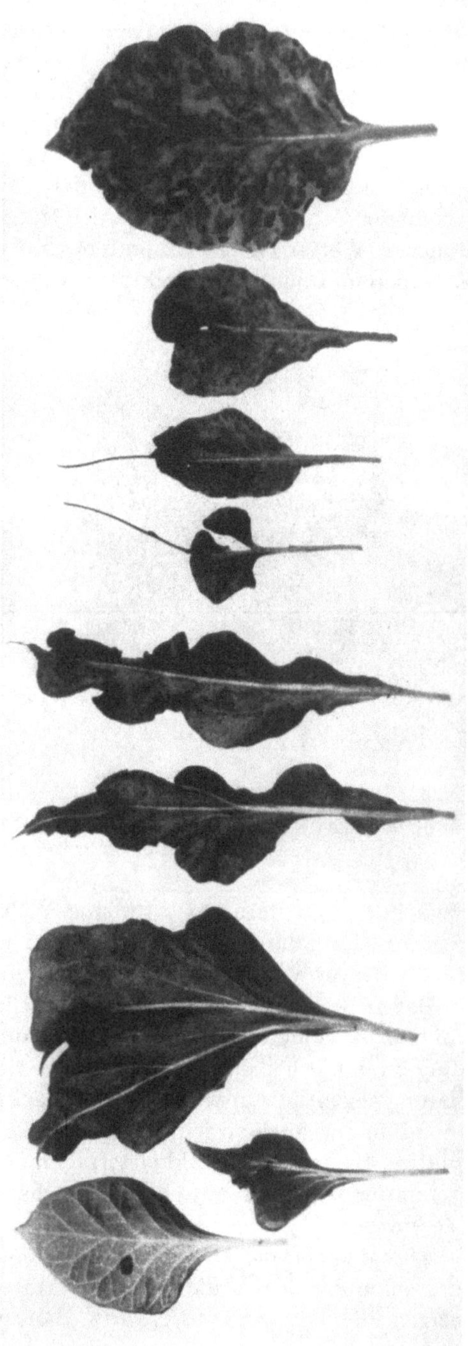

Abb. 35. Aufeinanderfolgende Blätter einer mit einem stark deformierenden Stamm des TMV infizierten Tabakpflanze (Sorte „Samsun") (Original USCHDRAWEIT)

gleichaltrigen Pflanzen, die von links nach rechts am 2., 9., 16. und 22. Februar 1956 mit einem Gelbstamm des TMV inokuliert wurden. Von jeder Pflanze wurde das 8. Blatt am 12. März abgenommen und photographiert. Das 1. Blatt zeigt deutliche Formveränderung, jedoch nur geringe Farbänderung, das 2. neben Formveränderung eine ausgesprochene Scheckung, das 3. veränderte Form und eine „genarbte Oberfläche" bei geringer Fleckenbildung, während das 4. eine Mosaikfleckung erkennen läßt. Die folgenden beiden Serien stammen von je einer Pflanze. Abb. 34 zeigt das 4.—9. Blatt einer am 16. Februar 56 mit TMV (Gelbstamm) infizierten Samsunpflanze, und zwar zeigt das 4. Blatt, das Inokulationsblatt, Lokalsymptome, die hier recht abweichend fast als Scheckung erscheinen; die folgenden Blätter zeigen Adernbänderungen der verschiedensten Art bis zur Scheckung des letzten Blattes. Besonders eindrucksvoll ist die letzte Serie (Abb. 35). Sie stellt Blatt 5—13 einer mit einem stark deformierenden Stamm des TMV infizierten Samsunpflanze dar. Blatt 5 zeigt eine chlorotische genarbte Oberseite, die nur einen inselartigen dunkelgrünen Fleck trägt. Die folgenden Blätter sind schwer deformiert, dagegen fast gänzlich ohne Fleckung. Eigenartig ist die Ausbildung der „Träufelspitze", die dann plötzlich bei Blatt 12 völlig zurückgebildet und sogar eingezogen wird. Schon bei Blatt 11 beginnt eine Verfärbung, die aber erst bei Blatt 13 eine Mosaikzeichnung erreicht, wie sie häufiger beobachtet werden kann.

Die mit „Original USCHDRAWEIT" bezeichneten Abbildungen wurden von E. SCHÄLOW (Biologische Bundesanstalt für Land- und Forstwirtschaft, Berlin-Dahlem) angefertigt.

Übertragungsmöglichkeiten durch Pfropfung, Zellpreßsaft und Kontakt, Samen, Boden und *Cuscuta*

Von

K. Schmelzer

Ebenso wie für alle sonstigen Krankheitserreger ist auch für die Pflanzenviren das Problem der Übertragung von besonderer Bedeutung. Nur dann, wenn sie unter natürlichen Bedingungen wirkungsvolle Wege der Verbreitung besitzen, können sie sich auf die Dauer in einem Pflanzenbestand behaupten. Wenn man diese Wege erkennt und für seine Zwecke benutzt oder Methoden zur künstlichen Infektion findet, kann man das betreffende Virus hinsichtlich seiner Symptome, seines Wirtspflanzenkreises und seiner sonstigen Eigenschaften umfassend untersuchen. Von Fall zu Fall wird es verschieden sein, welche Übertragungsmethoden in der Natur am wichtigsten sind und welche im Versuch am erfolgreichsten oder im Vergleich zum Aufwand an Zeit, Mühe und Kosten am zweckmäßigsten erscheinen. Wir sind noch weit davon entfernt, für alle bekannten Viren sämtliche unter natürlichen und künstlichen Bedingungen möglichen Übertragungsweisen zu kennen.

Die Übertragungsmöglichkeiten lassen sich in wenige Gruppen einteilen, nämlich in Übertragung durch Pfropfung, Preßsaft, Boden, Samen und „Vektoren". Unter diesen letzteren versteht man in der pflanzlichen Virusforschung Lebewesen, die auf Grund ihrer eigenen Aktivität zur Vermittlung von Virusinfektionen befähigt sind. Bis zum Jahre 1940 waren ausschließlich Tiere als Virusüberträger bekannt. Sie gehören praktisch alle zum Stamm der Arthropoden und sind zum weitaus überwiegenden Teil Insekten. Nach der obigen Definition sind auch pflanzliche Vektoren denkbar. Sie sind in der parasitischen Samenpflanzengattung *Cuscuta* verkörpert, deren Vertreter von einer Wirtspflanze zu anderen überwachsen und dabei deren Viren übertragen können.

Grundsätzlich läßt sich jedes Pflanzenvirus durch Pfropfung übertragen, sofern es die Tendenz besitzt, eine systemische Erkrankung hervorzurufen und die Möglichkeit einer Gewebeverwachsung zwischen dem viruskranken und dem gesunden Partner besteht. Als Pfropfungsmethoden sind alle Verfahren brauchbar, die in der gärtnerischen Praxis angewendet werden, wie Pfropfen in den Spalt, Kopulation, Ablaktion und Okulation. Es ist im Prinzip gleichgültig, ob der gesunde Partner die Unterlage oder das Reis darstellt. Daneben sind Verfahren zur experimentellen Virusübertragung durch Pfropfung im Gebrauch, die speziell für die Zwecke der Virusforschung entwickelt worden sind und keine oder wenig Bedeutung für den Gartenbau haben. Die Flaschenpfropfung lehnt sich an die Ablaktion an, jedoch behält das Reis nicht seine Wurzel, sondern wird durch Einstellen in Wasser oder Nährlösung bis zur endgültigen Verwachsung mit der Unterlage vor dem Vertrocknen bewahrt. Eine Pfropfung in den Spalt unter Benutzung von Blättern als Reis hat vor allem bei der Erdbeere besondere Bedeutung. Bei der Berührungspfropfung wird die Rinde von Pflanzen, die in unmittelbarer Nachbarschaft wachsen, abgeschabt. Die Wundstellen werden aneinandergelegt und die Stengel durch Bast zusammengebunden. Zur Übertragung von Virosen der Obstgehölze hat sich die Implantation augenloser flacher Rinde und Holz umfassender Späne (englisch „chips") in zu infizierende Pflanzen gut bewährt. Bei *Citrus* genügte hierbei sogar die Einfügung von Blattstücken, um das Virus der „Psorose" zu übertragen.

Morphologische Besonderheiten von Pflanzen führten zu weiteren Modifikationen der Pfropfung. Mit Hilfe von Korkbohrern lassen sich walzenförmige Gewebestücke aus Kartoffelknollen gewinnen und in entsprechende Löcher anderer Knollen einsetzen. Bei der Tulpe werden Stücke der Zwiebeln miteinander vereint. Die Ausläufer der Erdbeerpflanzen ergeben eine weitere Möglichkeit, bei dieser, durch ihren Rosettenwuchs sonst schwierig zu pfropfenden Pflanze Verwachsungen zu erreichen. Virussymptome erscheinen dabei vor allem an den Tochterpflanzen. Über eine Reihe von Pfropfmethoden gibt die schematische Darstellung in Abb. 36 näheren Aufschluß.

In der Regel erfolgen keine Verwachsungen zwischen Pflanzen, die keine nähere systematische Zusammengehörigkeit aufweisen. Heteroplastische Pfropfungen werden jedoch wesentlich vereinfacht und erleichtert, wenn dünne, an der Basis angespitzte Reiser in das Mark der Unterlage eingesetzt werden. Mit dieser Methode gelang es, eine in Australien an Möhren vorkommende Virose auf die Petunie zu übertragen.

Nicht nur oberirdische Organe, sondern auch Wurzeln können zu Pfropfungen verwandt werden. Im Hinblick auf Viren, die hauptsächlich die Wurzeln besiedeln, wie das Virus der progressiven Zwergwüchsigkeit des Pfirsichs, ist dieses Verfahren besonders wichtig.

In vielen Fällen ist die ungewollte Virusverbreitung durch Verwendung kranker Edelreiser der bedeutungsvollste „natürliche" Übertragungsweg. Bei der Psorose der *Citrus*-Gewächse und einigen Virosen der Obstbäume spielen daneben anscheinend auch spontane Wurzelverwachsungen eine Rolle. Dagegen scheint „Wurzelberührung" als Ausbreitungsfaktor für das Kartoffel-X-Virus unter natürlichen Bedingungen nur eine sehr untergeordnete Bedeutung zu besitzen.

Eine sehr große Anzahl pflanzlicher Viren besitzt für kürzere oder längere Zeit „Beständigkeit in vitro", d. h. sie sind in der Lage, ihre Infektiosität im Preßsaft ihrer Wirtspflanzen zu bewahren, so daß sie durch Verimpfung (Inokulation) desselben übertragen werden können. Virusübertragungen mittels Saft werden als „mechanische Übertragungen" bezeichnet.

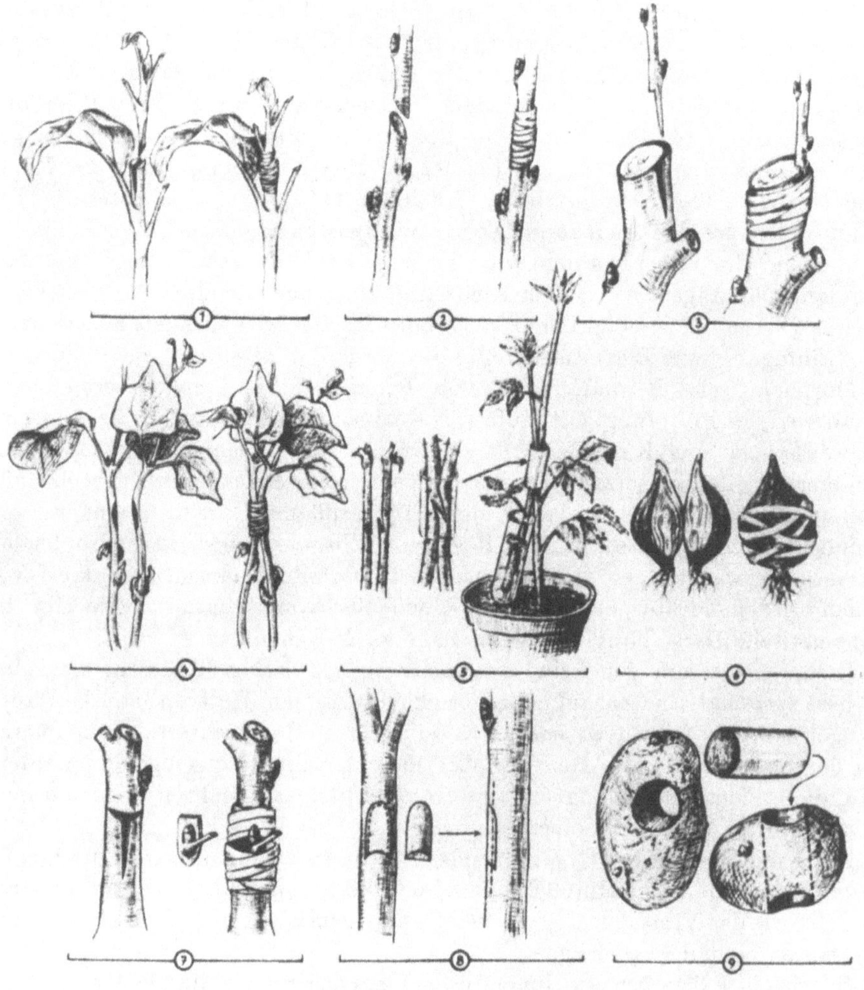

Abb. 36. Übersicht über in der Virologie gebräuchliche Pfropfmethoden
1. Pfropfung in den Spalt 2. Kopulation 3. Pfropfung hinter die Rinde 4. Berührungspfropfung 5. Flaschenpfropfung (bottle graft) 6. Zwiebelpfropfung 7. Okulation 8. Chip-Pfropfung (chip budding) 9. Knollenpfropfung

Nach der in der Phytopathologie eingebürgerten Terminologie sind die Viren als „Wundparasiten" zu bezeichnen. Sie sind nicht fähig, unverletztes Pflanzengewebe von außen zu befallen. Daher ist allen Verfahren der mechanischen Übertragung gemeinsam, daß sie durch Schaffung von Wunden dem infektiösem Agens den Weg ins Plasma des Wirtes ebnen. Es ist dabei jedoch zu beachten, daß Zellen mit starken Verletzungen schnell absterben und daher keine Vermehrung und Ausbreitung von Viren ermöglichen.

Die bequemste und am häufigsten benutzte Methode ist die „Abreibung", bei der der Preßsaft kranker Pflanzen mit Hilfe des Zeigefingers, eines Wattebausches, einer zarten Bürste, eines Glasspatels oder etwas Ähnlichem auf der Oberseite von Blättern möglichst in kreisenden Bewegungen verrieben wird. Bei vorsichtiger Handhabung entstehen nur winzige Verletzungen an den Blatthaaren oder Epidermiszellen, die das Haften der Infektion gewährleisten. Der Zusatz von chemisch indifferentem harten Material wie Quarzsand (SiO_2) oder Karborund (SiC) in staubartig feiner Zerteilung erhöht die Infektionsrate meist sehr merklich. Als am besten geeignetes „Abrasiv" hat Karborund in einem Zerteilungsgrad von 400—500 zu gelten.

Schon innerhalb kurzer Zeit verliert das Blattgewebe die durch das Abreiben entstandene Empfänglichkeit für Virusinfektionen weitgehend. Verstreicht zwischen der Verletzung des Blattes und der Aufbringung des virushaltigen Preßsaftes ein längerer Zeitraum, so kommt es zu keinem oder nur zu einem geringen Infektionserfolg. Die Annahme, daß schnelles Abtrocknen der beimpften Pflanzengewebe zu raschem Tod der verletzten und mit eindringenden Viruspartikeln behafteten Zellen führt, ließ es nützlich erscheinen, sie mittels aufgelegter nasser Filtrierpapierstücken zu befeuchten. Neuere Untersuchungen deuten jedoch darauf hin, daß schnelles Abtrocknen mit Hilfe eines kühlen Luftstromes die Zahl der Infektionsstellen erhöhen kann.

Wenn eine Abreibung zu systemischer Infektion führen soll, empfiehlt es sich, zur Beimpfung jüngere, noch im Wachstum befindliche Blätter zu benutzen. Die Schnelligkeit der Virusausbreitung ist in alten Blättern vielfach herabgesetzt, sie sterben oft eher ab als das Virus aus ihnen in die übrigen Teile der Pflanze vorgedrungen ist. Eine Dekapitierung wirkt sich günstig aus, wenn es sich um Viren handelt, auf die die betreffenden Pflanzen mit Lokalläsionen reagieren. Die Infektionserfolge an alten Pflanzen sind häufig nicht zufriedenstellend. Auch auf Pflanzen, die unzureichend mit Wasser versorgt wurden, gelingen weniger Infektionen als auf feuchter gehaltenen. Am TMV wurde gefunden, daß Verimpfungen zwischen 11—17 Uhr mehr Läsionen als während der Zeit von 6—8 Uhr hervorrufen.

Viele Pflanzenarten weisen nach Infektionen mit einem mechanisch leicht übertragbaren Virus deutliche Symptome auf. Es gelingt dennoch nicht oder nur schlecht, das Virus von ihnen aus durch Abreibung auf andere, ebenfalls dafür anfällige Pflanzen zurückzubringen. Hierbei wird der Mißerfolg häufig durch Virushemmstoffe im Preßsaft der betreffenden Pflanzenarten bedingt. Beispiele für stark hemmstoffhaltige Pflanzen sind u. a. der Spinat, die *Beta*-Rübe, die Kermesbeere (*Phytolacca*) und die Nelke. Stärkere Verdünnung des Preßsaftes führt in solchen Fällen nicht selten zum Erfolg, indem die Hemmstoffwirkung verringert wird, jedoch der Verdünnungsendpunkt des betreffenden Virus noch nicht erreicht ist. Angehörigen der gleichen Art oder Familie gegenüber ist die Hemmstoffwirkung besonders gering. So können Viren von der Nelke auf Caryophyllaceen ohne Schwierigkeiten übertragen werden, während Wirtspflanzen aus anderen Familien nur selten nach Beimpfung mit virushaltigem

Nelkenpreßsaft positiv reagieren. In manchen Pflanzenfamilien gibt es Arten mit verhältnismäßig geringer Hemmwirkung. Unter den Nelkengewächsen ist die Vogelmiere ein Beispiel dafür. Sie kann zur Überbrückung von Virusinfektionen der Nelken auf andere Pflanzen eingesetzt werden. Nicht alle Organe einer Pflanze besitzen den gleichen Hemmstoffgehalt. Bei Kirsche und Gladiole hat sich die Verwendung von Blütenpreßsäften bewährt. Bestimmte Pflanzenarten, wie die Gurke, zeigen gegenüber Hemmstoffen wenig Empfindlichkeit, so daß an ihnen auch mit sonst durch Hemmung unwirksamen Preßsäften Infektionen gelingen.

Vielfach sind Viren so empfindlich, daß erst durch spezielle Behandlungen der zu infizierenden Pflanzen oder des zu verimpfenden Materials zufriedenstellende Übertragungserfolge erzielt werden können. Sehr günstig erweist sich eine Verdunklung bzw. Schattierung der Pflanzen vor der Abreibung. Im allgemeinen genügen 24—48 Stunden. In Versuchen zur mechanischen Übertragung des Virus der Rübenvergilbung war ein Aufenthalt der zu infizierenden Pflanzen unter den Gewächshaustabletten für die Dauer von fünf bis sechs Tagen zweckmäßig.

Nach der Beimpfung nützt eine Verdunklung der Planzen nichts mehr. Es empfiehlt sich jedoch, sie während und kurz nach der Abreibung nicht allzu warm zu halten. Beispielsweise gehen Infektionen mit dem Gurkenmosaik-Virus bei Nichtbeachtung dieser Regel vielfach nicht an. Für das Tabakmauche-Virus wurde festgestellt, daß bei Temperaturen unter 25°C mechanische Übertragungen begünstigt sind und oberhalb 30° ausbleiben. Normalerweise werden Abreibungen auf der Oberseite der Blätter durchgeführt. Das Virus der Rübenvergilbung konnte jedoch zu einem höheren Prozentsatz bei Beimpfung der Blattunterseite übertragen werden.

Ein Zusatz reduzierend wirkender Chemikalien schützt empfindliche Viren vor Oxydation und damit vor Inaktivierung. Verwendet werden Natriumsulfit oder Cysteinhydrochlorid. Dikaliumhydrogenphosphat (K_2HPO_4) greift anscheinend nicht in die Oxydationsvorgänge ein und verbessert dennoch in einprozentiger Lösung die Infektionserfolge deutlich, vor allem bei der Beimpfung von Gartenbohnen.

Besonders wenig Zeit zwischen dem Heraustreten des Zellinhaltes und dem Einbringen des Virus in verletzte Gewebe zu infizierender Pflanzen verstreicht bei folgender Methode: Es werden aus Blättern viruskranker Pflanzen mit Hilfe eines Korkbohrers Scheiben ausgestanzt und wie Geldstücke aufeinandergelegt. Die Testpflanzen werden mit Karborund bestreut und mit Phosphatpuffer besprüht. Durch eine Pinzette lassen sich die Blattscheiben zusammenhalten, die Schnittränder werden mit leichtem Druck über die Blätter der Testpflanzen gerieben. Bei einem älteren Verfahren sticht man feine Nadeln (Insektennadeln) schnell hintereinander in kranke und gesunde Pflanzengewebe ein. Abreiben mit trockener Bürste ist sehr erfolgreich.

Schnittwunden mit Messern, die mit virushaltigem Saft behaftet waren, erwiesen sich bei Infektionen von Freesien als erfolgreich. Das Aufstecken von mit virösem Preßsaft gefüllten Kapillaren hat heute kaum noch Bedeutung für die experimentelle Virusübertragung. Gelegentlich werden jedoch Injektionen mit Viruslösungen durchgeführt, vor allem bei der mechanischen Beimpfung von Vektorinsekten.

Unter natürlichen Bedingungen kann es gleichfalls zu mechanischer Virusübertragung kommen. Infolge von Windbewegungen reiben sich Stengel und Blätter benachbart stehender Pflanzen aneinander, wobei Verletzungen entstehen und der Zellinhalt von einer Pflanze zur anderen übertragen werden kann (Kontaktinfektion). Ist eine der Pflanzen mit einem mechanisch übertragbaren Virus verseucht, so ist eine Infektion möglich. Kulturmaßnahmen, die zu gewollten oder ungewollten mechanischen Beschädigungen führen, sind ebenfalls häufig die Ursache von Spontanerkrankungen. Das Ausgeizen der Tomaten, das Zerschneiden von Kartoffeln zur Pflanzguterzeugung, wie es namentlich in den USA vielfach durchgeführt wird, sind Beispiele dafür. Auf die Möglichkeit der Kontaktinfektion bei Wurzeln wurde bereits hingewiesen.

Während nach vegetativer Vermehrung systemisch infizierter Pflanzen nur in seltenen Ausnahmefällen virusfreie Tochterpflanzen entstehen, sind bei generativer Vermehrung relativ wenige Viren auf die Nachkommenschaft übertragbar. Dabei ist interessant, daß z. B. unreife Tabaksamen das TMV in deutlich nachweisbarer Menge enthalten. Erst mit der Reife verschwindet ihr Virusgehalt, so daß keine Samenübertragung stattfindet.

Stets erweisen sich nicht alle Nachkommen aus Samen viruskranker Pflanzen als virusverseucht, sondern nur ein Teil von ihnen, im allgemeinen weniger als 50%. Je zeitiger die Infektion erfolgte, um so größer ist der Prozentsatz an Samenübertragungen. Es ist übrigens zu beachten, daß die Virus enthaltenden Samen vielfach eine herabgesetzte Keimfähigkeit aufweisen oder die auflaufenden Pflanzen im Jugendstadium absterben. Einige Pflanzenfamilien zeigen die Samenübertragung von Viren auffällig häufig. Zu ihnen sind vor allem die Leguminosen zu rechnen, deren Viren sich meist in sonstiger Hinsicht keineswegs durch besonders hohe Infektiosität auszeichnen. Auffällig wenig kommt die Samenübertragung bei den durch zahllose Viren heimgesuchten Solanaceen vor. Hier ist vor allem das Tabakringflecken-Virus zu erwähnen, das im Petuniensamen übertragen werden kann. Es zeigt sich auch eine Abhängigkeit von der Pflanzenart, denn dasselbe Virus wird anscheinend mit dem Tabaksamen nicht weitergegeben. Sogar zwischen verschiedenen Pflanzensorten können derartige Unterschiede auftreten. Das Salatmosaik-Virus wird durch den Samen vieler Salatsorten übertragen. Kranke Pflanzen der Sorte „Cheshunt early giant“ erzeugen jedoch nur solchen, aus dem gesunde Pflanzen hervorgehen. Schließlich sind auch noch Differenzen im Prozentsatz der Samenübertragung bei den Nachkommenschaften verschiedener Individuen ein und derselben Salatsorte möglich. Andererseits gibt es Unterschiede, die von der Art des Virusstammes abhängig sind. Das südliche Bohnenmosaik-Virus existiert in zwei Stämmen, von denen nur einer durch Bohnensaatgut übertragen wird.

Außer der Virusübertragung durch die Mutterpflanze sind auch Übertragungen durch den Pollen beobachtet worden. Hier sind unter anderem das gewöhnliche Bohnenmosaik-Virus und das Ulmenmosaik-Virus zu nennen. Neben Fällen, bei denen eine Weitergabe des Virus offensichtlich über den Embryo erfolgt, gibt es anscheinend auch „unechte Samenübertragung". Ein Beispiel dafür gibt das TMV, das an Tomatensämlingen auftreten kann. Es scheint hier in den anhaftenden Resten des Fruchtfleisches und vielleicht auch in der Samenschale vorzuliegen und geht von dort aus auf die auflaufenden Pflanzen über.

Über die Ursachen der Virusfreiheit von Samen kranker Pflanzen sind noch keine befriedigenden Vorstellungen vorhanden. Im allgemeinen sollen keine Plasmodesmen zwischen dem Embryo und dem Gewebe der Mutterpflanze bestehen. Somit wäre die Neuzufuhr von Virus aus der letzteren in den jungen Keim unterbunden oder zumindestens stark erschwert. Verschiedentlich wurden im Samen Virushemmstoffe festgestellt. Ob sie allerdings mit dem Vorgang einer Virusinaktivierung in vivo im Zusammenhang stehen, wie behauptet wird, erscheint sehr zweifelhaft.

Die Weitergabe von Virus mit dem Samen ist von hoher wirtschaftlicher Bedeutung. Ein Feldbestand, in dem sich anfänglich nur wenige auf diese Weise infizierte Pflanzen befinden, kann innerhalb kurzer Zeit zu einem sehr hohen Prozentsatz erkranken, wenn durch das Vorhandensein geeigneter Vektoren oder durch Kulturmaßnahmen eine schnelle Weiterverbreitung erfolgt. Ist das Saatgut des Salats nur zu einem Prozent mit dem Mosaik-Virus verseucht, so ist eine Ansteckung des Feldbestandes bis zu 40 Prozent möglich.

Nur eine geringe Anzahl Virusarten befällt vom Erdboden aus neue Wirtspflanzen. Es sind dies vor allem solche, von denen nach bisheriger Kenntnis keine oder praktisch bedeutungslose Vektoren bekannt geworden sind, beispielsweise TMV, Tabaknekrose- und Tabakmauche-Virus. Eine Reihe von Befunden deutet darauf hin, daß auf bestimmten Bodenarten häufiger Bodenübertragungen vorkommen. So tritt in Sumatra auf grauem bis weißem Alluvialboden das TMV in den dortigen ausgedehnten Tabakkulturen viel häufiger als auf rötlichem residuärem Boden auf, wenngleich nach künstlicher Infektion auch hier die Pflanzen erkrankten. Das „stippelstreep" der Gartenbohnen findet sich in den wasserreichen Gebieten von Nord- und Südholland, nicht jedoch auf trockenem Sandboden. Die Infektiosität der Viren scheint in schwerem, wenig durchlüfteten Boden länger erhalten zu bleiben als in leichtem und gut durchlüfteten.

Vielfach sind möglicherweise nicht die an die eigentlichen Bodenbestandteile adsorbierten Viruspartikeln, sondern nur die im Boden enthaltenen wenig oder nicht zersetzten Überreste kranker Pflanzen die Ursache von Infektionen, auch befallen die Viren weniger auf dem Weg über die Wurzeln neue Wirtspflanzen als vielmehr über die der Erdoberfläche aufliegenden Blätter. In gewissen Fällen liegt der Verdacht nahe, daß im Boden lebende Organismen bei der Virusverbreitung eine Rolle spielen.

Aus Holland sind verhältnismäßig viele bodenübertragbare Viruskrankheiten bekannt geworden, wie die Augustakrankheit der Tulpe, das „stippelstreep“ der Gartenbohne, die beide durch Tabaknekrose-Viren hervorgerufen werden. Hierher gehören auch die Ratelkrankheit (Mauche) des Tabaks und das „stengelbont“ der Kartoffel, deren Ursache das Tabakmauche-Virus ist.

Vom Tabaknekrose-Virus ist die Übertragbarkeit mit dem Gießwasser und durch Luftströmung nachgewiesen worden.

Im Jahre 1940 wurde erstmalig über die Verwendung von *Cuscuta*-Arten zur experimentellen Virusübertragung berichtet. Seitdem sind Angehörige dieser parasitischen Gattung der Convolvulaceen häufig zu derartigen Versuchen benutzt worden. Gegenwärtig sind von den ungefähr 150 bekannten Seidearten etwa 15 auf ihre Eignung als Virusvektoren geprüft worden, wobei mit ungefähr 60 verschiedenen Viren gearbeitet wurde.

Man geht bei der experimentellen Virusübertragung mit *Cuscuta* wie folgt vor: Seidesamen werden in Petrischalen auf Filtrierpapier zum Keimen gebracht. Falls die betreffende *Cuscuta*-Art hartschalig ist, kann man durch Einlegen der Körner in konzentrierte Schwefelsäure (30—120 min) und anschließendes schnelles und gründliches Abspülen oder durch Anritzen die Keimfähigkeit meist zufriedenstellend erhöhen. Die Triebspitzen der Keimlinge werden an geeignete Wirtspflanzen angelehnt; diese dürfen nicht zu alt und zu groß sein, da Verholzung und dicker Stengel das Anwachsen der jungen Schmarotzerpflanzen verhindern oder erschweren können.

Innerhalb weniger Tage erreicht die Seide unter optimalen Bedingungen den Anschluß an den Wirt, indem sie ihn umschlingt und Haustorien in seine Gewebe hineintreibt. Die schlauchförmig gestalteten Zellreihen der Haustorien dringen vor allem in die Leitbündel des Wirtes ein. Ein Teil der Schläuche vermittelt den Anschluß an die Gefäße und hat deshalb das Aussehen von Tracheiden, während ein anderer Teil plasmareich ist und sich zum Phloem wendet. Es erweist sich als günstig, wenn man Vorratskulturen virusfreier *Cuscuta* auf gut im Gewächshaus wachsenden Pflanzen anlegt, die den Schmarotzern üppiges Wachstum gestatten (beispielsweise Samsuntabak und Ackerbohnen).

Kranke Pflanzen umwickelt man vorsichtig mit vegetativen Trieben der Seide, denn bei der Verwendung von Sprossen mit Blüten kommt es meist nicht zur Bildung weiterer Triebe auf dem neuen Wirt. Es ist darauf zu achten, daß die Triebspitzen des Parasiten unbeschädigt sind, weil sonst kein Anwachsen erfolgt. Nach einer gewissen Zeit, in günstigen Fällen nach weniger als zwei Wochen, hat die Seide auf den erkrankten Pflanzen Triebe ausgebildet, die lang genug sind, um zu Virusübertragungsversuchen verwendet werden zu können. Man läßt sie entweder auf gesunde Wirte direkt überwachsen, so daß die Seide eine Brücke zwischen den Pflanzen bildet (Abb. 37), oder man trennt Sprosse von 10—20 cm Länge ab und umwindet damit die zu infizierenden Pflanzen. Schon innerhalb von zwei Tagen kann der Schmarotzer sich fest auf ihr angesiedelt haben. Bei der Übertragung des Gurkenmosaik-Virus durch *Cuscuta campestris* ist es möglich, daß Ackerbohnen schon nach vier Tagen Krankheitsmerkmale aufweisen (Abb. 38).

Als Abänderung der Übertragungsmethode mit *Cuscuta* ist die „Seidepfropfung“ (dodder graft) zu erwähnen. Es werden wie üblich miteinander

Abb. 37. *Cuscuta epithymum* von viruskranker *Datura metel* auf gesunde Tabakpflanzen überwachsend (Original SCHMELZER)

Abb. 38. Stengelnekrosen an Ackerbohne, hervorgerufen durch virusübertragende *Cuscuta campestris* (links Gurkenmosaikvirus, rechts Tabakmauchevirus) (Original SCHMELZER)

gepfropfte Pflanzen an der Pfropfstelle mit *Cuscuta* umwunden, die in geeigneter Weise in dieser Lage festgehalten wird. Der Parasit bildet dann Haustorien aus und greift mit ihnen sowohl das Reis als auch die Unterlage an. Dadurch schafft er zwischen den Pfropfpartnern schnell eine Verbindung, was vor allem bei langsam regenerierenden oder wegen Nichtverwandtschaft überhaupt nicht verwachsenden Partnern wichtig ist.

Übertragungen mit Seide sind vor allen Dingen bei solchen Viren von Nutzen, die mechanische Verimpfung nicht überstehen und besonders dann, wenn ihre Übertragung auf systematisch weit voneinander verschiedene Pflanzenarten versucht werden soll. Die *Cuscuta*-Arten haben nämlich die Fähigkeit, sehr viele Blütenpflanzen besiedeln zu können. Fast immer ist jedoch die mechanische Übertragung überlegen, falls sie überhaupt anwendbar ist.

Sogar verschiedene Viren der Holzgewächse konnten durch Seide auf krautige Pflanzen übertragen werden. Jedoch lassen sich nicht alle Viren durch *Cuscuta*-Arten auf andere Wirte überleiten. So schlugen Übertragungsversuche mit dem Gelben Bohnenmosaik-, dem Kartoffel-Y- und dem *Beta*-Rübenmosaik-Virus fehl. In anderen Fällen unterscheiden sich die einzelnen Seidearten in ihrer Fähigkeit als Vektoren. Zum Beispiel kann das Luzernemosaik-Virus durch *Cuscuta campestris*, *C. subinclusa*, *C. europaea*, *C. epilinum* und andere übertragen werden, aber nicht durch *C. californica* und *C. epithymum*. Jahreszeitliche Einflüsse spielen ebenfalls eine Rolle. Das TMV läßt sich durch *Cuscuta campestris* während des Winters bis zu einem gewissen Prozentsatz übertragen, während diese Art im Sommer praktisch keine Infektionen vermittelt.

Der Übertragungserfolg ist dann am höchsten, wenn die betreffende Seideart selbst ein Wirt des zu übertragenden Virus ist. In solchen Fällen erkranken oft alle parasitierten Pflanzen. Ist die Seide bloßer Vektor, so werden häufig nur wenige infiziert.

Bei der direkten Verbindung von kranker und gesunder Wirtspflanze kann man mit einem Kunstgriff eine Erhöhung der Infektionsrate erzielen. Man läßt die kranke Pflanze voll assimilieren und läßt die ge unde hungern. Wenn man die Vegetationspunkte des Parasiten zur Verhinderung des Nährstoffverbrauches entfernt hat, fließt ein Strom von Kohlehydraten und Virus von der kranken zur gesunden Pflanze durch die Leitbündel der Seide. Aushungern kann man durch Verdunkeln der Assimilationsorgane erreichen.

Mit Recht wird *Cuscuta campestris* unter den Seidearten zu Virusübertragungen so bevorzugt wie *Myzus persicae* unter den Blattläusen. Diese Seideart wächst besonders rasch und verzweigt sich reichlich, während andere nur wenige zur Übertragung geeignete Triebe entstehen lassen, weil sie sich schlecht verzweigen oder vor allem auf die Bildung zahlreicher Samen bedacht sind.

Das Anwachsen der Seide auf einem Wirt hat vieles mit einer Pfropfung gemeinsam. Bei ordnungsgemäßer Verwachsung der Pfropfpartner kommt es zu Plasmodesmenverbindungen. Diese sind auch in den Wänden der Haustorialschläuche von *Cuscuta* zu finden. Da die Wirtszellen das nackte Protoplasma an die Haustorialschläuche herantreten lassen, können somit Viruspartikeln aus dem Wirt in den Parasiten und umgekehrt gelangen.

Soviel bisher bekannt ist, spielt unter praktischen Verhältnissen die Virusübertragung mit Seide keine oder nur eine sehr nebensächliche Rolle. Es gibt allerdings in Kalifornien in den dortigen Beständen von *Cuscuta californica* eine Virose, die sich auf dem Schmarotzer selbst nicht durch Krankheitserscheinungen äußert und daher „Latente Seidekrankheit" genannt wird. An einigen Kulturpflanzen, vor allem Rübe, ruft dieses Virus sehr heftige Schäden hervor, jedoch tritt die genannte Seideart bisher nur auf Wüstenpflanzen auf.

Versuche, Viren mit Hilfe im Erdboden lebender Pilze zu übertragen, verliefen erfolglos.

Übertragung durch Insekten und das Virus-Insekt-Verhältnis

Von

J. Völk

Mundwerkzeuge der Insekten, Virusaufnahme durch Insekten, Vektoren und von ihnen übertragene Viren, Insekt und Virusausbreitung, Virus-Insekt, persistente Viren, Transport und Vermehrung des Virus im Insekt, Weitergabe des Virus an die Nachkommenschaft, nichtpersistente Viren, Anlage von Blattlauskulturen.

In der freien Natur ist die häufigste Form der Virusübertragung die durch tierische Überträger, hauptsächlich durch Insekten. Andere Übertragungsmodi, die ebenfalls zu einer beachtlichen Virusausbreitung führen können, wie das z. B. beim TMV gilt, besitzen demgegenüber eine geringere Bedeutung. Der Wirksamkeit der Vektoren sind jedoch gewisse Grenzen gesetzt: Temperatur, Luftfeuchtigkeit, Überwinterungsverhältnisse, natürliche Feinde, Fehlen von Nährpflanzen, sind nur einige der Faktoren, die Vermehrung und regionale Ausbreitung einschränken können; physiologischer Zustand des Überträgers und seiner Wirtspflanze, mikro- und makroklimatische Bedingungen sind Einflüsse, die auf die Aktivität der Vektoren wirken. Diese Aktivitätshöhe wiederum ist maßgebend für das Ausmaß der Infektionsausbreitung, vorausgesetzt, daß eine hinreichende Anzahl von Infektionsquellen vorhanden ist.

Wie der gesamte Übertragungsvorgang selbst abläuft, ist noch zum allergrößten Teil unbekannt. In jedem Falle sind Aufnahme und Abgabe des Virus von und zu einer Pflanze mit der Nahrungsaufnahme des Insekts verbunden. Das Virus gelangt demnach in Abhängigkeit von der Art der Nahrungsaufnahme und der Ausbildung der Mundwerkzeuge des Vektors auf verschiedene Weise an oder in das Insekt. Das größte Kontingent an Vektoren stellen die Insekten mit saugenden Mundwerkzeugen. Die Anzahl als Überträger wirkender Insekten mit beißenden Mundwerkzeugen und die Zahl von ihnen übertragener Viren ist nach unserem jetzigen Wissen niedrig. Vermutlich erschweren die beim Biß entstehenden groben Gewebeverletzungen die Festsetzung des Virus in der Wirtspflanze oder aber es werden Stoffe frei, die in irgendeiner Form das Virus direkt in Mitleidenschaft ziehen. Zweifellos sind die Verhältnisse bei stechendsaugenden Mundwerkzeugen, die im Sinne einer Punktier- und Injektionsspritze wirken, weitaus günstiger. Ihr Aufbau ist aus Abb. 39 zu ersehen. Das Stechborstenbündel besteht aus 4 Borsten: zwei äußeren (Abb. 40a, b), den Mandibeln entsprechenden und zwei inneren, von den Maxillen abzuleitenden Borsten, die an ihrer Innenseite mit je zwei Längsrinnen versehen sind (Abb. 40c, d). Die Borsten werden so aneinandergefügt, daß sich die Längsrinnen zu zwei Kanälen, dem sog. Nahrungsrohr und dem Speichelrohr ergänzen (Abb. 39b und 40h). Beide münden an dem distalen Borstenende in eine öhrähnliche Erweiterung (Abb. 40e). Beim Saugen wird der Pflanzensaft über das Nahrungsrohr aus der Pflanze aufgenommen und Speichel über den Speichelkanal an das pflanzliche Gewebe abgegeben. Auf dem gleichen Wege gelangen Viren in das Insekt bzw. von diesem in das Pflanzengewebe. Zur Verfestigung sind die Borsten durch Nut und Falz miteinander verbunden (Abb. 39b). Das Distalende der Borsten trägt Kerben (Abb. 40a), die die Borsten zu einer festen Spitze zusammenfassen und ihr Auseinanderspreizen verhindern. Eine Verschiebung der Einzelborste in der Längsrichtung ist trotzdem möglich. Da jede Borste für sich durch Muskelzug vor und zurück bewegt werden kann (Abb. 41b), muß durch Verschiebung einer Borste das Bündel auf diese eingerichtet und damit dem ganzen Bündel beim weiteren Vordringen in dem Pflanzengewebe eine Biegung und Richtungsänderung in einer Ebene vorgeschrieben werden (Abb. 41a). Änderungen der Stichführung in jeder Richtung des Raumes beruhen auf dem gleichen Prinzip und sind dadurch möglich, daß die Einzelborsten im Kopfbereich nach Art der Pyramidenkanten räumlich voneinander getrennt sind (Abb. 41a, oberer Abschnitt). Da das Borstenbündel vom Pflanzengewebe und von der Speichelscheide wie von einer Manschette fest umschlossen wird, ist es in jedem

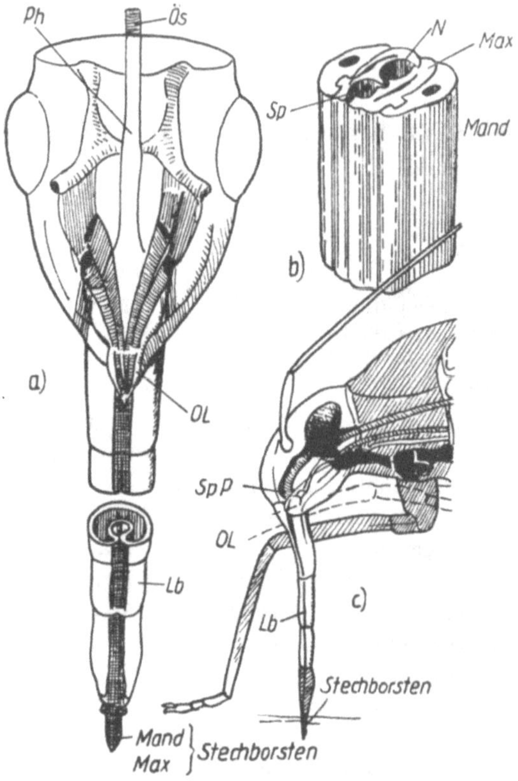

Abb. 39. Stechend-saugende Mundwerkzeuge von Schnabelkerfen (nach Weber)

a) Vorderseite eines schematisch vereinfachten Hemipterenkopfes, durchsichtig gedacht, ein Stück des Labiums aufgeschnitten
b) Rekonstruktion eines Stücks des Stechborstenbündels einer pflanzensaugenden Wanze
c) Stellung des Stechrüssels beim Einstich

OL	= Oberlippe	N	= Nahrungsrohr
Lb	= Labium	Sp	= Speichelrohr
SpP	= Speichelpumpe	Ös	= Ösophagus
Mand	= Mandibel	Ph	= Pharynx
Max	= Maxille		

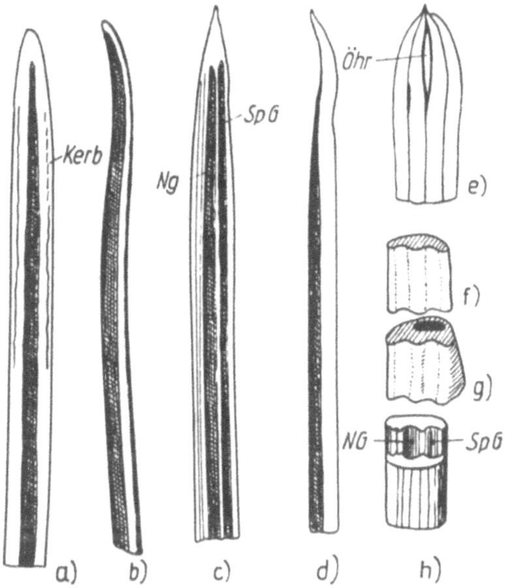

Abb. 40

Abb. 40. Die Stechborsten von Schnabelkerfen. Vergr. 1080 (nach WEBER)

a) Spitze der mandibularen Stechborsten, von der Fläche gesehen
b) von der Kante gesehen
c–d) maxillare Stechborsten, wie a und b
e) Spitze des Stechborstenbündels, von vorn gesehen
f–g) aneinanderschließende Querschnitte aus dem im Kopf gelegenen Teil der maxillaren Stechborste, den Übergang des hohlen Teils in den soliden zeigend
h) Ausschnitt aus dem maxillaren Stechborstenbündel (aus dem Teil, der verfalzt im Labium läuft). Eine Borste ist weiter angeschnitten als die andere, um die Verfalzung zu zeigen

Kerb = Kerben
NG = Nahrunggang
SpG = Speichelgang

Abb. 41. Stechborstensteuerung und Stichkanäle (nach WEBER)

a) Schema der Stechborstensteuerung
b) Schema des Vor- und Zurückziehens der maxillaren Stechborsten, die rechte ist maximal zurückgezogen, die linke maximal vorgeschoben
c) Aussaugung im Leptom von *Evonymus*, charakteristische Krümmung der Stechborstenspitze (nach ZWEIGELT)
d) Verzweigung eines Stichkanals im Leptom (nach ZWEIGELT)

m. retr.	mand.:	musculus	retractor	mandibularis
,, ,,	max.:	,,	,,	maxillaris
,, protr.	mand.:	,,	protractor	mandibularis
,, ,,	max.:	,,	,,	maxillaris

Lb: Labium
St. B.: Stechborsten
Mx.: Maxillare Stechborsten
Md.: Mandibulare ,,
L. max.: Laminae maxillares
Hyp.: Hypopharynx
Tent.: Tentorium
Retort.: Retortenförmiges Organ

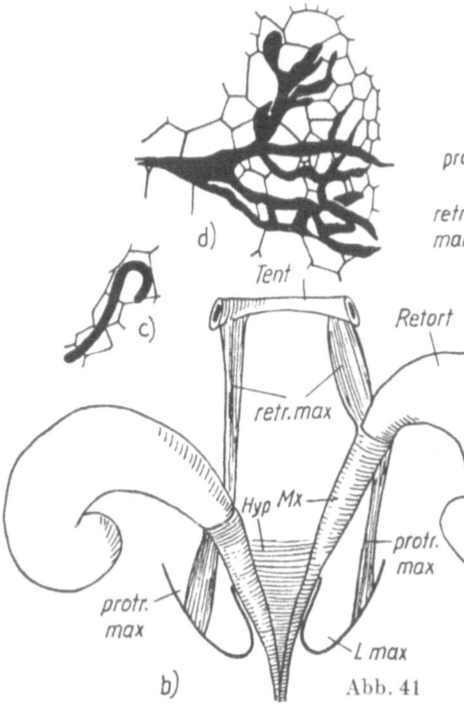

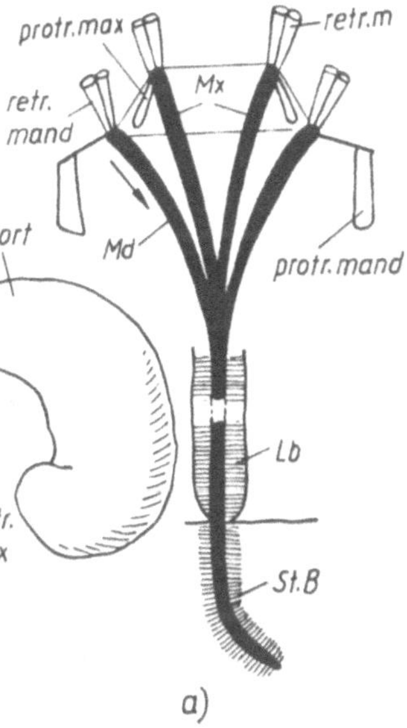

Abb. 41

Falle nur die äußerste Spitze des Bündels, die die neue Richtung für die nachfolgenden Abschnitte bahnt. Die Richtungsänderungen des Borstenbündels führen zu vielfältigen Mustern in der Ausbildung der Stichkanäle (Abb. 41 c, d).

Die Beziehungen zwischen den Viren und ihren Überträgern sind recht unterschiedlich. Es gibt Viren, die durch eine ganze Reihe von Vektoren übertragen werden können. So sind z. B. für das Erbsenmosaik-, das Blumenkohlmosaik- und das Rettichmosaik-Virus ca. je 10 Überträger bekannt, für das Virus der Gelbstreifigkeit der Zwiebel werden sogar 60 verschiedene Blattlausarten als Vektoren genannt. An der Übertragung des Mosaikvirus der Kundebohne (cowpea mosaic) beteiligen sich neben einigen Blattlausarten auch zwei Blattkäferarten. Am mannigfaltigsten ist die Reihe der Vektoren bei dem Virus der Spindelknollenkrankheit der Kartoffel, das durch Blattläuse, Heuschrecken und Blattkäfer übertragen werden kann. Möglicherweise handelt es sich im Falle der beiden letztgenannten Insektengruppen mit beißenden Mundwerkzeugen nur um eine verdeckte Form einer mechanischen Übertragung, wie man dies wohl auch für die Übertragung des hochinfektiösen TMV durch Heuschrecken annehmen darf.

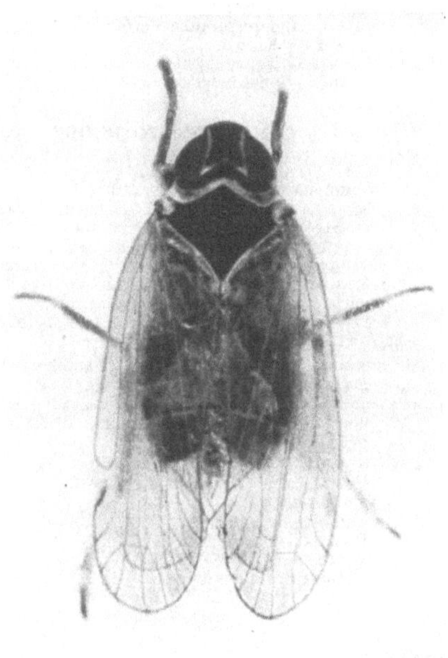

Abb. 42. *Hyalesthes obsoletus* Sign. (Bild BZA Aschersleben)

Den Viren mit einer Vielzahl von Vektoren stehen solche gegenüber, für die bisher nur ein Überträger bekannt geworden ist oder deren einzelne Stämme sogar verschiedene Vektoren haben. So wird der New Jersey-Stamm der virösen gelben Verzwergung der Kartoffel (potato yellow dwarf) durch *Agallia constricta* v. Dz. übertragen, eine Jasside, die den sogenannten New York-Stamm nicht überträgt. Beide Stämme werden aber von *Agallia quadripunctata* Prov. und *Agalliopsis novella* Say. übertragen. Den kalifornischen Stamm des Kräuselschopfes der Rübe (curly top) überträgt *Circulifer tenellus* Bak., den argentinischen *Agalliana ensigera* Oman und einen brasilianischen Stamm *Agallia albidula* Uhl. Ähnliche Ergebnisse brachten neuere Untersuchungen an dem Stolburvirus, bei dem nach einer, aber nicht unwidersprochen gebliebenen Auffassung zwei Stämme, ein Süd- und ein Nord tolbur unterschieden werden. Während der Südstolbur außer durch seinen bisher bekannten Vektor *Hyalesthes obsoletus* Sign. (Abb. 42) möglicherweise auch durch *Aphrodes bicinctus* Schr. (Abb. 43) übertragen wird, kann der Nordstolbur durch keine dieser beiden Arten übertragen werden.

Bei den Vektoren finden wir große Unterschiede in der Befähigung zur Übertragung von Viren. Eine ganze Anzahl von ihnen vermag mehrere Viren aus verschiedenen systematischen Gruppen zu übertragen. So sind *Bemisia tabaci* Gen. und *Yezabura inculta* Walk. als Vektoren für 8 Viren, *Doralis fabae* Scop.

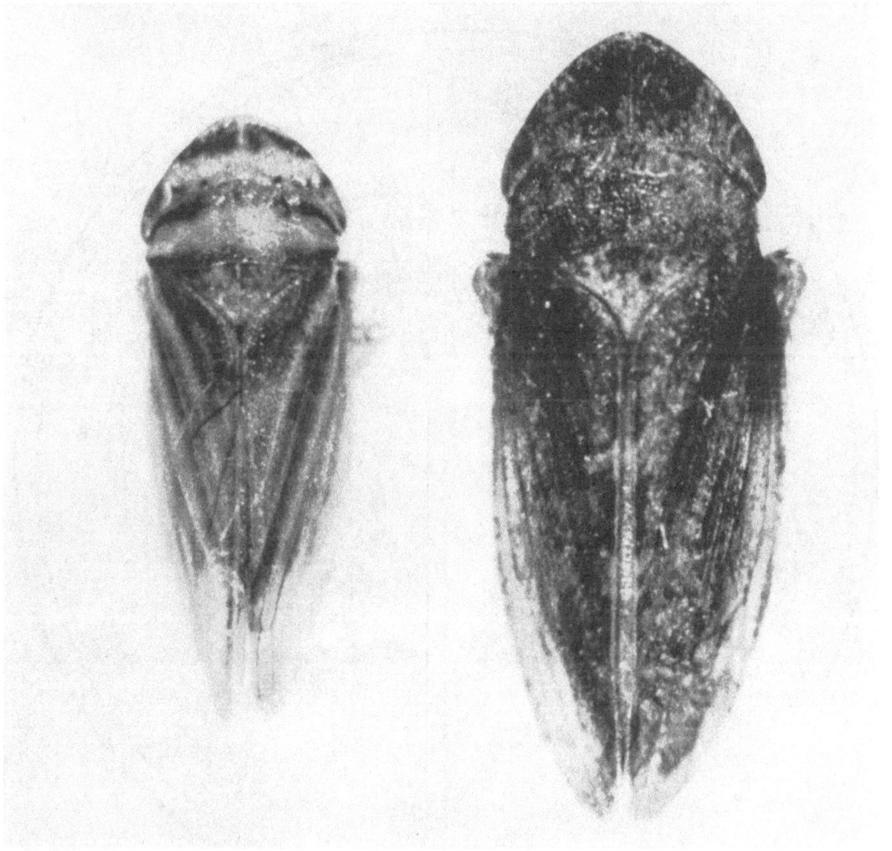

Abb. 43. *Aphrodes bicinctus* (links Männchen, rechts Weibchen) (Bild BZA Aschersleben)

für ca. 25 und *D. frangulae* Koch für 30 verschiedene Viren bekannt. *Myzus persicae* Sulz. wird sogar für die Übertragung von weit über 50 Viren verantwortlich gemacht (Abb. 44). Diesen polyvalenten Vektoren stehen solche gegenüber, die nach unserem bisherigen Wissen nur ein Virus übertragen, wie z. B. die Wanze *Piesma quadratum* Fieb., die das Virus der Kräuselkrankheit der *Beta*-Rübe überträgt.

Eine Übersicht über eine Reihe von Vektoren und die wichtigsten von ihnen übertragenen Viren gibt Tabelle 1.

In vielen Fällen sind zwischen den Vektoren nur graduelle Unterschiede in der Wirksamkeit. So ist der Prozentsatz gelungener Infektionen mit dem

Vergilbungsvirus der Zuckerrübe unter sonst gleichen Bedingungen bei *Myzus persicae* höher als bei *Doralis fabae*. *Neomyzus circumflexus* Buckt. überträgt das Gurkenvirus 1 besser als *Myzus persicae*; diese dagegen ist ein wirksamerer Vektor für das *Hyoscyamus*-Virus 3 und das Kartoffel-Y-Virus. Von einigen

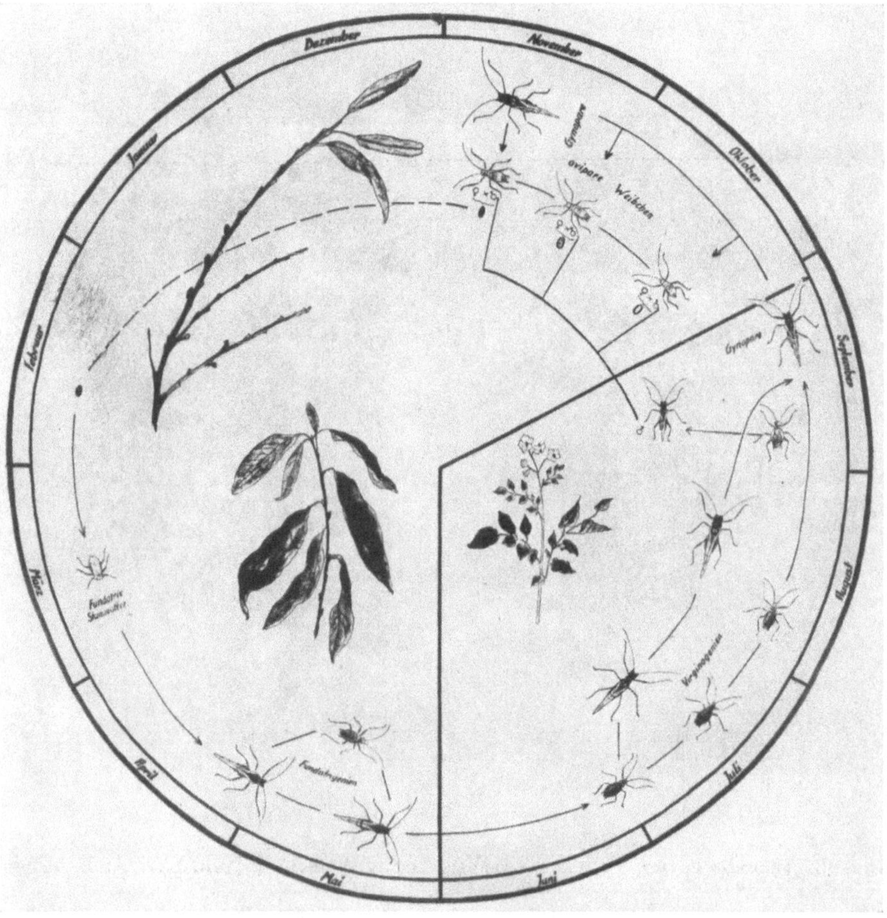

Abb. 44. Der Jahreszyklus von *Myzus persicae* Sulz. (Original VÖLK)

Autoren wird beim Zustandekommen solcher Unterschiede auch der Pflanze ein gewisser Einfluß zugeschrieben.

Nach neuesten Untersuchungen treten bei *Pergandeida craccivora* Koch verschiedene Rassen mit ungleichem Übertragungsvermögen für das Virus der Kräuselkrankheit der Erdnuß auf. Auch bei einer der wirksamsten Vektorspezies, bei *Myzus persicae*, wurden Stämme gefunden, die nicht in der Lage waren, das Vergilbungs-Virus des Spinats zu übertragen. Wie die Weiterzucht

Tabelle 1

Insekten als Virusüberträger (nach HEINZE, Auszug)

Insekten	Übertragene Krankheiten bzw. Viren
Acarina (Milben, mites)	
Aceria ficus Keif.	Feigenmosaik
Aceria tulipae Keif.	Strichelmosaik des Weizens
Orthoptera (Heuschrecken — grasshoppers)	
Melanoplus-Arten in Amerika	Spindelknollenkrankheit der Kartoffel X-Mosaik der Kartoffel Mosaikkrankheit des Tabaks
Dermaptera (Ohrwürmer — earwigs)	
Forficula auricularia L.	Wasserrüben-Gelbmosaik
Thysanoptera (Blasenfüße — thrips)	
Frankliniella-Arten	Bronzefleckenkrankheit (spotted wilt der Tomate)
Thrips-Arten	Mosaikkrankheit des Zuckerrohrs
Coleoptera (Käfer-beetles)	
Acalymma-Arten	Kürbismosaik
Diabrotica-Arten	
Phyllotreta-Arten	Gelbes Mairübenmosaik
Phaedon cochleariae F.	
Leptinotarsa decemlineata (Say.)-Larven	
Epitrix cucumeris Harr.	Spindelknollenkrankheit der Kartoffel
Systena-Arten	
Heteroptera (Wanzen — bugs)	
Piesma quadratum Fieb.	Kräuselkrankheit der *Beta*-Rübe
Piesma cinereum Say.	Krauskopfkrankheit (savoy) der *Beta*-Rübe
Homoptera — Gleichflügler	
Peregrinus maidis Ashm.	Streifenmosaik des Maises
Perkinsiella-Arten	Fidji-Krankheit des Zuckerrohrs
Hyalesthes obsoletus Sign.	Stolburvirus
Aphrophora-Arten	
Philaenus-Arten	
Carneocephala-Arten	
Draeculacephala-Arten	Piercesche Krankheit der Weinrebe
Neokolla-Arten	
Pagaronia-Arten	
Aceratagallia-Arten	Gelbzwergigkeit der Kartoffel (potato yellow dwarf)
Agallia-Arten	Wundtumorenvirus Brasilianische Kräuselkrankheit der Zuckerrübe Argentinische Kräuselkrankheit der Zuckerrübe
Macropsis fuscula Zett.	Verzwergung der Himbeeren
Scaphytopius-Arten	Kalifornische Asterngelbsucht Hexenbesenkrankheit der Luzerne (witches broom) Westliche X-Krankheit Stauche (stunt) der Heidelbeeren
Baldulus-Arten	Maisstauche (stunt)
Cicadulina-Arten	Rosettenkrankheit der Erdnuß (*Arachis*) Streifenkrankheit des Maises Streifenkrankheit des Zuckerrohrs

Insekten	Übertragene Krankheiten bzw. Viren
Macrosteles-Arten	
Colladonus-Arten	Gelbsucht der Aster
Texananus-Arten	
Macrosteles laevis Rib.	Europäische Asterngelbsucht
Circulifer tenellus Bak.	
(= *Eutettix tenellus*)	Kalifornische Kräuselkrankheit der Zuckerrübe
Ophiola flavopicta	Hexenbesenkrankheit der Kartoffel
Aleurodidae (Mottenschildläuse — white flies)	
Bemisia goldingi Corb.	Baumwollkräuselkrankheit
Bemisia nigeriensis Corb.	Maniokkräuselkrankheit
Bemisia rhodesiaensis Corb.	Tabakkräuselkrankheit
Bemisia tuberculata	,,
Trialeurodes natalensis Corb.	,,
Aleurotrachelus socialis	,,
Bemisia tabaci	Infektiöse Chlorose von *Abutilon*
	Gelbmosaik von *Dolichos lablab*
	Gelbmosaik von *Phaseolus lunatus*
	Gelbadernmosaik von *Hibiscus esculentus*
	Tabakkräuselkrankheit
	Baumwollkräuselkrankheit
	Maniokkräuselkrankheit
Aphidoidea (Blattläuse — aphids)	
Yezabura-Arten	Mosaikkrankheit des Blumenkohls, des Rettich, der Rübe, der Primel, der Kapuzinerkresse, des Sellerie, der Cinerarie, der Tulpe
	Sellerie-„Calico"
	Schierling-Ringflecken-Virus
Brachycaudus-Arten	Gelbstreifigkeit der Zwiebel
	Pockenkrankheit der Pflaume
	Gurkenmosaik
Rhopalosiphon maidis Fitch.	Mosaikkrankheit des Zuckerrohrs
	Canna-Mosaik
	Gelbstreifigkeit der Zwiebel
	und Mosaik der Sommermelone (*Cantaloupe*-Mosaik)
Rhopalosiphon-Arten	Mosaikkrankheit des Pfirsich
	Mosaikkrankheit der Kapuzinerkresse
	Gelbstreifigkeit der Zwiebel
	Mosaikkrankheit des Manilahanfes
Doralis fabae Scop.	Vergilbungskrankheit der *Beta*-Rüben
	Gelbnetzvirus der *Beta*-Rüben
	Gurkenmosaik Nr. 1
	Selleriemosaik
	Primelmosaik
	Ätzmosaik (etch) des Tabaks
	Tropaeolum-Mosaik
	Y-Virus der Kartoffel
	Erbsenmosaik Nr. 2
	Sojamosaik
	Phaseolus-Mosaik Nr. 1
	Dahlienmosaik

Insekten	Übertragene Krankheiten bzw. Viren
Doralis fabae Scop.	Tulpenmosaik Narzissenmosaik Mosaik von *Brassica*-Arten, Rettich
Doralis frangulae Koch	Mosaikkrankheit bei Blumenkohl, Rettich, Rübe, Primel, Gurke, Sommermelone, Manilahanf, Sellerie, Soja, Erbse (*Pisum* Virus 2), Gartenbohne (*Phaseolus* Virus 1), Kundebohne, Salat, Dahlie, Zuckerrohr, Tulpe; Herzfäule der Banane, Schierling-Ringflecken-Virus, Sellerie-Calico-Virus, Blattrollkrankheit der Baumwollpflanze, viröser Verfall bei *Citrus*, Gelbstreifigkeit der Zwiebel, Grobes Flecken-Virus der Lilie, Rosettenkrankheit der Lilie, Lilienvirus-Komplex.
Doralis rhamni Koch	Gurkenmosaik Sojamosaik Verschiedene Kartoffelvirosen
Brevicoryne brassicae L.	Mosaik bei Steckrübe, des Blumenkohls, Levkoje, Rettich, Rübe, Primel, Gurke, Sellerie, Gartenbohne; Gelbstreifigkeit der Zwiebel, Kohlringflecken-Virus, Kohlringnekrosen-Virus.
Myzus ascalonicus Donc.	Steckrübenmosaik Vergilbungskrankheit der Rübe Gurkenmosaik, Mosaikkrankheit der Dahlie, des Bilsenkrautes; Gelbstreifigkeit der Zwiebel
Myzus persicae Sulz.	unter vielen anderen Virosen: Mosaikkrankheit bei Blumenkohl, Steckrübe, Levkoje, Rettich, Raps, Rübe, Kapuzinerkresse, Sommermelone, Gurke, Karde, Kundebohne; Enationen-Virus der Erbse, Erbsenmosaik-Virus, Sojamosaik, Dahlienmosaik, Salatmosaik, Orchideenmosaik, Gelbnetzvirus der *Beta*-Rüben, Blattrollkrankheit der Kartoffel, Y- und A-Virus der Kartoffel
Megoura viciae Kalt.	Mosaik der Ackerbohne Blattrollkrankheit der Ackerbohne und Erbse
Acyrthosiphon onobrychis B. d. F.	u.a. Mosaikerkrankungen bei Blumenkohl, Rettich, Rübe, Primel, Gurke, Sellerie, Erbse, Bohne, Klee, Luzerne, Enationen-Virus der Erbse, Erbsenstrichel-Virus, Blattrollvirus der Ackerbohne und Erbse
Aulacorthum pseudosolani Theob.	u. a. Mosaikerkrankungen bei Blumenkohl, Rettich, Rübe, Dahlie, Sellerie, Y-Virus der Kartoffel und zahlreiche andere Virosen
Macrosiphon solanifolii Ashm.	u. a. Virosen der Erbse, Bohne, des Salats, der Kartoffel, der Lilien

Insekten	Übertragene Krankheiten bzw. Viren
Coccoidea (Schildläuse— scale insects)	
Pseudococcidae (Schmierläuse — mealy bugs)	
Pseudococcus-Arten	Sproßschwellungskrankheit des Kakaobaumes, Trinidad-Kakao-Mosaik-Virus

von Einzeltierauslesen zeigte, gibt es Überträger und Nichtüberträgerrassen, wie sie bei *Cicadulina mbila* Naude, dem Vektor des Virus der Strichelkrankheit des Maises (maize streak) bereits seit langem unterschieden werden.

Eigenartige Verhältnisse liegen bei der Übertragung der Viren der Rosettenkrankheit des Tabaks vor. Die Krankheit wird durch das saftübertragbare Mottle-Virus und das allein nicht saft- jedoch läuseübertragbare Vein-distorting-Virus hervorgerufen. Aus der rosettenkranken Pflanze vermag *Myzus persicae* beide Viren aufzunehmen und sie einzeln oder zusammen auf weitere Pflanzen zu übertragen. Für sich allein kann das Mottle-Virus aber nicht von den Aphiden übertragen werden. Auch wenn der Vektor vor dem Saugen an der Mottle-Infektionsquelle mit dem Vein-distorting-Virus beladen wird, ist kein Erfolg zu erwarten. Voraussetzung für das Gelingen der Übertragung ist, daß beide Viren in der Pflanze vergesellschaftet sind und zusammen aus ihr entnommen werden. Es ist schwer zu sagen, ob in der Pflanze wirklich eine Bindung der beiden Viren aneinander besteht und ob sie nur in der Pflanze möglich ist oder ob durch die Koppelung lediglich ein vom Insekt ausgehender Einfluß kompensiert wird.

Neben Blattläusen (Abb. 45—52) und Zikaden (Abb. 42, 43 und 53), die ca. 90% der bekannten Virusvektoren ausmachen, spielen andere Tiergruppen eine sehr untergeordnete Rolle in der Virusübertragung (Tabelle 2).

Tabelle 2

Anteil verschiedener Vektoren-Kategorien an der Übertragung phytopathogener Viren (nach Day)

	Zahl durch die Vektorengruppe übertragener Viren
Aphididae	37
Cicadellidae	32
Aleurodidae	4
Coleoptera	3
Lygeidae	3
Cixiidae	2
Locustidae	2
Thysanoptera	1
Coccidae	1

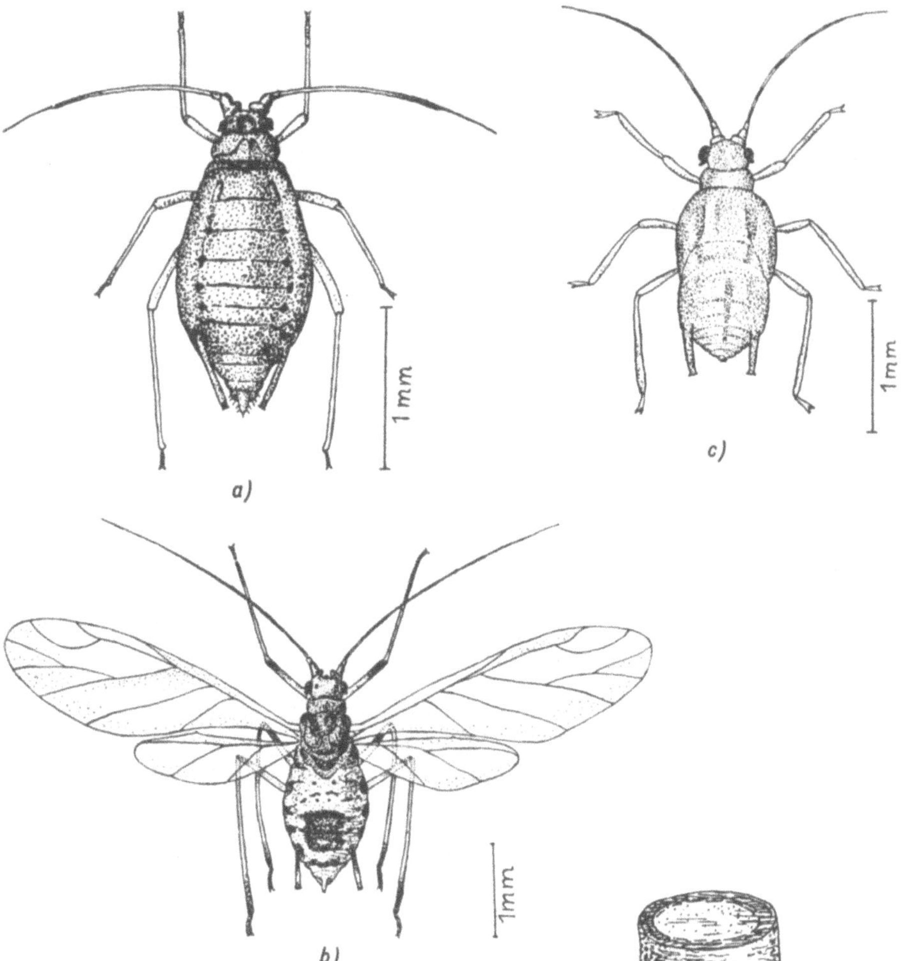

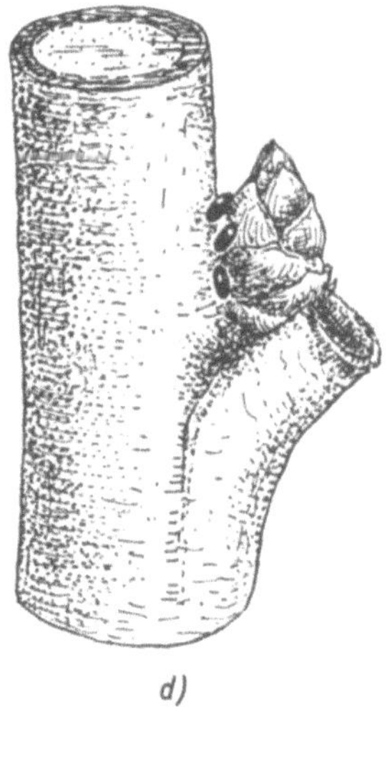

Abb. 45. *Myzus persicae* Sulz., Grüne Pfirsichblattlaus (green peach aphid)

a) ungeflügelte Virginogenie
Länge: 1,6 – 2,0 mm
Breite: 0,8 – 1,2 mm
Färbung unterschiedlich in verschiedenen Grüntönen bis weißlich, z. T. hell-glasig. Länglich-eiförmig. Fühler nicht länger als der Körper! An der Innenseite der Fühlerbasis Stirnhöcker! Siphonen Schwänzchen überragend, im letzten Viertel leicht verdickt

b) geflügelte Virginogenie
Länge: 2,0 – 3,1 mm
Breite: 0,7 – 0,8 mm
Kopf und Brust schwarz, glänzend, Hinterleib olivgrün, gelblichgrün oder rötlich, auf der Oberseite mit größerem dunklen Fleck und mehreren dunklen Punkten oder Querstrichen an den Seiten. Stirnhöcker!

c) Nymphe
Farbe schwankt zwischen glasig-hell und Grünstufen, häufig mit Rottönen. Flügelscheiden dunkelrandig

d) Wintereier an Knospen eines Pfirsichbaumes. Die Eier sind unmittelbar nach der Ablage olivgrün, später werden sie schwarz-glänzend

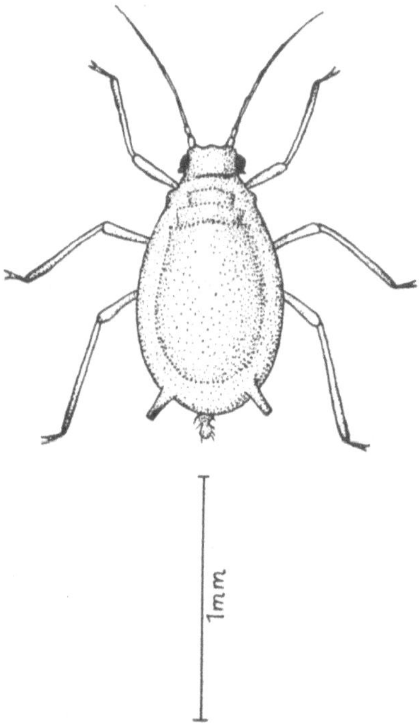

a) ungeflügelte Virginogenie
Länge: 0,9 – 1,6 mm
Breite: 0,5 – 0,9 mm
Grüngelb bis leuchtend gelb, durch Wachsüberzug meist matt, Körper eiförmig, breit, Fühler kurz, enden etwa in Körpermitte. Siphonen kurz, am Außenrande angedunkelt. Keine Stirnhöcker

b) geflügelte Virginogenie
Länge: 1,3 – 1,8 mm
Breite: 0,5 – 0,7 mm
Kopf und Brust schwarz, Hinterleib gelb bis grüngelb mit einigen seitlichen dunkelbraunen bis schwarzen Flecken. Fühler kurz, dunkel, ebenso Siphonen und Schwänzchen. Fühler reichen etwa bis zur Basis der Siphonen

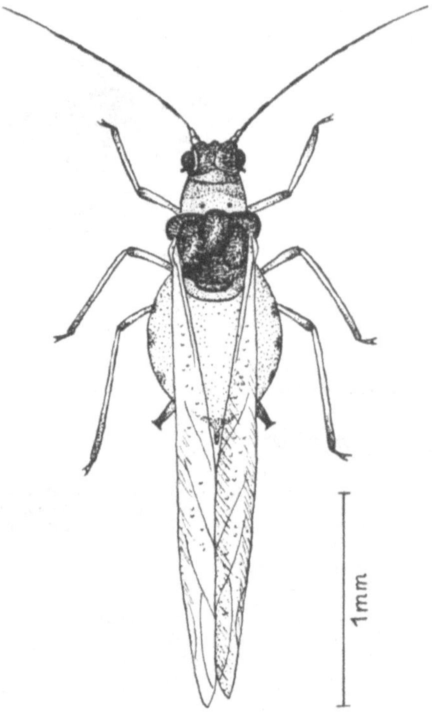

Abb. 46. *Doralis rhamni* Koch, Kreuzdornblattlaus (buckthorn aphid)

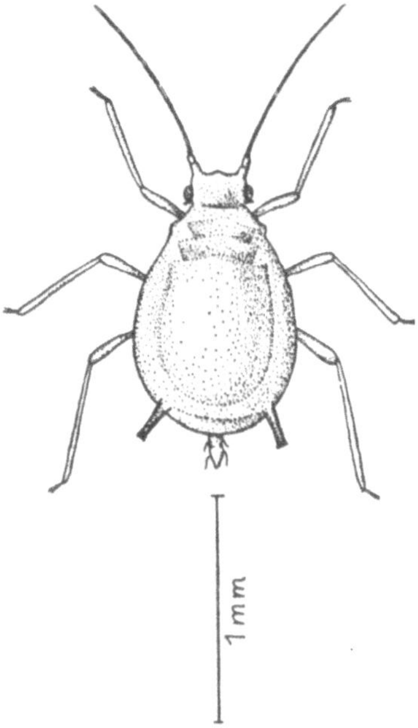

a) ungeflügelte Virginogenie
Länge: 0,9 – 2,0 mm
Breite: 0,5 – 1,2 mm
Färbung variabel, weniger leuchtend als *Doralis rhamni*, meist dottergelb, bräunlich, grünlich, z. T. dunkelblaugrün (letztere besonders im Spätsommer), durch Wachsüberzug matt. Körperform und Fühler wie bei *Doralis rhamni*. Siphonen in ganzer Länge dunkel

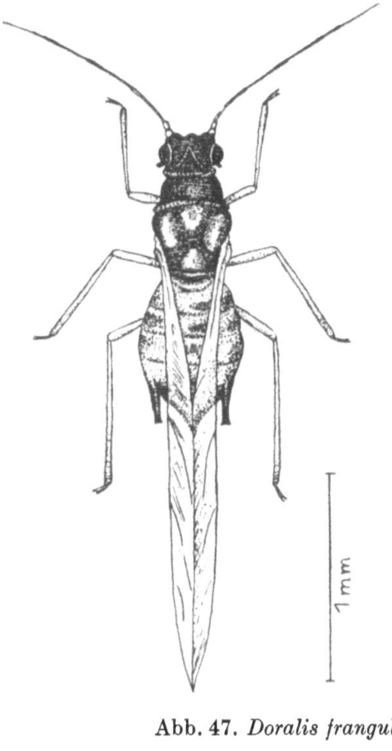

b) geflügelte Virginogenie
Länge: 1,1 – 1,7 mm
Breite: 0,5 mm
Kopf und Brust schwarz, glänzend, Hinterleib dunkelgrün mit dunklen Querstreifen und Punkten

Abb. 47. *Doralis frangulae* Koch, Gurkenlaus (cotton aphid)

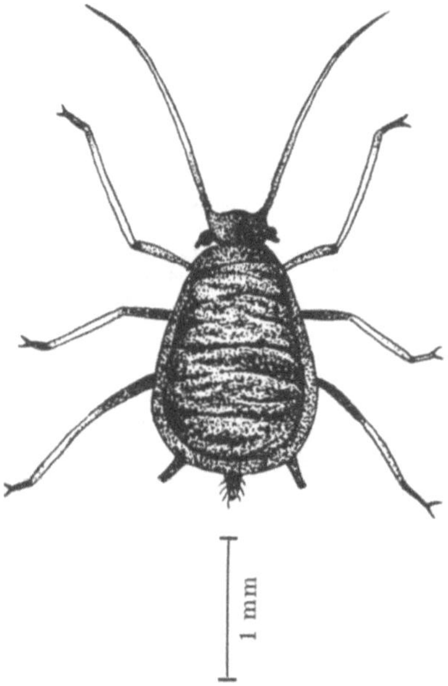

a) ungeflügelte Virginogenie
Länge: 2,2 mm
Breite: 1,52 mm
Körperform ähnlich wie *Doralis rhamni*, noch breiter eiförmig. Schwarz- oder tiefe Blau-Grün-Tönung; matt. Beine gelblich. Fühler ähnlich wie bei *Doralis rhamni*

b) geflügelte Virginogenie
Länge: 2,3 mm
Breite: 1,0 mm
Schwarz, Beine hell, Siphonen dünner als bei den ungeflügelten Tieren

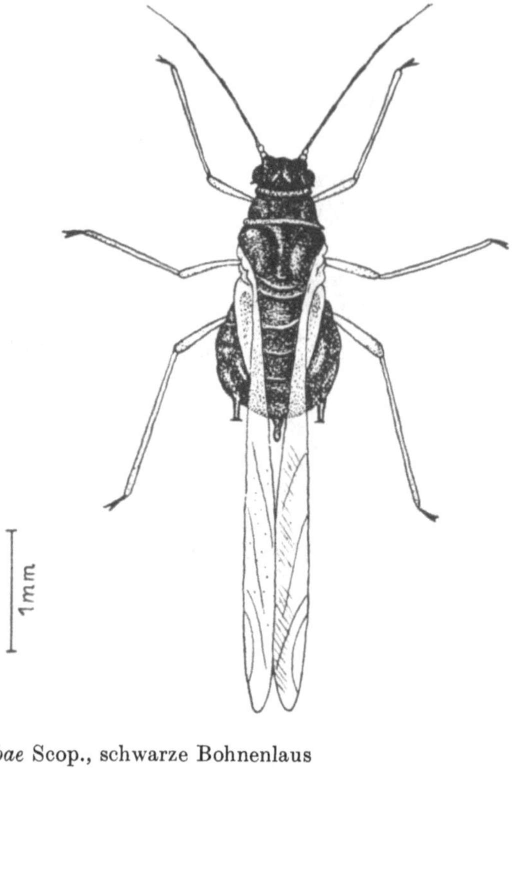

Abb. 48. *Doralis fabae* Scop., schwarze Bohnenlaus

a) ungeflügelte Virginogenie
Länge: 1,8 – 3,3 mm
Breite: 0,6 – 1,3 mm
Kräftiges, leuchtendes Grün mit dunkelgrünem Längsstreifen auf der Medianlinie. Körper länglich, etwa spindelförmig. Fühler überragen Körperende. Keine deutlichen Stirnhöcker. Siphonen auffallend lang, schlank, zum Außenende verjüngt, Schwänzchen lang

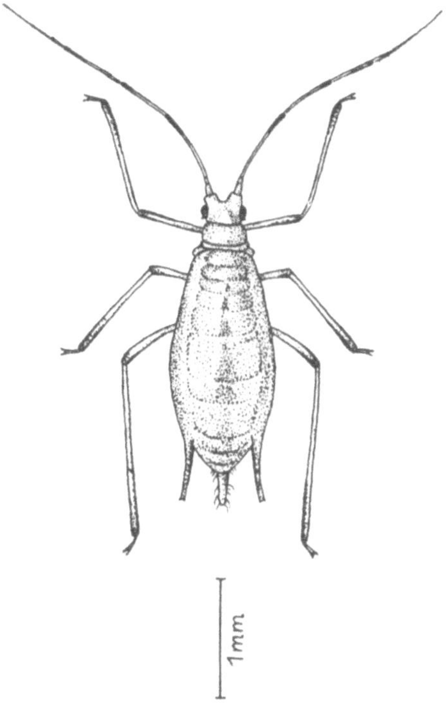

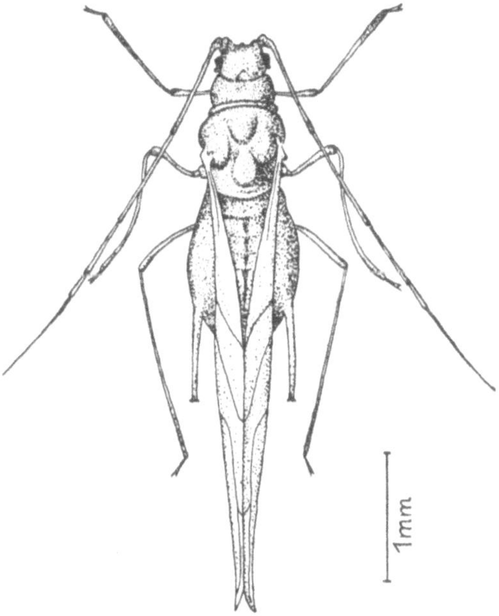

b) geflügelte Virginogenie
Länge: 1,9 – 3,0 mm
Breite: 0,7 – 1,0 mm
Hellgrün bis grün, Kopf und Brust gelbbraun und dunkler, dunkelgrüner Längsstreifen an der Mittellinie des Hinterleibs

Abb. 49. *Macrosiphon solanifolii* Ashm., Grünstreifige Kartoffellaus (potato aphid)

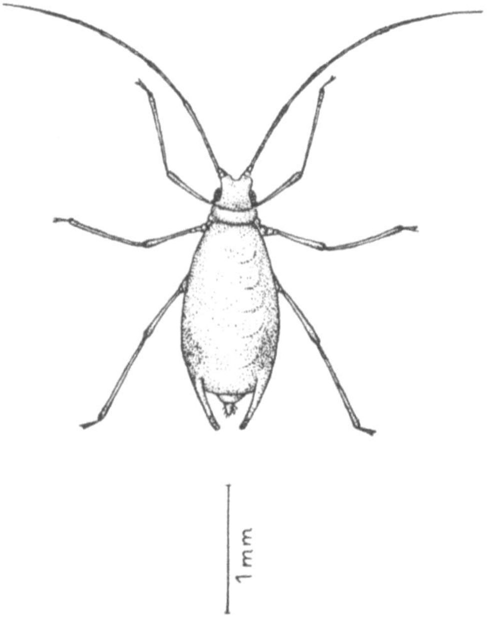

a) ungeflügelte Virginogenie
Länge: 1,8 – 2,3 mm
Breite: 0,7 – 1,1 mm
Gelbgrün bis grün, z. T. weißlich glänzend; um die Siphonen je ein kräftig grüner Fleck. Körper länglich, birnenförmig. Fühler überragen Körper; jedes Fühlerglied an distalem Ende verdickt und dunkler. Stirnhöcker vorhanden. Im Gegensatz zu *Myzus persicae* laufen sie parallel und zeigen dadurch mit der Spitze nach vorne. Siphonen lang, körperfarben, am Ende gedunkelt

b) geflügelte Virginogenie
Länge: 1,7 – 2,7 mm
Breite: 0,5 – 0,8 mm
Kopf und Brust gelbbraun. Der übrige Körper gelbgrün bis grün. Stirnhöcker

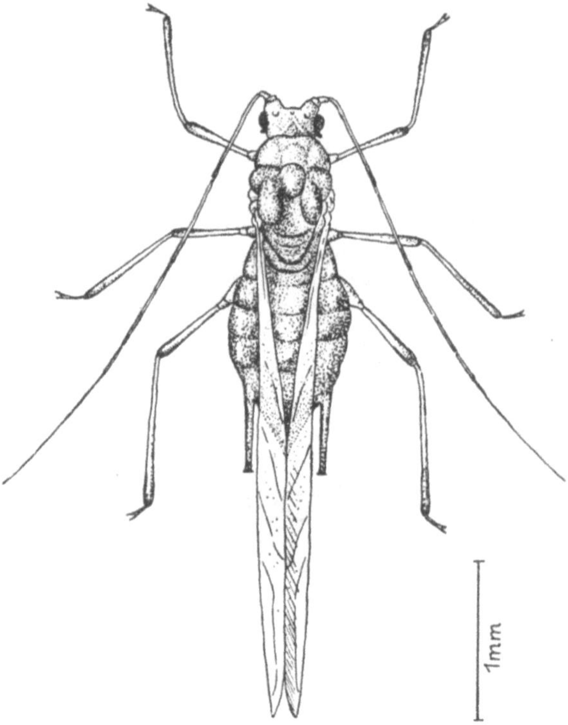

Abb. 50. *Aulacorthum pseudosolani* Theob., Grünfleckige Kartoffellaus (foxglove aphid)

Unter den Mottenschildläusen (*Aleurodidae*, weiße Fliege) (Abb. 54) finden wir Überträger von Baumwoll- und Tabak-Viren. Auch ein *Euphorbia*-Mosaik-Virus wird von dieser Gruppe übertragen. Dabei sollen die weiblichen Tiere wesentlich wirksamere Vektoren sein als die männlichen. Das bekannteste von

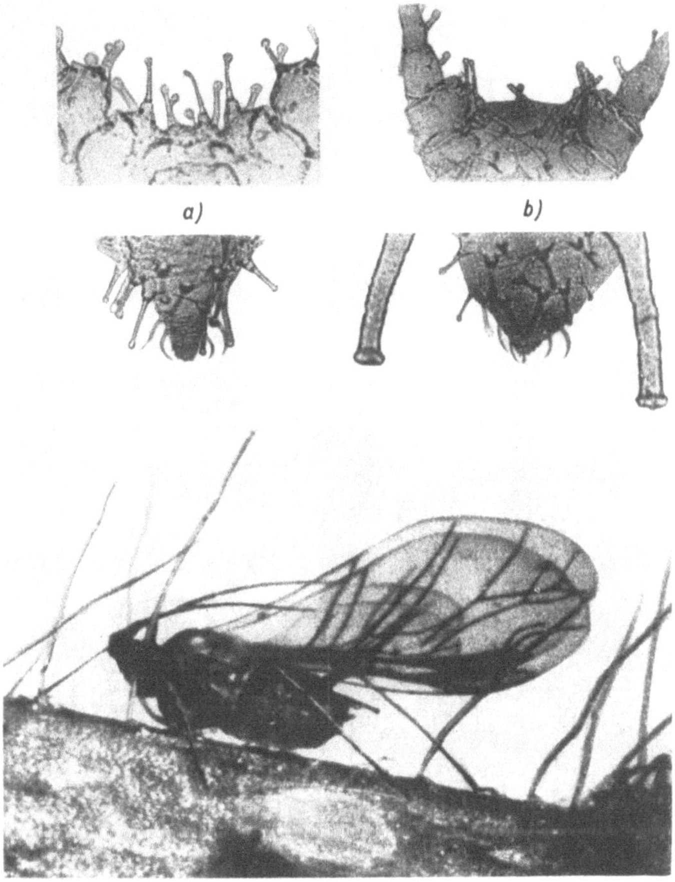

Abb. 51. *Pentatrichopus fragaefolii* Cock.

a) ungeflügelte Vivipare b) Larve – 0,78 mm lang – 156 ×; oben Stirnfeld, darunter Caudalregion unten geflügelte Vivipare am Stiel eines Erdbeerblattes (ca. 20 ×) (nach SCHUCH)

Mottenschildläusen übertragene Virus ist das Virus der infektiösen Buntblättrigkeit des Abutilons.

In den Kakaoanbaugebieten sind Schmierläuse gefährliche Überträger, insbesondere des Virus der Sproßschwellungskrankheit. Dieses kurzfristig übertragbare Virus scheint durch spezifische Virus-Vektorbeziehungen eine Zwischenstellung zwischen persistenten und nichtpersistenten Viren einzunehmen.

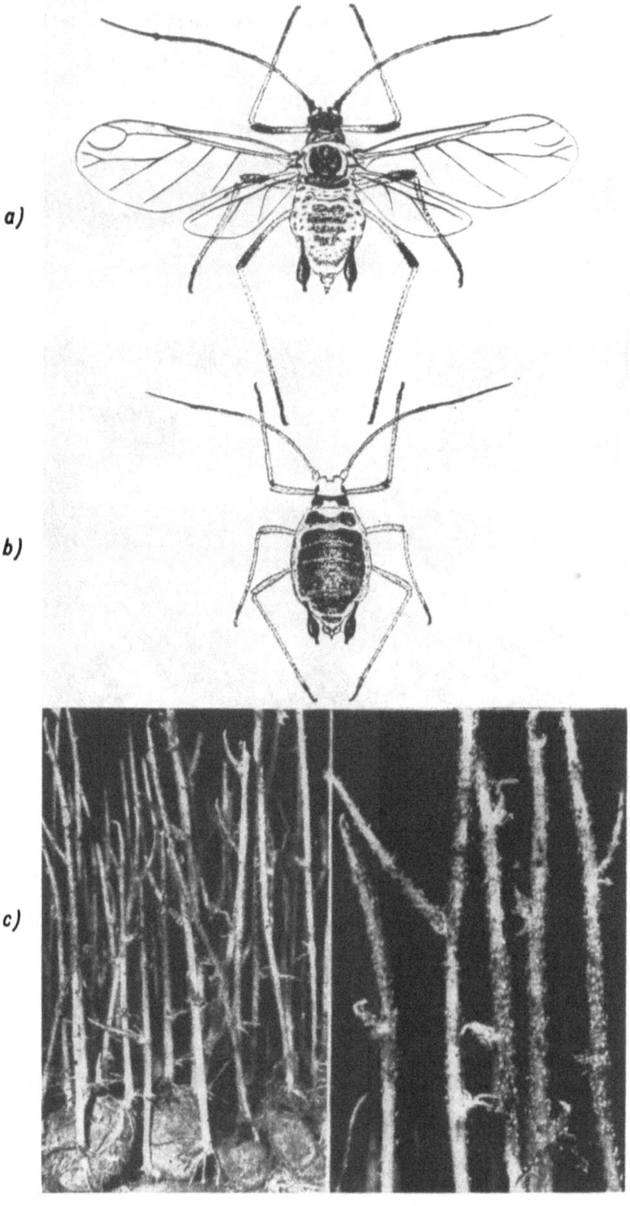

Abb. 52. *Rhopalosiphoninus latysiphon* Davids (Kellerlaus) Gelegenheitsüberträger des Blattrollvirus der Kartoffel (?) a) geflügelte Jungfer und b) ungeflügelte Jungfer c) Links stark von der Kellerlaus befallene Kartoffelkeime, rechts Keime stark vergrößert (Original Schälow)

Unter den Wanzen ist als sicherer Überträger nur *Piesma quadratum* (Kräuselkrankheit der Rübe) bekannt (Abb. 55).

Von Insekten mit beißenden Mundwerkzeugen sind Blattkäfer (*Chrysomelidae*) und Geradflügler (*Orthoptera*) als Virusüberträger zu nennen.

Die Larven des Kartoffelkäfers sollen die Spindelknollenkrankheit der Kartoffel übertragen. Ebenfalls durch Blattkäfer übertragen werden das

a b

Abb. 53. Saugstellen von Jassiden auf Kartoffelblättern a. Übersicht, b. vergrößert (Original VÖLK)

Wasserrüben-Gelb-Mosaik, das Kürbismosaik (squash mosaic) und die Mosaikkrankheit der Kundebohne (cowpea mosaic). Das Wasserrüben-Gelb-Mosaik kann bereits nach einer Fraßzeit von 1 Min. von den Vektoren erworben werden. In den Larven von *Phaedon cochleariae* kann das Virus bis zu 7 Tagen persistieren. Über das Larvenstadium hinaus scheint es sich nicht in den Tieren zu halten. Das Kundebohnen-Mosaik konnte im Darm und im erbrochenen Magensaft nachgewiesen werden. Es hält sich 14 Tage im Insekt und kann nach 5 Min. Fraßzeit übertragen werden. Bei Verlängerung der Mahlzeit nimmt aber die Infektiosität zu. Hungerzeiten vor dem Fraß sind ohne Erfolg. Eine Latenzzeit besteht nicht, die Tiere sind sofort im Anschluß an die Mahlzeit infektionsbereit.

Mit dem Saft mazerierter Virusträger oder mit erbrochenem Nahrungsbrei beriebene Kundebohnenpflanzen erkranken mit den typischen Symptomen.

Unter den Geradflüglern sind Feldheuschrecken der Gattung *Melanoplus* Vektoren der Spindelknollenkrankheit der Kartoffel, des Kartoffel-X-Virus, des TMV und des Tabakringflecken-Virus. Feld- und Laubheuschrecken und angeblich auch Ohrwürmer übertragen das Wasserrüben-Gelb-Mosaik-Virus.

Bei Insekten mit beißenden Mundwerkzeugen wird das Virus mit der Nahrung aufgenommen und später über die mit vorgewürgtem Nahrungsbrei verschmierten Mundwerkzeuge auf gesunde Pflanzen übertragen. Offenbar verbleiben die Viren aber nicht nur im Darmtrakt, sondern vermögen durch die Darmwand zu dringen, wie die Auffindung von Virusteilchen auch in der Haemolymphe von Insekten mit beißenden Mundwerkzeugen beweist.

Als Überträger des persistenten Virus der Bronzefleckenkrankheit der Tomate sind seit langem Blasenfüße (*Thrips, Thysanoptera*) bekannt (Abb. 56).

Neuerdings wurden auch Milben als Virusüberträger nachgewiesen. *Aceria tulipae* Keifer überträgt das Weizenstrichel-Mosaik- (wheat streak) und *Aceria ficus* Cotte das Feigenmosaik-Virus (Abb. 57).

Abb. 54. Weiße Fliege nach FAES-STAEHELIN-BOVEY

Weißfärbung durch Auflagerung von weißem Wachsstaub. Vor den Augen 7-gliedrige Fühler. Zwei Ocellen. Augen scheinen durch dünne Hautbrücke zweigeteilt. Saugapparat und Stichverlauf ähnlich wie bei den Aphiden. Flügelgeäder stark reduziert; Flügel in Ruhe dachförmig über dem Körper zusammengelegt. Vorder- und Hinterflügel fast gleich groß. Über der Basis der Vorderflügel Flügelschuppen.

Die Zahl im Feldbestand vorhandener Vektoren erreicht in normal verlaufenden Vegetationsperioden einen Höhepunkt, der zeitlich und wertmäßig in jedem Jahr variieren kann. Physiologische Faktoren verschiedener Art und Herkunft, natürliche Feinde (Pilze, Schlupfwespen, Larven von Coccinelliden, Syrphiden u. a.) und evtl. Witterungsbedingungen bestimmen mit über den Verlauf der Insektenpopulation. Zweifellos steigen mit der Anzahl im Felde anwesender Vektoren auch die Chancen für die Virusausbreitung. Wichtiger als die Zahl sind aber der Zeitpunkt des Erstauftretens und die Aktivität der Überträger, insbesondere der geflügelten Formen während der Vegetationsperiode (Abb. 44). Eine frühzeitige Besiedlung der Pflanzen erhöht die Ansteckungsgefahr und erweitert

Abb. 55. *Piesma quadratum* Fieb., Rübenblattwanze (nach DYCKERHOFF)

Färbung unterschiedlich, meist verschiedene Grautöne. Weibchen an der Oberseite heller als Männchen, an der Unterseite grünlich bis grüngrau; Männchen an der Unterseite schwarzgrau bis schwarz. Augen rötlich, rotbraun. Weibchen im allgemeinen länger und breiter als Männchen. Durchschnittliche Länge 3,0 – 3,5 mm

Fühler 4-gliedrig mit keulen- oder kreiselförmigem 1. Glied und spindelförmigem Endglied. Vor jedem Auge Fortsatz mit zwei Zacken. Pronotum gewölbt, trapezförmig, Vorderseite abgeflacht, Hinterrand stumpfwinklig. Seitenränder nicht geschweift, gerade. Drei Kiele an der Wölbung des Pronotums. Vorderbrust und Vorderflügel skulpturiert

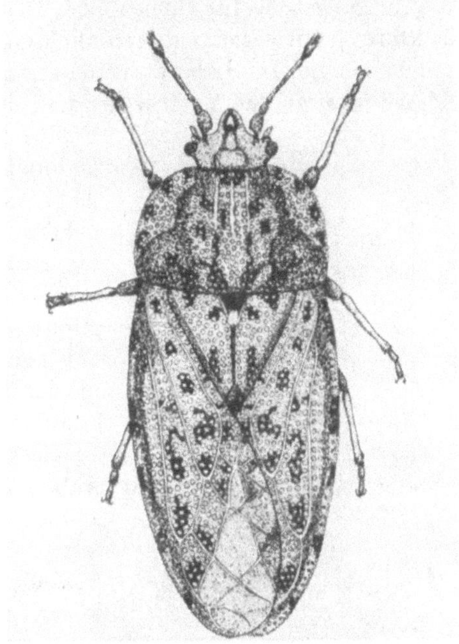

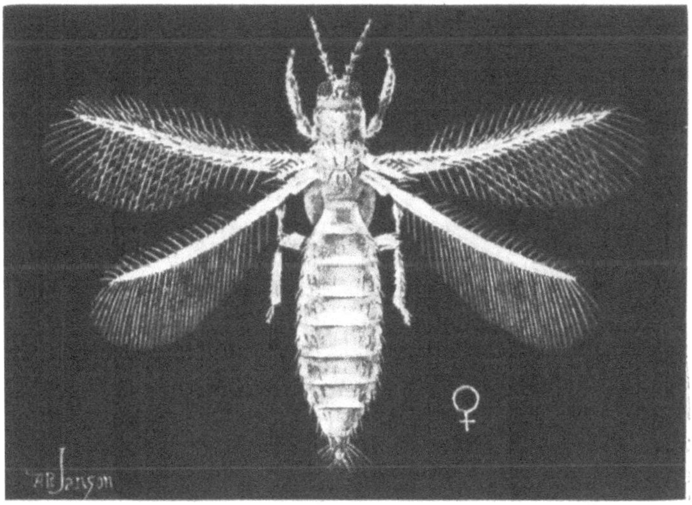

Abb. 56. *Thrips tabaci* Lind. (nach K. M. SMITH)

Erwachsenes Weibchen, Vektor des Virus der Bronzefleckenkrankheit der Tomate, zur Gruppe der Blasenfüße (Thysanopteren) gehörig

Allgemeine Charakterisierung der Gruppe: Saugende Mundwerkzeuge, gleichgestaltete, wimperhaarige Flügel oder ungeflügelt. Haftscheiben am Ende der Beine, diese z. T. mit Springvermögen. Weibchen mit und ohne Legebohrer. Hemimetabol die Ausgangsbasis für Infektionen. Die unterschiedliche Aktivität der einzelnen Vektorenarten verleiht diesen auch eine verschiedene Bedeutung in der Virusepidemiologie. Im Laboratoriumsversuch übertragen z. B. *Doralis rhamni* und *Myzus persicae* das Y-Virus der Kartoffel mit annähernd gleichem Erfolg. Im Feldbestand dagegen hat die seßhaftere und koloniebildende *Doralis rhamni* einen geringeren Anteil an den Übertragungen als die beweglichere *Myzus persicae*. Durch ihre hohe Aktivität wird die Zikade *Macropsis trimaculata* Fitch. zu einem wirksamen Überträger des Virus der Vergilbungskrankheit des Pfirsichs (peach-yellows), obgleich die Tiere nur wenige Wochen lang und nie zahlreich auftreten und lediglich eine Nachkommenschaft in der Saison haben.

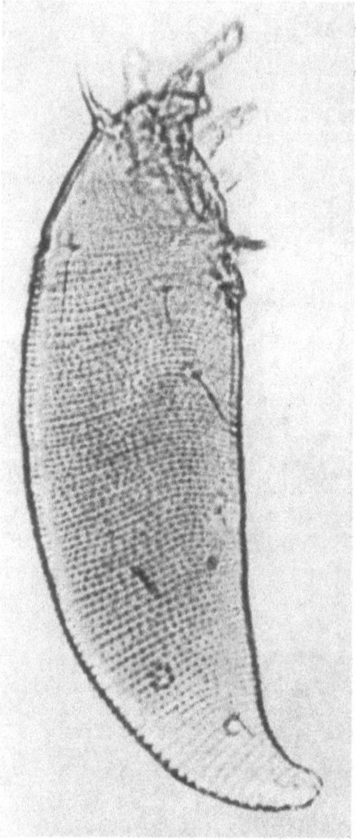

Abb. 57. *Aceria ficus*, Vektor des Feigenmosaikvirus (nach FLOCK und WALLACE)

Wie stark über arteigene Unterschiede hinaus Außenfaktoren das Verhalten der Vektoren beeinflussen, wurde für *Myzus persicae* und *Doralis fabae* nachgewiesen. Beide Arten bevorzugen zur Besiedlung und als Futterquelle, vermutlich wegen des Gehalts an mobilen Eiweißstoffen, junge, noch wachsende oder alternde Blätter gegenüber reifen oder absterbenden. Da an jeder Pflanze Blätter aller Altersgruppen vorhanden sind und jedes einzelne Blatt alle Stufen physiologischer Veränderungen durchmacht, herrscht bereits an ein und derselben Pflanze ein ständiges Wanderungsgefälle, das noch durch Abwanderungen von übervölkerten Blättern weiter verstärkt wird. Von ganz besonderer Bedeutung sind solche Wanderungen, wenn sie von viruskranken Pflanzen ausgehen, die die Vermehrung der Überträger in hohem Maße zu begünstigen scheinen. An mosaikkranken Zuckerrüben und an blattrollkranken Kartoffeln wurden mehr Blattläuse festgestellt, als an gesunden Vergleichspflanzen. Das gleiche gilt für die Besiedlung vergilbungskranker Asternpflanzen (aster yellows) durch die Zikade *Texananus incurvatus* Osb. et Lath. Übervölkerung und Nahrungssuche können somit zur Abwanderung von den Nährpflanzen führen und Wanderungen innerhalb des Bestandes oder über diesen hinaus auslösen. Möglicherweise werden bei solchen oder durch andere Anlässe bedingten Wanderungen auch Pflanzen aufgesucht und infiziert, die sonst gar nicht besiedelt werden. Auf diese Weise überträgt u. a. *Rhopalosiphon maidis* Fitch. das Zuckerrohrmosaikvirus zum Zuckerrohr, das von dieser Blattlaus sonst nicht besiedelt wird. Ähnliches gilt für die Übertragung des Bohnenmosaik- und des Gelbstreifigkeit-Virus der Zwiebel.

Wegen ihres Flugvermögens, das die Ausbreitung von Viren auch auf größere Entfernung gestattet, sind die geflügelten Formen in epidemiologischer Hinsicht von ganz besonderer Bedeutung. Mit Hilfe von Winddriften können z. B. Blattläuse im sogenannten passiven Flug u. U. über sehr große Entfernungen verbreitet werden. Derartige Fernverfrachtungen sind von verschiedenen Blattlausarten aber auch von Zikaden, z. B. *Circulifer tenellus*, bekannt. Gegenüber dem passiven beschränkt der aus eigener Kraft durchgeführte aktive Flug die Blattläuse naturgemäß auf einen kleinen Aktionsbereich. Man unterscheidet dabei zwischen einem sog. Distanzflug, bei dem bisher nicht geflogene, positiv phototaktisch eingestellte Jungtiere von ihren Nährpflanzen abfliegen, sich für einige Zeit ganz dem Flugtrieb überlassen, ohne neue Wirtspflanzen zu beachten, und einem sog. Befallsflug, der zur Besiedlung von Wirtspflanzen führt. Diese zweite Phase des aktiven Fluges wird eingeleitet durch eine Umstimmung der Tiere in dem Sinne, daß sie nunmehr negativ phototaktisch reagieren und zum Aufsuchen bodennaher Bezirke veranlaßt werden. Wie weit noch andere Landereize wirksam werden, läßt sich schwer sagen. Sicher ist, daß die grüne Farbe der Blätter ein solcher, wenn auch unteroptimaler Reiz ist. Ein optimaler Reiz geht von reinem Gelb aus; hier besteht aber keine Beziehung zum Auffinden der Wirtspflanze. Von Einfluß auf den Umfang des Befallsfluges sind u. a. die Witterungsverhältnisse. Das Temperaturoptimum für den Befallsflug liegt für *Myzus persicae* und *Doralis fabae* zwischen 18—20° C, die optimale relative Luftfeuchte für *Doralis fabae* bei 60—70%. *Myzus persicae* kann durch noch höhere relative Luftfeuchtigkeit zu vermehrter Flugtätigkeit angeregt werden. Eventuell kommt auch der Änderung des Luftdruckes eine gewisse Bedeutung für die Aktivität der Tiere zu. Für den Flug wird Windstille bevorzugt. Wird der erste Flug durch höhere Windstärken oder durch niedrige Temperaturen verzögert, dann kann es auch bei höheren Windgeschwindigkeiten zum Start kommen. Bei windigem Wetter wird in den Böenpausen geflogen. Im allgemeinen hemmen oder beenden starke Niederschläge und Windgeschwindigkeiten über 2—4 km/h die Flugtätigkeit der Aphiden.

Der Befallsflug beschränkt sich nach Beobachtungen an *Myzus persicae* und *Doralis fabae* auf die Außenbezirke und die bodennahe Region eines geschlossenen Feldbestandes. Bereits in Gipfelhöhe des Bestandes sinkt die Flugdichte beachtlich ab und in 1 m Entfernung über dem Boden beträgt sie nur mehr $^1/_6$ der Bodenwerte. Bezeichnend ist die Unrast, mit der die Tiere nach kurzen Aufenthalten und wenigen Probestichen von Pflanze zu Pflanze wechseln, ehe sie sich endgültig ansiedeln und Jungtiere absetzen. Dieses Verhalten trägt in hohem Maße zur Ausbreitung kurzfristig übertragbarer Viren bei. Entsprechend dem Verhalten der genannten Vektoren beim Befallsflug sind eng gepflanzte und vor den Hauptflugzeiten schließende Bestände ein Schutz gegen anfliegende Tiere.

Einen sehr wichtigen Schritt zum Abbruch der Aktivitätsperiode geflügelter Blattläuse stellt die Autolyse der Flugmuskulatur dar. Dieser Vorgang ist von einigen anderen Insektengruppen bekannt und wird als Freistellung von Muskelsubstanz zugunsten der Ei- und Embryonalbildung gedeutet. Untersuchungen an *Doralis fabae*, *Myzus persicae*, *Acyrthosiphon onobrychis* und an verschiedenen anderen Arten zeigen, daß bei diesen evtl. schon 4—5 Tage nach der letzten Häutung die Autolyse beginnt, ohne Rücksicht darauf, ob die Tiere bis dahin geflogen sind oder nicht; dagegen besteht eine Abhängigkeit von dem Vermehrungsablauf. Wird die Absetzung von Jungtieren unterbunden, dann unterbleibt auch die Autolyse oder wird hinausgeschoben.

Neben den physiologischen und ökologischen Gegebenheiten in dem Verhältnis zwischen Insekt und Virus sind die Sauggewohnheiten der Überträger von größter Bedeutung für den Vorgang der Virusaufnahme und -abgabe. Eine wichtige Rolle spielt dabei die Lokalisation der Viren im pflanzlichen Gewebe. Es gibt Viren, die im Parenchym, im Phloem bzw. in beiden Geweben ihren Sitz haben oder hauptsächlich in der Epidermis lokalisiert sind, wie das elektronenmikroskopisch z. B. für das Tabakringflecken-Virus nachgewiesen wurde. Führen die Überträger kurze Saugstiche aus, dann gelangen sie nur an nahe der Oberfläche vorkommende Viren, während sie die tiefer liegenden Gewebe und die dort lokalisierten oder optimal konzentrierten Viren nicht erreichen. Zu der ersten Gruppe gehört z. B. das Y-Virus der Kartoffel. Blattläuse können dieses Virus bereits nach ganz kurzen Saugstichen erwerben. Bis zum Mesophyll muß *Myzus persicae* vordringen, um das Gelbnetzvirus der Rübe aufnehmen zu können und beim Blattrollvirus der Kartoffel ist eine Stichführung bis zum Phloem nötig. Geschwindigkeit und Tiefe des Vordringens des Borstenbündels und sein Weg beim Saugakt sind für einige Blattlausarten bekannt. Die Mittelwerte für die Eindringtiefe der Stechborsten in Blätter von Tabakpflanzen bei drei Blattlausarten sind aus Tabelle 3 ersichtlich.

Tabelle 3

Eindringtiefen von Blattläusen in pflanzliches Gewebe in Abhängigkeit von der Zeit

	Eindringtiefe in μ nach			
	5′	15′	60′	24 h
Myzus persicae	49	75	143	—
Neomyzus circumflexus	57	—	104	147
Macrosiphon solanifolii	—	—	88	156

Nach einer Stunde hatten das Phloem erreicht: 5 von 9 *Myzus persicae*, 3 von 3 *M. circumflexus* und 6 von 8 *Macrosiphon solanifolii*. In vereinzelten Fällen war aber *Myzus persicae* schon nach 15 Minuten bis zum Phloem vorgestoßen. Nach Saugversuchen mit dieser Blattlaus an radioaktiv gemachten Pflanzen beginnt die Nahrungsaufnahme erst ca. 15′ nach Einstich in das Blatt, was der kürzesten Vordringungszeit zum Phloem entsprechen würde. Nach Hungerperioden kann die Saugtätigkeit aber bereits in der Epidermis aufgenommen werden. Der Weg des eindringenden Borstenbündels scheint bei *Myzus persicae* und bei *Macrosiphon solanifolii* vorwiegend intrazellulär, bei *Myzus circumflexus* interzellulär zu verlaufen (Abb. 58).

Daß es unter den Insektenarten bezüglich der Saugstelle neben Spezialisten ziemlich indifferente Formen gibt, wurde bei Zikaden gezeigt. So erwiesen sich *Limotettix*-Arten vorwiegend als Phloemsauger, während *Orosius argentatus* Ev. und *Euscelis*-Arten sowohl am Phloem wie am Parenchym saugend gefunden wurden. Zu einer dritten Gruppe, die überwiegend Parenchymsauger einschließt,

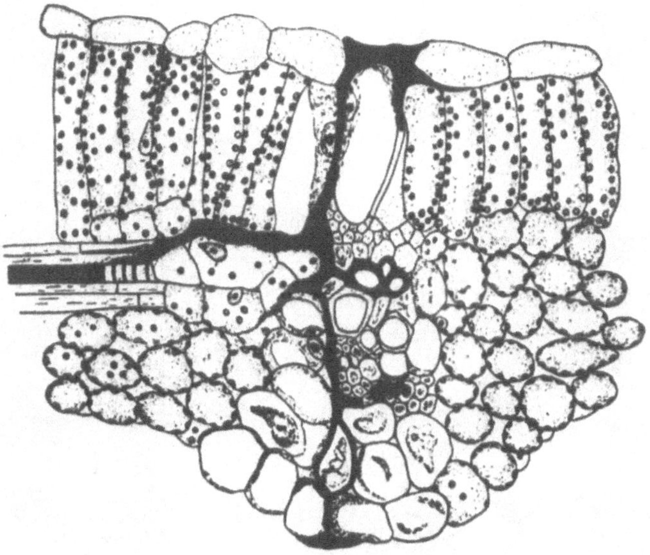

Abb. 58. Stichkanal von *Myzus persicae* Sulz. im Kartoffelblatt, Speichel schwarz (nach K. M. SMITH)

gehört *Erythroneura ix* My. (Abb. 59 und Tabelle 4). Entsprechend der gegebenen Reihenfolge wären *Limotettix* als sehr guter, *Orosius* und *Euscelis* als gute Überträger phloemgebundener Viren zu qualifizieren.

Verschiedentlich wird beim Saugen auch das Xylem angestochen (Tab. 4). Für die Lokalisation und Übertragung von Viren spielt es nach unseren bisherigen Kenntnissen nur in zwei Fällen eine Rolle: bei der Pierceschen Krankheit der Weinrebe und dem Phony peach des Pfirsichs. Nur wenn die übertragenden Zikaden zum Xylem stechen, kommt es zur Erkrankung der Pflanzen.

Nach dem Verhältnis zu ihren Überträgern lassen sich die phytopathogenen Viren in zwei Typen aufteilen. Der erste ist dadurch gekennzeichnet, daß die Überträger das Virus nach einer meist längeren Saugzeit an der Infektionsquelle erwerben, es aber erst nach einer bestimmten Zeitspanne, einer sogenannten Inkubations-, Latenz-, Zirkulations- oder Celationszeit (pre-infective period) wieder auf gesunde Pflanzen übertragen können. Meist bleiben die Tiere dann für längere Zeit, z. T. dauernd infektiös. Die hierher gehörenden Viren werden als persistente Viren bezeichnet. Bei dem anderen Typ kann das Virus unmittelbar bzw. nur kurze Zeit nach seiner Aufnahme in das Insekt auf gesunde Pflanzen übertragen werden. Die Infektiosität kann hier verschieden schnell, evtl. schon einige Minuten nach Aufnahme des Virus nachlassen oder überhaupt verlorengehen. Für diese Viren wurde der Begriff „nichtpersistente" Viren eingeführt. Die Unterschiede zwischen den persistenten und nichtpersistenten Viren sind

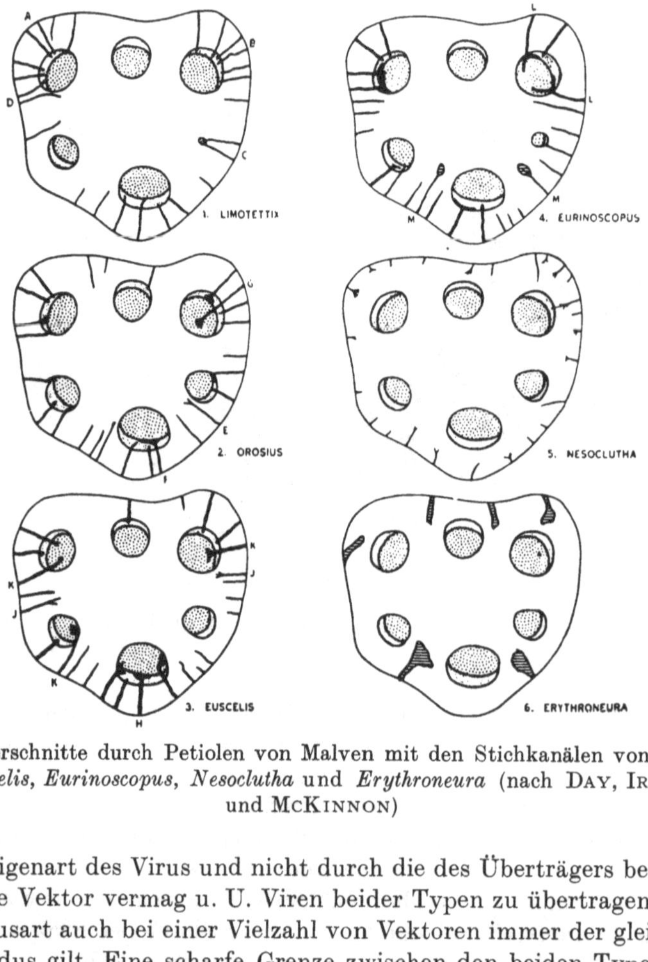

Abb. 59. Querschnitte durch Petiolen von Malven mit den Stichkanälen von *Limotettix*, *Orosius*, *Euscelis*, *Eurinoscopus*, *Nesoclutha* und *Erythroneura* (nach DAY, IRZYKIEWICZ und MCKINNON)

durch die Eigenart des Virus und nicht durch die des Überträgers bedingt. Ein und derselbe Vektor vermag u. U. Viren beider Typen zu übertragen, während für eine Virusart auch bei einer Vielzahl von Vektoren immer der gleiche Übertragungsmodus gilt. Eine scharfe Grenze zwischen den beiden Typen ist aber nicht zu ziehen. So bleibt das Gelbnetzvirus der *Beta*-Rübe mindestens 11 Tage in der Pfirsichblattlaus, obgleich zu seiner Aufnahme nur 5 Minuten Saugzeit an der Infektionsquelle nötig sind. Eine Latenzperiode braucht bei diesem Virus, ebenso wie unter bestimmten Bedingungen bei dem Vergilbungs-Virus der Zuckerrübe, nicht in Erscheinung zu treten.

Die persistenten Viren weichen in ihrem physikalisch-chemischen Verhalten z. T. erheblich voneinander ab. Durch Saftverimpfung sind sie nicht oder nur

Tabelle 4

Übersicht über die Häufigkeit des Einstiches von *Eurinoscopus punctatus* und von verschiedenen Altersstufen von *Orosius argentatus* in verschiedene pflanzliche Gewebe (nach DAY, IRZYKIEWICZ und MCKINNON)

Jasside	Wirtspflanze und Gewebe	Anzahl Einstiche	Prozentuale Häufigkeit der Einstiche		
			Phloem	Xylem	Parenchym oder Mesenchym
O. argentatus adult	*Beta vulgaris* Blattstiel	114	48	4	48
O. argentatus adult	große *Datura stramonium* Blattstiel	53	2	1	97
O. argentatus 1.—3. Larvenstadium	*B. vulgaris* Blattstiel	112	23[1]		77
O. argentatus 4. Larvenstadium	*B. vulgaris* Blattstiel	106	18[1]		82
O. argentatus adult	*B. vulgaris* Blatt	55	29	2	69
E. punctatus adult	*Medicago sativa* Sproß	54	50	24	26

[1] Saugstelle, nicht genau bestimmbar.

schwer von Pflanze zu Pflanze zu übertragen. Außer einer langen Aufnahme- und Celationszeit, einer meist anhaltenden Übertragbarkeit durch die Vektoren und einer im allgemeinen engen Bindung an diese sind nur wenige gemeinsame Merkmale vorhanden. Hungerzeiten der Insekten vor dem Saugen an der Infektionsquelle sind im allgemeinen ohne Wirkung auf den Übertragungserfolg. Die Überträger persistenter Viren gehören verschiedenen Insektengruppen an; es sind Blattläuse, Mottenschildläuse, Wanzen, Zikaden und Blasenfüße.

Tabelle 5 zeigt, daß die Latenzzeiten bei den einzelnen Vektoren sehr verschieden sein können. Zweifellos dürfen sie nicht als fixierte Werte gelten und sind sicher, außer von den Beziehungen zwischen Vektor und Virus, von mehreren Faktoren abhängig. So beträgt die Latenzzeit für das Wundtumor-Virus 13 bis 15 Tage, wenn seine Überträger *Agallia constricta* und *Agalliopsis novella* bei Temperaturen zwischen 25 und 33° C gehalten werden; sie erhöht sich auf 30 Tage bei 16—20° C. Beim Kräuselschopf-Virus der *Beta*-Rübe fand man eine Inkubationszeit von 4 Stunden bei 38° C und eine solche von 1 Tag bei Zimmertemperatur. Ähnliche Ergebnisse brachten Versuche mit dem Asternvergilbungs-Virus, das bei 25° C die kürzeste Inkubationszeit hat. Während für das Blattrollvirus der Kartoffel bisher Latenzzeiten bis zu 48 Stunden angegeben wurden, führten neuere Untersuchungen mit den bisher nicht als Infektions- und

Tabelle 5

Vergleichende Übersicht über Inkubationsperioden verschiedener Viren in Vektoren und Wirtspflanzen

Virose	Pflanze	Überträger	Inkubationsperiode im Insekt in Tagen	Inkubationsperiode der Wirtspflanze in Tagen
Strichelkrankheit (Streak)	Mais	*Cicadulina mbila* Naude	1/4 bis 1/2	3
Kräuselschopf (Curly top)	Vogelmiere	*Eutettix tenellus* Baker	1	2
Streifenmosaik (Stripe)	Mais	*Peregrinus maidis* Ashm.	4	4
Mosaik (Mosaic)	Winterweizen	*Deltocephalus striatus* (L.)[1]	5	9
Pseudorosettenkrankheit (Pseudorosette)	Hafer	*Delphax striatella* Fall.	6	8 bis 10
Gelbzwergigkeit (Yellow dwarf)	Inkarnatklee	*Aceratagallia sanguinolenta* Prov.	6	ca. 10
Infektiöse Vergilbung (Aster yellows)	Aster	*Macrosteles divisus* (Uhl.)	9	9
Zwergkrankheit (Rice stunt)	Reis	*Nephotettix apicalis* Uhler	10	5
Verkümmerungskrankheit (Corn stunt)	Mais	*Baldulus maidis* (Del. et W.)	14	26

[1] Nur das 1., 2. und 3. Stadium können das Virus aufnehmen.

Testpflanzen benutzten Arten *Physalis floridana* Rydb. und *P. angulata L.* zu dem überraschenden Ergebnis, daß *Myzus persicae* den gesamten Übertragungsvorgang in 1 1/2 Stunden und in einem anderen Falle sogar in 20 Minuten unter Wegfall einer erkennbaren Latenzperiode erledigen konnte. Die Celationszeit scheint bei diesem Virus außerdem auch von der Länge der Saugzeit an der Infektionsquelle beeinflußt zu werden. Bei anderen Viren [z. B. beim Maisstrichel, dem Enationenmosaik der Erbse und der Blattrandvergilbung der Erdbeere (Mild yellow edge)] ist die Saugdauer an der Infektionsquelle ohne Einfluß auf die Latenzperiode.

Über die Vorgänge, die während der Celationszeit im Vektor ablaufen, ist noch wenig bekannt. Nach experimentellen Ergebnissen entspricht die Latenzzeit der Vermehrungsperiode des Virus im Insekt oder der Zeit, die das Virus zu der Passage durch den Insektenkörper bis zur Erlangung der Übertragungsbereitschaft benötigt. Die Passage durch den Insektenkörper ist so zu denken, daß die Virusteilchen mit dem aufgesogenen Pflanzensaft zunächst in den Darmkanal kommen, die Darmwand durchdringen und über die Blutflüssigkeit schließlich zu den Speicheldrüsen gelangen, über die sie mit dem sezernierten Speichel wieder ausgeschieden werden.

Die Anwesenheit von Virusteilchen in Vektoren wurde schon vor längerer Zeit nachgewiesen, ohne daß man wußte, in welchen Teilen des Insektenkörpers das Virus lokalisiert war. Dazu wurden virustragende Zikaden zerrieben und das Mazerat direkt oder nach Filtration über Lösungen gesunden Tieren verfüttert oder injiziert. Spätere Untersuchungen ergaben, daß es zur stärksten Virusansammlung offenbar in der Blutflüssigkeit kommt.

Auch der Durchtritt der Viren durch die Darmwand konnte experimentell nachgewiesen werden. Von den beiden morphologisch nicht unterscheidbaren Rassen der Zikade *Cicadulina mbila* vermag nur eine als Vektor des Maisstrichel-Virus zu fungieren. Beide Rassen lassen sich kreuzen und dabei zeigt sich, daß die Befähigung zur Übertragung dominant ist und geschlechtsgebunden vererbt wird. Die männlichen Tiere sind heterozygot. Bei der Vektorrasse ist das Virus in Darm- und Blutflüssigkeit vorhanden, bei den Nichtüberträgern aber nur im Darm nachweisbar. Nach Perforation der Darmwand ließ sich das Virus aber auch im Blut der Nichtüberträger auffinden. In mit den üblichen Methoden angestellten Übertragungsversuchen erwiesen sich diese Tiere als aktive Vektoren. Offenbar wirkte die Darmwand als eine für das Virus unüberwindliche Barriere. Nadelstichinjektionen mit virushaltigem Insektenblut oder Pflanzensaft in die Leibeshöhle virusfreier Zikaden machten diese zu Überträgern. Ähnliche Verhältnisse scheinen auch bei *Frankliniella nigripes* Gir. und *Thrips tabaci* Lind. vorzuliegen. Hier kommt zwei Entwicklungsstadien derselben Insektenspecies eine ganz unterschiedliche Bedeutung als Überträger zu. Beide Arten sind Überträger des Virus der Bronzefleckenkrankheit der Tomate und vermögen sowohl als Larven wie als adulte Tiere das Virus zu übertragen. Die erwachsenen Tiere sind dazu aber nur befähigt, wenn sie das Virus bereits im Larvenstadium erworben haben. Vorher virusfreie Alttiere werden nach Besaugen von Infektionspflanzen nicht zu Überträgern. Vermutlich ist die Darmwand der Imagines für die Viruspartikeln nicht mehr passierbar.

Über den Mechanismus des Durchtritts des Virus durch die Darmwand und die Stellen der Durchdringung ist nichts bekannt. Wegen der Größe der Virusteilchen kann es sich um keinen einfachen Diffusionsvorgang handeln. Möglicherweise ist der Grad der Vervollkommnung dieses Mechanismus Ausdruck für den Umfang der Virus-Vektor-Spezifität. Sicherlich spielen aber außer der Durchlässigkeit der Darmwand noch andere Faktoren eine Rolle. So konnte das Maisstrichel-Virus von dem Nichtüberträger *Peregrinus maidis* aufgesogen und in den Darm aufgenommen, nicht aber an das Blut abgegeben werden. Auch mittels der Punktionsmethode gelang die Überführung in die Haemolymphe nicht. Daß Insekten Virusträger sein können, ohne zu aktiven Überträgern zu werden, ist von einer Reihe von Blattläusen, Zikaden und Blasenfüßen bekannt, die das Kräuselschopf-Virus der *Beta*-Rübe zum Teil sogar längere Zeit in sich trugen.

Daß der Speichel der Vektoren Virusträger ist, läßt sich aus Versuchen ableiten, bei denen man virustragende Insekten an Lösungen saugen ließ, die anschließend virusfreien Tieren angeboten wurden. Da diese daraufhin infektiös wurden, mußte von den virusbeladenen Tieren über den Speichel Virus in die Lösung abgegeben worden sein. Eigenartigerweise fand man bislang in den Speicheldrüsen untersuchter Zikaden wenig oder überhaupt kein Virus. Untersuchungen an der Zikade *Eutettix tenellus* legen den Schluß nahe, daß nur zeitweilig Virus in den Speicheldrüsen enthalten ist und daß die Auffüllung der Drüsen von ihrem Funktionszustand abhängt. Die Viruszuführung erfolgt danach nicht kontinuierlich. Dementsprechend sind für das Zustandekommen einer Infektion die günstigsten Aussichten, wenn die Saugtätigkeit des Insekts an einer gesunden Pflanze mit dem Füllungszustand der Speicheldrüse zusammenfällt oder bis zu deren Aufladung anhält. Schnelligkeit und Häufigkeit der Virusnachführung aus dem Blut dürften u. a. von der Konzentration des Virus im Blut und von der Fähigkeit, Schwankungen des Virusspiegels auszugleichen, abhängen. Schwankungen im Virusgehalt des Blutes und der Speicheldrüsen sowie Pausen in der Nachführung des Virus könnten eine Erklärung dafür sein, daß bei Passage infektiöser Vektoren über eine Reihe von Testpflanzen nicht alle Pflanzen infiziert werden oder daß bei kurzen Saugzeiten der Übertragungserfolg sehr unterschiedlich ist.

Die Auffassung über die Virusvermehrung im Insekt hatte noch vor mehreren Jahren eine Anzahl von Gegnern. Für verschiedene Viren mag dies auch verständlich erscheinen. So fand man bei der Übertragung des Vergilbungs- und des Kräuselschopf-Virus der Rübe eine Abhängigkeit der Dauer der Übertragungsfähigkeit der Vektoren von der Länge ihrer Saugzeit an der Infektionsquelle. Auf die Übertragungsleistung hatte die Saugdauer bei den Zikaden keinen Einfluß; bei *Myzus persicae* dagegen stieg die Übertragungsrate von 11% auf 69% mit Verlängerung der Saugzeit an der Infektionsquelle von 60 Minuten auf 18 Stunden. Eine abgrenzbare Latenzperiode war nicht vorhanden. Diese Ergebnisse sprechen nicht für eine Vermehrung des Virus in den betreffenden Überträgern, zumindest nicht für eine Vermehrungsrate, die ausreichen könnte, in der gegebenen Zeit das Insekt infektiös zu machen.

Für eine große Zahl von Viren kann eine Vermehrung im Insekt als gesichert gelten. Die Beobachtung, daß dem Überträger des Virus der Verkümmerungskrankheit des Maises, *Baldulus maidis* Del. et W., im Anschluß an die Inkubationszeit weniger Infektionen gelangen als zu einem späteren Zeitpunkt, kann vielleicht bereits als Hinweis auf einen Vermehrungsvorgang gewertet werden. Auf eine unterschiedliche Vermehrungsintensität muß bei den Maisviren der Strichelkrankheit, der Verkümmerungskrankheit und des Streifenmosaiks geschlossen werden. Da diese drei Viren annähernd die gleiche Größe, aber sehr unterschiedliche Inkubationszeiten haben, ist nicht anzunehmen, daß diese Unterschiede in verschiedenen Geschwindigkeiten beim Durchtritt des Virus durch die Darmwand oder bei der Wanderung durch das Blut begründet sind. Experimentelle Arbeiten zeigen, daß die Zikade *Macrosteles divisus* Uhl. im Anschluß an ein zweitägiges Besaugen einer Infektionsquelle noch nicht in der Lage ist, das Asternvergilbungsvirus abzugeben. Säfte, die zu einem späteren Zeitpunkt von diesen Tieren entnommen und im Verhältnis 1 : 100 verdünnt wurden, ließen sich aber mit Erfolg gesunden Tieren injizieren. In weiteren Versuchen konnte nachgewiesen werden, daß sich das Virus im Insekt zwischen dem 2. und 12. Tag einer 17tägigen Inkubationsperiode mindestens auf das 100fache seiner Ausgangskonzentration vermehrt hat. Die Konzentration hatte ihren Höhepunkt vor Ablauf der Inkubationsperiode erreicht. Bei Injektion des Asternvergilbungsvirus in den Vektor *Macrosteles divisus* verlängert sich die Inkubationszeit mit Abnahme der Virusdosis. Bei Verdünnung des Virussaftes auf 10^{-1} dauerte die Latenzperiode 11—15 Tage, bei 10^{-3} erhöhte sie sich auf 24—28 Tage. Ähnliche Abhängigkeiten zeigten sich beim Wundtumor-Virus, wo einer Verdünnung von 10^{-1} eine Latenzzeit von 7 Tagen folgte, während sie bei 10^{-2} und 10^{-3} auf 11 und bei 10^{-4} auf 19 Tage anstieg. Ein schlüssiger Beweis für die Vermehrung des Virus wurde durch Verimpfung des Asternvergilbungsvirus in 10 Passagen von Insekt zu Insekt erbracht (Tabelle 6).

Tabelle 6

Serienpassagen des Asternvergilbungsvirus durch den Übertrager *Marcrosteles divisus* (nach MARAMOROSCH)

Passage	Zahl behandelter Insekten	Tage nach Injektion an		überlebende Tiere[1]	errechnete Verdünnung
		Roggen	Aster		
A					
1	200	30	2	36 (8)	$10^{-3,8}$
2	300	30	2	16(3)	10^{-8}
3	150	30	2	2 (0)	10^{-12}
4	300	30	2	34 (5)	10^{-16}
5	100	30	2	5 (0)	10^{-20}
6	200	30	2	22 (5)	10^{-24}
B					
7	100	6	54	8 (2)	10^{-28}
8	240	40	25	12 (4)	10^{-32}
9	50	19	13	16 (6)	10^{-36}
10	50	30	20	4 (1)	10^{-40}

[1] In Klammern : davon infektionstüchtig.

Bei diesen Versuchen wurden Körpersäfte virustragender Zikaden virusfreien Tieren injiziert und diese dann wieder als Saftquellen für die Injektion neuer, virusfreier Insekten benutzt. Von der Injektion bis zur Verwendung als Infektionsquelle wurden die Tiere entweder langfristig auf dem Virus gegenüber nicht anfälligen Pflanzen gehalten oder für einen kurzen, außerhalb der Inkubationsperiode liegenden Zeitraum auf anfällige Asternpflanzen gebracht. Die Verdünnung der ursprünglichen Virusmenge wurde ungefähr auf 10^{-4} je Stufe der Passage veranschlagt.

In ähnlicher Weise gelang eine Passage des Wundtumor-Virus durch 7 Generationen von *Agallia constricta*. Ohne Vermehrung des Virus im Insekt hätte die zu erwartende Endverdünnung in dem ersten Fall bei 10^{-40}, in dem anderen Fall bei 10^{-18} liegen müssen. Die Endwerte waren aber kaum verschieden von den Ausgangskonzentrationen. Die Grenzkonzentration, bei der gerade noch Infektionen zustande kommen, liegt für das Asternvergilbungsvirus bei 10^{-3}. Ohne eine Vermehrung des Virus im Insekt wäre das Gelingen der Infektionen unmöglich gewesen.

Für eine Vermehrung des Virus im Insekt scheinen auch Beobachtungen an frei lebenden Rübenblattwanzen zu sprechen. Danach sind aus der Winterruhe kommende bereits virustragende Rübenblattwanzen viel wirkungsvollere Vektoren für das Virus der Rübenkräuselkrankheit als erst während der Vegetationsperiode neu infizierte Tiere. Auch ist die Zahl aufeinanderfolgender möglicher Infektionen bei den überwinterten Tieren größer und der zeitliche Mindestabstand zwischen den Übertragungen geringer als bei den neu infizierten Tieren. Neuerdings glaubt man, auch für die Vermehrung des Blattrollvirus der Kartoffel, das aus der Haemolymphe virustragender Blattläuse gewonnen wurde, Anhaltspunkte gefunden zu haben, jedoch bedarf dies weiterer Bestätigung.

Ein wichtiger Beweis für die Vermehrung des Virus im Insekt wird durch die Tatsache geliefert, daß einige Viren über das Ei auf die Nachkommenschaft übertragen werden. Für das von *Nephotettix apicalis* var. *cincticeps* Uhl. übertragene Virus der Zwergkrankheit des Reises gelang der Nachweis, daß das Virus über die Eier virustragender Muttertiere an die Nachkommenschaft weitergegeben wird. Bei Aufzucht an virusfreien Futterquellen wurde die Viruspassage über 6 Generationen verfolgt. Ohne eine Vermehrung wäre eine Verdünnung auf schätzungsweise 1 : 563000 zu erwarten gewesen. Die Übertragung des Virus der Spindelkrankheit (Clover club leaf) durch das Ei konnte in einem fünfjährigen Versuch sogar durch 21 Generationen von *Agalliopsis novella* verfolgt werden. Die Verdünnung hätte hier 10^{-26} betragen müssen. Die aus den Eiern schlüpfenden Jungtiere konnten im allgemeinen erst nach Ablauf einer Latenzperiode übertragen. Gelegentlich wurden aber auch Übertragungen unmittelbar nach dem Schlupf beobachtet. Bei einigen Muttertieren, die nachweislich das Virus an ihre Nachkommen weitergegeben hatten, konnte eine Infektion der besiedelten, anfälligen Wirtspflanzen nicht beobachtet werden. Der Grund für dieses Versagen beim Virus der Spindelkrankheit könnte in einer sehr langsamen Vermehrung des Virus im Insekt liegen, wie verhältnismäßig lange Inkubationszeiten bei der mechanischen Übertragung dieses Virus von Insekt zu Insekt vermuten lassen. Neuerdings wurde die Virusübertragung auf die Nachkommenschaft über das Ei auch bei den Vektoren des Wundtumor-Virus, *Agalliopsis novella*, und des New Jersey-Virusstammes der Gelbzwergigkeit der Kartoffel, *Agallia constricta*, beobachtet. Während man bei dem vorerwähnten Spindelkrankheitsvirus und bei dem Virus der Zwergkrankheit des Reises aber mit einer Übertragungsrate von 95—100% rechnen kann, beträgt der Anteil virusinfizierter Eier in den beiden letztgenannten Fällen nur 1—2%. Eine Übertragung des Virus mit dem Sperma wurde in keinem Falle festgestellt.

Eine Übersicht über die Viren, bei denen eine Vermehrung im Insekt nachgewiesen wurde und über die Methode des Nachweises gibt Tabelle 7.

Tabelle 7

Zusammenstellung der Viren, für die bisher eine Vermehrung im Insekt nachgewiesen wurde

Zwergkrankheitsvirus des Reises	Rice stunt	Übertragung über das Ei
Spindelkrankheitsvirus des Klees	Clover club leaf	
Wundtumorenvirus	Wound tumor	
Jersey-Stamm des Gelbzwergigkeitsvirus der Kartoffel	Potato yellow dwarf	
Asternvergilbungsvirus	Aster yellows	Vermehrung im Insekt mittels verschiedener Methoden nachgewiesen
Wundtumorenvirus	Wound tumor	
Maisverkümmerungsvirus	Corn stunt	

Im Gegensatz zu den persistenten sind die nichtpersistenten Viren in ihrem Verhalten und ihren Eigenschaften verhältnismäßig einheitlich. Ihre Widerstandsfähigkeit gegenüber Chemikalien und höheren Temperaturen ist gering. Mechanisch sind sie durch Saftverimpfung leicht übertragbar, durch Insekten werden sie in kurzen Saugzeiten aufgenommen und nur innerhalb kurzer Zeitspannen von Pflanze zu Pflanze überbracht. Als tierische Überträger sind bis jetzt — mit Ausnahme von Schmierläusen, die das Sproßschwellungsvirus des Kakaos übertragen — nur Blattläuse bekannt. Die nur kurzfristige Übertragbarkeit dieses Virustyps durch Insekten und Beobachtungen, denen zufolge ein eben infektiös gewordener Überträger nur eine oder lediglich wenige Pflanzen hintereinander neu infizieren kann, lassen eine Zirkulation des Virus durch den Insektenkörper, wie sie für den persistenten Typ dargelegt wurde, nicht möglich erscheinen und führten zu der Ansicht, daß die Übertragung auf einem rein mechanischen Vorgang beruhe. Dabei sollen beim Saugen an einer kranken Pflanze äußerlich an den Mundteilen haftengebliebene oder im Saugrohr festgehaltene Virusteilchen an die Gewebe einer nachfolgend besogenen, gesunden Pflanze abgegeben werden. Von einigen Autoren wird dabei der Speichelscheide die Rolle eines Filters zugeschrieben. Virusabgabe und -aufnahme von den Mundteilen sollen nur bei Beginn der Saugtätigkeit, wenn die Speichelscheide noch nicht voll ausgebildet ist, möglich sein. Neueste Ergebnisse mit dem Kartoffel-Y-Virus scheinen zugunsten eines mechanischen Übertragungsmodus zu sprechen. Es ist gelungen, durch Behandlung der Stechborstenspitze mit Formaldehyd oder mit UV-Strahlen der Länge 2537 Å, *Myzus persicae*, die das Y-Virus der Kartoffel aufgenommen hatten, nichtinfektiös zu machen. Aus der Tatsache, daß eine Behandlung des vom Labium eingeschlossenen Stechapparates oder auch der körpernahen freigelegten Stechborstenpartien ohne Erfolg blieb und daß eine Inaktivierung immer nur dann eintrat, wenn die freie Spitze des Stechborstenbündels den Einwirkungen von Strahlen oder Formaldehyd ausgesetzt war, wird geschlossen, daß das Y-Virus der Kartoffel an den distalen Teilen der Mundwerkzeuge lokalisiert ist und vermutlich auch nur von hier aus übertragen wird. Das Virus kann sich dabei an den Außenseiten der Borsten, zwischen Mandibeln und Maxillen befinden oder auch in dem Speichel- oder Nahrungsrohr sein. Die Tiere waren unmittelbar nach Formaldehydbehandlung in der Lage, wieder neues Virus aufzunehmen und zu übertragen. Bei UV-Bestrahlung war die volle Übertragungsfähigkeit erst nach einer Stunde wieder vorhanden.

Gegen die Hypothese einer rein mechanischen Virusübertragung, zumindest eines nur äußerlichen Anhaftens der Virusteilchen am Stechapparat bei der Übertragung gibt es jedoch einige wichtige Argumente, wie z. B. das Vorhandensein einer gewissen Vektorspezifität auch bei den nichtpersistenten Viren. In diesem Sinne scheinen Befunde zu liegen, nach denen die von Vektoren überbrachte Virusmenge bedeutend geringer ist, als das zu einer künstlichen Inokulation erforderliche Quantum. Ohne die Annahme einer engeren Bindung zwischen Insekt und Virus ist auch schwer zu erklären, warum Läuse mit ähnlichen Sauggewohnheiten nicht auch die gleichen Viren übertragen bzw. eine oft sehr unterschiedliche Wirksamkeit entfalten. *Myzus persicae* und *Neomyzus circumflexus* z. B. erwiesen sich als gleich gute Überträger für das Gurkenmosaikvirus, während bei der Übertragung des *Hyoscyamus*-Virus 3 die erstgenannte Art bedeutend wirksamer war. Bei einer Doppelinfektion von Salat mit dem Salatmosaikvirus und dem Dandelionmosaik-Virus (Löwenzahngelbmosaik) wird dieses nur durch *Myzus ornatus* Laing, das erstgenannte nur durch *M. persicae* übertragen. Die Unterschiede im Übertragungseffekt einzelner Vektorenarten allein bei einem Virus konnten am Beispiel des Gurkenmosaikvirus gezeigt werden, wo bei einem Vergleich von 11 verschiedenen Blattlausarten der Prozentsatz gelungener Übertragungen zwischen 14 und 84% schwankte. Eine vergleichende Übersicht über die unterschiedliche Wirksamkeit zweier Blattlausarten und über die relative Wirksamkeit verschiedener Blattlausarten geben die Tabellen 8 und 9.

Bei der Annahme einer rein mechanischen Übertragung ist weiter schwer verständlich, daß zwei hochinfektiöse und mechanisch leicht übertragbare Viren wie das TMV und das Kartoffel-X-Virus, die außerdem in der Pflanze eine sehr hohe Konzentration besitzen, nicht durch Insekten übertragen werden. Selbst bei

Tabelle 8

Vergleichende Übersicht über den Übertragungserfolg von *Myzus persicae* und *M. ascalonicus* mit verschiedenen Viren

(Nach Bawden)

Virus	*M. persicae*	*M. ascalonicus*
Kartoffel Y	19/20[1]	0/47
Gurkenmosaik	18/20	41/50
Bilsenkrautmosaik	10/10	20/35
Tabak-Ätzmosaik	10/10	0/30
Salatmosaik	24/24	0/38
Zuckerrübenmosaik	10/10	0/10
Löwenzahn-Gelbmosaik	0/30	7/33
Zuckerrübenvergilbung	10/10	5/10

[1] Zähler : Anzahl erkrankter Pflanzen.
Nenner : Anzahl untersuchter Pflanzen.

Tabelle 9

Relative Wirksamkeit verschiedener Blattlausarten bei der Übertragung einiger nichtpersistenter Viren

(Nach DAY, IRZYKIEWICZ und McKINNON)

Virus	Blattlausarten in der Reihenfolge ihrer Wirksamkeit als Vektoren
Gurkenmosaik	*Myzus persicae* > *M. circumflexus* > *Macrosiphon solanifolii*
Bilsenkrautmosaik	*Myzus persicae* > *M. circumflexus* > *Macrosiphon solanifolii*
Blumenkohlmosaik	*Acyrthosiphon onobrychis* > *Doralis fabae* > *Myzus circumflexus* > *Cavaraiella archangelicae* > *Aulacorthum pseudosolani* > *Doralina apigraveolens u. a.*
Rübenmosaik	*Doralina apigraveolens* > *Doralis fabae* > *D. frangulae* > *Cavaraiella archangelicae* > *Doralis pomi* > *Brevicoryne brassicae*
Rübenmosaik	*Myzus persicae* > *Aulacorthum pseudosolani* > *Doralis fabae* > *Myzus circumflexus*
Erbsenmosaik	*Myzus persicae* > *Macrosiphon solanifolii*

Benetzung der Stechborsten mit dem TMV kommt es zu keiner Übertragung, obgleich wiederum Nadelstichinfektionen mit diesem Virus ohne weiteres durchführbar sind und in viel größerem Umfange gelingen, als solche mit dem durch Blattläuse leicht übertragbaren Gurkenmosaikvirus. Ebensowenig läßt sich das *Datura*-wilt-Virus — ein Stamm des *Hyoscyamus*-Virus 3 — das in einigen Sekunden von *Myzus persicae* erworben werden kann, durch Benetzung der Stechborsten mechanisch übertragen. Daß Größe und Form der Virusteilchen nicht die entscheidenden Faktoren für das Mißlingen der Übertragung sein können, läßt sich daraus ableiten, daß das morphologisch und größenmäßig dem Kartoffel-X-Virus ungefähr gleiche *Brassica-nigra*-Virus durch Insekten übertragbar ist. Auch die Tatsache, daß die Zahl gelungener Infektionen meist um so größer ist, je kürzer der Vektor an einer Pflanze saugt und je rascher er von Pflanze zu Pflanze wechselt, wobei er jedesmal die Stechborsten „abwischt", wäre bei nur äußerlichem Haften des Virus an den Mundteilen schwer zu verstehen.

Nach einer anderen, nicht auf der ausschließlich mechanischen Virusübertragung fußenden Deutung für das Verhalten der nichtpersistenten Viren ist in den Vektoren eine nicht näher definierte inaktivierende Substanz enthalten, die zu Beginn der Saugtätigkeit noch nicht oder nur in unterschwelliger Konzentration vorhanden ist und die erst bei längerem Saugen an gesunden oder kranken Pflanzen gebildet oder angereichert und mit dem Speichel ausgeschieden wird. Dieser Stoff beeinflußt nur das augenblickliche Infektionsverhalten; die Vektoren vermögen nach erneuter Saugtätigkeit an Infektionsquellen wieder Virus abzugeben. Neben der Möglichkeit, daß die Viruskonzentrationen bereits in der Pflanze zu niedrig sind, um in den kurzen Saugzeiten einen übertragungsfähigen Virusspiegel zu schaffen, oder daß dadurch notwendig gewordene lange Saugzeiten sich mit der Inaktivierungsphase überschneiden (Löwenzahngelbmosaikvirus), können Unterschiede in der Wirksamkeit verschiedener Läuse darin begründet sein, daß solche Inaktivatoren oder Inhibitoren in unterschiedlicher Menge vorhanden sind oder produziert werden, oder daß es sich überhaupt um spezifisch wirkende Substanzen handelt. Daß auch Extrakte aus Überträgern wie aus Nichtüberträgern das Virus inaktivierende Substanzen enthalten, wurde mehrfach gezeigt. Bei der Schabe *Periplaneta americana* L. und bei der Wanze *Nezara viridula* L. konnte die inhibierende Wirkung des Speichels auf das TMV und das Kartoffel-Y-Virus direkt nachgewiesen werden. Es ist jedoch nicht bewiesen, daß solche Stoffe mit den vermuteten Substanzen identisch sind.

Die Übertragungsrate wird wesentlich erhöht oder das Zustandekommen einer Infektion mit einem nichtpersistenten Virus überhaupt erst ermöglicht, wenn die Blattläuse vor dem Saugen an einer Infektionsquelle verschieden lange hungern. Die Wirkung einer solchen Fastenperiode geht in dem Maße zurück, wie die Saugzeit an der Infektionsquelle zunimmt. Die Saugdauer an der gesunden Testpflanze ist meist ohne Wirkung auf den Übertragungserfolg. Für eine Reihe von Viren haben sich Hungerzeiten von 15, 60 Minuten und länger und Saugzeiten von einigen Sekunden oder wenigen Minuten an der Infektionsquelle besonders günstig erwiesen. So kann bei dem *Brassica-nigra*-Virus nach der Fastenperiode der gesamte Übertragungsvorgang von der Aufnahme des Virus bis zu seiner Abgabe bereits in der Zeit von 30 Sekunden bis zu einer Minute ablaufen.

In vielen Fällen sind die Blattläuse bereits wenige Minuten nach Verlassen der Infektionsquelle nicht mehr in der Lage, zu infizieren. Der Abfall der Infektiosität kann dabei stufenweise oder plötzlich vor sich gehen. Die Infektionstüchtigkeit kann aber weit über das normale Maß hinaus erhalten bleiben, wenn die Läuse nach dem Saugen an der Infektionsquelle auf mehreren Pflanzen nur kurze Saugstiche ausführen oder erneut einer Fastenzeit unterworfen werden. Auf diese Weise können auch mit nichtpersistenten Viren mehrere Pflanzen hintereinander infiziert werden. Für die Erhaltung des Virus wirken niedrige Temperaturen während der Fastenperiode begünstigend. Beim Tabak-Ätz-Virus z. B., bei dem die Infektiositätsdauer von 15 Minuten auf einige Stunden ansteigt, wenn die Läuse nach dem Saugen an der Infektionsquelle hungern, wird diese Zeitspanne noch verlängert, wenn die Tiere bei niedriger Temperatur hungern. Ähnliche Erscheinungen sind von persistenten Viren nicht bekannt. Bei dem Vergilbungsvirus der Zuckerrübe liegen die Verhältnisse sogar entgegengesetzt, da hier Hungerperioden zu einer Herabsetzung der Infektiosität führen. Außerdem tragen bei dem Vergilbungs- und dem Kräuselschopf-Virus der Rübe verlängerte Infektions- und Testzeiten zur Hebung des Infektionserfolges bei.

Unter Zusammenfassung der verschiedenen bisherigen Ansichten wurde in neuester Zeit — fußend auf der Anschauung einer mechanischen Übertragung — eine Hypothese zur Übertragung nichtpersistenter Viren entwickelt. Danach nehmen die Läuse bei Probestichen Virus auf, das der Inaktivierung durch den Speichel ausgesetzt ist, soweit es an den Mundwerkzeugen haftet. Da der Inaktivierungsvorgang einige Zeit benötigt, kann ein Teil des Virus noch in gesunde

Pflanzengewebe gebracht werden. Nach Ausbildung der Speichelscheide wird aber auch das unterbunden. In den Darm gelangte Viruspartikeln spielen keine Rolle. Die Produktion der inhibierenden Substanz ist nach einer Fastenperiode erschwert. Die Substanz der verschiedenen Läusearten wirkt unterschiedlich auf die Viren.

Die Möglichkeit mechanischer Übertragung einiger pflanzlicher Viren von Insekt zu Insekt und von Pflanze zu Pflanze und besonders die Tatsache einer Übertragung auf die Nachkommenschaft zeigen, daß Viren solcher Art sowohl als pflanzliche wie auch als tierische Viren betrachtet werden können. Während die Mehrzahl von solchen Viren befallener Pflanzen mit der Ausbildung von Symptomen reagiert, konnten bisher bei den Insektenvektoren weder histopathologische Veränderungen noch sonstige sichtbare Schädigungen festgestellt werden. Demgegenüber verdienen neue Ergebnisse Beachtung, die über Veränderungen an Zellkernen und Plasma in Fettkörperzellen von Tieren berichten, die das Virus der Asternvergilbung besaßen. Auf Grund dieser Befunde wäre ein Vektor nicht mehr einfach als Träger und Überbringer eines pflanzlichen Virus zu betrachten, sondern selbst als virusinfiziertes Insekt anzusehen.

Die Anlage von Blattlauskulturen für Virusübertragungsversuche geschieht im allgemeinen so, daß Tiere der zur Untersuchung bestimmten Art einzeln oder in Gruppen mittels eines weichen Pinsels auf die Nährpflanze gebracht werden (Abb. 60). Das Abpinseln noch saugender oder wenigstens mit den Stechborsten im Pflanzengewebe steckender Tiere muß sehr vorsichtig und sorgfältig erfolgen, damit der Stechapparat nicht beschädigt wird. Zur Schaffung von Ablegerkulturen aus Stammzuchten oder zur Überführung größerer Blattlausmengen von Pflanze zu Pflanze können von Blattläusen stark besiedelte Blätter oder Triebspitzen auf die zu besetzende Nährpflanze gelegt werden, auf die dann der größte Teil der Läuse freiwillig überwandern kann. Um ein Entkommen der aufgesetzten Tiere zu verhindern, wird entweder über eine ganze Pflanze (Abb. 61 und Abb. 62) oder nur über die mit Blattläusen besetzten Teile (Abb. 63) ein Käfig gestülpt. Sowohl bei Blattlauszuchten als auch bei länger dauernden Übertragungsversuchen ist eine gute Durchlüftung der Käfige sehr wesentlich. Sie kann durch genügend große Gazefenster und -abdeckungen erreicht werden. Bei schlechter Durchlüftung kommt es zu einer den Tieren abträglichen Überfeuchtung des Zuchtraumes.

In den lichtarmen Monaten des Jahres empfiehlt sich eine zusätzliche Beleuchtung der Kulturen von einigen Stunden täglich. Als sehr gut haben sich dabei Quecksilberdampflampen erwiesen; Leuchtstoffröhren in genügender Menge sind auch ausreichend. Die Zusatzbeleuchtung soll zeitlich nicht zu weit ausgedehnt werden, da nach Ergebnissen bei *Doralis fabae* bei einer Tageslänge von mehr als 16 Std. die Ausbildung geflügelter Tiere sehr stark zunimmt. Ein zu großer Anteil Geflügelter in den Zuchten ist aus praktischen Gründen aber meist nicht erwünscht. Welche Vorteile eine Zusatzbeleuchtung bringt, konnte an der Rübenblattwanze gezeigt werden, die normalerweise nach 2 Eiablagen in

Abb. 60. Überführung von Blattläusen von einer kranken zu einer gesunden Pflanze mittels eines Haarpinsels (Original Völk)

Abb. 61. Insektenkäfig zur Aufnahme ganzer Pflanzen. Das metallene Grundgestell ist mit einer Cellophanfolie (oder einer anderen durchsichtigen Kunststofffolie) überzogen, in die Gazefenster eingeschnitten sind (Original Völk)

Abb. 62. Lampenzylinder als Insektenkäfige (Original Völk)

Winterruhe geht, durch Zusatzbeleuchtung aber während des ganzen Winters legebereit bleibt.

In ähnlicher Weise wie bei der Anlage von Blattlauszuchten wird bei Versuchen mit langfristig übertragbaren (persistenten) Viren verfahren. Hier wird meist eine genau bestimmte Anzahl von Läusen der virusfreien Stammzucht entnommen, für eine je nach Virusart festzulegende Zeit auf eine kranke Pflanze (Infektionspflanze) gebracht und dann wieder für eine bestimmte Zeit auf eine gesunde Pflanze (Testpflanze) überführt. Da die Testpflanzen zur Beobachtung

Abb. 63. Insektenkäfige aus Kunststoff. Die Käfige können über Sproßspitzen oder einzelne Blätter geschoben werden (Original VÖLK)

später auftretender Symptome im Gewächshaus gehalten werden, müssen sie nach Ablauf des Saugaktes mit Insektiziden einmal oder mehrfach behandelt werden (Spritzung oder Räucherung). Ist geplant, diese Pflanzen in kürzerem Zeitabstand Blattläusen nochmals zur Besaugung anzubieten, dann ist darauf zu achten, daß keine systemischen oder anderen langwirkenden Insektizide, sondern nur solche mit starker Initial-, aber kurzer Dauerwirkung verwendet werden. Die gleiche Vorsicht ist bei den routinemäßigen Gewächshausräucherungen oder -spritzungen gegenüber bereitstehenden Anzuchten geboten. Schwieriger und zeitraubender sind Versuche mit kurzfristig übertragbaren Viren. Hier muß mit der Lupe überwacht werden, ob die Tiere in den auf wenige Minuten oder oft gar nur auf Sekunden angesetzten Saugzeiten wirklich an der Pflanze saugen. Es versteht sich von selbst, daß dabei nur wenige Tiere beobachtet werden können. In die Zeit- und Arbeitsplanung für diese Versuche muß außerdem die vorausgehende ein- bis mehrstündige Fastenperiode einbezogen werden. Die den virusfreien Stammkulturen entnommenen Tiere werden während dieser Periode in gut schließenden, durchlüftbaren Schalen bei gleichen Temperatur- und Lichtbedingungen gehalten wie im anschließenden Übertragungsversuch. Für langfristige Virusübertragungen mit Blattläusen und besonders mit den sehr empfindlichen und beweglichen Wanzen haben sich als Zuchtbehälter für einzelne Insekten seit langem bekannte Kleinkäfige sehr bewährt. Die Saugtätigkeit der Insekten kann damit auf sehr kleine Blattareale oder Sproßabschnitte beschränkt werden. Außerdem werden die Tiere beim Transport auf andere Pflanzenteile oder auf andere Pflanzen nicht berührt, sondern können samt ihrem Käfig weitergesetzt werden.

Virus-Wirt-Verhältnis

Von

H. A. Uschdraweit

Infektionsvorgang, Vermehrung, Wanderung, Konzentration, Reaktion der Wirtspflanze auf das Virus (Axenie, Affinität, Wirtspflanzenkreis, Einfluß auf Anatomie und Physiologie), Reaktion der Wirtspflanze auf mehrere Viren bzw. Virusstämme.

Unsere Kenntnisse von dem Verhältnis zwischen Virus und Wirt sind noch sehr lückenhaft. Vielfach sind die physiologischen Vorgänge der normalen Pflanze noch so wenig bekannt, daß wir nicht einmal einen Einblick in das Geschehen der gesunden Pflanze unter sich ändernden Umweltbedingungen haben. Bei Untersuchungen an viruskranken Pflanzen ist nicht ohne weiteres festzustellen, wie weit die Abweichungen vom Normalen auf Umwelteinflüsse oder auf die Virusinfektion zurückzuführen sind. Die verschiedenen Wirtspflanzen reagieren je nach Art und Sorte und vermutlich selbst individuell unterschiedlich. Das Alter der Pflanze, ihr Ernährungszustand und ihr Milieu sind vielleicht von ebenso großem Einfluß wie Art und Stamm des infizierenden Virus. Die nachfolgenden Ausführungen sind infolgedessen nicht mehr als erste Ansätze zur Erforschung der Zusammenhänge und ihre Widersprüche sind in der Unvollkommenheit der Methoden und Kenntnisse begründet. Sie lassen sich daher nicht ohne weiteres verallgemeinern.

Das Virus verhält sich wie ein Wundparasit. Damit eine Beziehung zwischen dem Krankheitserreger und der Wirtspflanze entstehen kann, ist es notwendig, daß das Virus in eine lebende Zelle gelangt, denn nur in dieser ist eine Vermehrung möglich. Die pflanzlichen Viren sind nach allem, was wir wissen, nicht imstande, die unverletzte Zellwand zu durchdringen; es bedarf einer Verletzung der Zellwand, sei es durch mechanische Beschädigung beim Aneinanderstoßen von Pflanzenteilen, bei Berührungen durch Mensch und Tier oder durch den Einstich von Saugorganen übertragender Insekten. Auch ist es wohl eine Voraussetzung für den Infektionserfolg, daß das Virusteilchen in das Plasma und nicht nur in eine Vakuole gelangt. Die Verletzung darf nicht so schwer sein, daß die Zelle in ihrer Lebensfähigkeit gestört wird. Tierische Viren und Bakteriophagen, die aktiv in die Wirtszellen eindringen können, erleiden Veränderungen schon beim Durchtritt durch die Zellwand; offenbar zerfallen die Virusteilchen in kleinere Untereinheiten, die sich mit den Zellstrukturen verbinden. Sie sind dann eine gewisse Zeit weder morphologisch noch durch Infektionsteste nachweisbar. Ob bei den pflanzlichen Viren ein ähnlicher Vorgang, eine sogenannte Eklipse, vorkommt, ist noch nicht eindeutig bewiesen, jedoch wahrscheinlich, wenngleich es im allgemeinen gewagt erscheint, Erfahrungen der Forschung bei Phagen und tierischen Viren auf pflanzliche Viren zu übertragen. Es muß auch betont werden, daß weitaus der größte Teil unserer Kenntnisse auf dem Gebiet der pflanzlichen Virusforschung auf Untersuchungen mit dem stäbchenförmigen TMV — dem Modellobjekt der pflanzlichen Virusforschung — beruht, das sich durch seine Stabilität und Größe besonders gut zu Untersuchungen eignet. Wieweit diese Ergebnisse auch auf andere pflanzliche Viren übertragen werden können, stehe dahin.

Welcher Art die Verschmelzung der Strukturelemente der Zelle mit den infektiösen Viruseinheiten ist, bedarf noch genauerer Untersuchungen. Fest steht jedoch, daß die befallenen Zellen eine Umbildung erfahren, die zur Ausbildung neuer Virusteilchen führt. Da offenbar nicht sofort funktionsfähige Partikeln gebildet werden, kann man wohl annehmen, daß es zur Bildung von aktiven Vorstufen kommt. Man hat in virusinfizierten Pflanzengeweben Materialien gefunden, die in gesunden Geweben nicht vorkommen und zweifellos Begleitstoffe der Virusinfektion darstellen, wobei noch zu klären ist, ob es sich um Vorstufen oder um Abfallprodukte der Virussynthese handelt. Der Gedanke liegt nahe, daß das in der Zelle wirksame Virus völlig in das biologische Geschehen eingeschaltet ist und nur in Zusammenhang mit der lebenden Zelle wirkt, daß aber das isolierte Virus außerhalb der Zelle, das Virus in vitro, gewissermaßen eine andere Daseinsform darstellt, die sehr viel stabiler ist und eine Art von Dauerform darstellt. Man hat auch von einer vegetativen Phase und bei den Dauerformen von „Virosporen" gesprochen.

Es erhebt sich nun die Frage, wie die Vermehrung der Viren in der infizierten Zelle vor sich geht. Über den Vorgang haben wir nur Hypothesen, von denen die Matrizentheorie (s. Seite 11) für das TMV Beachtung verdient, wenngleich sie nicht unwidersprochen ist.

Diese Vorgänge vollziehen sich wahrscheinlich in der ekliptischen Phase der primär infizierten Zelle, wobei eine starke Vermehrung von nucleinsäurehaltiger Substanz im Zellkern und im Plasma stattfindet.

Die Viruseinheiten schalten sich nun in den Stoffwechsel der Zelle ein und geben, vielleicht ähnlich wie die Gene, Impulse, welche den Organisationsplan der Zelle beeinflussen. Dabei kann es u. U. zu makroskopisch sichtbaren Veränderungen kommen (Primärläsionen), die sich durch hellere Verfärbungen oder durch nekrotische Erscheinungen bemerkbar machen. Meist jedoch sind die Infektionsherde nicht sichtbar.

Die Virusvermehrung kann in manchen Fällen auf die infizierte Zelle oder einen kleinen Zellbereich begrenzt sein und auch zeitlich eingeschränkt sein. Die Zunahme des Virus in der Zelle erfolgt zuerst langsam, steigt dann rasch an und nähert sich einem Höchstwert. Sie wird durch die Temperatur beeinflußt, erreicht z. B. für TMV bei 20° C ein Optimum, wird bei tieferen Temperaturen eingeschränkt und bei 5° sistiert.

Es ist noch nicht bekannt, wie das Virus aus der Zelle, in der die Infektion stattgefunden hat, in die Nachbarzellen gelangt, jedoch steht wohl bei parenchymatischen Geweben nur der Weg über die Plasmodesmen offen. Möglicherweise geschieht die Ausbreitung durch Diffusion, vielleicht wachsen die Virusketten auch hindurch. Diese Ausbreitung in parenchymatischen Geweben geschieht recht langsam. So braucht das TMV in *Nicotiana sylvestris* eine Stunde für die Strecke von 0,008 mm = 0,192 mm in 24 Stunden. Das Kartoffel-X-Virus breitet sich in der Tabaksorte Xanthia 0,3 mm und im Stechapfel 0,2 mm in 24 Stunden aus. Dieses langsame Vordringen erklärt sich aus der Tatsache, daß es stark an den Vermehrungsvorgang gebunden ist. Es vollzieht sich offenbar gleichmäßig nach allen Seiten, also kreisförmig, solange noch nicht Phloemstränge erreicht werden, was 2—4 Tage dauern kann. In den Phloemsträngen vollzieht sich die Ausbreitung sehr viel schneller. Es ist anzunehmen, daß hier nicht so sehr eine Diffusion als ein Transport des infektiösen Materials stattfindet. Offenbar spielt dabei der Strom der Assimilate eine wichtige Rolle. Das Virus wird schnell an die Stellen erhöhten Assimilatverbrauches befördert und ist vor allem in dem Bereich der wachsenden Organe anzutreffen. Für den passiven Transport der einzelnen Teilchen spricht auch die Tatsache, daß diese nicht in einem ununterbrochenen Strom in die einzelnen Teile der Pflanze dringen, sondern ziemlich willkürlich herangeführt werden. Das läßt sich aus dem im Beginn sehr unregelmäßigen und räumlich isolierten Auftreten der Symptome ableiten. Die Geschwindigkeiten, die bei diesem Transport beobachtet werden, sind z. T. erheblich höher als die bei der Ausbreitung im parenchymatischen Gewebe. Es wurden Stundengeschwindigkeiten von 0,12 cm (TMV in Tomatenstengeln) bis zu 152,4 cm (Kräuselschopf-Virus von *Beta* bei Blättern der Zuckerrübe) errechnet, wobei die Zeiten allerdings weitgehend von der Versuchsanordnung und den Umweltbedingungen abhängig sein dürften. Entscheidend für die schnelle Wanderung des Kräuselschopf-Virus ist wohl auch, daß dieses Virus durch die übertragenden Insekten direkt in das Phloem injiziert wird.

Über die Richtung, welche die Viruswanderung einschlägt, d. h. ob sie hauptsächlich wurzel- oder gipfelwärts erfolgt, liegen widersprechende Angaben vor. Diese Widersprüche beruhen größtenteils auf den veränderten Umweltbedingungen, wohl aber auch auf dem unterschiedlichen Verhalten der einzelnen Virusarten. Bei Untersuchungen mit TMV in wüchsigen Tomatenpflanzen konnte festgestellt werden, daß sich das Virus vom Infektionsherd auf einem Blatt mittlerer Höhe zuerst in Richtung der Wurzeln verbreitete, dann den Gipfel der Pflanze mit den jüngsten Blättern erreichte, abwärts allmählich zu den übrigen Blättern vordrang und so schließlich die gesamte Pflanze infizierte. Es ist nachgewiesen worden, daß in den meisten Fällen die Ausbreitung des Virus nur durch das Phloem erfolgt. Wird eine virushaltige Flüssigkeit in die Wasserleitungsbahnen aufgesaugt, so findet keine Infektion der Gewebe statt. Erst wenn diese Gefäße verletzt werden, kommt es zu einer Infektion. Auch im Guttationswasser kranker Pflanzen kann kein Virus nachgewiesen werden. Doch spielt bei der Pierceschen Krankheit der Weinrebe das Xylem offenbar eine wichtige Rolle.

Gelangt das Virus in alle Teile der Pflanze, so sprechen wir von einer systemischen Erkrankung. Diese Allgemeinerkrankung tritt jedoch nicht immer ein. Es gibt Viren, z. B. aus der Gruppe der Tabaknekroseviren, die auf bestimmte Bezirke der Pflanze (Wurzelsystem) beschränkt sind. Auch einige an Holzgewächsen vorkommende Virosen treten nur lokal auf. Auch bei Pflanzen, die sehr langsam wachsen oder die erst in einem späten Wachstumsstadium infiziert werden, kommt es nicht zu einer Allgemeininfektion. Selbst in den Geweben einer normal wachsenden Pflanze finden wir keine gleichmäßige Verteilung in den einzelnen Zellen, resp. Zellbezirken. So liegt in den normalgrünen Partien mosaikgefleckter Blätter ein sehr viel geringerer Gehalt an Virus vor als in den abweichend gefärbten. Die Symptomausprägung ist jedoch kein direkter Hinweis auf die Virusverteilung. Gewebe, die bereits die volle Differenzierung erreicht haben, die also nicht mehr wachsen, zeigen gewöhnlich trotz der Anwesenheit des Virus als Folgesymptome keine oder nur sehr geringe Veränderungen nach der Art der Mosaiksymptome. Sehr bemerkenswert ist, daß jüngste meristematische Gewebe bei Pflanzen in vollem Wachstum virusfrei sind. Es ist daher möglich, aus kranken Pflanzen virusfreies Gewebe herauszuoperieren und daraus gesunde Pflanzen heranzuziehen. Offenbar sind in den noch nicht durchorganisierten Zellen die Vorbedingungen für die Virussynthese noch nicht gegeben.

Auch die Samenanlagen nehmen bei der Virusverteilung eine besondere Stellung ein. Nur in seltenen Fällen ist reifer Samen virusinfiziert (*Lactuca* mit Salatmosaik, *Phaseolus* mit Bohnenmosaik). In den meisten Fällen findet eine Samenübertragung nicht statt (siehe auch S. 57).

Es ist vielfach versucht worden, den Virusgehalt der Pflanzengewebe zu prüfen. Quantitative Arbeiten dieser Art sind sowohl mit Hilfe der Lokalläsionen als auch serologisch möglich. Es ließ sich feststellen, daß der Virusgehalt der aus bestimmten Blattgeweben hergestellten Preßsäfte nach der Infektion zuerst ansteigt und ein Maximum erreicht. Der zeitliche Verlauf ist je nach der Art des Virus, der Wirtspflanze und den Umweltsverhältnissen sehr unterschiedlich. Das Maximum bleibt bei manchen Geweben nur kurze Zeit erhalten und die Konzentration sinkt dann rasch ab, ohne daß Gründe für dieses Nachlassen bisher gefunden wurden. In anderen Geweben bleibt die hohe Konzentration längere Zeit bestehen. Diese Feststellungen haben nur eine orientierende Bedeutung angesichts der Tatsache, daß der Virusgehalt der einzelnen Zellen besonders im Bereich ausgeprägter Mosaiksymptome erheblich schwankt. Außerdem zeigen Untersuchungen mit verschiedenen Methoden der Preßsaftgewinnung erhebliche Unterschiede. Manchmal konnten z. B. bei Verwendung eines Homogenisators erheblich größere Mengen von infektiösem Virus gefunden werden als bei einfachem Auspressen oder Zerreiben von virushaltigem Gewebe. Diese Unterschiede hängen z. T. mit dem Alter der Gewebe, aber auch mit der Struktur, zusammen. So wurden z. B. in den jungen, aber auch in den zarten Geweben der Blüten höhere Konzentrationen gefunden als in älteren oder derben Geweben. Außerdem spielt wohl auch die Stabilität des Virus in vitro eine Rolle. Bemerkenswert ist die Tatsache, daß der Gehalt von Tabakpflanzen an Kartoffel-X-Virus zur Zeit der Blütenbildung nochmals einen Anstieg zeigt, dem dann ein allgemeiner Abfall folgt. Es bleibt weiteren Untersuchungen überlassen, festzustellen, wieweit diese Bestimmungen der Konzentration in den Preßsäften mit dem tatsächlichen Gehalt in dem lebenden Gewebe übereinstimmen.

Da ein Nachweis des Virus an sich noch fehlt, sind wir darauf angewiesen, daß uns Symptome darauf aufmerksam machen, wenn eine infektiöse Krankheit durch einen Erreger vorliegt, der unserer Definition des Virus entspricht. Es ist anzunehmen, daß noch zahlreiche Viren vorhanden sind, die den Organismus ihrer Wirtspflanzen so wenig beeinflussen, daß dadurch eine Erkennung nicht möglich ist und erst die Übertragung auf eine anfällige Pflanze, welche Symptome zeigt, uns die Anwesenheit des Virus verrät. Noch nicht beobachtet oder noch nicht ausreichend gesichert sind Virosen an Pilzen, Moosen, Algen, Farnen und Gymnospermen, während Monokotylen und Dikotylen in sehr vielen Familien anfällig sind. Es ist bisher noch kein Zusammenhang zwischen unserer taxonomisch-systematischen Einteilung und der Anfälligkeit höherer Pflanzen für Virosen zu erkennen, wenngleich einige Familien in erhöhtem Maß Beziehungen zur Viruserkrankung zeigen wie *Solanaceae, Compositae, Leguminosae, Cucurbitaceae, Rosaceae* u. a. Einige Viren befallen fast nur eine Art oder einen sehr kleinen Kreis verwandter Pflanzen (Alloiophyllie der Anemone, Hexenbesen bei *Holodiscus*), andere aber Arten und Gattungen aus den entferntesten Familien der höheren Pflanzen wie das Gurkenmosaik und die Bronzefleckenkrankheit der Tomate.

Für das unterschiedliche Verhalten der Pflanzen gegenüber einem Versuch der Virusinfektion, der Inokulation, werden verschiedene Ausdrücke angewendet, die jedoch nicht immer scharf definiert sind. In dem Falle, daß eine Pflanze von einem bestimmten Virus unter keinen Umständen infiziert werden kann, daß es nicht einmal zu einer lokalen Vermehrung oder einer wie auch immer gearteten Reaktion der Pflanze kommt, spricht man von Immunität. (Es wäre empfehlenswert, von diesem sehr verschieden definierten Begriff abzusehen und statt dessen von Axenie = Ungastlichkeit zu sprechen.) Die Pflanze, die von einem bestimmten Virus nicht infiziert werden kann, wäre als Nichtwirt zu bezeichnen. Als Nichtwirte eines Virus können ganze Familien auftreten, aber auch Gattungen und Arten sonst anfälliger Familien und schließlich sogar Sorten, was für züchterische Zwecke sehr bedeutungsvoll ist. Worauf die Nichtanfälligkeit beruht, ist nicht bekannt. Vielleicht fehlen diesen Pflanzen bestimmte für die Vermehrung des Virus wichtige Stoffe. Eine Inaktivierung des Virus erfolgt offenbar nicht. Wird nämlich ein Sproßstück eines solchen Nichtwirtes als Pfropfungsbrücke zwischen eine infizierte Unterlage eines Wirtes und ein gesundes anfälliges Reis geschaltet, so geschieht die Infektion des Reises durch diese Brücke hindurch, z. B. bei *Lycium* als Brücke für Tabak mit TMV-Infektion. Ähnliche Beobachtungen konnten auch bei Übertragungen mit *Cuscuta* gemacht werden. Doch kennt man hierbei auch Fälle, in denen das Virus nicht durch *Cuscuta* zu übertragen war.

Die Anfälligkeit einer Wirtspflanze (Affinität) kann sehr verschiedene Formen annehmen. Es muß betont werden, daß die Undurchführbarkeit einer Infektion nicht unbedingt auf einem biologischen Verhalten der betreffenden Pflanze beruhen muß. Sie kann rein mechanisch-chemische Gründe haben. So kann die Infektion ausbleiben, weil die für die Vermehrung notwendigen Gewebe, z. B. das Phloem, bei der angewendeten Methode nicht erreicht werden oder weil das Virus durch bestimmte Inhaltsstoffe der Pflanze in seiner in-vitro-Form inaktiviert wird (Erdbeere, Dahlie), doch gelingt in diesen Fällen die Übertragung durch das entsprechende Insekt und durch Pfropfung ohne weiteres. Man kann bei diesen Fällen nicht von einem aktiven Verhalten der Pflanze sprechen, wie es mit dem Begriff der Resistenz (*resistere* = sich widersetzen) verbunden ist. Mit Resistenz wollen wir die Verhaltensmöglichkeiten der Wirtspflanze gegen die Auswirkung des Virus bezeichnen. Aus dem Gesagten geht hervor, daß eine scharfe Abgrenzung zwischen Immunität und Resistenz experimentell auf große Schwierigkeiten stößt und nicht in jedem Fall eindeutig festgestellt werden kann.

Noch völlig in seinem Mechanismus ungeklärt ist ein Verhalten, das als Infektionsresistenz (escaping infection) bezeichnet wird. Diese Erscheinung ist praktisch und züchterisch bedeutungsvoll. Man will mit der Bezeichnung zum Ausdruck bringen, daß trotz Inokulation und trotz einer durch Pfropfung nachweisbaren Anfälligkeit eine Infektion bei den Übertragungen durch Insekten oder mit Saft nicht oder nicht regelmäßig erfolgt. Wieweit dabei die oben erwähnten mechanisch-chemischen Gründe mit eine Rolle spielen, bleibe offen.

Wenn es zu einer Infektion kommt, wenn also das in die Zelle eingedrungene Virus sich vermehren kann, ergeben sich verschiedene Folgen, die sich oft in makroskopisch wahrnehmbarer Form äußern, meist aber an der Infektionsstelle keine sichtbaren Veränderungen bewirken.

In einigen Fällen findet das Virus zwar die Möglichkeit, sich zu vermehren, aber es bleibt auf die Zelle oder einen kleinen Zellbereich beschränkt, wird also nicht weiter verbreitet. Jedoch gelingt eine Rückübertragung aus diesen Geweben auf geeignete Testpflanzen. Der Mechanismus dieser Erscheinung ist nicht bekannt. Eine ähnliche Verzögerung oder Sistierung der Ausbreitung läßt sich auch durch einige chemische Stoffe erzielen. Es ist noch zu klären, wieweit diese Beobachtungen vergleichbar sind.

Der normale Ablauf der Infektion erfolgt, ohne daß die primär infizierten Zellen und Gewebe makroskopisch merkbare Veränderungen erfahren. Gelegentlich treten chlorotische Verfärbungen an den Infektionsstellen auf, doch kommt es dabei nicht zu wesentlichen Beeinflussungen des Infektionsverlaufes. Es sind Fälle bekannt, bei denen trotz erfolgter Infektion und Verbreitung das Virus allmählich inaktiviert wird, es wird vermutet, daß diese Inaktivierung im Phloem stattfindet. Diese Erscheinung beruht vielleicht auch auf einem Unwegsamwerden der Verbreitungswege, welche Vorstellung auch das Wiedergesunden einzelner Triebe systemisch kranker Pflanzen erklären könnte, das gelegentlich beobachtet wird.

Eine sehr bedeutsame und auffällige Erscheinung ist das Absterben infizierter Zellen, eine Überempfindlichkeitsreaktion (hypersensitivity), die von größter Wichtigkeit für die biologische Diagnose und die praktische Virusbekämpfung ist, aber auch zu den schwersten wirtschaftlichen Verlusten führt. Auch hier kennen wir nicht die physiologischen Zusammenhänge, die zur Nekrotisierung führen. Diese Reaktion äußert sich so, daß Zellen und Zellverbände, in die das Virus eingedrungen ist, vielleicht aber auch die Zellen der nächsten Umgebung nach kurzer Zeit zugrunde gehen, was sich makroskopisch in abweichend gefärbten, meist mehr oder weniger runden Flecken äußert. Im für die Pflanze günstigsten Fall bleibt das Virus auf diese Zellverbände beschränkt (z. B. bei *Nicotiana glutinosa* nach TMV-Infektion), die Weiterleitung ist dann unterbunden und eine systemische Infektion bleibt aus. Diese Reaktionsmöglichkeit der Pflanze ist jedoch abhängig von äußeren Faktoren. Hohe Temperaturen z. B. lähmen offenbar diese Abwehrkraft der Pflanze oder schalten sie womöglich gar aus, so daß *Nicotiana glutinosa* bei 35° C systemisch erkrankt, ohne daß die nekrotisierende Selbstwehr eintritt. Diese Abwehr der systemischen Erkrankung ist aber nicht in jedem Falle mit der Nekrotisierung der Infektionsherde verknüpft. Wenn die Vermehrung und Ausbreitung des Virus schneller vor sich geht als das Absterben der befallenen Zellen, so erfolgt trotz nekrotischer Primärläsionen eine Allgemeinerkrankung der Pflanzen. Bei einigen TMV-Stämmen treten auf Tabak unter bestimmten Umständen, z. B. in den Wintermonaten, nekrotische Primärläsionen auf, der darauffolgende Krankheitsverlauf entspricht aber dem normalen einer systemischen Erkrankung. Eine Erscheinung, die zu einem Zusammenbruch der Pflanze führen kann, ohne daß eine echte systemische Erkrankung vorliegt, läßt sich bei einigen Tabak-Arten und Sorten (z. B. *N. sylvestris* und Forchheim 504) nach Infektion mit bestimmten TMV-Stämmen beobachten. Normalerweise ergeben diese nur nekrotische Primärläsionen. Bei bestimmten Umweltbedingungen im Hochsommer, wobei wohl die Temperaturen eine wichtige Rolle spielen, vermag die Pflanze nicht mehr die Verschleppung des Virus zu verhindern, das zwar in den nekrotischen Primärläsionen lokalisiert, aber nicht inaktiviert ist. Virusteilchen gelangen, wahrscheinlich durch das Phloem, in andere Teile der Pflanze und bringen dort vielleicht bei wieder eingetretenen niedrigen Temperaturen Nekrosen hervor. Diese treten an den verschiedensten Teilen der Pflanze, besonders auch an Sprossen, Blattstielen und Blättern auf und führen zum Zusammenbruch einzelner Abschnitte der Phloemstränge und damit zum Zusammenbruch der gesamten Pflanze. Jedoch läßt sich Virus nur in den Nekrosen und nicht in den grün bleibenden Teilen der Pflanze nachweisen.

Eine in ihrer Wirkung den nekrotischen Primärläsionen ähnliche Erscheinung wird als Selbstamputation bezeichnet. Hierbei entstehen z. B. bei *Capsicum* auf den Inokulationsblättern erst Nekrosen, dann erschlaffen die ganzen Blätter und werden schließlich abgestoßen, bevor das Virus den Sproß erreicht hat. Dadurch wird die systemische Verbreitung des Virus vermieden. Jedoch kann es hierbei vorkommen, daß die Ausbreitung des Virus schneller vor sich geht als die

Abtrennung der Blätter. Die Abtrennung erklärt man als Folge eines in den Blättern gebildeten toxischen Agens.

Diese Überempfindlichkeitsreaktionen gewinnen eine besondere Bedeutung für praktische Fragen dadurch, daß sie der Pflanze ermöglichen, trotz der Infektion virusfrei zu bleiben. Man spricht in diesen Fällen von Feldresistenz.

Bei der Überprüfung feldresistenter Sorten machte man eine Beobachtung, die diagnostischen Wert hat. Pfropft man ein Reis solcher auf eine viruskranke Unterlage, zwingt man also dieses Reis zu einer Virusaufnahme durch die Pfropfstelle hindurch, so sterben die Sproßspitzen ab. Sie zeigen die sogenannte Akronekrose (top necrosis).

In vielen Fällen verläuft die Erkrankung normal. Es treten nach erfolgter Infektion gelegentlich Primärsymptome chlorotischer oder nekrotischer Natur auf, meistens aber bleiben die Infektionsblätter symptomlos und erst der Zuwachs zeigt die charakteristischen Früh- und Folgesymptome, deren Eigenart im Kapitel Symptomatologie behandelt wurde. Diese unterschiedliche Ausbildung der Symptome ist von der Umwelt sehr abhängig und kann von deutlich wahrnehmbaren und charakteristischen Formen bis zur teilweisen Unterdrückung schwanken. Bei zeitweiser Unterdrückung sprechen wir von Maskierung, bei völliger Unterdrückung von Toleranz oder Latenz. Eine latent kranke Pflanze wird auch „Carrier" genannt. Die praktische Erfahrung lehrt uns, daß auch in den Fällen der Latenz die Pflanzen gegenüber gesunden eine mehr oder weniger große Beeinflussung erfahren können, die sich z. B. in Ertragsdepressionen bemerkbar machen kann.

Die Erscheinungen der Latenz und Toleranz haben ihre große praktische Bedeutung dann, wenn eine Züchtung auf Immunität oder Resistenz nicht möglich ist. Sie erschweren aber andererseits die Auslese kranker Pflanzen und erhöhen damit die Wahrscheinlichkeit, kranke Pflanzen zu übersehen. Es kann daher für praktische Fragen durchaus wertvoll sein, wenn Krankheitserscheinungen deutlich wahrnehmbar sind. Eine starke Allgemeinerkrankung, besonders in Verbindung mit erhöhter Infektionsresistenz kann dazu führen, daß befallene Pflanzen absterben und dadurch als Wirte oder bei vegetativ vermehrten Pflanzen als Mutterpflanzen ausfallen und sich so der Bestand von selber bereinigt. Auch in diesem Falle spricht man von Feldresistenz.

Es ist bekannt, daß eine Reihe von Faktoren das Verhalten der Pflanze gegenüber der Virusinfektion bestimmt. Im allgemeinen sind junge wüchsige Pflanzen für eine Infektion besonders empfänglich. Die Infektionsrate ist meistens höher als bei älteren Pflanzen und die Symptomausbildung sehr viel deutlicher. Nekrotische Erscheinungen bei den Folgesymptomen werden daher viel gefährlicher und führen oft zu schweren Schäden, sogar zum Absterben der jungen Pflanzen. Beim Altern der Pflanze, besonders wenn diese bereits das reproduktive Stadium erreicht hat, nimmt die Infektionsmöglichkeit gewöhnlich stark ab, die Virusausbreitung erfolgt sehr langsam und unregelmäßig (Altersresistenz). Nekrogene Resistenz z. B. bei TMV auf *Nicotiana glutinosa* äußert sich auf jungen Pflanzen sehr viel deutlicher und schärfer, so daß die nekrotischen Primärläsionen klein bleiben und scharf abgesetzt sind. Auf älteren Blättern entstehen nekrotische Flecke mit grauen Rändern, die später zusammenfließen.

Auch das Licht kann das Verhalten der Pflanze gegenüber der Infektion bestimmen. Die Empfänglichkeit mancher Wirte steigt beträchtlich, wenn vor der Infektion die Pflanzen beschattet oder im Dunkeln gehalten werden, eine Erfahrung, die bei der künstlichen Infektion im Versuch wichtig sein kann.

Die praktische Erfahrung lehrt auch, daß die Ernährung, resp. die Düngung Einfluß haben können. So wurde beobachtet, daß bei der Verwendung von KCl-Handelsdünger eine Zunahme der Blattrollinfektion bei Kartoffeln zu konstatieren war. Kontrollen des Blattlausbefluges ergaben keine Bevorzugung dieser Pflanzen, es mußte sich also um physiologische Veränderungen in der Pflanze handeln, die zu einer größeren Infektionsbereitschaft führten. Auch in anderen Fällen ließ sich ein Einfluß der Düngung auf das Verhalten der Pflanze feststellen, jedoch reichen die bisherigen Untersuchungen nicht aus, klare Zusammenhänge zu erkennen. Nach der vorliegenden Literatur kommt man zu dem Schluß, daß eine harmonische, das Pflanzenwachstum fördernde Anwendung der Düngesalze die Disposition für die verschiedenartigen Mosaikinfektionen bei anfälligen Wirten erhöht und daß man nicht einen bestimmten Mineralbestandteil für die Erhöhung der Empfänglichkeit verantwortlich machen kann.

Welche Veränderungen erleiden die Anatomie und die Physiologie der Wirtspflanze? Auf diese Fragen sind bisher nur andeutungsweise Antworten möglich. Ein großer Teil der bisher beobachteten morphologisch-anatomischen Veränderungen wurde bereits in dem Abschnitt über Symptomatologie besprochen. Wir vermögen bisher meist nur eine Beschreibung zu geben, kausale Zusammenhänge können oft nur vermutet werden.

Nicht sehr zahlreich und meist nicht charakteristisch sind die Beobachtungen über die Pathologie der normalen Bestandteile der Zelle, auch tragen sie kaum wesentliches zur Erklärung der Viruserscheinungen bei. Der Kern zeigt Vergrößerungen und Verkleinerungen, gelegentlich Formveränderungen, auch treten in infizierten Zellen manchmal zwei Kerne statt eines auf. Das Zytoplasma erscheint meist wabenähnlich durch eine anomale Vermehrung der Vakuolen. Die Zahl der Mitochondrien ist häufig vermehrt.

Die Art der Mosaiksymptome läßt darauf schließen, daß durch die Viruseinwirkung vornehmlich der Chlorophyllapparat in Mitleidenschaft gezogen wird. Eine Untersuchung der Blätter mosaikkranker Pflanzen zeigt, daß in den chlorotischen Partien nur wenige und kleine Chloroplasten anwesend sind. Die ältere Auffassung, daß die Mosaikscheckung durch eine Zerstörung der Chloroplasten zustande kommt, wird im allgemeinen abgelehnt, doch bleibt die Tatsache bestehen, daß auf voll ausgebildeten Blättern an den Infektionsstellen chlorotische Erscheinungen auftreten können, also doch wohl Chloroplasten beeinflußt werden können. Meistens wird aber die Ausbildung gehemmt oder verzögert, da bei manchen Viruserkrankungen die Blätter später eine normale Färbung annehmen. In engem Zusammenhang mit der Mosaikscheckung und der damit verbundenen unregelmäßigen Verteilung der Chloroplasten stehen Gestaltveränderungen wie Kräuselungen, Wellungen, blasige Auftreibungen, die sich durch das unharmonische Wachstum der Blattspreite erklären. Andere Erscheinungen wie Enationen, veränderter Adernverlauf, Blattformveränderungen und schließlich Verfärbungen und Vergrünungen der Blüte, die alle bereits bei den Symptomen genannt wurden, ergeben anatomisch keine für das Virusgeschehen in der Pflanze charakteristischen Gesichtspunkte. Sie sind als Abweichungen von der normalen Entwicklung bekannt, können aber auch andere z. T. allerdings unbekannte Ursachen haben. Es ist nicht möglich, aus dem Auftreten dieser Erscheinungen wie z. B. der Enation, in jedem Falle auf Viruserkrankungen zu schließen. So sind u. a. genetisch bedingte Enationen beim Tabak bekannt.

Ein für eine Virusinfektion sprechendes anatomisches Merkmal ist das Auftreten von Zelleinschlußkörpern, die allerdings nicht bei allen Viruskrankheiten und nicht unter allen Umständen zu beobachten sind. Ihre Bildung hängt mehr von dem Virus als von der Wirtspflanze ab, denn sie werden bei bestimmten Pflanzen als Folge einer TMV-Infektion gefunden, fehlen aber bei denselben Pflanzen bei GMV-Befall. Wie in den meisten Fällen sind auch diese Erscheinungen besonders am TMV studiert worden (siehe S. 41).

Außer den Einschlußkörpern ist noch eine weitere anatomisch bemerkenswerte Erscheinung zu beobachten. Bei manchen Viren kommt es zu Degenerationserscheinungen im Phloem, wobei das Endstadium eine Nekrotisierung ist. Doch bevor dieser Zustand erreicht wird, treten Veränderungen gegenüber der gesunden Pflanze auf, welche diagnostischen Wert haben können. Genauer untersucht sind diese Erscheinungen bei der Blattrollkrankheit der Kartoffel. Hier werden in den Siebröhren Stoffe abgelagert, die vielleicht mit der Kallose auf den Siebplatten identisch sind. Sie sitzen den Siebplatten auf, reichen aber z. T. in die Zellen hinein oder liegen den Seitenwänden an. — Phloemnekrosen treten bei vielen Viruskrankheiten, besonders bei Gehölzvirosen, auf und wirken sich sehr schwer auf den Gesundheitszustand der befallenen Pflanzen aus.

Die Veränderungen, welche durch die Virusinfektion an der Pflanze bemerkbar werden, sind Beweise für eine weitgehende Veränderung des Gesamtstoffwechsels. Trotz zahlreicher Arbeiten, die über Teilgebiete erschienen sind und spezielle Veränderungen beschreiben, ist ein Einblick in das durch die Virusinfektion offenbar völlig veränderte Zusammenspiel noch nicht möglich. Die Ergebnisse widersprechen sich meist schon bei einer einzigen Pflanzenart nach Infektion mit einem bekannten Virus, wobei wohl der Einfluß der schwierig zu kontrollierenden Umweltfaktoren zusammen mit dem nicht in Zahl und Maß auszudrückenden Allgemeinzustand der Pflanze der Grund sein dürfte.

Zahlreich sind die Beobachtungen über die Wirkung der Infektion auf die Enzymtätigkeit. Dieser Einfluß beschränkt sich sicher nicht auf einzelne Enzyme und Enzymgruppen, sondern wirkt sich auf das Ineinandergreifen des Gesamtenzymsystems aus, das mit unseren augenblicklichen Hilfsmitteln noch nicht zu erfassen ist. Außer der Steigerung oder Verminderung einzelner Enzyme besteht noch die Möglichkeit, daß in kranken Geweben Enzyme wirksam werden, die in gesunden nicht vorkommen. So wurde in bronzefleckenkranken Tomatenblättern eine Oxydase festgestellt, die normalerweise nur in gesunden Wurzeln zu finden ist. Jedoch trat sie nicht in allen für diese Krankheit anfälligen Arten auf. Auch über eine Reihe anderer Pflanzeninhaltsstoffe findet man Angaben in der Literatur wie z. B. über Nikotingehalt und ähnliches, ohne daß allgemeine Schlüsse möglich sind. Erwähnt müssen auch die Vermutungen werden, daß bei Viruserkrankungen Toxine unbestimmter Art auftreten, die z. B. das Symptombild beeinflussen, wenn die Stellen stärkerer Symptomausprägung nicht gleichzeitig die Orte des höchsten Virusgehaltes sind. Auch für die Selbstamputation werden Toxine als Erklärung genannt.

Der Atmungsstoffwechsel erleidet durch den Virusbefall Veränderungen, die meist in Richtung auf eine Verstärkung oder Beschleunigung der reduktiven Umsetzungen wirken, doch können die Einflüsse der Umweltfaktoren so groß sein, daß eine allgemeine Regel nicht aufgestellt werden kann.

Eine Reihe von Arbeiten wurde über den Gehalt der Blätter an Kohlenhydraten bei Virusinfektion ausgeführt. Die Veränderungen, welche die Chloroplasten erleiden, müssen sich auf die Stoffwechselvorgänge auswirken. Es kann angenommen werden, daß bei Mosaikkrankheiten ein reduzierter Kohlenhydratgehalt charakteristisch ist. Die Tätigkeit der Chloroplasten ist behindert, der Abtransport der Assimilate ist meist ungestört. Bei den Krankheitserscheinungen vom Typ der Vergilbungen, wie z. B. bei der Blattrollkrankheit der Kartoffel, ist der Kohlenhydratgehalt außerordentlich hoch, trotzdem man annehmen muß, daß die Photosynthese nicht diejenige normaler Pflanzen erreicht. Hier wird die Ableitung aus den Blättern durch noch nicht geklärte Vorgänge behindert, von denen die Phloemnekrose wohl nur das Endstadium, das Auftreten von kalloseähnlichen Stoffen vielleicht einen mittleren Zustand darstellt.

Der N-Stoffwechsel ist besonders interessant, da sich hier Beziehungen zwischen dem N-Stoffwechsel und dem Virusgehalt ergeben müßten. Bisher sind jedoch die Vorgänge nur schwer zu deuten. So wurde z. B. eine Zunahme der Proteinprodukte durch TMV-Stämme aus einigen Versuchen gefolgert; kranke Pflanzen enthielten doppelt so viel Stickstoff und Protein wie gesunde, die wesentlich größer waren. Andere Forscher widersprachen diesen Folgerungen und leiteten aus diesen Ergebnissen nur eine Steigerung des extrahierbaren Proteins und nicht des Gesamtstickstoffs ab. Ein großer Teil des N ist in der Form von Viruseiweiß im Blatt enthalten. Wenn nun der N-Stoffwechsel nicht nennenswert erhöht ist, so muß sich das Virus auf Kosten der Normalproteine des Cytoplasmas aufbauen, da bereits geformte Bestandteile nicht angegriffen werden.

Lehrreich für die Schwierigkeit der Deutung physiologischer Erscheinungen sind Untersuchungen über die Respiration. Diese gaben bei verschiedenen Beobachtungen widersprechende Resultate. Vielfach wurde, besonders bei den jungen Blättern kranker Pflanzen eine erhöhte Respiration gegenüber gesunden gefunden, die man der größeren Menge von respirablem Material zuschrieb. Bei älteren Blättern war in den meisten Fällen die Respiration schwächer, doch gelegentlich war das Gegenteil der Fall und man suchte die Ursache in einer erhöhten Aktivität der Oxydasen. Neuere Untersuchungen zeigen die Schwierigkeiten von Arbeiten auf diesem Gebiet. Die Respirationsraten kranker Blätter können höher, gleich oder niedriger sein als die gesunder Blätter. Das hängt ab 1. von der Zeit, die seit der Infektion verstrichen ist, 2. von dem physiologischen Zustand der Pflanzen, 3. von den Umweltbedingungen während des Wachstums, 4. von den zum Versuch verwendeten Blättern und 5. von der Auswertung der Versuche. Für den letzten Punkt diene eine Zahlenangabe als Beispiel: Die Respirationsraten von gesunden und TMV-infizierten Tabakblättern in mg CO_2 je Stunde über 20 Stunden Beobachtungszeit betrugen im Durchschnitt bezogen auf

	Trockengewicht je 1 g	Anfangsfrischgewicht je 10 g	Endfrischgewicht je 10 g
gesund	2,50	1,42	1,21
infiziert	2,25	1,47	1,34
Verhältnis krank/gesund	0,90	1,03	1,11

Aus diesen Zahlen ergibt sich bei Bezug auf das Trockengewicht eine Abnahme, die mathematisch gesichert ist, bei Bezug auf das Anfangsfrischgewicht eine geringe, nicht gesicherte Zunahme, bei Bezug auf das Endfrischgewicht wiederum eine gesicherte Zunahme. Durch diese widersprechenden Ergebnisse desselben Vorganges, je nach der Bezugsgröße, lassen sich wahrscheinlich die bisherigen unterschiedlichen Ergebnisse erklären. Eine entscheidende Klärung ist aber damit noch nicht erreicht.

Pflanzen, die für mehrere Viren anfällig sind, können auch von diesen gleichzeitig befallen werden. Besonders bei natürlichem Vorkommen von Virosen sind diese Fälle bekannt und vielfach praktisch sehr bedeutungsvoll. Manchmal vermögen sich die Viren ohne gegenseitige Beeinflussung in der Pflanze zu vermehren, zu verbreiten und die für sie charakteristischen Symptome hervorzurufen. Es kann auch beobachtet werden, daß das Vorhandensein eines Virus die zusätzliche Infektion mit einem anderen nicht verwandten Virus stört. So reduziert die systemische Infektion einer Tabakpflanze mit dem Virus der Ringfleckigkeit die Zahl der Primärläsionen bei nachfolgender Infektion mit einem Gelbstamm des TMV, ohne sie jedoch völlig unterdrücken zu können. Andererseits können sich Viren bei Mischinfektionen in ihrer Wirkung auf die Wirtspflanze steigern und Symptome hervorrufen, die von dem einzelnen Virus nicht hervorgebracht werden können. Ein bekanntes Beispiel ist die Auswirkung eines Virusgemisches von TMV und Kartoffel-X-Virus. Das erste ruft auf Tomaten leichte Blattentstellungen, ein meist nur schwaches Mosaik und eine mehr oder weniger deutliche Wachstumshemmung hervor. Nur bei einigen sehr schweren Stämmen treten auch Nekrosen auf. Eine Infektion mit dem X-Virus ergibt geringe Wachstumshemmung und eine meist nur sehr schwache Mosaikscheckung.

Eine Infektion mit beiden Viren jedoch ruft eine von schweren Nekrosen an Blättern und Stengeln begleitete Schockwirkung hervor, die in ihrer Schwere auch von den virulentesten Stämmen des TMV nicht erreicht wird und sogar zum völligen Zusammenbruch der Wirtspflanzen führen kann.

Bedeutungsvoll und in ihrer Wirkung vielfach untersucht ist die Wirkung von Stämmen desselben Virus auf den Wirt. Das gleichzeitige natürliche Vorkommen mehrerer Stämme ist häufig, denn die Mutationsmöglichkeit gewisser Viren muß dazu führen, daß sowohl das Ausgangsmaterial wie die neu entstandene Mutante gleichzeitig vorhanden sind, da nicht angenommen werden kann, daß bei einer Mutierung das gesamte Virus einer Pflanze daran teil hat.

In vielen Fällen wirken sich die verschiedenen Stämme eines Virus bei gleichzeitiger Anwesenheit auf derselben Pflanze so aus, daß intermediäre Symptome hervorgerufen werden. Es ist auch beobachtet worden, daß nur die Symptome des einen Stammes ausgebildet werden. Im weiteren Verlauf des Krankheitsgeschehens und bei Übertragungen verhalten sie sich dann wie ein einziges Virus und können nur durch besondere Maßnahmen wie Isolierung aus einzelnen Primärläsionen getrennt werden. Dieses Nebeneinander der Stämme bleibt aber nicht in allen Fällen bestehen. Es kann im Laufe der Entwicklung dazu kommen, daß ein Stamm den anderen verdrängt. Bei Mischinfektionen von nekrotisierenden und Mosaik-Stämmen des Kartoffel-X-Virus wird der nekrotisierende Stamm allmählich ausgeschaltet, was vielleicht durch Unterschiede in der Vermehrungsschnelligkeit zu erklären ist. Andererseits vermag bei einer Mischinfektion von einem nekrotisierenden Stamm der Bronzefleckenkrankheit und einem Normalstamm desselben Virus der erste systemisch zu werden, während er sich allein nur sehr beschränkt auszubreiten vermag.

Die geschilderten Vorgänge betreffen Virusstammgemische, welche den Wirt gleichzeitig infizieren. Werden die Virusstämme aber nicht gleichzeitig auf die Pflanze gebracht, sondern erfolgt die Inokulation eines Stammes auf eine bereits durch einen anderen Stamm desselben Virus infizierte Pflanze, so tritt vielfach eine Abwehrreaktion ein, die eine zusätzliche Infektion durch den zweiten Stamm unmöglich macht. Diese Erscheinung wird häufig nicht sehr glücklich als „erworbene Immunität" (acquired immunity) bezeichnet. Der von QUANJER in die Virusforschung eingeführte Ausdruck „Prämunität" (= cross immunity) erscheint besser gewählt zu sein. Dies Phänomen gewinnt besondere Bedeutung, da es mit seiner Hilfe möglich ist, die Verwandtschaft von Stämmen experimentell nachzuweisen, die sich symptomatologisch oft stärker unterscheiden als nicht verwandte Viren, wozu sonst nur noch serologische Methoden brauchbar sind. Eingehendere Studien zeigten jedoch, daß dieses Phänomen nur unter bestimmten Vorsichtsmaßregeln gültige Schlüsse zuläßt (siehe auch S. 181).

Physikalische und chemische Eigenschaften der pflanzlichen Viren

a) Biophysik

Von

O. Bode

Reindarstellung der Viren, fraktionierte Zentrifugation, Ultrazentrifuge, Elektrophorese, Molekulargewichtsbestimmungen, Sedimentation, Viskosität, Diffusion, Strömungsdoppelbrechung, spektrale Absorption, Einfluß physikalischer Faktoren auf die Infektiosität.

Zur Gewinnung genauerer Kenntnisse über den Aufbau und die Zusammensetzung der Viren sowie zur Herstellung spezifischer Antiseren und für die elektronenoptische Untersuchung ist es erforderlich, diese in konzentrierter, reiner und von Begleitstoffen freier Form zu erhalten. Seitdem bekannt ist, daß die Viren Nucleoproteide darstellen, wurde die Möglichkeit der Fällung durch Zusatz bestimmter Substanzen zur Trennung aus der Suspension verwendet. Da diese chemischen Behandlungen jedoch leicht Veränderungen oder auch bei empfindlichen Viren Inaktivierungen verursachen können, wird zur Reindarstellung vielfach eine fraktionierte Zentrifugation angewendet. Es werden einmal durch geringere Zentrifugalfelder bei etwa 3000 U/min grobe Begleitstoffe, Zelltrümmer usw. ausgeschieden, denen dann die Anwendung hoher Schwerefelder folgt. Durch mehrfache Wiederholung dieser Manipulationen kann ein hoher Reinheitsgrad der Präparate erreicht werden. Während das Virus während des niedertourigen Zyklus in Suspension verbleibt, wird es durch die hochtourige Behandlung sedimentiert und kann in Pufferlösungen resuspendiert werden.

Wichtig ist, daß während der Zentrifugation keine Temperaturerhöhungen und damit Inaktivierungen bei empfindlichen Viren stattfinden. Da die Viren im allgemeinen höhere Teilchengewichte besitzen als die Zellproteine und -bestandteile, ist ihre Trennung durch die Wahl geeigneter Schwerefelder ohne weiteres möglich. Für die Ausschleuderung größerer Viren (insbesondere tierpathogener Viren) genügen bereits Felder von 20000 g (g = Erdbeschleunigung), die durch Drehzahlen von etwa 15000 U/min elektrisch betriebener Zentrifugen erreicht werden können. Zur Zentrifugierung der kleineren Pflanzenviren sind jedoch größere Schwerefelder erforderlich, die nur in Ultrazentrifugen erzielt werden können (Abb. 64).

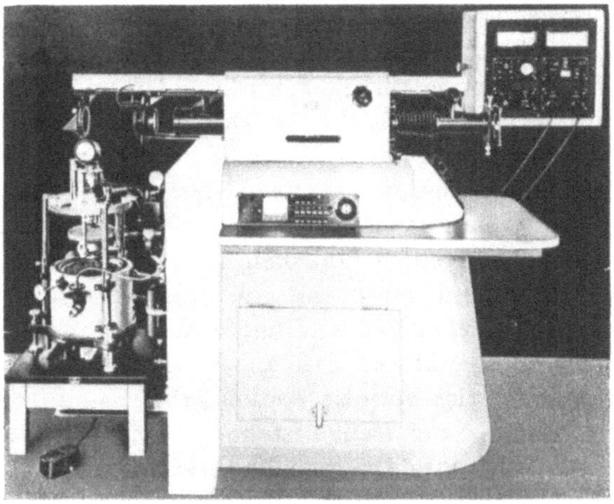

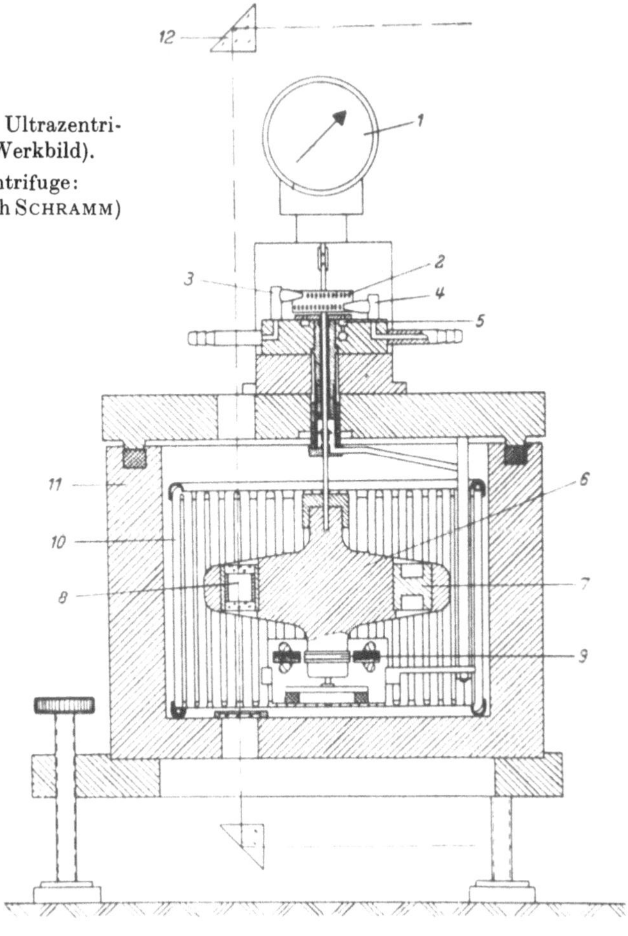

Abb. 64. Oben Ansicht der Ultrazentrifuge Phywe-Göttingen (Werkbild).
Unten Schema der Ultrazentrifuge: (nach SCHRAMM)

1 Tachometer
2 Turbine
3 Treibluftdüsen
4 Bremsluftdüse
5 Hubluftzuführung
6 Rotor
7 Ausgleichszelle
8 Meßzelle
9 Temperaturmeßeinrichtung
10 Kühlung
11 Vakuumkammer
12 Prisma

Diese werden durch Druckluft mittels Turbinen angetrieben und erreichen bei 50000 U/min Beschleunigungen, die etwa 150000 bis 180000 g entsprechen. Zur Vermeidung von Reibungsverlusten wird die Turbinenscheibe durch einen Luftstrom (Hubluft) im Schweben gehalten. Der massive Rotor aus einer Spezial-legierung läuft zur Erzielung eines guten Temperaturausgleichs in Wasserstoff-atmosphäre. Weiterhin ist bei den neueren Geräten eine intensive Kühlung möglich, so daß Inaktivierungen des Virus durch entstehende Reibungswärme nicht mehr befürchtet zu werden brauchen. Zur Bestimmung des Molekulargewichts sind Spezialrotoren konstruiert, in die Meßzellen mit Fenstern eingesetzt werden. Ein UV-Lichtstrahl wird mit Hilfe von Prismen durch die Meßzelle in eine Kamera gelenkt, so daß an Hand photographischer Reihenaufnahmen die Sedimentation verfolgt werden kann.

Ein weiteres Verfahren zur Reindarstellung von Eiweißstoffen stellt die Elektrophorese dar. Sie beruht darin, daß die Viren auf Grund ihrer elektrischen Eigenschaften — nicht wie in der Ultrazentrifuge nach ihrer Masse — voneinander oder aus anderen Stoffen abgetrennt werden. Es ist durch diese Methode möglich, noch Proteine zu trennen, die bei der Zentrifugation homogen erscheinen (z. B. Varianten eines Virus). Die Apparate gestatten es, die Wanderungsgeschwindigkeit im elektrischen Feld optisch zu verfolgen und so die Trennung bei genügenden Abständen der Komponenten vorzunehmen.

Da die Stoffe in einem ihnen angepaßten Milieu dem Einfluß eines elektrischen Feldes ausgesetzt werden, findet keine Beeinträchtigung statt. Die besondere Bedeutung der Elektrophorese rührt daher, daß die meisten Proteine nicht nur günstige Löslichkeitseigenschaften besitzen, sondern fast immer unter sich verschiedene Eigenladungen zeigen. Dazu kommt, daß diese Eigenladungen durch eine Änderung des pH-Wertes innerhalb weiter Grenzen verschoben werden können, wodurch in vielen Fällen die Möglichkeit der Differenzierung sehr nahe verwandter Stoffe ermöglicht wird. Mittels der Elektrophorese läßt sich durch Veränderung des p_H-Wertes der isoelektrische Punkt (s. d.) bestimmen. Für kleinere Virusmengen wird auch zur Herstellung von reinen Präparaten z. B. für die Elektronenmikroskopie heute vielfach die Papierelektrophorese angewandt, die auf den gleichen Grundlagen wie die Elektrophorese beruht.

Das Molekulargewicht der Viren, dessen Kenntnis zu ihrer Charakterisierung wichtig ist, läßt sich nach verschiedenen Methoden bestimmen. Genaueste Werte ergeben sich aus Messungen der Sedimentation in der Ultrazentrifuge, nach der Lichtabsorptionsmethode oder auf Grund refraktometrischer Verfahren. Während bei der ersten bei Durchtritt monochromatischen Lichtes auf Grund unterschiedlicher Absorption von Lösung und Lösungsmittel sich verschiedene Schwärzungsgrade der Photoplatte ergeben, wird bei der letzteren, heute meist angewandten Methode, der unterschiedliche Brechungsindex für die Zonen ausgenützt. Nach der Skalenmethode von Lamm bleibt das Bild einer durch die Zelle photographierten durchsichtigen Skala bei den Teilen der Zelle mit gleichem Brechungsindex unverändert, an den Grenzflächen mit verändertem Brechungsindex findet eine Verschiebung der Skalenstriche gegenüber einer Normalskala statt. Diese Verschiebung ist proportional den Konzentrationsgradienten in der Zelle. Bei der Auswertung kommt man zu der Variation des Konzentrationsgradienten über die Länge der Zelle. Aus der Wanderung des Maximums mit der Zeit ist die Sedimentationskonstante zu berechnen. Da die Auswertung der Aufnahmen außerordentlich zeitraubend ist, wird bevorzugt die Schlierenmethode nach TÖPPLER angewandt, bei der der Lichtstrahl an der Grenzfläche eine unregelmäßige Ablenkung erfährt und als klar abgegrenzter dunkler Streifen der Schlieren aufgenommen werden kann. Auch für dieses Verfahren wird die Wanderung des Gipfelpunktes ausgewertet. Eine weitere Vereinfachung stellt das Verfahren der gekreuzten Spalte nach PHILPOT-SVENSSON dar.

Die Sedimentationskonstante s_{20}, die auf reines Lösungsmittel bezogen und für Temperaturen von 20° C angegeben wird, kann, falls die Bedingungen des STOKEschen Gesetzes (glatte Oberfläche, wasserfreie sphärische Teilchen, die sich nicht untereinander beeinflussen) erfüllt sind, aus folgender Gleichung errechnet werden:

$$s_{20} = \frac{dx/dt}{\omega^2 \cdot x} \cdot \frac{\eta_t}{\eta_{20}^0} \cdot \frac{1 - V_{20} \cdot \varrho_{20}^0}{1 - V_t \cdot \varrho_t},$$

worin η_t die Viskosität des Lösungsmittels bei t° C, η_{20}^0 die Viskosität des reinen Lösungsmittels bei 20° C, V_{20} das spezifische Volumen der Substanz bei 20° C, Vt dasjenige bei t° C, ϱ_{20}^0 das spezifische Gewicht des reinen Lösungsmittels bei 20° C und ϱ_t bei t° C bedeuten.

Als Einheit der Sedimentationskonstanten ist 1 Svedberg (= S) eingeführt worden, das 10^{-13} cm/sec/dyn entspricht. Die Molekulargewichte einer Reihe verschiedener bislang untersuchter Viren sowie weitere physikalische Daten sind in Tabelle 10 wiedergegeben.

Die Bestimmung der Diffusionskonstanten wird so vorgenommen, daß die Virussuspension mit einer Pufferlösung vorsichtig überschichtet und die Wanderung nach der Skalenmethode von LAMM oder nach refraktometrischem Verfahren verfolgt wird. Die Diffussionskonstante wird ebenso wie die Sedimentation auf 20° C bezogen und ergibt sich aus der Gleichung $D = \frac{k \cdot T}{f}$, wobei k die BOLTZMANNsche Konstante, T die absolute Temperatur und f die Reibungskonstante darstellen. Aus der Diffusionskonstanten kann ebenfalls das Molekulargewicht errechnet werden. Die erhaltenen Werte sind allerdings wie auch die aus der Viskosität zu bestimmenden recht ungenau, so daß zur Festlegung des Molekulargewichts heute nur noch die einfachere und genauere Messung der Sedimentation praktisch verwendet wird. Da die Sedimentation nicht streng nach dem STOKEschen Gesetz verläuft und eine Abhängigkeit von der Konzentration aufweist, ist eine Extrapolation auf unendliche Verdünnung erforderlich.

Bereits frühzeitig wurde für das TMV erkannt, daß gereinigte Säfte eine Strömungsdoppelbrechung aufweisen und daher die Teilchen eine gestreckte Gestalt haben müssen. Eine Anisotropie ist ebenfalls bei den Kristallen dieses Virus, in denen die Teilchen parallel gelagert sind, zu beobachten, während demgegenüber Kristalle, die sich aus sphärischen Partikeln aufbauen, keine Doppelbrechung erkennen lassen. Die Strömungsdoppelbrechung wurde auch für weitere Viren mit fadenförmigen Partikeln (Kartoffel-X- und Y-Virus, Tabak-Ätz- und *Hyoscyamus*-Virus) bestätigt.

Tabelle 10

Zusammenstellung physikalischer Eigenschaften verschiedener Viren

Virus	Sedimentations-konstante cm/sec/dyn	Molekular-gewicht	Dichte	partielles spezifisches Volumen	Diffusions-konstante cm^2/sec
Tabakmosaik	$189 \cdot 10^{-13}$	$40,7 \cdot 10^6$	1,37	0,73	$0,53 \cdot 10^{-7}$
Tabaknekrose	$130 \cdot 10^{-13}$	$9 \cdot 10^6$	1,3	—	—
Tabakring-flecken	$115 \cdot 10^{-13}$	$3,4 \cdot 10^6$	1,57	0,635	—
Kartoffel-X	$123,5 \cdot 10^{-13}$	$26 \cdot 10^6$	—	0,73	—
Kartoffel-Y	$200 \cdot 10^{-13}$	$75 \cdot 10^6$	—	—	—
Kartoffel-Gelb-verzwergungs	$1150 \cdot 10^{-13}$	$490 \cdot 10^6$	1,17	—	—
Tomaten bushy stunt	$132 \cdot 10^{-13}$	$10,6 \cdot 10^6$	1,286	0,74	$1,15 \cdot 10^{-7}$
Luzernemosaik	$74 \cdot 10^{-13}$	$2,1 \cdot 10^6$	—	0,67	—
Südliches Bohnenmosaik	$115 \cdot 10^{-13}$	$6,63 \cdot 10^6$	—	0,69	$1,34 \cdot 10^{-7}$
Wundtumor	$600 \cdot 10^{-13}$	—	—	—	—
Gurkenmosaik	$172 \cdot 10^{-13}$	—	—	—	—
Wasserrüben-gelbmosaik	$106 \cdot 10^{-13}$	$3,5 \cdot 10^6$	—	—	—

Als Eiweißstoffe kennzeichnen sich die Viren durch eine deutliche Absorption des Lichtes im ultravioletten Bereich. Die Absorption des Proteins wird vor allen Dingen durch die aromatischen Aminosäurebausteine Tryptophan und Tyrosin, die der Nucleinsäure durch die Purin- und Pyrimidinringe verursacht. Es ergibt sich für sie allerdings eine Abhängigkeit vom p_H-Wert der Lösung, außerdem werden die gemessenen Extinktionswerte von einer seitlichen Streuung des Lichtes (Tyndalleffekt) beeinflußt. Zur Bestimmung der reinen Absorption ist daher die Kenntnis und Messung der Streuung erforderlich. Wird die spektrale Absorption für das TMV gemessen, so ergibt sich ein deutliches Maximum bei ca. 270 mμ, das sich aus dem Absorptionsmaximum des Proteins bei 280 mμ und dem der Ribonucleinsäure bei 260 mμ zusammensetzt (Abb. 65). Da es durch einfache Verfahren gelingt, Protein und Nucleinsäure zu trennen, ist auch eine gesonderte Vermessung der Komponenten möglich. Bei Vorhandensein von Reinpräparaten des Virus können auf Grund der Absorption genauere Konzentrationsbestimmungen durchgeführt werden, als sie mit biologischen Methoden zu erreichen sind. Versuche, die spektralphotometrischen Messungen zur Virusdiagnose zu verwenden, scheitern aber daran, daß Eiweiße der Pflanzenzelle, deren Konzentration vom Alter und vom physiologischen Zustand der verwendeten Probe abhängt, die Absorption stark beeinflussen, so daß verwertbare Ergebnisse nur bei vergleichbarem Ausgangsmaterial erwartet werden können.

Zur Charakterisierung und Identifizierung der Viren spielen neben dem Symptombild, das jedoch außerordentlich variabel sein kann, bestimmte Eigenschaften der Viren, wie die thermale Inaktivierung, der Verdünnungsendpunkt und das Verhalten in vitro besonders für die mechanisch übertragbaren Viren eine große Rolle. Die gewonnenen Werte weisen allerdings eine starke Abhängigkeit vom Ausgangsmaterial (z. B. der verwendeten Wirtspflanze) auf, so daß bei der Beschreibung der Viruseigenschaften diese Angaben unbedingt erforderlich sind.

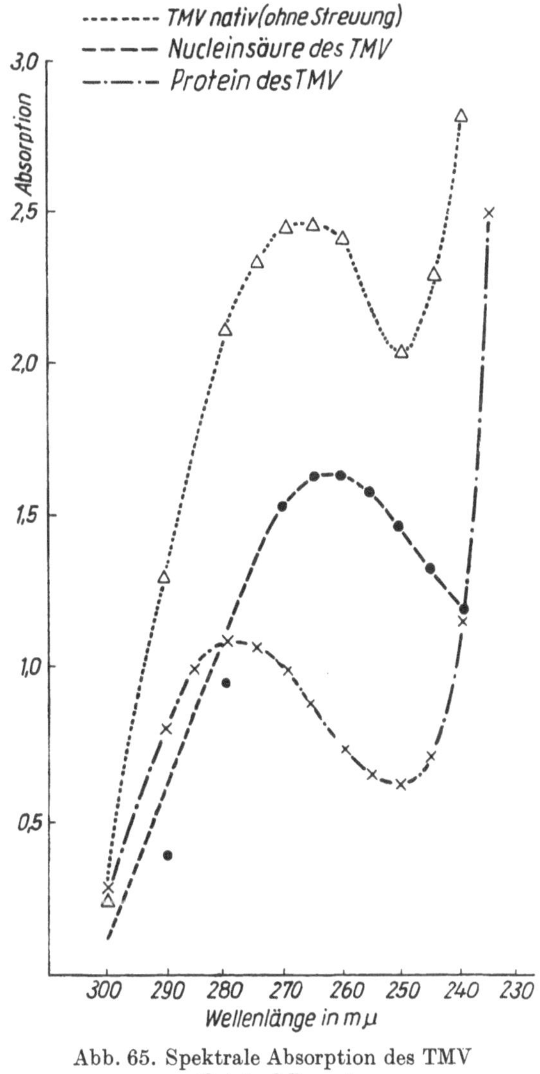

Abb. 65. Spektrale Absorption des TMV (Original Bode)

Es hat sich gezeigt, daß die Empfindlichkeit der einzelnen Viren gegenüber der Temperatur außerordentlich verschieden ist und eine Inaktivierung, d. h. der Verlust der Infektiosität, bei einer Behandlungsdauer von 10 Min. zwischen 42°C (Bronzeflecken-Virus der Tomate) und 92° C (TMV) liegen kann. Die Bestimmung dieser Werte wird so vorgenommen, daß ein grob gereinigter Preßsaft in einem dünnwandigen Glasröhrchen auf die Dauer von 10 Min. in ein Wasserbad bestimmter konstanter Temperatur gebracht wird. Nach Abimpfung des behandelten Saftes auf Testpflanzen kann der Rückgang der Infektiosität auf Grund der Wärmebehandlung festgestellt und in einer Versuchsreihe die thermale Inaktivierung, also die Temperatur, bei der gerade die Infektiosität vollständig verloren geht, bestimmt werden. Bei diesen Untersuchungen hat sich aber gezeigt, daß der Temperaturkoeffizient, d. h. der Grad der Denaturierung für Temperaturunterschiede von 10° C, innerhalb der Viren außerordentlich verschieden sein kann. Während er für das TMV und das Kartoffel-X-Virus groß ist, ist dem Tomaten bushy stunt- und dem Tabaknekrose-Virus ein kleiner Temperaturkoeffizient eigen, wobei der Infektiositätsverlust nicht unbedingt mit einer Denaturierung verbunden zu sein braucht. So konnte nachgewiesen werden, daß mit dem Rückgang der Infektiosität nicht bei allen Viren in gleichem Maße die antigenen Eigenschaften verloren zu gehen brauchen. Für das Kartoffel-X-Virus wurde über einen geringen Temperaturbereich ein schneller Rückgang der Infektiosität und in gleicher Weise des serologischen Titers beobachtet, während bei dem Tomaten bushy stunt-Virus der serologische Titer trotz Temperaturerhöhungen und Reduktion der Infektiosität erhalten blieb.

Die zur Inaktivierung benötigte Energie pro Mol ist für die einzelnen Viren sehr unterschiedlich (nach Price):

Tabak-Nekrose-Virus	37300	(70 —95° C)
Tabakmosaik-Virus	195000	(84 —95° C)
Luzernemosaik-Virus	75000	(50 —62° C)
Tabakringflecken-Virus	27600	(56,5—65° C)

Wie bereits erwähnt, ist die thermale Inaktivierung konzentrationsabhängig, das heißt für geringere Konzentrationen werden niedrigere Inaktivierungstemperaturen gemessen.

Die Erhitzung einer TMV-Suspension auf 100° C führt schließlich zu einer Trennung von Protein und Nucleinsäure, wobei das Protein unter Verkürzung des Stäbchens an den Enden dicker wird und schließlich in ein Sphäroid übergeht. Nach Einwirkung von Temperaturen von 70° C erkennt man im Elektronenmikroskop eine größere Zahl von Virusteilchen unter 280 mμ, wobei gleichzeitig die Zahl der Partikeln über 280 mμ abnimmt. Anders als in Preßsäften scheinen die Verhältnisse in getrocknetem Blattmaterial zu liegen. Während für erstere die thermale Inaktivierung des TMV bei 92° liegt, bleibt die Infektiosität in letzteren noch bei 150° C in geringem Maß erhalten.

Wie die thermale Inaktivierung, so weist auch der Verdünnungsendpunkt eine starke Abhängigkeit von der Konzentration auf. Das Extrem stellt wiederum das TMV dar, das selbst bei Verdünnungen von 10^{-6} noch nicht seine Infektiosität voll eingebüßt hat. Demgegenüber liegt der Verdünnungsendpunkt für das Kartoffel-Y-Virus bereits bei Verdünnungen von etwa 10^{-3}. Die Werte für die meisten anderen Viren liegen zwischen diesen Grenzpunkten, so daß auch hierdurch ein Beitrag zur Charakterisierung der Viren gegeben werden kann.

Besonders starke Unterschiede zeichnen sich bei den Viren in ihrem Verhalten in vitro ab. Während manche nach Aufbewahrung in Preßsäften bei Zimmertemperatur noch nach einem Jahr infektiös sind, büßen andere ihre Infektiosität bereits nach wenigen Stunden ein. Die Ursache für diesen Verlust dürfte in Oxydationen, Änderungen des p_H-Wertes im Medium und in der Wirkung von Bakterien, die sich leicht in den Preßsäften entwickeln, zu suchen sein. Zusatz von Reduktionsmitteln hemmt die Inaktivierung genau so wie tiefere Temperaturen. Ebenfalls bleibt die Infektiosität in trocken aufbewahrten Blättern über lange Zeiträume erhalten (Kartoffel-Y-Virus 420 Tage, TMV mehrere Jahrzehnte), während sie in feuchten Blättern, vermutlich infolge fermentativer Prozesse, schnell verloren geht.

Auf der Suche nach therapeutischen Mitteln ist die Wirkung zahlreicher Stoffe auf die Infektiosität verschiedener Viren untersucht worden. Das Ziel war stets die Heilung infizierter Pflanzen. Besonderes Augenmerk wurde daher zunächst den proteolytischen Enzymen geschenkt. Wohl wurde ein mehr oder weniger starker Verlust der Infektiosität in vitro festgestellt; aus der Tatsache, daß dieser Effekt durch Temperatur, Verdünnung, Ultrazentrifugation u. a. aufgehoben werden konnte (z. B. Trypsin, Ribonuclease u. a.), muß aber geschlossen werden, daß es sich nur um eine lose Komplexbindung handelt, genau wie bei der Wirkung des Tannins oder mehrerer anderer in Pflanzen vorkommender Stoffe (z. B. Extrakte aus *Phytolacca esculenta*, Spinat, *Beta*-Rübe u. a.). Andere Verbindungen wie etwa Harnstoff führen dagegen zu einer irreversiblen Inaktivierung und auch zum Verlust der serologischen Reaktion.

Während die meisten früheren Untersuchungen sich auf das Virus in vitro beschränkt haben, sind die neueren Arbeiten vor allen Dingen darauf ausgerichtet, das Virus in vivo zu inaktivieren bzw. seine Vermehrung zu unterbinden. Die Prüfung hat sich besonders auf Antibiotica, Kulturfiltrate von Bakterien und Pilzen, erstreckt, ohne jedoch bislang zu wesentlichen Erfolgen geführt zu haben. Oft wird nur eine Wirkung auf die Pflanze erreicht, so daß ein Zustandekommen von Infektionen verhindert wird. Eine Reduktion der Viruskonzentration in der Pflanze bzw. eine Verhinderung der Virusvermehrung ist jedoch nicht möglich. Erste Erfolge scheinen sich aber bei der Verwendung von Pyrimidin- und Purinanalogen (Thiouracil, 8-Azaguanin) anzubahnen. Es konnte nachgewiesen werden, daß das Azaguanin in die Ribonucleinsäure des TMV eingebaut wird und dadurch eine weitere Vermehrung verhindern kann. Diese Wirkung läßt sich durch gleichzeitige Gaben von Adenin und Guanin aufheben.

Gegenüber dem p_H-Wert der Lösung verhalten sich die Viren unterschiedlich. Während das TMV gegenüber Verschiebungen des p_H-Wertes innerhalb der Grenzen von p_H 2 bis 8 außerordentlich stabil ist, werden andere Viren bereits bei kleineren Veränderungen inaktiviert (Bronzeflecken-Virus der Tomate nur stabil bei p_H 5,5 bis 9,5). Nach Behandlung des TMV bei p_H 1 bis 2 und 11—12 ist eine Reaktivierung jedoch nicht mehr möglich.

Im Gegensatz zu den Bakterien besteht für die Viren nur eine geringe Empfindlichkeit gegenüber hohen Drucken. Das TMV wird erst durch Drucke von 8000 Atm., das Tabaknekrose-Virus bei 3000 bis 5000 Atm. inaktiviert; beide Viren verlieren dann jedoch auch die serologischen Eigenschaften sowie die Kristallisierbarkeit. Die Wirkung des Druckes weist gewisse Ähnlichkeit mit derjenigen der Hitze auf.

Eine Beschallung von Viruspräparaten stellt einen starken Eingriff in die Struktur der Teilchen dar. Während einmal die Infektiosität schon bei geringer

Intensität und Behandlungsdauer verlorengeht, wurde in elektronenoptischen Untersuchungen festgestellt, daß die Stäbchen des TMV in kleine Bruchstücke von 20—40 mμ Länge zerfallen, beim Kartoffel-X-Virus wurden kurze nicht infektiöse Partikelstücke differenter Länge beobachtet (333, 266, 222, 199, 155, 133, 111, 66 und 33 mμ).

Sehr eingehend wurde die Wirkung verschiedener Strahlen (UV-, Röntgen-, Gamma- und Alpha-Strahlen) auf die Viren untersucht. Alle Strahlungsarten wirken auf die Viren mehr oder weniger inaktivierend, wobei aber die chemischen, optischen und serologischen Eigenschaften unverändert erhalten bleiben. Die Inaktivierung ist als Ionisation aufzufassen und geht in ihrer Geschwindigkeit proportional zur Strahlungsintensität und -dauer (Dosis). Die in Abhängigkeit von der Dosis ermittelten Kurven sind exponentiell und stellen Eintrefferkurven dar; die Empfindlichkeit der Viren ist jedoch unterschiedlich, wobei der Treffbereich (Tab. 11) nicht dem Virusvolumen entspricht. Die stärkste Reaktion scheint in der Ribonucleinsäure, weniger im Protein zu liegen; tatsächlich konnte nachgewiesen werden, daß die Nucleinsäure nach Bestrahlung durch X-Strahlen Veränderungen aufweist. Beim UV-Licht sind Strahlen von 260 mμ, dem Absorptionsmaximum der Ribonucleinsäure, am wirksamsten. Die Empfindlichkeit gereinigter Präparate ist höher als die von Rohsäften, in denen andere Zellbestandteile offenbar eine Schutzwirkung auf die Viruspartikeln ausüben. Behandlung mit elektromagnetischen Wellen des cm- und m-Bereichs blieb ohne jede Wirkung auf Virussuspensionen.

Tabelle 11

Treffbereiche verschiedener Viren (nach POLLARD)

Virus	Treffbereich in $Å^3$	Virusvolumen in $Å^3$
Tabakmosaik-Virus	$3,7 \times 10^7$	$4,5 \times 10^7$
südliches Bohnenmosaik-Virus	$3,4 \times 10^6$	$11,8 \times 10^6$
Tomaten bushy stunt-Virus	$3,6 \times 10^6$	$7,4 \times 10^6$
Tabaknekrose-Virus	$2,9 \times 10^6$	$11,0 \times 10^6$

b) Biochemie

Von

H. WOLFFGANG

Viren als Nucleoproteide, Proteine und Proteide, Bausteine der Eiweiße, Verknüpfung der Bausteine im Eiweiß, chemische Eigenschaften von Proteinen; Nucleinsäuren, Bedeutung der Nucleinsäuren, Bausteine der Nucleinsäuren, Verknüpfung der Bausteine, Hydrolyse, Bauprinzip, Seitenketten, Analytik der Nucleinsäuren und ihrer Bausteine, Eigenschaften von Nucleinsäuren, Nucleoproteide; Isolierung von Viren, EW-Komponente der Viren, NS-Komponente der Viren, physiologische Bedeutung des Virus-Eiweißes, physiologische Bedeutung der Virus-Nucleinsäure, Eigenschaften der Viren, chemisch-physiologische Beziehungen zwischen Virus und Wirt.

Die Viren, die Pflanzenkrankheiten hervorrufen, unterscheiden sich wesentlich in Größe, Gestalt und im Verhalten gegen ihre Wirte. Allen ist gemeinsam, daß sie aus einem Eiweiß- und einem Nucleinsäureanteil bestehen, also Nucleoproteide sind. Es empfiehlt sich daher, ehe wir auf die chemische Natur der Viren näher eingehen, kurz einige Grundzüge der Chemie der Eiweiße und Nucleinsäuren zu besprechen. Alle Eiweißkörper zeichnen sich durch hohe Molekulargewichte aus. Sie enthalten stets Kohlenstoff, Stickstoff, Wasserstoff und Sauerstoff, sehr oft Schwefel. Daneben treten noch Phosphor, Eisen, Kupfer, Magnesium und in selteneren Fällen auch noch andere Elemente in ihnen auf. Durch chemische oder enzymatische Eingriffe kann man die Eiweißkörper in ihre Bausteine zerlegen. Dieser Abbau führt über mehr oder weniger große Peptide schließlich zu den Aminosäuren. Eine große Anzahl sind davon bekannt, aber nur etwa 20 von ihnen findet man besonders häufig in Eiweißkörpern. Manche Eiweiße enthalten noch andere, chemisch von den Aminosäuren sehr verschiedene Gruppen. In einfachen Eiweißen oder Proteinen fehlen sie, während sie in den Proteiden oder zusammengesetzten Eiweißkörpern die prosthetischen Gruppen bilden. Die Vielzahl der Aminosäuren und die großen Kettenlängen der Eiweißmoleküle ergeben sehr viele Kombinationsmöglichkeiten zum Bau verschiedener Eiweißmoleküle. Tatsächlich ist auch eine große Anzahl von verschiedenen Eiweißen bekannt. Teils unterscheiden sie sich chemisch und biologisch nur wenig, während andere große Unterschiede zeigen. Da die Aminosäuren in den verschiedenen Eiweißen im allgemeinen in etwa gleichen Mengen vorkommen, kann die Bausteinanalyse — die Bestimmung von Art und Menge der Aminosäuren — nur bei größeren Unterschieden zur Unterscheidung der Eiweiße benutzt werden. Die Eigenschaften eines Eiweißes werden aber nicht nur davon beeinflußt, sondern auch von der Anordnung der Aminosäuren in der Kette und schließlich von der Form der Kette selbst, ihrer Faltung und Verdrillung.

Bis auf das Glykokoll enthalten fast alle in der Natur vorkommenden Aminosäuren ein asymmetrisches Kohlenstoffatom

$$\begin{array}{c} a \\ | \\ d-C-b \\ | \\ c \end{array}$$

das heißt, daß an diesem C-Atom alle Liganden verschieden sind. Alle Stoffe mit einem asymmetrischen C-Atom sind optisch aktiv, drehen also die Ebene des polarisierten Lichtes. Ob sie links- oder rechtsdrehend sind, hängt von der Konfiguration an diesem C-Atom ab. Jede optisch aktive Aminosäure kann in zwei Spiegelbildisomeren auftreten, in der L-Form und in der D-Form. Bei der chemischen Synthese erhält man immer das optisch inaktive racemische Gemisch beider Formen. Die natürlich vorkommenden Aminosäuren treten fast ausschließlich in der L-Form auf. Bei der sauren Hydrolyse von Eiweiß erfolgt nur eine geringe, bei der alkalischen Hydrolyse eine starke Racemisierung. Sie unterbleibt beim enzymatischen Abbau. Die Aminosäuren vereinigen saure und basische Gruppen in einem Molekül. Sie sind Ampholyte. Je nach der Reaktion des

Mediums können sie also als Basen oder als Säuren in Erscheinung treten. Meist sind basische und saure Eigenschaften etwa gleich stark, so daß die Aminosäuren in wäßriger Lösung fast neutral reagieren. Durch ihre Ampholytnatur können sie als Puffer wirken.

In Lösung mit saurem p_H liegen die Aminosäuren als Kationen vor:

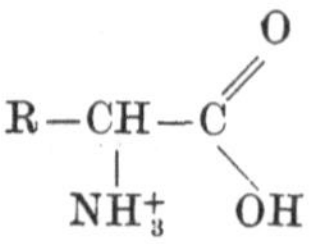

In Lösung mit basischem p_H sind sie Anionen:

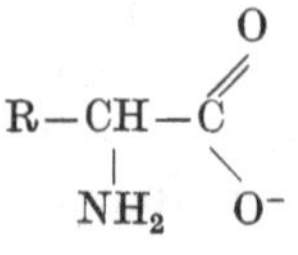

Dazwischen gibt es für jede Aminosäure ein p_H, bei dem sie als Zwitterion vorliegt:

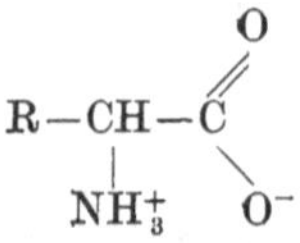

Dieses p_H ,der isoelektrische Punkt, läßt sich aus den Dissoziationskonstanten des Kations und des Anions berechnen.

Durch enzymatischen Abbau oder durch saure oder alkalische Hydrolyse erhält man aus Proteinen die Aminosäuren. Über die Art der Verknüpfung der Aminosäuren in den Proteinen besteht heute weitgehende Einmütigkeit, obgleich (immer wieder einmal) andere Theorien diskutiert werden. Die Aminosäuren werden durch Peptid- oder Säureamidbindungen miteinander verbunden:

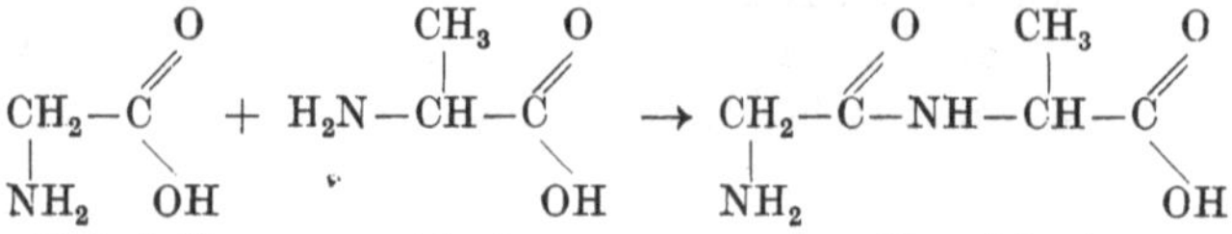

Glykokoll Alanin Glycylalanin

Läßt man Glykokoll und Alanin reagieren, so bekommt man zuerst Dipeptide, entweder Alanyglycin (Glykokoll = Glycin) oder Glycylalanin. Die Aminosäure, deren Carboxylgruppe in die Amidgruppe eingeht, erhält die Endung -yl, die Aminosäure, deren Carboxylgruppe unverändert bleibt, ändert ihre Bezeichnung nicht. Fügt man an das oben angeführte Dipeptid eine weitere Aminosäure an, z. B. Phenylalanin, so bekommt man ein Tripeptid

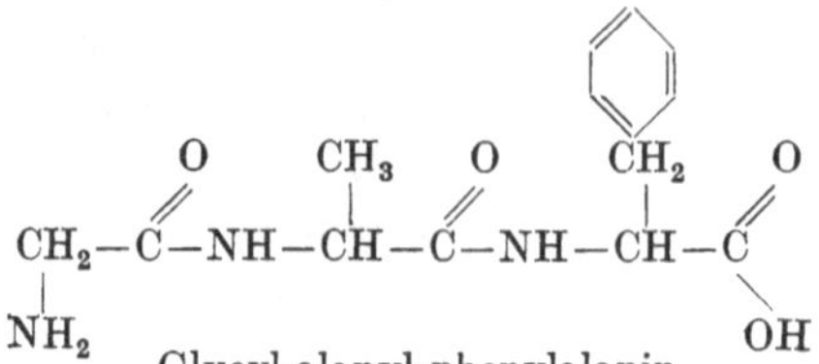

Glycyl-alanyl-phenylalanin

Wird eine weitere Aminosäure angefügt, so erhält man ein Tetrapeptid usw. Über die Art, wie der tierische oder pflanzliche Organismus diese Synthese durchführen, bestehen vorläufig nur Vermutungen. Wahrscheinlich spielen die Nucleinsäuren, besonders die Ribonucleinsäure, eine große Rolle dabei. (Über die chemischen Methoden zur Peptidsynthese sei auf Lehrbücher der organischen oder physiologischen Chemie verwiesen.)

Für jede Peptidbindung werden eine Carboxyl- und eine Aminogruppe verbraucht, also eine basische und eine saure Funktion. Ein Peptid aus neutralen Aminosäuren besitzt also, gleichgültig aus wieviel Aminosäuren es aufgebaut ist, nur eine freie Carboxyl- und eine freie Aminogruppe. Enthält das Peptid auch saure Aminosäuren, also Monoaminodicarbonsäuren, so besitzt es natürlich entsprechend mehr saure Gruppen. Das entsprechende gilt für Peptide mit basischen Aminosäuren.

Die Peptidketten liegen nicht als ganz gestreckte Einheiten vor, sie bilden vielmehr einen vielfach gewinkelten Strang. In den Scheiteln der Winkel befinden sich die C- und N-Atome, die die Ketten aufbauen. Die Winkel umfassen in völlig gestreckten Ketten 120° (Abb. 66).

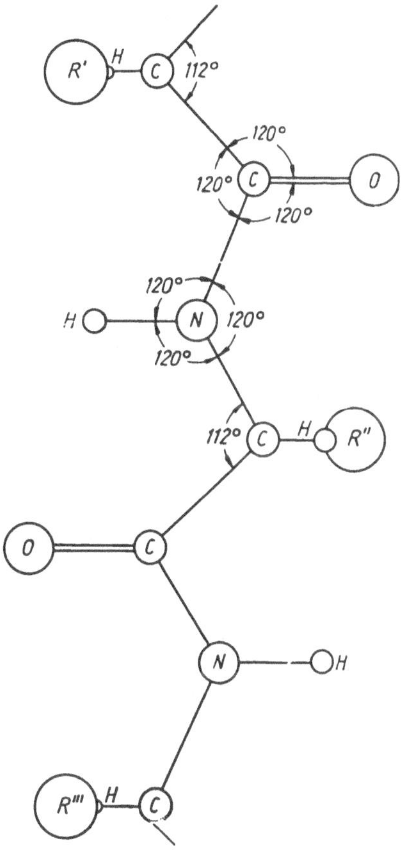

Abb. 66. Ausschnitt aus einer völlig gestreckten Polypeptidkette (verändert nach Corey)

Zwischen nebeneinander liegenden Peptidketten sind Kräftc wirksam, dic sic zusammenhalten. Solche Bindungen können Wasserstoffbrücken zwischen den Amidgruppen sein:

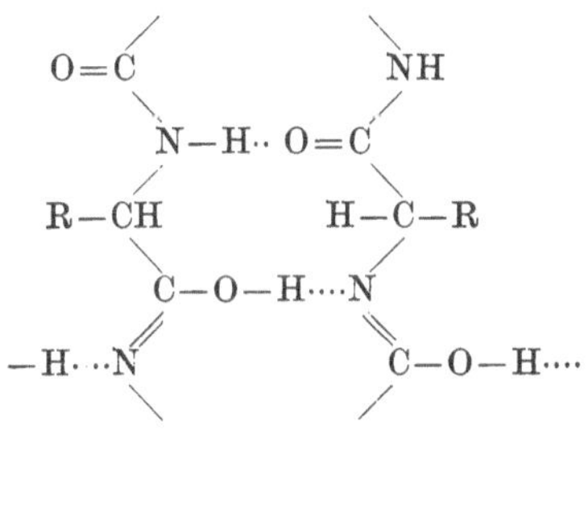

Es können auch Wasserstoffbrücken zwischen den Amidgruppen der Säureamide sein

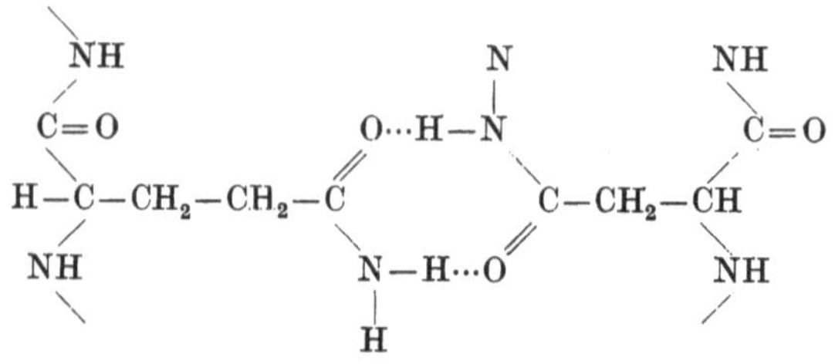

Zwischen den freien Carboxyl- und Aminogruppen von sauren und basischen Aminosäuren kann Salzbildung eintreten. Cysteinmoleküle benachbarter Ketten können diese durch Disulfidbindungen verbinden.

Ob die Eiweißmoleküle in Lösung einzeln oder zu größeren Einheiten verbunden vorkommen, hängt vom Aufbau der Ketten, vom Lösungsmittel, dem p_H-Wert, der Ionenkonzentration und vielen anderen Bedingungen ab, die man noch nicht alle übersieht. Bei der Untersuchung von Eiweißkörpern ist man bestrebt, sie möglichst nativ zu gewinnen, d. h. in der Form, in der sie im Organismus vorliegen. Arbeitet man die Proteine nicht schonend genug auf, so werden sie denaturiert. Der Begriff „Denaturierung" ist nicht sehr scharf gefaßt. Er bedeutet zunächst, daß das Eiweiß nicht mehr nativ, sondern in veränderter Form vorliegt. Die Denaturierung kann reversibel sein, dann kann man den ursprünglichen Zustand wiederherstellen, indem man wieder die vor der Denaturierung herrschenden Bedingungen schafft. Man nimmt an, daß das Eiweiß bei der Denaturierung in Polypeptidketten zerfällt, die sich zu neuen Assoziationen zusammenlagern können. Sind die Einwirkungen stärker gewesen, so wird die Denaturierung irreversibel. Das denaturierte Eiweiß läßt sich leicht ausflocken: es gerinnt oder koaguliert. Andererseits kann man Eiweiß ausflocken, ohne es zu denaturieren. Bei der Fällung mit Neutralsalzen oder Alkohol erhält man reversibel ausgeflockte Niederschläge, die nicht denaturiert sind. Läßt man sie allerdings längere Zeit mit dem Fällungsmittel stehen, so kann doch noch Denaturierung eintreten.

Bei der Denaturierung werden — reversibel oder irreversibel — die Kräfte zwischen den Makromolekülen verändert, sie können sich voneinander lösen. Bei der Hydrolyse von Eiweiß spaltet man die Makromoleküle selbst in kleinere Einheiten auf. Es hängt von den Hydrolysebedingungen ab, wie weit die Aufspaltung geht.

Die wichtigsten Methoden zur Hydrolyse benutzen Säuren, Alkalien oder proteolytische Fermente. Am schonendsten arbeitet die enzymatische Hydrolyse. Sie führt aber meist nur zu einem unvollständigen Abbau, weil die entstehenden Spaltprodukte die Reaktionen hemmen. Obgleich diese Verfahren besonders schonend und physiologisch arbeiten, sollen auch hierbei sekundäre Veränderungen auftreten können. Besonders wertvoll sind gewisse Fermente für die Strukturaufklärung der Eiweiße und hier wieder für die Endgruppenbestimmung geworden. Je weiter der Abbau eines Eiweißkörpers geht, um so mehr Amino- und Carboxylgruppen werden frei. Daneben verändert in den ersten Hydrolyseschritten das Eiweiß schnell seine Eigenschaften. Es treten große Spaltprodukte auf, die sich gegen Fällungsmittel anders verhalten als der Ausgangsstoff. Auch die optischen Eigenschaften der Lösung ändern sich.

Bei der partiellen Hydrolyse der Eiweiße fallen Bruchstücke verschiedener Länge an. Sie können mit den modernen Verfahren der Eiweißchemie isoliert werden. Der Aufbau solcher Peptide, falls sie nicht zu groß sind, läßt sich dann mit Hilfe der Endgruppenbestimmung feststellen. Durch Vergleich des Aufbaues vieler derartiger Bruchstücke kann man den Aufbau des Eiweißkörpers bestimmen. Von besonderer Hilfe können dabei noch weitere proteolytische Fermente sein, deren Angriffspunkte bekannt sind. So spaltet Pepsin nur solche Peptidbindungen, an denen eine aromatische Aminosäure (Tyrosin oder Phenylalanin) mit ihrer Aminogruppe beteiligt ist. Chymotrypsin spaltet dagegen nur die Peptidbindungen, deren Carboxylgruppe von einer aromatischen Aminosäure gestellt wird. Trypsin greift nur die Peptidbindungen an, deren Carboxylgruppe zu einer basischen Aminosäure gehört. Man kann also auch auf diese Weise den Aufbau der Peptidkette kennenlernen.

Einige Eigenschaften der Proteine wollen wir hier kurz zusammenfassen. Eiweiße sind Makromoleküle von zum Teil sehr hohem Molekulargewicht. Die Aminosäuren sind meist schraubenförmig um die Achse angeordnet, die Kette selbst ist nicht gerade, sondern gewinkelt. Die Eiweiße sind Polyampholyte und können als Puffer wirken. Ihre Löslichkeit ist am isoelektrischen Punkt (IEP) am geringsten, sie wird durch Neutral- und Schwermetallsalze bzw. wasserlösliche organische Lösungsmittel stark herabgesetzt. Die Ampholytnatur der Eiweiße verursacht ihre Wanderung im elektrischen Feld. Die Wanderungsgeschwindigkeit hängt von der Stärke des Feldes, der Ladung des Eiweißmoleküls, seiner Form und Größe, dem p_H-Wert der Lösung und von Art und Menge der Fremdionen ab. Die Wanderungsrichtung wird von der Ladung des Moleküls beeinflußt, die ihrerseits vom p_H der Lösung abhängt (siehe auch Seite 144). Durch ihren großen Gehalt an polaren Gruppen umgeben sich die Eiweißmoleküle mit Hydrathüllen, gleichgültig, ob sie amorph, kristallin oder gelöst sind. Dadurch werden die Viskosität und der Reibungswiderstand erhöht. Der Hydratationsgrad (g Wasser/g wasserfreies Protein) kann ziemlich hoch sein. Es werden Werte bis zu 0,8 angegeben.

Viele Eiweißkörper zeigen starke Neigung zur Quellung. Quellung bezeichnet man auch als unvollständige Lösung. Sie tritt dann ein, wenn große Affinität zum Lösungsmittel besteht, aber nicht genügend Lösungsmittel zur Verfügung steht oder der Aufbau der Makromoleküle bzw. zwischenmolekulare Kräfte es nicht gestatten, daß die Moleküle vollständig in Lösung gehen, sich also voneinander trennen. Das ist besonders der Fall bei Vernetzung der Moleküle, wenn zwischen den Ketten Hauptvalenzbindungen bestehen, also etwa Disulfidbrücken. Das Lösungsmittel wird dann in das Gefüge eingelagert, die Enden der

Moleküle sind sozusagen in Lösung, während andere Teile mechanisch daran gehindert werden, in Lösung zu gehen. Die Quellbarkeit ist biologisch wichtig, sie kann optisch erfaßt werden. Am geringsten ist sie am isoelektrischen Punkt, überschüssige Elektrolyte wirken entquellend.

Die Wichtigkeit der Nucleinsäuren und ihrer Verbindungen für grundlegende Stoffwechselvorgänge des Organismus wird immer deutlicher. Man weiß über Einzelheiten solcher Reaktionen noch verhältnismäßig wenig, trotzdem sprechen eine ganze Reihe von Befunden für die Bedeutung dieser Stoffklasse. Schon ihre Verteilung in der Zelle, ihre Anhäufung in bestimmten Zellelementen besonders großer Stoffwechselaktivität und der Reichtum gewisser Organe weisen auf ihre Bedeutung hin. Für die Reproduktion von Phagen in Bakterien genügt es, daß der Nucleinsäure-Anteil der Phagen in die Zelle gelangt. Die Eiweißsynthese wird durch Ribonuclease gehemmt, die Ribonucleinsäure abbaut. Die Wirkungsgruppen wichtiger Fermente sind Nucleotide, andere Nucleotide erfüllen wichtige Aufgaben im Energiehaushalt. Alle diese Tatsachen unterstreichen die Bedeutung der Nucleinsäuren und lassen ihre nähere Erforschung notwendig erscheinen. Man beschäftigt sich zwar mit ihnen schon etwa ebensolange wie mit den Eiweißen, aber erst in neuerer Zeit ist ihr Studium intensiviert worden.

Während Proteine nur aus Aminosäuren aufgebaut sind, treten bei den Nucleinsäuren Komponenten aus drei sehr verschiedenen Stoffklassen auf: Heterocyclische Basen, Zucker und Phosphorsäure. Bis jetzt wurden nur zwei Zucker in Nucleinsäuren gefunden, die Ribose und die Desoxyribose. Es sind Zucker mit 5 C-Atomen, die sich dadurch unterscheiden, daß das zweite C-Atom der Desoxyribose keinen Sauerstoff trägt.

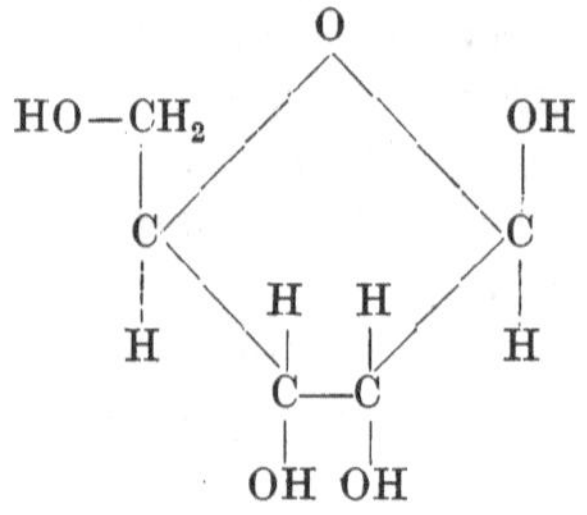

D-Ribose

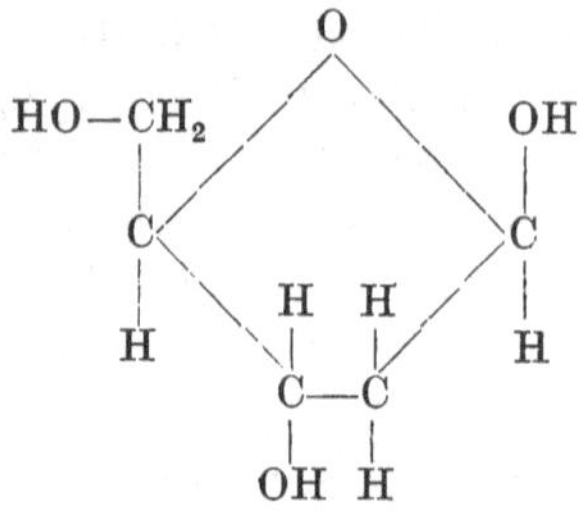

β-D-Desoxyribose

In den Nucleinsäure-Präparaten aus Thymus und Sperma fand man Desoxyribose, man nannte diese Nucleinsäuren deshalb auch Desoxyribonucleinsäuren oder Thymonucleinsäuren. Die letztere Bezeichnung sollte man nicht mehr benutzen, da sich herausgestellt hat, daß die Desoxyribonucleinsäure — abgekürzt DNS — eine viel größere Verbreitung hat. In Präparaten aus Hefe fand man Ribose, deshalb bezeichnete man diese Nucleinsäuren auch als Hefe- oder Ribonucleinsäuren — abgekürzt RNS. Auch die Bezeichnung Hefenucleinsäure ist überholt, sie stammt noch aus der Zeit, als man annahm, RNS käme nur in Pflanzen und DNS nur in Tieren vor.

Als stickstoffhaltige Bausteine treten Purin- und Pyrimidinderivate auf.

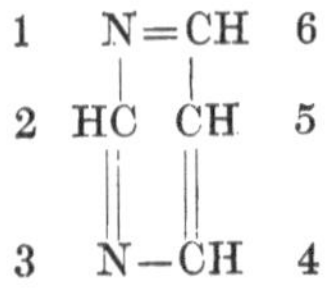

Pyrimidin

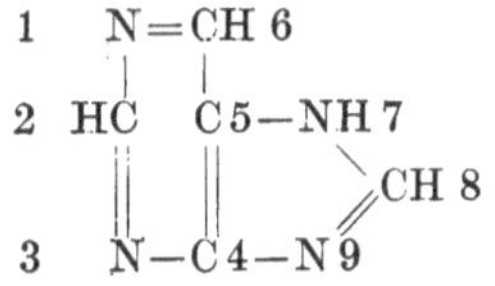

Purin

Als Pyrimidinabkömmlinge fand man Cytosin, Uracil und Thymin.

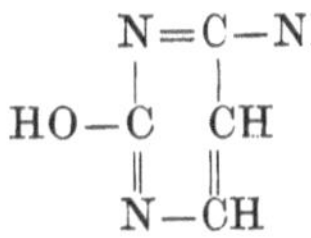

Cytosin
2-Oxy-6-amino-pyrimidin

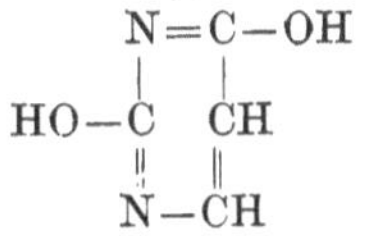

Uracil
2,6-Dioxy-pyrimidin

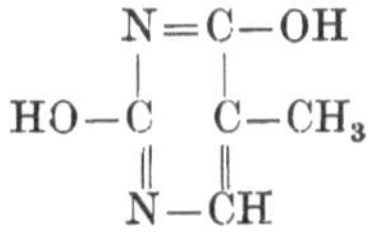

Thymin
2,6-Dioxy-5-methyl-pyrimidin

Von den Purinderivaten fand man Adenin und Guanin.

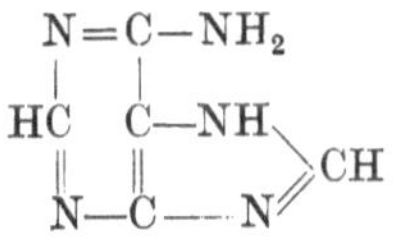

Adenin
6-Amino-purin

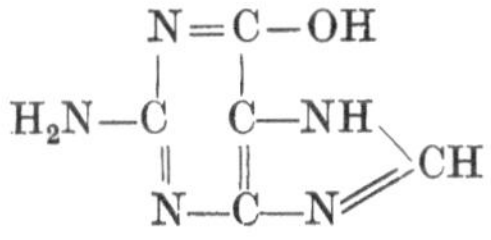

Guanin
2-Amino-6-oxy-purin

Durch fermentativen Abbau erhält man aus den Nucleinsäuren Nucleoside. Aus RNS kann man sie auch durch ammoniakalische Hydrolyse bei 175°C gewinnen. Sie bestehen aus einer Base und der Pentose. Ribonucleoside kommen selten frei vor. Sie bestehen aus dem Purin- bzw. Pyrimidinanteil und der D-Ribose, die in β-glycosidischer Bindung verknüpft sind. Der Zucker verbindet sich mit den Purinkörpern in Stellung 9, mit den Pyrimidinkörpern mit dem Stickstoffatom in Stellung 3. Alle natürlichen Nucleoside besitzen Furanose-Struktur, das heißt, daß der Zucker als Fünferring vorliegt. Der Ringschluß geht vom aldehydischen C_1 über Sauerstoff zum C_4.

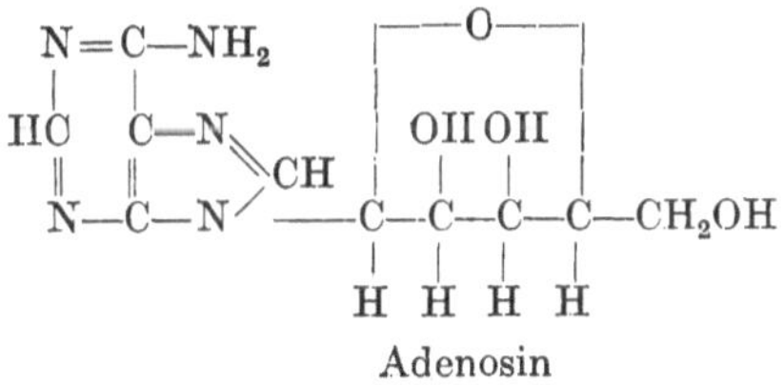

Adenosin

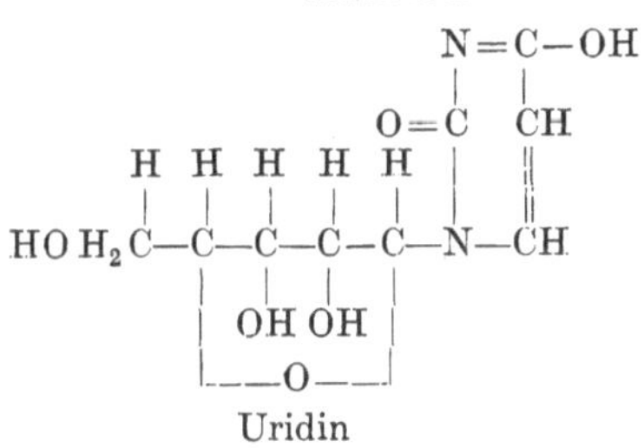

Uridin

Die entsprechenden Desoxynucleoside wurden noch nicht frei aufgefunden. Man kann sie durch fermentativen Abbau aus DNS gewinnen. Gegen Säuren sind sie sehr empfindlich. Verestert man Phosphorsäure mit dem Zucker eines Nucleosids, so erhält man ein Mononucleotid.

In RNS findet man nur Nucleotide, bei denen die Phosphorsäure am C_3 des Zuckers sitzt. Es gibt aber sehr wichtige Nucleotide, bei denen das C_5 des Zuckers mit Phosphorsäure verestert ist (Adenosintriphosphat = ATP).

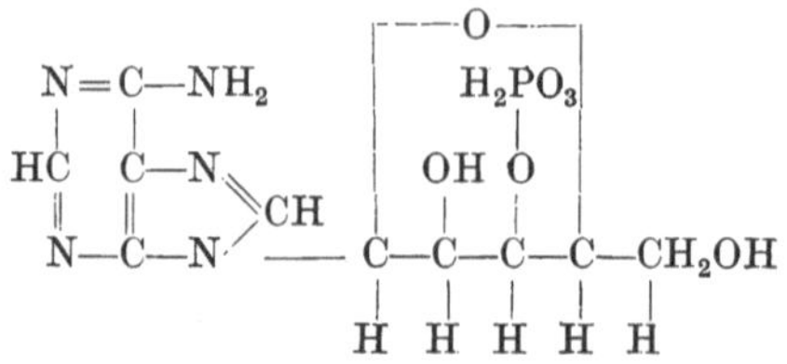

Hefeadenylsäure

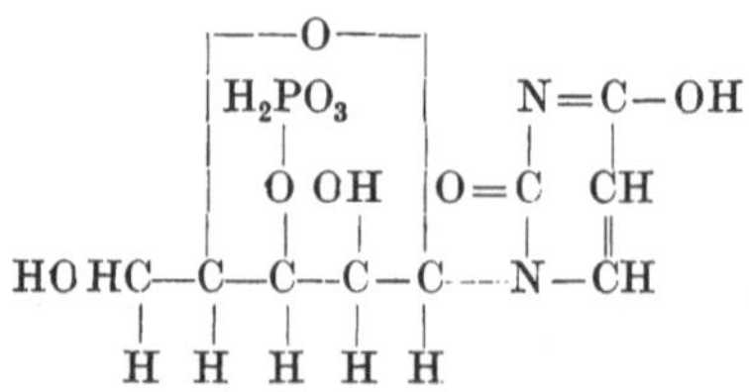

Uridylsäure

Die Desoxyribonucleotide sind analog gebaut, sind aber schwerer zugänglich als die Ribonucleotide. Treten mehrere Nucleotide zu einer Kette zusammen, so erhält man ein Oligonucleotid, sind es viele, so erhält man Polynucleotide.

Die Nucleinsäuren sind hochmolekulare Stoffe. Die Nucleotide, die sie aufbauen, sind durch Esterbindungen untereinander verknüpft. Bei der Verknüpfung von Ribonucleotiden entstehen RNS mit Molekulargewichten zwischen 20000—300000, die Lösungen sind nicht viskös.

Die DNS haben meist höhere Molekulargewichte, man hat Werte von 500000—1000000 gefunden. Die Lösungen sind sehr viskös, was auf langgestreckte Moleküle deutet. Einige optische Eigenschaften (z. B. Strömungsdoppelbrechung) unterstützen diese Annahme, auch chemische Gründe sprechen dafür. Wahrscheinlich bestehen die DNS aus Pentose-Phosphorsäureketten, deren Pentoseanteil die Base trägt.

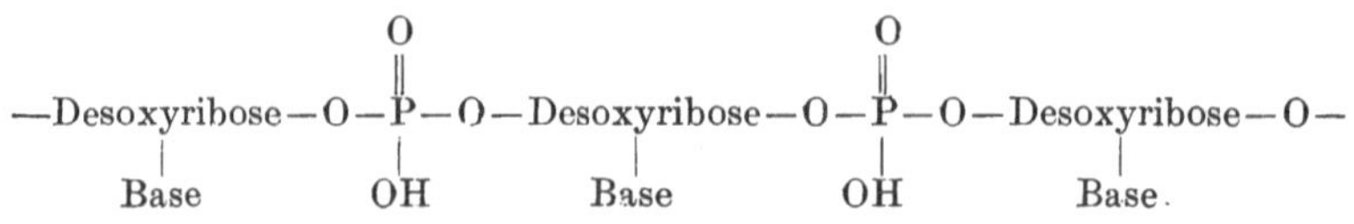

Ein Ausschnitt aus einer solchen Kette ergibt folgendes Bild:

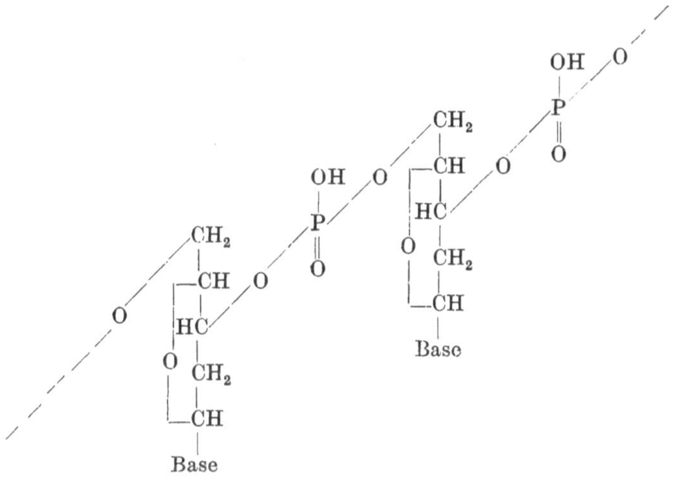

Die RNS ist im Prinzip gleich gebaut. Da aber in der Pentose am C_2 noch eine OH-Gruppe frei ist, besteht die Möglichkeit, Seitenketten anzulagern. Diese Seitenketten und die kürzere Kettenlänge und das dadurch geringere Molekulargewicht würden die physikalischen Unterschiede zwischen DNS und RNS erklären. Die Seitenketten scheinen nur aus Pyrimidinnucleotiden — vielleicht nur einem — zu bestehen.

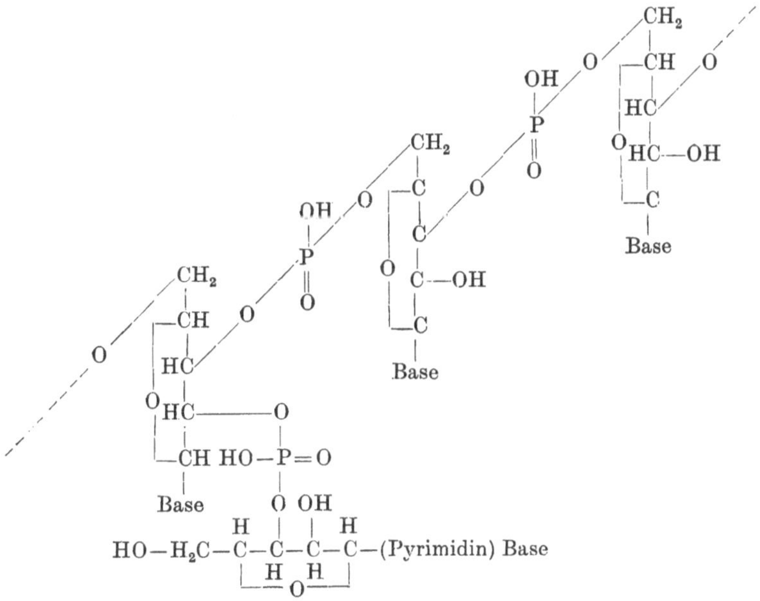

Man nimmt an, daß sich je zwei DNS-Moleküle zusammenlegen und eine Spirale bilden. Die beiden Ketten sollen innerhalb der Spirale durch Wasserstoffbrücken zwischen Cytosin und Guanin und zwischen Thymin und Adenin zusammengehalten werden. Man hat auf diese Annahme Hypothesen über die identische Reduplikation aufgebaut, die aber durchaus noch nicht widerspruchsfrei sind (Abb. 67). Auch für die RNS wird eine Schraubenform angenommen und versucht, damit ihre Rolle bei der Eiweißsynthese zu erklären.

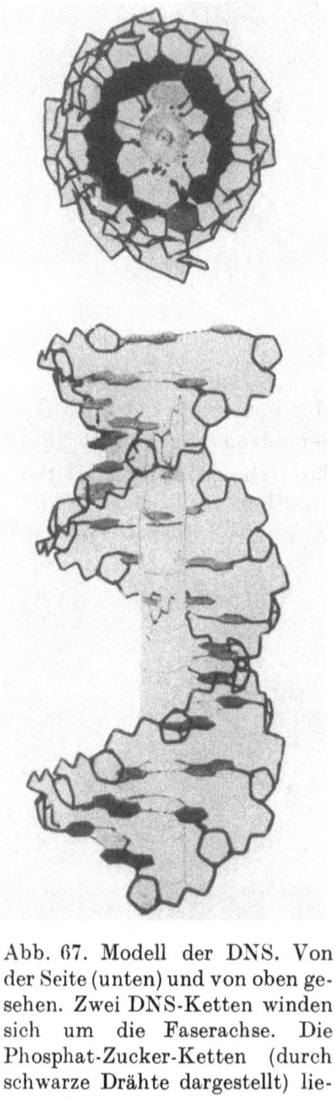

Abb. 67. Modell der DNS. Von der Seite (unten) und von oben gesehen. Zwei DNS-Ketten winden sich um die Faserachse. Die Phosphat-Zucker-Ketten (durch schwarze Drähte dargestellt) liegen außen. Die Basenpaare (durch graue Platten dargestellt) sind durch Wasserstoffbrücken verbunden und liegen im Innern der Spirale

Die Analyse der Nucleinsäuren erfolgt meist durch die Bestimmung der Hydrolyseprodukte. Während in der Eiweißchemie schon seit langem ein gewisses System der Eiweißstoffe in Gebrauch ist und neuerdings die Trennung und Bestimmung nahe verwandter Eiweißkörper zu Routine-Methoden wurden, ist man auf dem Gebiet der Nucleinsäuren noch nicht so weit. Es ist aber anzunehmen, daß die wichtigen und vielfältigen Aufgaben der Nucleinsäuren im Organismus nicht nur von einer verhältnismäßig kleinen Zahl verschiedener Nucleinsäuren erfüllt werden. Die mögliche Zahl von Eiweißkörpern, die durch verschiedene Anordnung der Aminosäuren entstehen können, erscheint viel größer als die Zahl der Kombinationsmöglichkeiten verschiedener Nucleotide in den Nucleinsäuren. Wenn auch nicht alle Kombinationsmöglichkeiten in der Natur verwirklicht sind, so gibt es doch sicher mehr, als es die Unterteilung in RNS und DNS vermuten läßt. Daß man noch nicht mehr darüber weiß, liegt am Mangel an geeigneten Methoden. Zur Zeit beschränkt man sich noch darauf, die Nucleinsäuren zu hydrolisieren und die Hydrolyseprodukte zu bestimmen. Je nach den Reaktionsbedingungen geht die Hydrolyse bis zu den Nucleotiden, Nucleosiden oder bis zu den Basen.

RNS und DNS reagieren auf alkalische Hydrolyse verschieden. DNS ist stabil gegen Alkalien, während aus RNS die Mononucleotide frei werden.

Nucleinsäuren und die Nucleotide kann man auch nach ihrem Phosphorgehalt bestimmen.

Andere Verfahren spalten aus den Nucleinsäuren mit Alkalien oder Säuren die Basen ab und bestimmen die Nucleinsäuren an Hand des Zuckeranteiles.

Hydrolyse von Nucleinsäuren

	RNS			
mit	n HCl 100° C 1 h	0,3 n NaOH 37° C 2 h	72%ige $HClO_4$ 100° C 2 h	Ribonuclease
hydrolysiert zu	Pyrimidin-nucleotiden Purinbasen	Nucleotiden	Basen	Di- bis Penta-nucleotiden Pyrimidin-nucleotiden

	DNS		
mit	98%iger Ameisensäure 175° C 30′	72%iger $HClO_4$ 100° C 1 h	Desoxyribonuclease p_H 6,8–8,2 Mg^{++} 0,003 m
hydrolysiert zu	Basen	Basen	Di- bis Pentanucleotiden (mit Phosphatasen zu Nucleotiden)

Die frühere Annahme, daß die Nucleinsäuren äquimolekulare Mengen der vier Basen enthalten, mußte fallengelassen werden. Während die Unterschiede im Gehalt an verschiedenen Basen bei RNS sehr groß sind, kann man die DNS in zwei Gruppen einteilen:

1. AT-Typ, in ihm überwiegend Adenin und Thymin,
2. GC-Typ, Guanin und Cytosin herrschen vor.

5-Methylcytosin kommt immer in sehr geringer Menge vor. DNS soll artspezifisch und in allen Geweben einer Art gleich sein, sie kommt besonders reichlich in Zellkernen vor und ist anscheinend vorwiegend an Histone gebunden. Die langen unverzweigten Ketten werden wahrscheinlich durch Wasserstoffbrücken zu Micellen, Bündeln von Molekülen, zusammengehalten. Durch Stoffe, wie Guanidin, Harnstoff oder Phenol werden diese Kräfte aufgehoben und die Moleküle voneinander gelöst. Dabei sinkt die Viskosität, ohne daß das Molekulargewicht (durch Diffusion oder aus der Sedimentationsgeschwindigkeit bestimmt) sich ändert. Ähnlich wirken auch einige mutagene Stoffe, z. B. Stickstofflost. Gelöste DNS hat oft sehr hohe Molekulargewichte. Es wird aber bezweifelt, ob die nativen Stoffe an ihrem Wirkungsort auch so hochmolekular sind. Man glaubt, daß sich die Polynucleotide erst nach der Lösung vom Protein zu Einheiten so hohen Molekulargewichts zusammenschließen.

Wir hatten bereits erwähnt, daß die Stickstoffbasen stark im UV-Licht absorbieren. Da auch die Nucleinsäuren diese hohe UV-Absorption aufweisen, hat man damit eine Möglichkeit, die Verteilung der Nucleinsäuren in dünnen Gewebeschnitten unter dem Mikroskop festzustellen. Es ist darauf eine Methode begründet worden, um den Umsatz und die Bewegung der Nucleinsäure innerhalb der Zelle zu verfolgen. RNS findet man gewöhnlich als Proteid. Über den Proteinanteil ist wenig bekannt. Die Nucleinsäuren sind saure Polyelektrolyte.

Aus tierischen Zellen kann man mit 0,14 molarer Kochsalzlösung Extrakte herstellen, aus denen Ribonucleoproteide ausfallen, wenn man den p_H-Wert auf 4,2 einstellt. Aus dem Extraktionsrückstand löst man mit molarer Kochsalzlösung Desoxyribonucleoproteide, die man durch Verdünnen auf 0,14 molar ausfällen kann. Die letzteren stammen zum größten Teil aus den Kernen.

Die Nucleinsäuren sind durch Form und Größe ihrer Moleküle und ihre vielen polaren Gruppen gut geeignet, Proteine zu binden. Es ist allerdings sehr fraglich, ob die Nucleoproteide, die man auf die beschriebene Art und Weise gewinnt, in der Zelle in derselben Form vorgelegen haben; denn in Salzlösungen dissoziieren die Nucleoproteide in Nucleinsäuren und Protein. Genauer untersucht wurden bis jetzt besonders die Eiweißanteile der Desoxyribonucleoproteide tierischer Zellen. Es handelt sich vorwiegend um basische Proteine, besonders Histone und Prolamine, die salzartig mit den Phosphorsäuregruppen der Nucleinsäure verbunden sind. Diese Nucleoproteide herrschen in den Zellkernen vor. Der Gehalt der Kerne an Ribonucleoproteiden ist gering. Diese finden sich dafür reichlicher im Cytoplasma. Ihre Eiweißkomponenten sind durchaus nicht nur basische Proteine. Die Nucleoproteide von Pflanzen sind weniger gut bekannt. Eine Sonderstellung nehmen die Viren ein.

Wir hatten dieses Kapitel mit der Feststellung begonnen, daß Viren Nucleoproteide sind. Die genauer untersuchten Pflanzenviren enthalten RNS. Viren, die Tiere infizieren, enthalten fast ausschließlich DNS. Die pflanzlichen Viren[1] sind besonders einfach gebaut.

Virushaltige Pflanzen sollen zur Isolierung von Viren möglichst jung sein. Ältere Pflanzenzellen haben größere Vakuolen, deren Inhalt die Viren bei der Aufarbeitung verändern kann. In vielen Fällen friert man die Pflanzen vor der Aufarbeitung längere Zeit ein, um störende Stoffe unlöslich zu machen. Dabei können aber auch unerwünschte Veränderungen eintreten. Die Pflanzen werden dann homogenisiert und der entstehende Brei filtriert. Der trübe grünliche Saft kann durch Erhitzen geklärt werden — natürlich nur, wenn man mit hitzebeständigen Viren arbeitet bzw. unter ihrem thermalen Tötungspunkt bleibt und die Erwärmung nicht zu lange ausdehnt. Auch durch Zusatz von Alkohol oder sekundärem Natriumphosphat kann der Saft geklärt werden. In jedem Fall flockt ein Niederschlag aus, den man verwirft. Aus dem Filtrat kann man dann durch Fällung mit Neutralsalzen das Virus gewinnen. Wenn man die hohen Salzkonzentrationen vermeiden will, kann man die Viren auch durch fraktionierte Zentrifugation gewinnen. Sie können durch Umfällen, durch Dialyse oder

[1] Wenn hinfort von Viren gesprochen wird, handelt es sich immer um solche, die höhere Pflanzen befallen. Wenn Bakteriophagen oder tierische Viren gemeint sind, wird das stets ausdrücklich betont.

durch Fermente weiter gereinigt werden. Es wird davor gewarnt, Viruslösungen einzufrieren. Die Löslichkeit der Viren soll dabei stark verringert werden. In den genauer untersuchten Viren hat man bis jetzt nur Eiweiß und Nucleinsäuren festgestellt. Neuerdings fand man im TMV Eisen, Kupfer, Magnesium und Calcium (zusammen etwa 0,1%).

Die Eiweißkomponenten der Viren werden aus den auch in anderen Eiweißen gefundenen etwa 20 Aminosäuren gebildet, die die übliche L-Konfiguration besitzen. Auch die Verhältnisse, in denen die Animosäuren in den verschiedenen Virusproteinen auftreten, unterscheiden sich nicht grundsätzlich von den Ergebnissen vieler anderer Eiweißanalysen (Tabelle 12). Es ist keineswegs so, daß Viruseiweiß durch bestimmte Aminosäuren oder ungewöhnliche Mengen einzelner Aminosäuren ausgezeichnet wäre. Man sollte erwarten, daß zumindest die basischen Aminosäuren stärker hervortreten, weil sie vermutlich das Protein an die Nucleinsäure binden. Das ist aber nicht der Fall. Die Virusproteine schienen sogar eher sauer zu sein, allerdings tritt ein Teil der sauren Gruppen nicht in Erscheinung, weil ihre OH-Gruppen durch Amido-Gruppen

Tabelle 12

Aminosäuregehalt sehr reiner Viruspräparate und einiger Eiweißstoffe in g Aminosäure/100 g Virus bzw. 100 g Eiweiß

Aminosäure	1 TMV	2 Gurken-mosaik-Virus 4	3 Tomaten-zwerg-busch-Virus (Bushy stunt)	4 Tabak-globulin	5 Gliadin	6 Phaseolin
Alanin	4,1	4,9	6,0		2,13	
Arginin	8,8	8,3	5,7	16,1	2,74	5,97
Asparaginsäure	11,7	11,3	8,9		1,34	
Cystein	0,6	0,0	0,6	1,11	2,58	
Glutaminsäure	9,9	5,7	4,4		45,7	
Glykokoll	1,4	1,1	3,7			
Histidin	0,0	0,0	1,1	2,22	1,82	2,24
Isoleucin	5,7	4,0	5,8	5,3	11,9	6,7
Leucin	8,0	8,1	9,2	10,5		10,5
Lysin	1,3	2,1	3,7	1,58	0,65	7,2
Methionin	0,0	0,0	1,8	2,18	1,69	
Phenylalanin	7,5	8,7	4,2	5,7	6,44	8,04
Prolin	4,9	4,8	2,4		13,55	
Serin	6,0	7,8	5,1		4,9	
Threonin	8,4	5,9	8,1	4,17	2,1	4,16
Tryptophan	1,9	0,5	0,5	1,47	6,6	
Tyrosin	3,4	3,3	4,1	4,07	3,2	
Valin	7,8	7,5	10,3	6,7	2,66	6,0
% Nucleinsäuren	6	6	17			

Die Werte der Kolonnen 1–3 nach KNIGHT (1954), der Kolonnen 4–6 nach TRISTRAM (1955).

ersetzt sind. Trotzdem sind Salzbindungen zwischen basischen Funktionen des Eiweißes und den sauren Gruppen der Nucleinsäuren möglich. Außerdem können Wasserstoffbrücken und van der Waalssche Kräfte die beiden Komponenten zusammenhalten.

Obgleich also die Virusproteine eher sauer sind — der IEP des TMV liegt zwischen 3,5 und 4 —, sprechen manche Ergebnisse für salzartige Bindungen. Bestimmt man mit sauren und basischen Farbstoffen die Basen- bzw. Säurebindungs-Kapazität des Virus, seines Eiweißes und seiner Nucleinsäure, wie es für TMV geschah, so findet man, daß die Nucleinsäure etwa 12000 saure Gruppen enthält, das Protein etwa 11000 basische mehr als das intakte Virus. Die sauren Gruppen der Nucleinsäure und die basischen des Proteins könnten also die salzartigen Bindungen eingehen. Wahrscheinlich wird sie von den Guanidino-Gruppen des Arginins und den Phosphorsäuregruppen der Nucleinsäure vollzogen. Die meisten anderen Virusproteine scheinen etwas basischer zu sein als das des TMV.

Die Proteine von Mutanten eines Virus können ziemlich verschieden sein. Genauer wurde das für das TMV untersucht. Man fand, daß die Mutanten Aminosäuren in verschiedenen Verhältnissen enthielten. Manche Mutanten enthielten sogar Aminosäuren, die der Ausgangsstamm nicht besaß. Je näher verwandt Stämme sind, um so mehr ähneln sich ihre Proteine. Es gelang aber bisher nicht, bestimmten Unterschieden in der Zusammensetzung der Eiweiße biologische Unterschiede zuzuordnen. Als funktionelle Gruppen des Eiweißmoleküls kommen Hydroxyl-, Sulfhydryl-, Amino-, Guanidino-, Carboxyl- und Indolgruppen in Frage. Am Protein des TMV stellte man fest, daß diese Gruppen zu einem beträchtlichen Teil maskiert sind. Aus den Aminosäurebestimmungen des Proteinhydrolysates ist bekannt, in welchen Mengen die einzelnen Aminosäuren im Eiweiß vorliegen. Die funktionellen Gruppen sollten frei und reaktionsbereit sein, weil von jeder Aminosäure nur je eine Carboxyl- und Aminogruppe zum Aufbau der Peptidkette benötigt werden. Man findet zwar, daß alle ε-Aminogruppen des Lysins mit Nitrit reagieren, aber nur die Hälfte reagiert mit Dinitrofluorbenzol — auch wenn die RNS entfernt ist. Ähnlich verhält sich ein Teil der Sulfhydrylgruppen. Das deutet darauf hin, daß das Protein des TMV in besonderer Weise aufgebaut ist. Allerdings ist es unwahrscheinlich, daß es grundsätzlich anders aufgebaut ist als andere Proteine. Näherliegender ist es, daran zu denken, daß die maskierten Gruppen sozusagen in der Wand des Eiweißrohres liegen, das die Nucleinsäure umhüllt. Dadurch sind nur die Aminosäuren reaktionsbereit, die auf der äußeren oder inneren Oberfläche des aus Eiweiß gebildeten Rohres liegen, weil nur sie mit den Reagenzien in Berührung kommen, die man zum Nachweis und zur Bestimmung der funktionellen Gruppen benutzt. Auch bei der Endgruppenbestimmung tritt diese Maskierung in Erscheinung. Die C-endständige Aminosäure ist Threonin, dies wurde von mehreren Forschern bestätigt. Die N-endständige Aminosäure soll Prolin sein. Diese Feststellung war wesentlich schwieriger und ist nicht ohne Widerspruch geblieben. Im nativen Protein ist jedenfalls keine N-endständige Aminosäure nachweisbar.

Das TMV hat ein Molekulargewicht von etwa 40×10^6. Bei der Abspaltung der C-endständigen Aminogruppe Threonin mit Carboxypeptidase fand man, daß pro Molekül TMV 2300 Moleküle Threonin abgespalten werden. Das bedeutet, daß das Virus aus 2300 kleineren Untereinheiten mit einem Molekulargewicht von etwa 18000 besteht. Sie sind aus etwa 140 Aminosäuren aufgebaut. Neben weiteren chemischen Indizien gibt es auch physikalische für diese Annahme. So haben Untersuchungen mit Röntgenstrahlen ähnliche Ergebnisse erbracht. Das TMV-Molekül besteht wahrscheinlich aus einem langgestreckten Schlauch von Nucleinsäure, der von einer Eiweißhülle bedeckt ist. Es ist gelungen, das auch elektronenoptisch sichtbar zu machen, indem man das Virus der Einwirkung von Alkalien aussetzte. Solche Aufnahmen zeigen TMV-Partikel, aus denen ein Teil der erwähnten Eiweißhülle entfernt ist (Abb. 68). Der Nucleinsäure-Kern ist sichtbar.

Abb. 68. Elektronenoptisches Bild der TMV-Partikel, Eiweißhülle durch Behandlung mit Alkalien teilweise entfernt (nach SCHRAMM, SCHUMACHER und ZILLIG)

Alle bis jetzt geprüften pflanzlichen Viren enthalten Ribonucleinsäure, Bakteriophagen enthalten RNS oder DNS. Die Unterschiede im Gehalt an Nucleinsäure zwischen den Viren sind sehr groß:

RNS-Gehalt einzelner Viren nach KNIGHT

Luzernemosaik-Virus	15%
Ackerbohnenmosaik-Virus	18%
Kartoffel-X-Virus	6%
Südliches Bohnenmosaik-Virus	21%
TMV und Stämme	6%
Tabaknekrose-Virus	18%
Tabakringflecken-Virus	40%
Tomaten-Zwergbusch-Virus	17%
Wasserrübengelbmosaik-Virus	35%

Gelegentlich werden etwas geringere Werte angegeben. Die Stämme und Mutanten haben den gleichen Gehalt an RNS wie die Ausgangsformen. Damit ist aber durchaus nicht gesagt, daß nicht doch wichtige Unterschiede zwischen den Nucleinsäuren der Stämme bestehen. Es ist möglich, daß Art und Zahl der Nucleotide zweier Nucleinsäuren übereinstimmen, die Anordnung derselben im Molekül aber verschieden ist.

Tabelle 13

Nucleotidgehalt einiger Virus-Nucleinsäuren nach Knight

Virus	Molekularverhältnisse			
	Adenyl-säure	Guanyl-säure	Cytidyl-säure	Uridyl-säure
TMV und 15 Stämme	1,20	1,01	0,74	1,06
Gurkenmosaik-Virus 3 und 4	1,03	1,03	0,75	1,21
Tomatenzwergbusch-Virus	1,10	1,11	0,82	0,98
Wasserrübengelbmosaik-Virus	0,91	0,69	1,53	0,89
Südliches Bohnenmosaik-Virus	1,03	1,04	0,92	1,01
Kartoffel-X-Virus	1,37	0,87	0,91	0,85
Tabaknekrose-Virus	1,12	0,98	0,88	1,03

Man hat berechnet, daß es 4×10^{87} Möglichkeiten der Anordnung der Nucleotide in einer Nucleinsäurekette gibt, die aus 150 Purin- und 150 Pyrimidinnucleotiden besteht und nur je zweierlei Purine und Pyrimidine enthält. Eine solche Nucleinsäure hätte ein Molekulargewicht von etwa 90000. Zwei Polynucleotide sollen sich chemisch und vielleicht biologisch unterscheiden, wenn bei gleicher Zusammensetzung und Anordnung nur zwei verschiedene Nucleotide gegeneinander ausgewechselt würden. Wir möchten sagen, daß biologische Unterschiede noch wahrscheinlicher sind als chemische. Es gibt sicher Bauprinzipien, die die hohe Zahl der Möglichkeiten wesentlich einschränken. Trotzdem wird eine große Zahl realisierbar sein. Nucleinsäuren sind chemisch außerordentlich labil — empfindlicher als viele Eiweiße — und die Möglichkeiten, verschieden aufgebaute zu unterscheiden, begrenzen sich zur Zeit noch auf die Feststellung von Art und Zahl der aufbauenden Nucleotide.

Die Eiweißhülle der Viren übt einen guten Schutz für den Nucleinsäure-Kern aus. Zur Untersuchung der Nucleinsäure muß dieser Schutz entfernt werden. Schon dabei kann es zu Veränderungen der Nucleinsäure kommen. Im intakten Virusmolekül sind die Nucleinsäuren vor dem Angriff von Nucleasen und Phosphatasen geschützt. Es gelingen auch keine Färbungen, die sonst mit basischen Farbstoffen an Nucleinsäuren leicht erfolgen. Versuche mit radioaktiv markiertem Lost deuten allerdings darauf hin, daß die Eiweißhülle keinen absoluten Schutz darstellt.

Genauer untersucht sind die RNS des Wasserrübengelbmosaik-Virus und des TMV. Die Ergebnisse dieser Untersuchungen haben nicht nur für die Virusforschung Wert, sondern haben sich auf unsere Vorstellungen über Nucleinsäuren im allgemeinen ausgewirkt. Die RNS des Wasserrübengelbmosaik-Virus hat ein Molekulargewicht von etwa 2×10^6. Sie besteht wahrscheinlich aus sechs verschiedenen Polynucleotidketten, die jede aus etwa 50 Nucleotiden aufgebaut sind. Diese Zahl wäre zu hoch, wenn die Ketten verzweigt wären. Das ist möglich, aber nicht sehr wahrscheinlich. Auch für die RNS des TMV nimmt man Ketten von etwa 50 Nucleotiden an. Es ist unwahrscheinlich, daß die Polynucleotide verzweigt sind. Bei der Besprechung der Chemie der Nucleinsäuren war bereits erwähnt worden, daß man für DNS schraubenförmig aufgewundene Moleküle annimmt. Das trifft auch für die Ribonucleinsäuren zu.

Obgleich wir uns in dieser Darstellung auf die pflanzlichen Viren beschränken, ist es notwendig, die Bakteriophagen zu erwähnen, die Bakterien, also einfachste Pflanzen, angreifen. Auch die Bakteriophagen bestehen aus Eiweißhülle und Nucleinsäurekern. Die Hülle ist anscheinend nur nötig, bis die Nucleinsäure des Phagen in das Bakterium eingedrungen ist. Der Einbruch der Phagen in die Bakterien verläuft in mehreren Stufen. In der ersten Phase heften die Phagen sich an die Bakterien an. Die Bindung soll durch elektrostatische Kräfte zwischen Aminogruppen der Phagenhülle und Carboxylgruppen der Bakterienmembran erfolgen und reversibel sein. In der nächsten Phase wird die Bindung irreversibel und schließlich wird die Zellwand durchbohrt. Nach neuesten Arbeiten kann kaum noch Zweifel daran bestehen, daß dies auf enzymatischem Wege geschieht. In T_2- und T_4-Phagen wurde das Enzym im Mittelstück des Schwanzes gefunden. Die Schwanzspitze bedeckt es und wirkt anscheinend als Schutz. Durch die Öffnung in dem Bakterienleib ergießt sich dann der Inhalt des Phagen in die Zelle. Experimentell kann man durch Harnstoff, Kationenaustauscher, Pyrophosphat und kurzes Erhitzen die Phagen veranlassen, ihre Nucleinsäuren auszustoßen. Es scheint, als ob die Verhältnisse bei den Viren höherer Pflanzen ähnlich lägen. Man weiß zwar noch nicht genug über den Verlauf des Infektionsvorganges, um ähnlich weitgehende Schlüsse zu ziehen, wie es bei den Bakteriophagen geschah. Aber es gibt Hinweise dafür, daß die Eiweißkomponente nichts oder doch nicht wesentlich zur Vermehrung des Virus im Wirt beiträgt. Man kann aus intaktem Virus durch Carboxypeptidase die Threonin-Endgruppen des Proteins abspalten. Es ändert dabei seine elektrophoretische Beweglichkeit und sein serologisches Verhalten — aber es behält seine Infektiosität. Gewinnt man aus Pflanzen, die mit so ,,verändertem Virus" infiziert wurden, die ,,Nachkommenschaft", so ist der Eiweißteil der Viren komplett, enthält also wieder Threonin als Endgruppe. Lagert man an ein Virusmolekül 1000 Moleküle Leucin an, so werden weder die Infektiosität, die Symptome noch die ,,Virus-Nachkommenschaft" verändert. Man hat 70% der freien Aminogruppen und 20% der Phenol- und Indolgruppen des TMV-Proteins chemisch verändert, ohne die biologischen Eigenschaften des Virus zu beeinflussen. Man kann wahrscheinlich sogar einen Teil der Eiweißhülle herausbrechen, ohne die biologische Aktivität zu verändern. Wenn die Eiweißkomponente nicht — wie bei den Bakteriophagen — für den Infektionsvorgang notwendig ist, dient sie vielleicht nur als Schutzhülle für die empfindliche Nucleinsäure.

Allgemein neigt man der Ansicht zu, daß die DNS eine wichtige Rolle bei der Vererbung spielt. Sie findet sich besonders reichlich in den Chromosomen und wird bei der Kernteilung, wahrscheinlich in der Interphase, verdoppelt. Die RNS ist von besonderer Bedeutung für die Eiweißsynthese. Es wird angenommen, daß die ,,Matrizen" für die Bildung der Eiweiße aus RNS bestehen. Für Phagen ist bewiesen, daß die Nucleinsäure für die intracelluläre Vermehrung der Phagen unentbehrlich ist. Bald nach dem Eindringen der Phagen wird Desoxyribonuclease aktiviert und DNS der Wirtszelle abgebaut. Die dabei entstehenden Bruchstücke werden zum Aufbau von Phagen-DNS benutzt. Dabei kann die Umwandlung von Cytosin in 5-Oxymethyl-cytosin erfolgen. Die DNS der Phagen soll Glucoside dieser Base enthalten und dadurch dem Angriff der Desoxyribonuclease besser widerstehen können als die DNS des Wirtes. Die Synthese von Wirts-DNS wird unterbrochen. Auch dabei scheint das Oxymethyl-cytosin eine wichtige Rolle zu spielen.

Kristallines Wasserrübengelbmosaik-Virus kann man durch Zentrifugieren in zwei Fraktionen trennen. Die eine besteht aus einem Nucleoprotein und ist infektiös, die andere aus einer nicht infektiösen Eiweißkomponente. Bei der Besprechung der beiden Viruskomponenten war geschildert worden, welche großen Veränderungen am Eiweiß möglich sind, ohne daß die biologische Aktivität verändert wird. Dagegen war die Zusammensetzung der RNS verschiedener Stämme und Mutanten derselben Grundform konstant. Das unterstreicht die Bedeutung der RNS für die Virusvermehrung in der Wirtszelle. Die Unterschiede in den Symptomen der durch verschiedene Mutanten hervorgerufenen Virosen könnte dann durch verschiedene Anordnung der überall in gleicher Menge vorhandenen Nucleotide entstehen. Aus diesen Überlegungen und der Analogie mit den Verhältnissen bei Bakteriophagen scheint die Rolle der RNS klarer und ihre Funktion für das Virus und seine Vermehrung „wichtiger". Sollten dem Eiweiß mehr als nur Schutzfunktionen zukommen, so sind sie noch nicht erkannt. Vielleicht ist die Eiweißhülle ein Relikt älterer Formen, bei denen sie noch — wie bei den Phagen — für das Eindringen in die Zelle notwendig war. Die bis jetzt bekannten Viren werden passiv in die Wirtszellen gebracht.

1956 gelang es zwei deutschen Forschern, die Eiweißhülle von TMV durch Behandlung mit Phenol zu entfernen. Sie erhielten ein sehr reines RNS-Präparat mit anfänglich hohem, dann aber schnell abnehmendem Molekulargewicht. Es war infektiös! 10 μg des Präparates hatten etwa dieselbe Infektiosität wie 0,2 μg TMV. Etwa zur selben Zeit berichteten amerikanische Forscher über die Resynthese infektiösen TMV aus TMV-Eiweiß und TMV-RNS. Diese außerordentlich wichtigen Untersuchungen stimmen aber untereinander und mit älteren Arbeiten nicht in allen Punkten überein. So sollen TMV und Ribonuclease einen unlöslichen Komplex bilden, aus dem TMV unverändert zurückgewonnen werden kann. Der Komplex sollte nicht infektiös sein. Die deutsche Arbeitsgruppe konnte aber nur einen unwesentlichen Einfluß von Ribonuclease auf die Infektiosität von TMV feststellen. Wahrscheinlich erklären sich diese Diskrepanzen damit, daß zur reversiblen Inaktivierung von TMV höhere Konzentrationen von Ribonuclease notwendig sind, während für den Abbau von RNS kleinere Konzentrationen genügen. Schwerwiegender ist der Unterschied im Verhalten der TMV-RNS der deutschen und der amerikanischen Gruppen. Während das RNS-Präparat der ersteren infektiös war, gelangen mit dem der zweiten keine Infektionen. Vorläufig scheint keine andere

Erklärung dafür möglich, als daß diese RNS bei der Isolierung reversibel inaktiviert, die Inaktivierung aber bei der Behandlung mit TMV-Eiweiß und der anschließenden Polymerisation wieder rückgängig gemacht wurde.

Aus dem, was über die Eiweißkomponente der Viren gesagt wurde, und dem, was über die physiologische Rolle der Nucleinsäuren vermutet werden kann, ergibt sich das folgende Bild: Die Eiweißhülle des Virus dient entweder als einfache Schutzhülle oder hat nur Bedeutung für das Virus, bis es in die Wirtszelle eingedrungen ist. Dafür sprechen die Befunde an einem vor kurzem in England beschriebenen TMV-Stamm. Seine Eigenschaften hängen in hohem Maße von der Wirtspflanze ab. Aus Bohnen und bei über 30° C gehaltenem Tabak isoliert man die gleichen, Histidin enthaltenden, Formen. Eine davon im serologischen und pathogenen Verhalten abweichende Form ohne Histidin kann man aus Tabak isolieren, der bei Normaltemperaturen gehalten wurde. Diese Untersuchungen lassen eine Wechselwirkung zwischen dem Wirtsstoffwechsel und der „genetischen Substanz" des Virus, der RNS, vermuten. Innerhalb der Wirtszelle veranlaßt der Nucleinsäure-Kern des Virus die identische Reduplikation — den Aufbau neuen Virusmaterials. In scharfem Gegensatz zu dieser Ansicht hält ein führender amerikanischer Virusforscher es für möglich, daß die Nucleinsäure nur dazu diene, das Eiweiß in einer bestimmten reaktionsfähigen Form zu halten. Dafür sprechen die erwähnten Ergebnisse der amerikanischen im Gegensatz zu der deutschen Gruppe.

Die Beständigkeit der Viren gegen chemische Einflüsse hängt in hohem Grade von den Eigenschaften der Eiweißhülle und von der Festigkeit der Bindung des Proteins an die Nucleinsäure ab. Betrachten wir zunächst die letzte Eigenschaft. Man kann die RNS des TMV durch Erhitzen auf 100° C trennen. Dabei wird das Eiweiß denaturiert. Bei p_H-Werten über 9 beginnt das Virus in kleinere Einheiten zu zerfallen. Ähnlich verhält sich das etwas empfindlichere Kartoffel-X-Virus. Sehr fest ist die Bindung zwischen Eiweiß und Nucleinsäure im Tomatenzwergbusch-Virus, gegen p_H-Werte über 10 ist es sehr empfindlich. Im Wasserrübengelbmosaik-Virus ist die Bindung sehr locker. Man kann sie schon durch 34%igen Alkohol lösen. Das Tabaknekrose-Virus ist stabiler, es wird erst durch 75%igen Alkohol in Protein und Nucleinsäure gespalten. Besonders empfindlich ist das Tabakringflecken-Virus, das schon durch mehrfaches Fällen mit Ammonsulfat inaktiviert werden kann. Es scheint also, als ob alle Maßnahmen, die zur Denaturierung des Eiweißes oder zur Trennung von Eiweiß und Nucleinsäure führen, die Viren inaktivieren. Wie heftig die Eingriffe sein müssen, ist bei den einzelnen Viren verschieden. Alle Viren kann man durch erhöhte Temperaturen inaktivieren. Der thermale Tötungspunkt ist eine spezifische Eigenschaft, die u. a. auch zur Identifizierung bzw. Charakterisierung von Viren benutzt wird.

Wir hatten schon erwähnt, daß man das Eiweiß der Viren verändern kann, ohne dabei die biologische Aktivität zu beeinflussen. Voraussetzung dafür scheint zu sein, daß die Struktur des Proteins, die Bindung an die unveränderte Nucleinsäure und bestimmte funktionelle Gruppen erhalten bleiben. Bei der

Hitzeinaktivierung wird zunächst die Struktur des Eiweißes verändert und dann die Nucleinsäure in Freiheit gesetzt. Jedes Virus ist in einem bestimmten p_H-Bereich beständig. Wird dieser über- oder unterschritten, tritt Inaktivierung ein. Eine andere Form der Inaktivierung beobachtete man bei der Einwirkung von Ribonuclease auf TMV. Dabei bildete sich ein unlösliches Produkt. Trennte man daraus die Ribonuclease ab, wurde die Aktivität wieder voll hergestellt. Ähnlich wirken Schwermetallsalze. Sie gehen mit bestimmten funktionellen Gruppen des Proteins unlösliche Verbindungen ein, die diese Gruppen blockieren.

Selbst eine so schonende und in der Eiweißchemie weitverbreitete Methode wie das Aussalzen mit Ammonsulfat kann, wenn es mehrfach wiederholt wird, das Tabakringflecken-Virus inaktivieren. Beim Aussalzen sind zwei Erscheinungen wirksam. Die eine ist elektrochemischer Natur, die zweite beeinflußt die Hydratation der Eiweiße. Diese sind mehr oder weniger hydratisiert, das heißt, mit einer Wasserhülle umgeben. Man kann sich vorstellen, daß diese Wasserhüllen die Virusmoleküle davor bewahren, daß ihre Eiweißmäntel in Berührung kommen und miteinander ,,verkleben“. Fügt man große Mengen eines Neutralsalzes zu, das selbst eine starke Hydratationstendenz hat, so reicht das ,,freie“ Wasser nicht mehr aus, die Viren verlieren ihr Hydratationswasser an die Ionen des Neutralsalzes und damit auch den Schutz vor dem Verkleben, sie fallen aus. Man kann sich vorstellen, daß dabei Virusteilchen verklumpen, aber wieder in Lösung gehen, wenn die Salzkonzentration verringert wird. Bei empfindlichen Eiweißen kann die Verklumpung so stark sein, daß sie nach einigen Wiederholungen irreversibel ist, da bei jeder neuen Fällung sich neue Teilchen an die zuerst gebildeten Klümpchen anlagern. Ähnlich werden die Veränderungen zu deuten sein, die beim Eintrocknen von Viruslösungen entstehen. Dabei werden selbstverständlich keine chemischen, sondern physikalische Eigenschaften verändert.

Man pflegt vielfach Viren als Parasiten zu bezeichnen, die sich auf Kosten des Wirtes in ihm vermehren. Andere Forscher glauben, Viren seien ,,bösartig“ veränderte Zellelemente, sozusagen ,,Krebselemente“ der Zellen. Es ist bis jetzt noch nicht gelungen, Viren auf toten Substraten zu vermehren. Ihre Vermehrung ist an lebende Zellen gebunden. Es fragt sich, ob es nicht etwas voreilig ist, davon zu sprechen, daß ,,die Viren sich im Wirt vermehren“. In dieser Ausdrucksweise werden dem Virus Potenzen zugeschrieben, gewisse Aktivitäten, für die vorläufig keine Beweise vorhanden sind. Wird pflanzliches Gewebe mit einem affinen Virus infiziert, so findet in seinen Zellen eine Virusvermehrung statt. Es scheint aber, als wäre diese Virusvermehrung viel mehr eine Funktion der Wirtszelle als der eingebrachten Viruspartikeln. Sie unterliegt weitgehend denselben Regeln wie andere wichtige synthetische Prozesse der Pflanzenzelle.

In jungen Pflanzen ist die Virusvermehrung stärker als in alten, wie auch ältere Pflanzen unempfindlicher als junge sind. In jungen Pflanzen findet eine starke Eiweißsynthese statt — über das Verhalten der Nucleinsäuren ist noch wenig bekannt, es ist aber anzunehmen, daß sie in jungen Pflanzen aktiver sind als in alten. Besonders empfindlich sind die Pflanzen, die noch viel Chloroplasten aufbauen müssen. Das Aucubamosaik-Virus z. B. stört nur die Chloroplastenbildung, schädigt aber nicht die fertigen Chloroplasten. Verfolgt man den Virustiter einer Pflanze über eine längere Zeit, so stellt man fest, daß der Virusgehalt ein Maximum erreicht und dann wieder abnimmt. Die Pflanze verhält sich also zu dem Virus wie zu einer eigenen Eiweißkomponente: In der Jugend, wenn sie viel Eiweiß aufbaut, baut sie auch viel Virus auf. Im Alter ist die Eiweißsynthese schwach — es wird auch wenig Virus erzeugt. Dazwischen liegt ein Stadium, in dem eigene Eiweiße und auch Virus wieder abgebaut werden. Dazu können Stadien treten, in denen — im Zuge eines allgemeinen Eiweiß-Um- und Aufbaues — auch wieder stärker Virus aufgebaut wird. Ein solches Stadium wird beim Blühbeginn durchlaufen.

Die Infektion verursacht zunächst eine Aktivierung des synthetischen Apparates, wenn dieser — wie in jungen Pflanzenteilen — nicht schon sowieso besonders aktiv ist. Die Pflanze synthetisiert Virus, als ob sie zelleigene Stoffe aufbaute. Da sie daneben auch noch eigenes Zelleiweiß und damit auch Nucleinsäuren erzeugt, und die Virussynthese oft große Ausmaße annimmt, wird der Bedarf an Baumaterial für diese Stoffe besonders groß. Er wird gedeckt, indem die Pflanze die Synthese eigenen Materials drosselt und ihren Stoffwechsel umstellt. Wahrscheinlich werden gewisse Zellbestandteile abgebaut und Stoffe — wie z. B. organische Säuren — aus dem Kohlenhydratstoffwechsel zum Aufbau von Virusmaterial verwendet. So ließen sich die Zunahme der löslichen Stickstoffverbindungen während der Virussynthese erklären und die Abnahme bestimmter Säuren. Die Zunahme der löslichen Stickstoffverbindungen scheint mit Zeiten abzuwechseln, in denen gewisse Virusbausteine knapp werden. Die Mobilisation und der Verbrauch an diesen Stoffen verlaufen also nicht synchron. Das wird durch andere Beobachtungen unterstützt, nach denen der Aufbau des Viruseiweißes und der Virusnucleinsäure getrennt ablaufen. Die Pflanze stellt zeitweise mehr Bausteine für die Virussynthese bereit, als verbraucht werden können, während zu anderen Zeiten die Virussynthese so schnell abläuft, daß die Vorräte an bestimmten Bausteinen erschöpft werden. Das deutet darauf hin, daß der Virusaufbau nicht ein kontinuierlich ablaufender Prozeß ist, sondern schubweise verläuft. Die Stickstoffreserven der Pflanze werden, besonders während solcher Schübe, so stark beansprucht, daß der Bedarf bestimmter Zellelemente nur ungenügend befriedigt werden kann. Daraus können dann Schäden entstehen, die sich als die bekannten Krankheitssymptome der Virosen äußern.

Während man annehmen muß, daß das normale Eiweiß einem schnellen Umbau unterliegt, scheint das für Virusmaterial nicht zu gelten. Das Zelleiweiß erfüllt biologisch wichtige Funktionen, wird es nicht mehr benötigt oder zeigt es Abnutzungserscheinungen, so wird es wieder eingeschmolzen und sein Baumaterial zum Aufbau neuen, funktionstüchtigen Eiweißes benutzt, nicht aber Viruseiweiß. Zu seinem Aufbau wird Zellmaterial verbraucht, das dann — wenn überhaupt — nur in geringer Menge und langsam wieder in den Zellstoffwechsel einbezogen werden kann. Man sollte meinen, daß man Virusschäden durch besonders gute Stickstoffdüngung wettmachen könnte. Man würde der Pflanze damit so reichlich

Stickstoff bieten, daß sie die Verluste, die durch die Hortung von Stickstoffmaterial in der Virussubstanz entstehen, leicht tragen könnte. Dem scheint aber nicht so zu sein. Der pflanzliche Apparat für Eiweißsynthesen scheint eine begrenzte Kapazität zu haben. Erhält die Pflanze alle Nährstoffe in ausgewogenen Mengen, so kann sie diese Kapazität ohne Schaden ausnutzen. Ist Stickstoff knapp, so wendet sie nur wenig dieses geringen Vorrates für die Virussynthese auf. Hat sie reichlich Stickstoff, so wird unverhältnismäßig mehr für die Virussynthese abgezweigt. Dadurch werden auch weit mehr andere Produkte der Zelltätigkeit verbraucht, als die Zelle es sich leisten könnte: die Schäden werden größer. Zur Verarbeitung des Stickstoffes, den die Pflanze aufnimmt, für seine Umwandlung in Eiweiß- und Nucleinsäurebausteine, sind Produkte des Kohlenhydratstoffwechsels und Energie erforderlich. Eine verstärkte Synthese von Eiweißbausteinen und Virusmaterial belastet den Stoffwechsel der Pflanze also in mehrfacher Weise. Die Pflanze kann sparsamer wirtschaften, wenn sie weniger Stickstoff zu verarbeiten hat.

Die Virussynthese läßt sich aber nicht nur über die Stickstoffdüngung beeinflussen. Auch die Behandlung infizierter Blätter mit Säuren, wie sie bei der Glykolyse und im Krebs-Zyklus entstehen, kann die Virusvermehrung fördern. Diese Förderung paßt sich dem allgemeinen Bild ein: Die Produkte der Photosynthese finden in der Zelle mannigfache Verwendung: als Energielieferanten und als Material für den Aufbau stickstoffhaltiger Substanz. Stellt man der Zelle auf die eine oder andere Weise mehr dieser Produkte zur Verfügung, so kann sie natürlich für die Reaktionen, die solche Stoffe verbrauchen, auch mehr Material liefern. Dagegen spricht auch nicht die Wirkung organischer Säuren auf die Ausbildung von Nekrosen auf Gartenbohnen durch Tabaknekrose-Virus. Besonders Zitronen- und Bernsteinsäure hemmten die Ausbildung von Nekrosen. Die Hemmwirkung konnte durch Besprühen mit Nitraten wieder aufgehoben werden. Es wurde angenommen, daß Metallionen für die Infektion wichtig sind — ähnliche Beobachtungen hat man bei Phagen gemacht — und daß organische Säuren die Metalle als Chelate binden können. Die komplex gebundenen Ionen können ihre Aufgaben bei der Infektion nicht erfüllen. Die Säuren beeinflussen also die Infektion und die Virusvermehrung in ganz verschiedener Weise.

Der Aufbau von Virusmaterial erfordert — genau wie die Synthese anderen Eiweißes und anderer Nucleinsäuren — Energie. Diese stammt aus der Photosynthese. Um sie zweckmäßig zu verteilen und zu verwenden, verfügt die Zelle über ein gut ausgestattetes System von Atmungsfermenten. Die Aktivität dieser Fermente hängt mit vom Bedarf an Energie ab. Die Steigerung des Bedarfes bei besonderen synthetischen Leistungen der Pflanze — also auch bei der Virussynthese — steigert die Atmung und auch die Aktivität der sie steuernden Fermente.

In der Zelle reichern sich im Laufe der Zeit gewisse Stoffe an, die entweder Endprodukte („Schlacken“) sind, oder als Nebenprodukte von wichtigen Reaktionen anfallen. Es ist möglich, daß diese Stoffe normalerweise, also im ausgewogenen Stoffwechsel der Pflanze, nur in verhältnismäßig geringen Mengen auftreten. Die Synthese von Virusmaterial bedeutet einen sehr spezialisierten Syntheseweg. Es werden so manche Stoffe, die im normalen Haushalt der Zelle noch verbraucht worden wären und nur wenig „Schlacke" ergeben hätten, in viel größerer Menge anfallen können.

In abgetrennten Blättern setzt aus unbekannten Ursachen bald ein Eiweißabbau ein. Die Virussynthese in solchen Blättern ist größer als in Blättern an der Pflanze. Vielleicht wird durch die Trennung des Blattes von der Pflanze nicht so sehr der Eiweißabbau angeregt, als vielmehr die Eiweißsynthese verhindert. Das betrifft aber nur die Synthese normalen Eiweißes — nicht von Virusmaterial. Durch den Abbau des Zelleiweißes werden Eiweißbausteine frei und die Virussynthese verläuft stärker, weil ihr mehr Material zur Verfügung steht.

Unter normalen Bedingungen ist das Zelleiweiß einem steten Umbau ausgesetzt. Das Virusmaterial nimmt an diesem Umbau teil, aber in viel geringerem Maße. Es gelingt in bestimmten Fällen, virusinfizierte Pflanzen durch Wärmebehandlung von Virussymptomen zu befreien. Aus solchen Pflanzen läßt sich kein infektiöser Preßsaft mehr gewinnen. Sie scheinen virusfrei zu sein. Bei erhöhten Temperaturen verlaufen chemische Vorgänge schneller. Es scheint, als ob der Virusabbau in der Pflanze durch Temperaturerhöhung stärker gefördert würde als der Virusaufbau. Dadurch nimmt in der Pflanze die Virusmenge allmählich ab, bis sie schließlich virusfrei scheint. Natürlich sind auch andere Erklärungen möglich. So ist es nicht ausgeschlossen, daß nicht Virusabbau, sondern Virusinaktivierung erfolgt. Durch den gesteigerten Stoffwechsel als Folge der Temperaturerhöhung könnten mehr Hemmstoffe gebildet werden, als normaler Weise entstehen. Vielleicht wirken beide Erscheinungen zusammen.

Eine Reihe von Stoffen hemmt die Virussynthese, wenn man sie in das Blatt einbringt. Besonders das 8-Azaguanin und das Benzimidazol und einige Derivate des letzteren sind durch ihre Eigenschaften als Antimetabolite bekannt geworden.

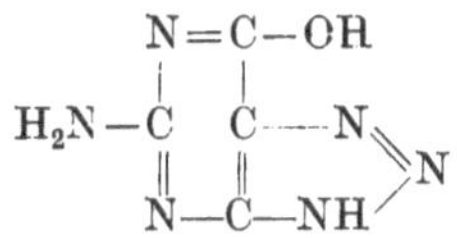

8-Azaguanin

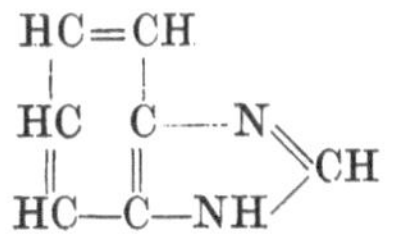

Benzimidazol

Diese Stoffe werden an Stelle der Purinkörper eingebaut. Die Virusteilchen, die diese „Austauschstoffe" enthalten, sind nicht mehr in der Lage, den Aufbau neuen Virusmaterials zu veranlassen, die Virussynthese ist gestört. Ähnlich wirkt Thiouracil.

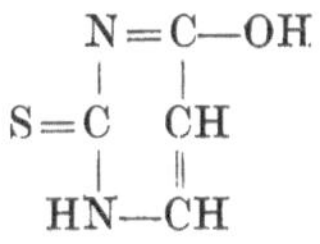

Thiouracil

Wurden *Nicotiana tabacum*-Pflanzen, die wenig resistent gegen Lokalinfektion und hoch resistent gegen systemische Infektion waren, vor der Infektion mit

Thiouracil-Lösungen behandelt, so wurde ihre Resistenz erhöht, Thiouracil übte also einen Schutz gegen die Folgen der Infektion aus. Dieser Schutzeffekt trat sogar dann noch ein, wenn die Behandlung nach der Infektion, aber vor dem Auftreten von Lokalläsionen erfolgte. Wurde die Behandlung erst danach durchgeführt, fand in den meisten Fällen eine „Heilung" statt. Selbst nach der systemischen Infektion war die Therapie bei einigen Pflanzen noch erfolgreich.

Werden junge *Nicotiana glutinosa*-Pflanzen vor der Impfung mit Luzernemosaik-Virus mit 8-Azaguanin-Lösungen besprüht, erfolgt keine systemische Infektion. Wenn die systemische Ausbreitung schon eingesetzt hat, bleibt die Behandlung wirkungslos. Ähnlich wird auf die Infektion von TMV und Gurkenmosaik-Virus in Gurken und *Nicotiana glutinosa* eingewirkt. Die Wirkung des Guaninanalogon hängt vom Alter der Pflanze und dem infizierenden Virus ab. Bei vielen Viren ist es wirkungslos.

Auch diese Erscheinungen passen in das Bild, das wir weiter oben zu geben versuchten: Das neue Virusmaterial, das in der Pflanze aufgebaut wird, ist durch den Einbau der „Austauschstoffe" nicht mehr infektiös oder besser gesagt: Es kann in der Zelle nicht mehr die Neubildung von Virus veranlassen. Das eingebrachte infektiöse Material wird im Zuge des allgemeinen Stoffumbaues allmählich eliminiert.

Die meisten Viren sind nicht samenübertragbar, obgleich einige, besonders solche, die Leguminosen befallen, mit Samen übertragen werden können. Im Jahre 1940 wurde von einem Virushemmstoff in Tabaksamen berichtet. Würden diese Ergebnisse bestätigt, so wäre für den Tabak die fehlende Samenübertragbarkeit erklärt. Es steht aber dahin, ob diese Erklärung in allen Fällen gilt. Für dieses interessante Problem hat man verschiedene Deutungen gegeben. So glaubte man, daß die anatomischen Verhältnisse in der Samenanlage die Infektion ausschließen oder daß die besonderen Bedingungen der Reduktionsteilung darüber entscheiden, ob das Virus übertragen wird oder nicht. Man hatte beobachtet, daß durch Samen übertragene Viren auch in Pollen infektiös bleiben. Diesen Deutungsversuchen kann man einen anderen gegenüberstellen: In der Samenanlage werden andere Proteine aufgebaut als in den Blättern. Während in den letzteren Proteine vorliegen, die funktionelle, dynamische Aufgaben haben, sind die Proteine der Samen zunächst — wenn auch nicht ausschließlich — Reserveeiweiße. Sie werden aufgebaut, um für längere Zeit aus dem Stoffwechsel auszuscheiden. Beim Aufbau des Samens wird funktionelles Eiweiß in statisches Reserveeiweiß umgewandelt. Vielleicht wird bei dieser Umwandlung das Virus ab-, aber nicht wieder aufgebaut. Bei den Pflanzen, die samenübertragbare Viren enthalten, ist dann entweder der Umbau des Eiweißes nicht so gründlich — dafür spricht, daß immer nur ein kleiner Teil des Samens aus infizierten Pflanzen viröse Nachkommen ergibt — oder bestimmte Gewebebezirke erhalten sich ziemlich unverändert, ohne die Umwandlungen mitzumachen, die im allgemeinen mit der Ausbildung des Samens einhergehen. Auch die Wirkungen anderer Stoffe auf Virusvermehrung und Ausbildung der Symptome scheinen über den Wirt zu gehen und das Virus nur über diesen Umweg zu beeinflussen.

Wir fassen zusammen: In der gesunden Pflanze erfaßt der Stoffwechsel fast alle Stoffe und baut sie dauernd auf und ab. Nicht einbezogen werden wahrscheinlich gewisse Schlackenstoffe und hochmolekulare Gerüstsubstanzen der Zellwand. Je nach dem Verhältnis der aufbauenden zu den abbauenden Reaktionen wird ein Stoff vermehrt, bleibt seine Menge konstant oder nimmt ab. Die Stoffwechselreaktionen der einzelnen Stoffklassen sind eng miteinander verbunden. Der Stickstoffhaushalt z. B. hängt mit dem Kohlenhydratstoffwechsel eng zusammen, aus dem die Kohlenstoffgerüste der stickstoffhaltigen Verbindungen stammen. Andererseits kann aus den Stickstoffverbindungen Energie erzeugt werden, wenn der Kohlenhydratabbau aus irgendwelchen Gründen nicht genug liefern kann. Durch das Eindringen infektiösen Virusmaterials wird der Stoffwechsel der Zelle umgesteuert. Die Zelle erzeugt nunmehr außer den üblichen Syntheseprodukten Virusmaterial. Dabei wird der eigene Bedarf je nach der Krankheit, dem Alter des Organes und der Menge der eingebrachten Viren in noch unbekannter Weise vernachlässigt. Es sieht aus, als ob die Virussynthese neben der Stoffwechselumschaltung einen verschieden großen Sog auf das der Zelle verfügbare Baumaterial ausübt. Während aber die normalen Zellbestandteile einem dauernden Umbau unterliegen, wobei der Abbau größenordnungsmäßig dem Aufbau gleich ist, scheint das Virusmaterial wesentlich langsamer abgebaut zu werden, als der Aufbau erfolgt. Neben seiner spezifischen Wirkung auf die Zelle, ihren synthetischen Apparat auf die Erzeugung von Viren umzustellen, unterscheidet sich das Virusmaterial dadurch von den normalen Zellinhaltsstoffen, daß es — einmal aufgebaut — kaum noch abgebaut wird.

Wir haben versucht, die Beziehungen zwischen Virus und Wirt in ein einigermaßen vollständiges Bild einzuordnen. Viele Züge dieses Bildes sind hypothetisch und spekulativ. Die Hypothese ist der Ausgangspunkt für jede experimentelle Arbeit. Ihre Prüfung durch den Versuch wird entscheiden, wo sie irrt, ergänzungs- oder verbesserungsbedürftig ist.

Morphologie pflanzlicher Viren

Von

O. Bode

Methoden zur Bestimmung von Teilchengrößen, Form und Gestalt der Virusteilchen, Einschlußkörper und ihr Aufbau.

Während eine Identifizierung der Erreger von Viruskrankheiten durch das Lichtmikroskop infolge der zu geringen Auflösung nicht möglich war, konnte bereits in den klassischen Untersuchungen über das TMV (1892 und 1898) nachgewiesen werden, daß das infektiöse Agens Bakterienfilter zu passieren vermochte, daß also die Teilchen dieses Virus bedeutend kleiner als bekannte Bakterien sein mußten. Aus dem gleichen Grunde wurde auch die Eigenschaft der Filtrierbarkeit zur allgemeinen Definition von Viren verwendet.

Als es später gelang, Filter aus Kollodium mit definierter, annähernd gleicher Porenweite herzustellen, ließ sich nachweisen, daß den einzelnen Viren verschiedene Teilchengrößen zukamen und es wurde sogar möglich, die ungefähre Größe der Virusteilchen zu bestimmen. Zu diesem Zweck wurde der Begriff Filtrationsendpunkt für solche Porengrößen, die gerade die infektiösen Teilchen zurückhalten, festgelegt und aus ihm die Größe der Partikeln abgeleitet.

Wie sich aus den verschiedenen Untersuchungen ergab, ist die Filtration jedoch von verschiedenen Faktoren (Reinheit des Präparats, Temperatur, Größe und Form der Teilchen, Druck, elektrischer Ladung, p_H-Wert der Lösung und Adsorption des Virus durch die Filter) abhängig. Da die Filterporen nicht gestreckte zylinderförmige Kanäle, sondern verzweigte Systeme darstellen, ergeben sich für die Durchlässigkeit starke, durch die Teilchengestalt begründete Unterschiede. Eine verhältnismäßig genaue Bestimmung ist daher auf Viren mit sphärischen Partikeln begrenzt, während die für gestreckte Teilchen bestimmten Werte stärkere Abweichungen von den später elektronenoptisch festgestellten Dimensionen aufweisen (vgl. Tabelle 14 mit Tabelle 15). Außerdem besteht für manche Viren eine stärkere Adsorption an den Filterwänden, so daß auch hierdurch ein größerer Fehler entstehen kann. Bei kleinen Porenweiten (10—100 mμ) ergab sich ein Verhältnis von Grenzporenweite zu Teilchendurchmesser von 0,33, bei großen Porenweiten (500—1000 mμ) stieg dieser Wert bis auf 1,0.

Eine indirekte Bestimmung von Teilchengrößen ist weiterhin aus den Sedimentations- und Diffusionskonstanten möglich, die beide von der Größe abhängig sind, sobald das partielle spezifische Volumen bekannt ist. Da jedoch die

Tabelle 14

Durch Ultrafiltration bestimmte Teilchengrößen verschiedener Viren

	Filtrationsendpunkt	Partikelgröße
Tabakmosaik-Virus	53 mμ	18 — 27 mμ
Kartoffel-X-Virus	150 ,,	75—112 ,,
Tomatenstrichel-Virus	86 ,,	30— 45 ,,
Tabaknekrose-Virus	60 ,,	20— 30 ,,
Tomaten-bushy stunt-Virus	40 ,,	13— 20 ,,

Tabelle 15

Teilchengröße verschiedener Viren

A) Viren mit sphärischen Partikeln

Tabakringflecken-Virus	20 mμ
Tabaknekrose-Virus	18,26 und 37 ,,
Tabak-Kräusel-Virus	39 ,,
Tomaten-bushy stunt-Virus	35 ,,
Tomatenringflecken-Virus	43 ,,
Gurkenmosaik-Virus	35 ,,
Kürbismosaik-Virus	37 ,,
Südliches Bohnenmosaik-Virus	26 ,,
Ackerbohnenmosaik-Virus	17 ,,
Luzernemosaik-Virus	16 ,,
Nelkenmosaik-Virus	31 ,,
Nelkenringflecken-Virus	19 ,,
Wasserrübenmosaik-Virus	17—19 ,,
Wasserrübengelbmosaik-Virus	32 ,,
Dahlienmosaik-Virus	25 ,,
Kartoffel-Bukett-Virus	19 ,,
Wundtumor-Virus	80 ,,
Tomaten-Bronzeflecken-Virus	ca. 85 ,,
Kartoffelgelbzwerg-Virus (ellipsoid)	ca. 110 ,,

B) Viren mit stäbchen- und fadenförmigen Partikeln

Tabak-Mauke-Virus	70 und 180 × 20 mμ
Tabakmosaik-Virus	300 × 15 ,,
Kartoffel-X-Virus	520 × 10 ,,
,, -Aucuba-Virus	585 × 11 ,,
,, -S-Virus	650 × 12 ,,
,, -A-Virus	738 × 11 ,,
,, -Y-Virus	756 × 12 ,,
Gurkenmosaik-Virus 3 und 4	280 × 16 ,,
Rübenmosaik-Virus	730 × ca. 12 mμ
Rübenvergilbungs-Virus	1250 × ca. 10 ,,
Rettichmosaik-Virus	120 × 25 mμ
Brassica nigra-Virus	700 × 12 ,,
Salatmosaik-Virus	756 × 22 ,,
Erbsen-Virus	750 × 10—14 mμ
Bohnenmosaik-Virus 1 und 2	750 × ca. 12 mμ
Weizenmosaik-Virus	150 × 20 mμ

Weizen-Strichelmosaik-Virus	670 × 15 mμ
Gerste-Streifenmosaik-Virus	120 × 30 ,,
Hafer-Rotblättrigkeit-Virus	150 × 10 ,,
Zuckerrohrmosaik-Virus	620—670 × 15 ,,
Cattleya-Mosaik-Virus	300 × 24 ,, 390 × 21 ,,
Cymbidium-Mosaik-Virus	475 × 18 ,, 300 × 28 ,,
Blumenkohlmosaik-Virus	150—300 × 15 ,,
Kohlschwarzringfleckigkeit-Virus	150—300 × 15 ,,
Chrysanthemen-Virus B und C	600 × 30 ,,
Freesienmosaik-Virus	1000—2500 × 30 ,,

Sedimentation und Diffusion z. T. durch die Konzentration des Präparats, durch die Hydratation, Temperatur und andere Faktoren beeinflußt werden, sind die Ergebnisse recht ungenau und haben nur noch theoretischen und historischen Wert. Dennoch gelang nach diesen Methoden frühzeitig die Feststellung, daß das TMV Teilchen besitzt, die gestreckt sind und ein Längen-Breitenverhältnis von etwa 9 besitzen. Ein wesentlicher Fehler in diesen Bestimmungen liegt jedoch auch darin, daß stets nur ein Mittelwert aller Teilchen des Präparats gemessen wird, die Größe jedoch, wie heute bekannt ist, durch die Art der Präparation in ihrer Einheitlichkeit, zumindest bei gestreckter Gestalt, stark beeinflußt wird.

Die Untersuchungen nach dem vorstehend beschriebenen Verfahren hatten ergeben, daß es unmöglich bleiben mußte, die Viruspartikeln im Lichtmikroskop zu erkennen, da dieses nach der Abbeschen Relation nur eine der halben Wellenlänge des verwendeten Lichtes entsprechende Auflösung gestattet. Durch Verwendung ultravioletter Strahlung an Stelle des weißen Lichtes konnte die Auflösung auf etwa 100 mμ erweitert werden und es gelang so, einige tierpathogene Viren zu photographieren und zu vermessen. Für pflanzenpathogene Viren versagte aber auch diese Methode genau so wie die Fluoreszenz- und Dunkelfeldmikroskopie.

Gute Erfolge wurden demgegenüber durch die Verwendung von Röntgenstrahlen zur Größenbestimmung erzielt. So gelang es bereits 1938, die exakte Größe des TMV festzulegen. Ein großer Vorteil dieser Methode besteht darin, daß die Teilchen in der natürlichen Hydratation untersucht werden können, während sich eine Einschränkung dadurch ergibt, daß nur solche Viren untersucht werden können, die Kristalle bilden und Beugungsspektren erzeugen, aus denen sich die Lage und Größe der Bausteine bestimmen läßt. Größte Fortschritte in der Kenntnis von Größe, Gestalt und Form der Virusteilchen brachte aber erst die Einführung des Elektronenmikroskopes (Abb. 69). Auf Grund der Erkenntnisse, daß den Elektronenstrahlen außer ihren korpuskularen Eigenschaften auch ein Wellencharakter zuzuordnen ist und damit Ähnlichkeit zum Licht besteht, wurde der Versuch unternommen, die Elektronen als Strahlung zur Abbildung von Objekten zu verwenden. Dabei wurde die Eigenschaft der Elektronen ausgenutzt, daß ihre Bahnen durch elektrische und magnetische Felder

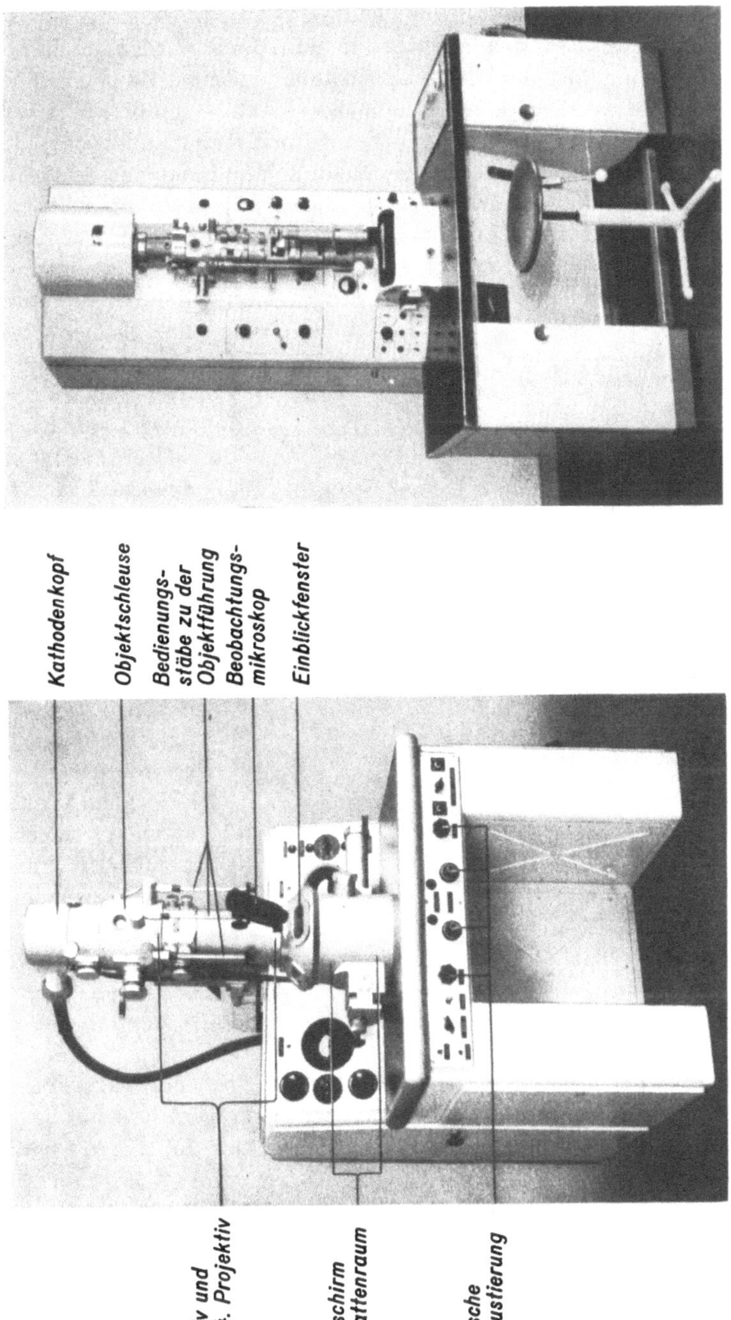

Abb. 69. Elektrostatisches Elektronenmikroskop (links Zeiss-Jena, rechts AEG-Zeiss)

beeinflußt werden können, so daß durch geeignete Anordnungen der Systeme den optischen Linsen ähnlich wirkende Gebilde konstruiert werden konnten. Wegen der geringen Wellenlänge der Elektronenstrahlen, die etwa 100000mal kleiner ist als die des sichtbaren Lichtes, ließen sich theoretisch Vergrößerungen erreichen, die das Sichtbarmachen feinster Strukturen erlauben würden. Praktisch ist es, begrenzt durch die technische Herstellung der Elektronenlinsen und die damit verbundene hohe sphärische Aberration, gelungen, mit der Erreichung einer Auflösungsgrenze von etwa 1—2 mμ diese um 2 Zehnerpotenzen gegenüber dem Lichtmikroskop zu erweitern und zu Endvergrößerungen von 100000-fach und mehr zu kommen. Wegen der geringen Apertur der Systeme wird durch die Elektronenstrahlen eine außerordentliche Tiefenschärfe erzielt, die etwa 1000 mal so groß ist wie beim Lichtmikroskop und das Arbeiten wesentlich erleichert. Da die Elektronenstrahlen bei der üblichen Beschleunigung von 50 kV natürlich nur eine geringe Durchdringung haben, die bei wenig über 100 mμ liegt, ist es erforderlich, außerordentlich dünne Folien als Objektträger zu verwenden. Hierfür werden heute allgemein dünne Filme, die durch Auftropfen eines Kollodiumtropfens bestimmter Konzentration auf eine Wasseroberfläche gewonnen werden, verwendet. Die Folien, deren Dicke für die Untersuchungen bei etwa 10—20 mμ liegt, werden, um ein Zerreißen zu vermeiden, auf ein feinstes Drahtnetz gebracht und können dann mit dem Untersuchungsobjekt beschickt werden.

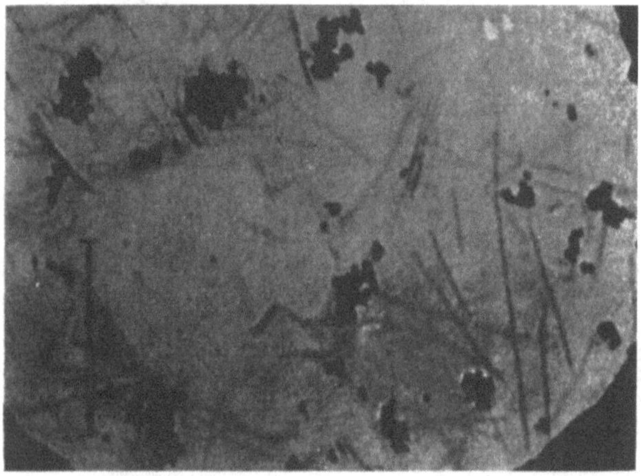

Abb. 70. Erste Virusaufnahme (TMV) nach Kausche, Pfankuch und Ruska (1939)

Da die Dicke der meisten Viruspartikeln in der Größenordnung von etwa 10 bis 20 mμ, also in den gleichen Dimensionen wie die Trägerfolie selbst liegt, ist die Erkennbarkeit der Teilchen und ihrer Umrisse (Abb. 70) außerordentlich erschwert. Eine wesentliche Verbesserung zur Erkennung solch dünner Objekte, hat die Einführung der Schrägbedampfung gebracht, die darin besteht, daß bestimmte Metalle oder Legierungen (Pd, U, Pt, Pt-Ir) in hohem Vakuum unter einem flachen Winkel zu dem Präparat verdampft werden und dadurch eine Schattenwirkung (shadow-casting, Abb. 71) hervorrufen.

Während normalerweise infolge der Foliendicke Teilchen von Größen unter 10 mμ nicht erkannt werden können, ist durch die Einführung der Präparatbedampfung eine Unterscheidung bis zu etwa 2 mμ Dicke möglich geworden. Ein weiterer Fortschritt dieser Bedampfung besteht darin, daß die Objekte nunmehr dreidimensional gesehen und aus der Länge des Schattens bei bekanntem Bedampfungswinkel sogar die Höhen der Objekte errechnet werden können, da sich die Moleküle bei der Verdampfung gradlinig ausbreiten und dadurch einfache geometrische Relationen bestehen. Allerdings besteht auch die Möglichkeit, daß die Bedampfungsschicht von ungefähr 5—6 Å evtl. vorhandene feine Oberflächenstrukturen verdecken kann oder andererseits solche aber auch vorgetäuscht werden können. Auch ist es möglich, daß Fehler bei der Größenbestimmung dann auftreten, wenn die Teilchen von der Bedampfung nicht vertikal getroffen werden, so daß die Partikelenden unscharf erscheinen.

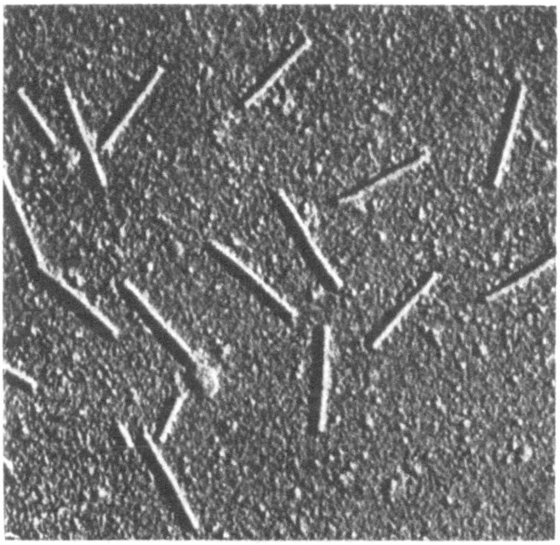

Abb. 71. TMV mit Palladium bedämpft (Exsudat aus Tabak, Vergrößerung 50000) (Original BODE)

Zwischen den Untersuchungen im Lichtmikroskop und denen der Elektronenmikroskopie bestehen jedoch grundlegende Unterschiede, die auch die Möglichkeiten der letzteren begrenzen. Während im Lichtmikroskop die Objekte in natürlicher Umgebung und unter natürlichen Bedingungen beobachtet werden können, werden die Präparate in dem hohen Vakuum des Elektronenmikroskops vollkommen eingetrocknet, wodurch nicht unerhebliche Belastungen durch Ober-

Abb. 72. TMV (Zentrifugat, Vergrößerung 50000) (Original BODE)

flächenspannungen verursacht werden, die zu Strukturveränderungen führen können. Außerdem kann auch die während des Trocknens steigende Salzkonzentration des Mediums zu Strukturveränderungen führen. Weiterhin darf nicht vergessen werden, daß durch die Absorption von Elektronen im Objekt selbst große Energien frei werden, die dort Temperaturen von einigen 100° hervorrufen.

Früher war es üblich, Preßsäfte aus infizierten Pflanzen nach der für chemische Untersuchungen üblichen Art zu fällen und zu zentrifugieren. Durch diese außerordentlich rohe Behandlung kommt es jedoch bei stäbchenförmigen Viren einmal häufig zu Brüchen der Partikeln, dann aber auch wiederum zu Längsaggregationen (Abb. 72), die eine exakte Bestimmung der Teilchenlänge unmöglich machen oder zumindest erschweren. Eine schonende Präparation ist nach der Exsudatmethode möglich. Diese besteht darin, daß Pflanzen oder Pflanzenteile unter Wasserdruck gesetzt und die aus angeschnittenen Teilen der Blattfläche austretenden Tröpfchen auf die Objektträger aufgenommen werden. In

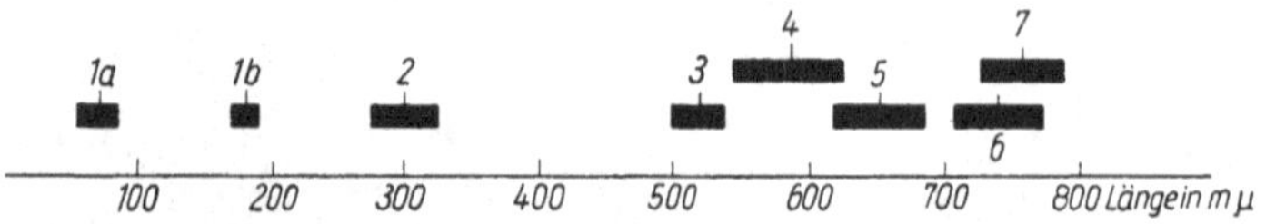

Abb. 73. Darstellung der Normallängen für 6 Kartoffelviren und TMV
1a und *b* — Rattle-Virus, *2* — TMV, *3* — X-Virus, *4* — Aucuba-Virus, *5* — S-Virus, *6* — A-Virus, *7* — Y-Virus (Original Bode)

letzter Zeit sind die Partikeln einer Reihe von Viren vermessen worden. Dabei hat sich gezeigt (Tab. 15), daß die Teilchen der verschiedenen Viren meist stärker abweichende Dimensionen aufweisen, während Varianten eines Virus keine morphologischen Unterschiede erkennen lassen. Aus diesem Grunde kann in vielen Fällen das Elektronenmikroskop auch für diagnostische Zwecke Verwendung finden.

In der Abb. 73 sind für verschiedene Kartoffelviren und das TMV die aus elektronenoptischen Aufnahmen bestimmten Längen der Partikeln wiedergegeben, wobei der Mittelwert und der mittlere Fehler der Vermessungen dargestellt wurden. Die Verteilung der für die verschiedenen Viren gewonnenen Werte läßt die deutliche Abgrenzbarkeit und Bestimmungsmöglichkeit im elektronenmikroskopischen Bild erkennen, lediglich das Y- und das A-Virus lassen auf Grund der praktisch gleichen Dimensionen ihrer Partikeln eine Differenzierung nicht zu.

Der Nachweis der verschiedenen morphologischen Gestalt dürfte eine wertvolle Hilfe bei der Aufstellung der Virussystematik bieten. Soweit aus den bisherigen Untersuchungen bekannt ist, lassen sich die Pflanzenviren zunächst in drei große Gruppen gliedern:

1. Viren mit sphärischen Partikeln (Abb. 74),
2. Viren mit starren, stäbchenförmigen (Abb. 71) und
3. solche mit fadenförmigen, flexiblen Teilchen (Abb. 75).

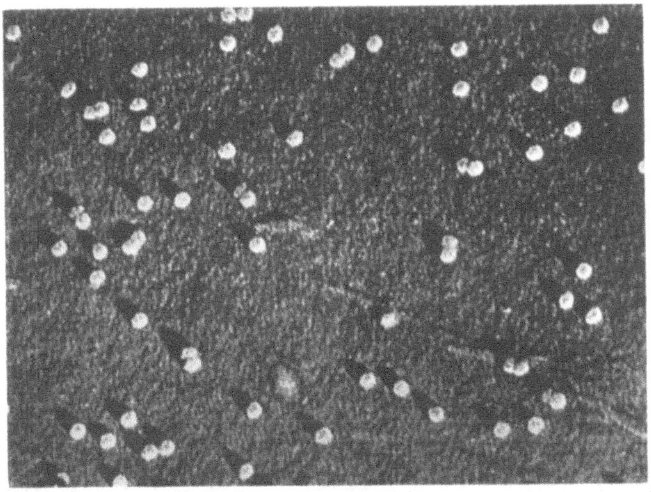

Abb. 74. Wasserrübengelbmosaik-Virus (Vergrößerung ca. 70000)
(nach MARKHAM und SMITH)

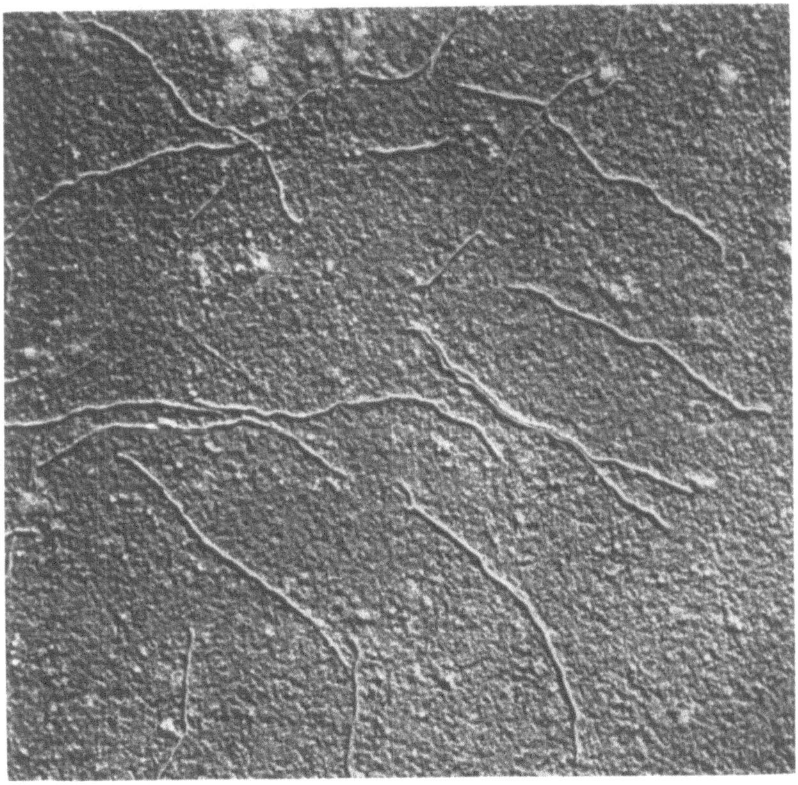

Abb. 75. Rübenvergilbungs-Virus (Vergrößerung 40000) (nach BRANDES)

Die beiden letzten Gruppen sind nicht scharf abzugrenzen. Im allgemeinen scheint der Grad der Flexibilität von der Länge und Dicke der Teilchen abzuhängen; jedoch dürften auch die Art der Präparation und die zur Untersuchung verwendete Wirtspflanze nicht ohne Einfluß sein. In der ersten Gruppe bestehen Unterschiede darin, daß die von Zikaden übertragenen Viren (Abb. 76) wesentlich größere Durchmesser (75 bis 110 mμ) haben als die der übrigen (ca. 20 bis 40 mμ) und offenbar teilweise Ellipsoide darstellen.

Zur Vermeidung von Veränderungen der Struktur während des Trocknungsprozesses wird mit Erfolg die Gefriertrocknung angewendet. Dadurch erscheinen die sphärischen Partikeln nicht abgeplattet, sondern kugelförmig oder polyedrisch.

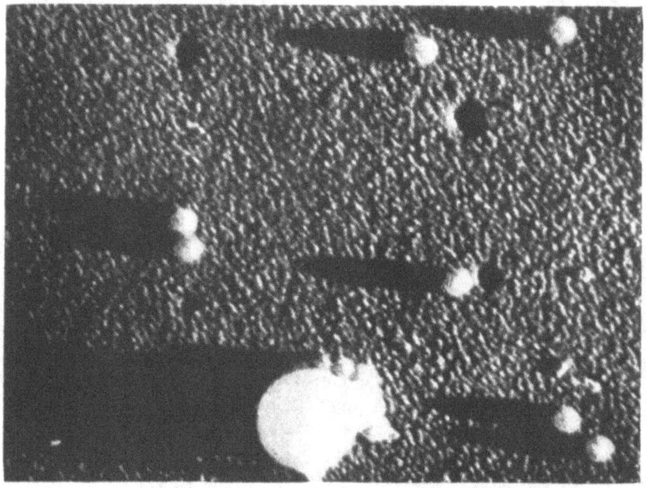

Abb. 76. Wundtumor-Virus (Vergrößerung ca. 55000) (nach Brakke, Vatter und Black)

Während die Trocknung auf die Gestalt und Größe der stäbchenförmigen Teilchen, die nur eine geringere Hydratation, offenbar als monomolekulare Oberflächenschicht aufweisen, keinen Einfluß ausübt, können bei der Größenbestimmung von sphärischen Partikeln infolge stärkerer Hydratation größere Fehler unterlaufen. So ergab sich der Durchmesser der Teilchen des Tomatenbushy stunt-Virus nach Normaltrocknung zu 26 mμ, nach Gefriertrocknung jedoch zu 30 mμ. Dieser Unterschied dürfte auf den bei diesem Virus vorhandenen hohen Wassergehalt zurückzuführen sein.

Die Untersuchung dickerer Objekte, wie sie etwa auch Viruskristalle darstellen, erfordert einen wesentlich größeren Aufwand, da die Präparate von den Elektronenstrahlen nicht mehr durchdrungen werden können. Es ist daher erforderlich, von den Objekten ein oberflächengetreues Bild entsprechend einer Matrize durch einen Abdruck mittels geeigneter Stoffe, etwa einer Kollodiumhaut, herzustellen und diese Folie nach einer Bedampfung zu untersuchen.

Neuerdings konnte durch Röntgenstrukturuntersuchungen am TMV nachgewiesen werden, daß der Proteinanteil schraubenförmig aufgebaut ist und daß die Nukleinsäure in ihm axial gelagert ist. Die Ganghöhe der Schraube beträgt 23 Å, wobei auf 3 Windungen 3 n + 1 identische Proteinbausteine vom Molekulargewicht 29000 entfallen. Der Wert für n dürfte nach bisherigen Bestimmungen bei etwa 12 liegen. Der Radius der Partikeln in Suspension beträgt 84 Å, in trocknen Parakristallen jedoch 75 Å. Im Proteinzylinder selbst wurde verschieden hohe Dichte nachgewiesen. Die Ribonucleinsäure liegt nach diesen Messungen jedoch nicht streng axial. Auch bei den sphärischen Teilchen muß auf Grund der Untersuchungen eine zentrale Lage der Nucleinsäure angenommen werden. Elektronenoptisch konnten diese Ergebnisse für das TMV dadurch bestätigt werden, daß es gelang, die Nucleinsäure als Fäden in solchen Teilen, die teilweise das Protein verloren hatten, zu photographieren (Abb. 68) und an Proteinbruchstücken, die in der Aufsicht als Scheiben von 150 Å Durchmesser und etwa 70 Å Höhe aufgenommen waren, ein zentrales Loch, das dem Durchmesser der Ribonucleinsäure entspricht, nachzuweisen. Der früher angenommene sechseckige Aufbau der Teilchen scheint sich nach den neueren Untersuchungen nicht zu bestätigen oder erst durch die Präparation hervorgerufen zu sein.

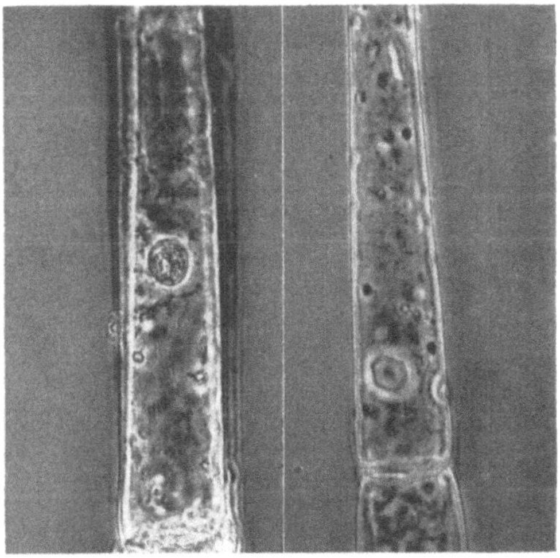

Abb. 77. Einschlußkörper in Haarzellen eines mit TMV infizierten Tabakblattes a) X-body, b) hexagonaler Kristall (Vergrößerung ca. 300, Phasenkontrastaufnahmen) (Original BODE)

Durch Entwicklung besonderer Fixierungs-, Einbettungs- und Schneideverfahren ist es gelungen, Dünnschnitte herzustellen, die im Elektronenmikroskop noch durchstrahlbar sind. Dadurch wurde es möglich, das Virus in situ im pflanzlichen Gewebe zu untersuchen. Für das TMV konnte nachgewiesen werden, daß die Teilchen in hoher Konzentration in den Zellen oft einzeln, oft aber auch als Längsaggregate vorkommen. Während manche Viren sich offenbar auf alle Gewebe ausbreiten (z. B. TMV), scheinen andere (z. B. Tabakringflecken-Virus) auf bestimmte Gewebe lokalisiert zu sein. Die Chloroplasten infizierter Zellen sind meist degeneriert, während die Zellkerne selten Veränderungen erkennen lassen. Auf Grund der mit Virusinfektionen fast regelmäßig verbundenen Chlorophyllschädigung war oft angenommen worden, daß die Virusvermehrung in den Chloroplasten stattfindet. Die elektronenoptischen Untersuchungen an Dünnschnitten haben bislang keine Hinweise hierfür geben können.

Unter gewissen Bedingungen werden in den Zellen, besonders von TMV infizierten Pflanzen, größere, auch lichtmikroskopisch erkennbare Einschlüsse gebildet, von denen die eine Art bei unregelmäßiger Gestalt aus amorphem

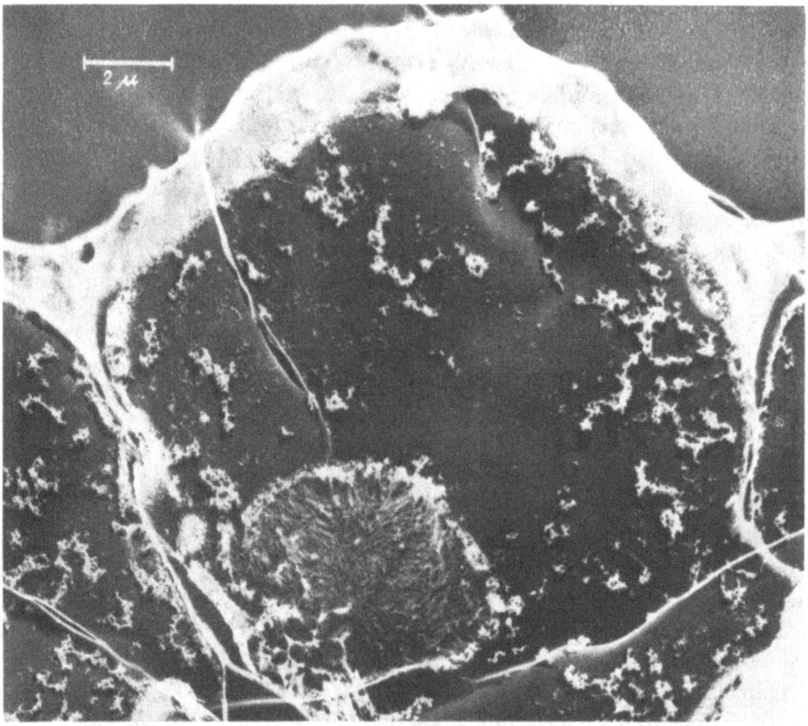

Abb. 78. Ultradünner Schnitt durch Epidermiszelle eines Tabakblattes mit Einschlußkörper nach Infektion durch TMV (nach Brandes)

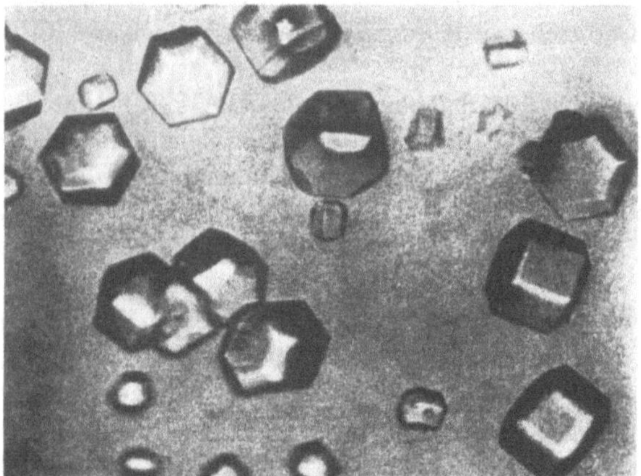

Abb. 79. Kristalle des Tabaknekrose-Virus (nach Bawden)

Material (X-Körper) (Abb. 77), die andere aus kristallinen Platten in hexagonaler Form zu bestehen scheint. Die ersteren, die aus granulärer Substanz aufgebaut und vakuolisiert zu sein scheinen, besitzen einen Durchmesser von 5 bis 30 μ und sind besonders leicht in Haar- und Epidermiszellen nachzuweisen. Während anfangs angenommen wurde, daß sich diese X-Körper aus cytoplasmatischen Bestandteilen als Reaktion der Zelle auf die Infektion zusammensetzen, konnte an Hand elektronenmikroskopischer Aufnahmen erwiesen werden, daß sie in hohem Grade von Virusteilchen in unregelmäßiger Lagerung erfüllt (Abb. 78) und offenbar von einer Membran umgeben sind. Demgegenüber sind die kristallinen Einschlüsse durch parallele Lagerung der Viruspartikeln aufgebaut, doppelbrechend und stellen offenbar Kristalle mit dreidimensionaler Regelmäßigkeit dar. Oft setzen sich viele der hexagonalen Kristalle zu einer mehr oder weniger formlosen Masse zusammen, an deren Oberfläche die Grenzen der hexagonalen Teilkristalle noch sichtbar sind. An isolierten Kristallen konnte gezeigt werden, daß sie zu $^1/_3$ aus Virusprotein und $^2/_3$ aus einer flüchtigen Substanz, vermutlich Wasser, bestehen. Die Kristalle können unabhängig von den X-Körpern gebildet werden, es wurde jedoch auch eine Umbildung letzterer in diese beobachtet.

Auch in Reinpräparaten findet eine Kristallbildung statt. So bilden das Tomaten bushy stunt- und das Tabaknekrose-Virus echte dreidimensionale Kristalle in Form von Dodekaedern (Abb. 79), das südliche Bohnenmosaik-Virus rhombische Platten und Prismen, das Tabakringflecken-Virus kleine Würfel mit biaxialem Bau. Die genannten intrazellulären Einschlüsse wurden bei Infektionen durch verschiedene Virusarten und bei verschiedenen Wirtspflanzen beobachtet. Manche Viren (z. B. das Kartoffel-A-Virus) scheinen hingegen solche Einschlüsse nicht zu bilden. Jedoch treten bei bestimmten Virusinfektionen andersartige Einschlüsse (Spindeln, Nadeln) auf, die ebenfalls Proteinreaktion geben, über deren Zusammenhang mit dem Virus selbst aber bislang keine genaueren Kenntnisse bestehen.

Serologie pflanzlicher Viren

Von

R. Bercks

Die Begriffe Antigen und Antikörper, Nachweismethoden, Herstellung von Seren, qualitativer Nachweis, Differenzierung von Virusstämmen, Untersuchungen über den Virusaufbau, quantitativer Nachweis, Grenzen der Serologie.

Für die Serologie sind zwei Begriffe, Antigen und Antikörper, von grundlegender Bedeutung. Als Antigene bezeichnet man Stoffe, die parenteral, d. h. unter Umgehung des Magen-Darmkanals Menschen oder Tieren einverleibt, die Bildung von Antikörpern bewirken. Antikörper sind demnach Stoffe, die als Reaktion auf die Injektion von Antigenen gebildet werden. Antigen und Antikörper reagieren unter gewissen Bedingungen in vitro in sichtbarer Form spezifisch miteinander und lassen sich auf diesem Wege nachweisen. Die Frage, welche Stoffgruppen als Antigene wirken, ist bisher noch nicht völlig entschieden. Zunächst wurde angenommen, daß nur Eiweiß bzw. hochmolekulare Abbauprodukte von Eiweiß antigene Eigenschaften haben. Neuerdings muß aber mit der Möglichkeit gerechnet werden, daß bis zu einem gewissen Grade auch Polysaccharide und andere organische Verbindungen mit verhältnismäßig geringem Molekulargewicht eine Antikörperbildung bewirken können. Falls sich die entsprechenden Angaben als wirklich gesichert herausstellen sollten, wird das Eiweiß zumindest die Stoffgruppe bleiben, die bevorzugt antigene Eigenschaften besitzt. Diese beruhen auf der Größe der Moleküle und der damit verbundenen großen Zahl von aktiven Gruppen. Die aktiven oder determinanten Gruppen sind vor allem auch für die Spezifität der serologischen Reaktion von Bedeutung.

Die Antikörper befinden sich im allgemeinen im Blut und lassen sich im Serum, das als Antiserum bezeichnet wird, nachweisen. Sie stellen Eiweißkörper vom Typ des Globulins dar. Bei Elektrophoreseversuchen werden sie im Kaninchenserum in der γ-Globulinfraktion gefunden. Das Molekulargewicht entspricht in diesem Fall dem des normalen Globulins von etwa 160000. Bei anderen Tieren (z. B. Pferd, Rind, Schwein) beträgt das Molekulargewicht der Antikörper fast 1000000. Sie entstehen nicht im Blut, sondern nach allgemeiner Ansicht in Zellen des reticulo-endothelialen Systems, die weitverbreitet im Körper vorkommen. Über die Art der Antikörperbildung ist nichts Sicheres bekannt. Keine in diesem Zusammenhang aufgestellte Hypothese wird allen experimentellen Erfahrungen gerecht.

Die Antigen-Antikörperbindung läßt sich mit verschiedenen Verfahren nachweisen. Die wichtigsten sind Praezipitation, Agglutination und Komplementbindung. Unter Praezipitation versteht man die unter dem Einfluß der im Antiserum vorhandenen Antikörper erfolgende Ausfällung von molekular- oder kolloiddispers-gelösten Substanzen, unter Agglutination die Zusammenballung und anschließende Sedimentierung von grobdispersen oder zelligen Antigenen (z. B. Bakterien). Die Komplementbindungsreaktion ist die empfindlichste, aber auch komplizierteste Methode, bei der der Ausfall einer Reaktion durch eine zweite festgestellt wird. Insgesamt werden dafür fünf Komponenten benötigt: 1. das zu prüfende Antigen, 2. das entsprechende (homologe) Antiserum, 3. Komplement, d. h. frisches Normalserum von Meerschweinchen, 4. Hammelblutkörperchen und 5. ein gegen diese Blutkörper gerichtetes Serum, das durch Erhitzen auf 56° C vorbehandelt und auch als haemolytischer Ambozeptor bezeichnet wird. Für die Prüfung mischt man zunächst die ersten drei Komponenten. Als zweites werden Hammelblutkörper und entsprechendes Serum (haemolytisches System) und dann beide Systeme gemischt. Ist die erste Reaktion positiv verlaufen, so ist in ihr das Komplement gebunden worden und steht für das haemolytische System nicht mehr zur Verfügung. Bei einem negativen Verlauf der ersten Reaktion ist das Komplement noch frei und kann für die zweite Reaktion ausgenutzt werden, d. h. es kommt zu einer Haemolyse der Hammelblutkörper.

Über die Art der Antigen-Antikörperbindung bestehen im wesentlichen zwei Vorstellungen, die sich als Theorien der ein- und zweiphasigen Bindung unterscheiden lassen. Nach der Einphasentheorie beruhen Bindung und Niederschlagsbildung auf einer Kette von bimolekularen Reaktionen zwischen multivalentem Antigen und mindestens bivalentem Antikörper, die schließlich zu einem netzartigen Zusammenschließen der Komplexe führen. Das Milieu soll dazu beitragen, elektrische Ladungen, die den Reaktionsablauf hemmen können, zu beseitigen. Die Zweiphasentheorie nimmt als erste Phase eine Antigen-Antikörperbindung an, die aber noch keine Ausflockung bewirkt. Diese soll durch eine Kohäsion der Komplexe zustande kommen, die durch eine unspezifische Reduzierung der elektrischen Ladung durch Elektrolyte verursacht wird. Beide Theorien berücksichtigen also die Tatsache, daß das Milieu die serologische Reaktion beeinflußt. Diese Beeinflussung kann durch nicht spezifisch beteiligte Eiweiße und andere organische Verbindungen, durch die Salzkonzentration und den p_H-Wert erfolgen.

Die Antigen-Antikörperreaktion ist ferner in starkem Maße von dem Verhältnis der beiden Komponenten abhängig. Je nach der Menge des einen oder anderen Teiles gehen verschiedene Mengen in die Reaktion ein. Sind Antigen oder Antikörper in zu starkem Überschuß vorhanden, so wird die Reaktion gehemmt (Zonenphänomen), es kommt dann zu keiner sichtbaren Verbindung.

Trotzdem gestatten serologische Reaktionen auch eine Aussage über die Konzentration der Antikörper und der Antigene. Für den ersten Fall stellt man eine Verdünnungsreihe des Antiserums her und gibt zu jeder Verdünnungsstufe eine konstante Menge Antigen. Die stärkste Serumverdünnung, bei der es noch zu einer Reaktion kommt, wird als Serumtiter bezeichnet. Umgekehrt erhält man mit konstanter Serummenge und steigenden Antigenverdünnungen den Antigentiter. Bei einem anderen Verfahren zur Konzentrationsbestimmung wird nicht der Endpunkt der Reaktion berücksichtigt, sondern geprüft, bei welcher Antigen- oder Antikörperverdünnung die Reaktion am frühesten eintritt. Die Verfahren geben natürlich nur relative Werte. Mit einem starken Antiserum (Serum mit hohem Titer), lassen sich im allgemeinen geringere Antigen-Mengen erfassen als mit einem schwächeren Serum. Dabei ist immer die Äquivalenzzone zu berücksichtigen, d. h. der Bereich, in dem weder Antikörper noch Antigen in zu großem Überschuß vorliegen.

In der Human- und Veterinärmedizin werden Seren sowohl zu therapeutischen als auch diagnostischen Zwecken benutzt. Bei Pflanzen bzw. phytopathogenen Viren ist nur eine, allerdings vielfach anwendbare Diagnose möglich. Eine größere Zahl pflanzenpathogener Viren besitzt gute antigene Eigenschaften, die u. a. ohne Zweifel auf ihrer Eiweißnatur und Molekülgröße beruhen.

Für die Herstellung eines Antiserums kann die Immunisierung eines Versuchstieres mit Saft viruskranker Pflanzen oder mit gereinigten Viruslösungen erfolgen. Am einfachsten ist die Verwendung des Pflanzensaftes, der auf verschiedene Weise, z. B. mit Hilfe von Mörsern, Pressen oder Homogenisatoren, gewonnen werden kann. Je nach der angewandten Methode befinden sich mehr oder weniger große Mengen des Virus im Saft, während das übrige Virus im Rückstand bleibt. Die größte Ausbeute wird im allgemeinen durch Homogenisieren oder eine allerdings umständliche Enzymbehandlung des Materials erreicht. Beim Zerkleinern und Auspressen der Pflanzen kommt das Virus mit den verschiedensten Zellinhaltsstoffen in Berührung, durch die es u. U. inaktiviert oder ausgefällt wird. So gelang z. B. die Herstellung eines Serums gegen das Dahlienmosaik erst, nachdem die denaturierende Wirkung des in den Pflanzen vorhandenen Tannins durch Zusatz von Nikotinsulfat aufgehoben worden war. Bei der Verwendung roher Säfte ist es ratsam, wenigstens eine grobe Klärung, etwa durch niedrigtouriges Zentrifugieren oder Filtrieren, durchzuführen. Die Immunisierung mit derartigen Säften hat den Vorteil, daß eine zeitraubende Aufarbeitung des Virus vermieden wird. Wenn eine chemische Reinigung des Virus wegen seiner Empfindlichkeit nicht möglich ist, bleibt zudem keine andere Wahl, als mehr oder weniger rohe Säfte für die Immunisierung zu benutzen. Sie reichen zwar in manchen Fällen zur Gewinnung genügend hochtitriger Seren aus, haben aber auch bestimmte Nachteile. Saft einer viruskranken Pflanze enthält nicht nur Virus-, sondern auch normales Pflanzeneiweiß und vielleicht noch andere antigen wirkende Stoffe, die eine entsprechende Antikörperbildung auslösen. Infolgedessen reagiert das Serum nicht nur mit Saft von kranken, sondern auch von gesunden Pflanzen. Eine einwandfreie Diagnose ist dann möglich, wenn dem Serum vor seiner Anwendung so viel Saft von gesunden Pflanzen zugesetzt wird, daß die Antikörper gegen normales Eiweiß ausgefällt werden. Falls der Titer des Antiserums gegen Virus viel größer als gegen normales Pflanzeneiweiß ist, genügt es auch, das Serum so weit zu verdünnen, daß nur noch die Virusantikörper in genügender Konzentration vorliegen. Da Antikörper gegen normales Eiweiß nur mit homologem oder verwandtem Eiweiß reagieren, lassen sich Nebenreaktionen ganz oder wenigstens teilweise vermeiden, wenn als Antigenlieferanten für die Serumherstellung Wirtspflanzen benutzt werden, die nicht oder nur sehr entfernt mit den zu untersuchenden Pflanzen verwandt sind.

Weitere Schwierigkeiten verursachen toxische Stoffe, die sich in den Säften mancher Pflanzen befinden. Sie können die Versuchstiere schädigen und dadurch die Antikörperbildung hemmen. Eine mangelhafte Antikörperbildung kann ferner dadurch bedingt sein, daß die Pflanzen bzw. ihre Preßsäfte verhältnismäßig geringe Virusmengen enthalten, die für eine gute Antikörperbildung nicht ausreichen. Aus allen diesen Gründen ist im allgemeinen eine Immunisierung durch reine Viruslösungen, die möglicherweise gegenüber dem Preßsaft auch eine Konzentrierung des Virus zulassen, vorzuziehen. Leider sind die physikalischen und chemischen Eigenschaften, die als Grundlage für eine Reinigung dienen können, bei den meisten Viren nur sehr lückenhaft oder gar nicht bekannt, so daß vorläufig einer Immunisierung mit Hilfe von reinen Viruslösungen noch ziemlich enge Grenzen gesetzt sind. Immerhin gelingt sie bei einer Reihe von Viren, z. B. beim TMV und Kartoffel-X-Virus ohne besondere Schwierigkeiten so gut, daß die Antiseren im Praezipitinversuch keine Reaktionen gegen normales Pflanzeneiweiß ergeben.

Bei solchen Viren, die sich auch in den übertragenden Insekten vermehren, können die Vektoren als Virusquelle für die Serumherstellung dienen. Auf diese Weise ist es gelungen, ein Serum gegen das Wundtumor-Virus zu gewinnen. Im übrigen ist auch eine Kombinationsimmunisierung möglich; hierfür wird den Versuchstieren Preßsaft von Pflanzen, die mehrere Viren enthalten, oder ein Gemisch von gereinigten Viruslösungen injiziert. Auf diesem Wege können polyvalente Seren erhalten werden, die auf mehrere Viren ansprechen. Eine derartige Kombinationsimmunisierung läßt sich z. B. ohne Schwierigkeiten mit dem TMV und dem Kartoffel X Virus durchführen. Allerdings wird das Verfahren nicht immer den gewünschten Erfolg haben, weil die Viren in sehr unterschiedlichen Konzentrationen vorliegen können und eine gegenseitige Konkurrenz der Antigene eintreten kann. Polyvalente Seren lassen sich auch durch Mischung von zwei oder mehr Seren herstellen, die durch Immunisierung mit jeweils einem Virus gewonnen worden sind.

Die Haltbarkeit der Seren ist unterschiedlich. Antikörper gegen stäbchen- oder fadenförmige Viren scheinen besonders stabil zu sein und bewahren ihre Wirksamkeit z. T. über viele Jahre, während Seren gegen kugelförmige Viren aus bisher unbekannten Gründen ihre Wirksamkeit schneller verlieren. Seren gegen stäbchenförmige Viren erreichen im Durchschnitt höhere Titer als solche gegen kugelförmige, und es könnte sein, daß bei der Haltbarkeit auch die höhere Konzentration der Antikörper eine bisher nicht genügend berücksichtigte Rolle spielt. Die Aufbewahrung der Seren muß bei niedriger Temperatur unter Zusatz eines Desinfektionsmittels erfolgen. Geeigneter ist Einfrieren oder die durch Gefriertrocknung mögliche Konservierung in Pulverform. In einigen Fällen hat sich auch gezeigt, daß an Papier angetrocknetes Serum ohne Aktivitätsverlust mehrere Jahre lang bei Zimmertemperatur unter Ausschluß der Luftfeuchtigkeit im Exsikkator aufgehoben werden kann.

Wenn es gelingt, ein brauchbares Serum gegen ein Virus herzustellen, so ist damit eine schnelle, sichere und objektive Diagnose dieses Virus möglich, wie sie von keiner anderen Nachweismethode erreicht wird. Im Abschnitt Symptomatologie ist auf die durch Wirtspflanze und Umwelt bedingte Variabilität der Virussymptome hingewiesen worden, die u. a. auch zu einer völligen Maskierung, d. h. zu äußerlich gesund erscheinenden Pflanzen führen kann. Die symptomatologische Diagnose wird ferner dadurch erschwert, daß verschiedene Virusarten auf einer Wirtspflanzenart die gleichen oder sehr ähnliche Symptome hervorrufen können, so daß für eine Differentialdiagnose gegebenenfalls ein mehr oder weniger großes Sortiment verschiedenartiger Testpflanzen zur Verfügung stehen muß. Der serologische Nachweis ist von dem Symptombild unabhängig und erfaßt das Virus selbst, sofern es in genügender Konzentration vorliegt. Da der Nachweis auch von der Wirtspflanze unabhängig ist und viele Viren einen mehr oder weniger großen Wirtspflanzenkreis haben, können mit einem Antiserum die durch ein entsprechendes Virus bedingten Erkrankungen verschiedener Pflanzen untersucht werden. Stellt man z. B. ein Serum gegen das Kartoffel-X-Virus her, das mit dem Preßsaft einer Kartoffel oder einer anderen Pflanze reagiert, so ist damit bei Einhaltung bestimmter Kontrollen bewiesen, daß die betreffende Pflanze das Kartoffel-X-Virus enthalten hat. Die notwendigen Kontrollen bestehen darin, daß der zu untersuchende Saft mit Normalserum, d. h. mit dem Serum eines nicht behandelten Tieres, und das Antiserum mit dem Preßsaft einer gesunden Pflanze geprüft wird. In beiden Fällen dürfen keine Reaktionen auftreten. Eine derartige Prüfung kann innerhalb kurzer Zeit, in manchen Fällen in wenigen Minuten, durchgeführt werden.

Bis zum Jahre 1950 waren etwa 15 Seren gegen verschiedene pflanzenpathogene Viren gewonnen worden. Inzwischen ist ihre Zahl auf mehr als 30 gestiegen, und es unterliegt keinem Zweifel, daß sie noch weiter zunehmen wird. Im folgenden werden eine Reihe von Antiseren, die im Rahmen dieses Buches interessieren, aufgeführt.

Seren gegen:

1. Kartoffelviren
a) Kartoffel-X-Virus
b) Kartoffel-Y-Virus
c) Kartoffel-S-Virus
d) Kartoffel-A-Virus
e) Kartoffel-Aucuba-Virus
f) Bukett- und Pseudo-Aucuba-Virus der Kartoffel (verwandt mit Tabakringfleckenvirus)

2. Tabakviren
a) Tabakmosaikvirus
b) Tabaknekrosevirus
c) Tabakringfleckenvirus
d) Virus der Streifen- und Kräuselkrankheit (Mauke, Stengelbunt)
e) Stolburvirus (auf Tomate und Kartoffel)

3. Rübenvergilbungsvirus

4. Luzernemosaikvirus

5. Bohnenmosaikvirus 1
6. Bohnenmosaikvirus 2
7. Dahlienmosaikvirus
8. Nelkenmosaikvirus (Komplex Nelkenscheckung und Nelkenringfleckigkeit)
9. Narzissenmosaikvirus (serologisch unterschieden wird das „grijs“-Virus vom milderen Mosaikvirus)
10. Freesienmosaikvirus
11. Zwiebelgelbstreifigkeitsvirus
12. Virus der Buntstreifigkeit der Tulpe
13. Irismosaikvirus
14. Tomatenaspermievirus
15. Chrysanthemenmosaikvirus

Die Serologie ist nicht nur für Einzel-, sondern vor allen Dingen auch für Massenuntersuchungen geeignet. Kranke Pflanzen, insbesondere solche, die durch insektenübertragbare Viren befallen sind, stellen für ihre Umwelt eine Infektionsquelle dar. Wenn der wirtschaftliche Wert der Pflanzen durch die Erkrankung gemindert wird, ist eine frühzeitige Entfernung der Infektionsquellen wichtig. Das gilt besonders in der Pflanzenzüchtung für die Erhaltungszucht von vegetativ vermehrtem Pflanzgut. In der Kartoffelzüchtung hat sich aus diesem Grunde in einigen europäischen Ländern die serologische Untersuchung auf Kartoffel-X-Virus in großem Umfange durchgesetzt. Sie beansprucht Interesse, weil das X-Virus bei vielen Kartoffelsorten nur vorübergehend oder überhaupt keine Symptome ausbildet. Obgleich das Virus in Europa nicht durch Insekten, sondern mechanisch übertragen wird, ist die Infektionsmöglichkeit im Feldbestand doch sehr groß. Wenige Infektionsquellen innerhalb einer Parzelle können bereits in einigen Jahren zur vollständigen Verseuchung des Nachbaues führen.

Da die Herstellung guter Anti-X-Seren keine Schwierigkeiten bereitet und die Viruskonzentration in der Kartoffelpflanze verhältnismäßig hoch ist, gelingen der Nachweis und damit eine Selektion mit großer Sicherheit. Die Prüfung ist bei Feldpflanzen schon bald nach dem Auflaufen durch Untersuchung des Blattsaftes möglich, so daß kranke Pflanzen vor dem Schließen des Bestandes entfernt werden können. Infolge der verschiedenen Feldbearbeitungen kann eine Infektion aber schon vor dem unmittelbaren Kontakt der Pflanzen erfolgen. Aus diesem Grunde ist es zweckmäßiger, die Selektion vor dem Auspflanzen durchzuführen. Dies kann durch die Prüfung von Augenstecklingspflanzen im Winter geschehen. Für Massenuntersuchungen noch geeigneter ist der X-Virusnachweis an Kartoffeldunkelkeimen während der Wintermonate. Dazu müssen die Knollen gegebenenfalls mit Hilfe von Stimulationsmitteln bei 20°C angekeimt werden. Von einer Untersuchungsstelle können an einem Tag mehrere Hundert, ja sogar Tausende von Proben geprüft werden. Durch derartige ständige Kontrollen sind schon viele Kartoffelsorten völlig von X-Virus befreit worden.

Die Genauigkeit dieser serologischen Untersuchungen ist von der angewandten Methode abhängig. Wenn es nur darauf ankommt, einen groben Überblick über den Gesundheitszustand eines Kartoffelfeldes hinsichtlich des X-Virus zu gewinnen, können zeitsparende Feldmethoden angewandt werden, die allerdings, darauf muß mit Nachdruck hingewiesen werden, für eine einwandfreie Selektion nicht ausreichen.

Ähnliche Prüfungen wie beim Kartoffel-X-Virus werden für das auf anderem Wege noch schwerer oder gar nicht diagnostizierbare Kartoffel-S-Virus durchgeführt. Dieses Virus vermehrt sich verhältnismäßig langsam und erreicht auch nicht sehr hohe Konzentrationen, so daß der Nachweis nicht ganz so einfach ist. Trotzdem war es bereits möglich, eine große Zahl von Kartoffelsorten auch von diesem Virus zu befreien.

In beschränkterem Umfange kann ebenfalls ein Antiserum gegen das Kartoffel-Y-Virus in der Kartoffelzüchtung eingesetzt werden. Der Nachweis gelingt im allgemeinen bei solchen Kartoffelpflanzen, die auf eine Y-Infektion mit Strichel oder sonstigen nekrotischen Symptomen reagieren, nicht. Dagegen ist er in solchen Fällen, in denen Mosaiksymptome auftreten oder das Virus latent bleibt, mit großer Sicherheit möglich.

Der serologische Virusnachweis kann auch bei anderen Kulturpflanzen von großer wirtschaftlicher Bedeutung verwendet werden. Das Virus der Rübenvergilbung vermag in Jahren, in denen es zu schweren Infektionen kommt, den Ertrag von Zuckerrüben stark herabzusetzen. In den meisten Fällen ist das Symptombild auf der Rübe eindeutig, es treten aber auch Zweifelsfälle auf, bei denen die serologische Prüfung gute Dienste zu leisten vermag. Wie weit mit ihrer Hilfe Frühdiagnosen gestellt oder Spätinfektionen erkannt werden können, steht zur Zeit noch nicht fest. Die Diagnose von symptomlosen Spätinfektionen könnte für den Samenrübenbau wichtig werden.

Die Serologie bietet nicht nur gute Möglichkeiten für die Gesunderhaltung eines Bestandes, bzw. für die Erhaltungszucht, sie kann ebenso für die Neuzüchtung immuner oder resistenter Sorten eingesetzt werden. Das gilt sowohl für die Auswahl der Kreuzungspartner als auch für die Prüfung der Nachkommenschaften.

An dem Beispiel des Kartoffel-S-Virus läßt sich zeigen, daß die Serologie zur Entdeckung neuer Viren führen kann. Vor wenigen Jahren wurde in Holland versucht, durch Verwendung von Säften einer Kartoffelsorte, die als A-virusverseucht bekannt ist, ein brauchbares Serum gegen dieses Virus herzustellen. Das gewonnene Serum reagierte überraschenderweise nicht nur mit dem Saft der betreffenden Kartoffelsorte, sondern auch mit solchen, die sicher kein A-Virus enthielten. Es mußte also ein unbekanntes Virus vorhanden sein, wie auch elektronenmikroskopische Prüfungen bestätigten. Das Virus war der Beobachtung entgangen, weil es auf Kartoffelpflanzen keine oder nur sehr schwer erkenn- und deutbare Symptome hervorruft und die üblichen Testpflanzen in den meisten Fällen versagen.

Das gleiche oder zumindest ein nahe verwandtes Virus wurde kürzlich in England in Nelken gefunden. Bei den Untersuchungen konnten zunächst drei verschiedene Nelkenviren festgestellt werden. Eines von diesen, das Adernscheckungs-Virus, rief auf einigen Pflanzen etwas stärkere Symptome hervor als auf anderen. Ein Antiserum, das mit Saft von Pflanzen mit ungewöhnlich starken Symptomen der Adernscheckung hergestellt worden war, brachte den endgültigen Beweis, daß derartige Pflanzen noch ein zweites Virus enthielten, das allein keine Symptome verursacht.

Ein anderes Beispiel dafür, daß die Serologie bei der Analyse komplexer Virosen zur Auffindung neuer Viren führen kann, ist die Tabak-Nekrosis-Krankheit. Lange Zeit wurde für diese Krankheit ein einziges Virus verantwortlich gemacht. Später stellte sich heraus, daß Tabak-Nekrosis durch drei serologisch verschiedene Viren hervorgerufen wird.

In der Natur sind oft Pflanzen gleichzeitig von mehreren bekannten Viren befallen. Dabei treten Krankheitsbilder auf, die von denen der einzelnen Viren mehr oder weniger stark abweichen, bzw. zu ganz neuartigen Erscheinungen führen. Falls an derartigen Mischinfektionen nur serologisch nachweisbare Viren, wie z. B. bei einer Kombination von TMV und Kartoffel-X-Virus auf Tomate, beteiligt sind, ist die Analyse schnell und sicher durchführbar. Aber auch dann, wenn außer den serologisch erfaßbaren Viren noch andere vorliegen, die nur mit Hilfe von Testpflanzen erfaßt werden können, vermag die Serologie wertvolle Dienste zu leisten. Nehmen wir z. B. an, daß ein Gemisch von drei Viren vorliegt und daß gegen zwei dieser Viren Seren vorhanden sind, so lassen sich aus einem Pflanzensaft durch Zusatz der beiden Antiseren die entsprechenden Viren neutralisieren, so daß sie nicht mehr infektiös sind. Mit Hilfe der Testpflanzen kann dann das dritte Virus nachgewiesen werden. Auf diese Weise gelingt es auch, Viren aus einem Gemisch zu isolieren. Sollen z. B. TMV und Kartoffel-X-Virus voneinander getrennt werden, so kann man dem Pflanzensaft Antiserum gegen eines der beiden Viren bis zur völligen Bindung des entsprechenden Virus zufügen und den entstandenen Niederschlag entfernen. Bei derartigen Versuchen ist aber zu beachten, daß bis zu einem gewissen Grade auch heterologe und Normalseren eine unspezifische neutralisierende Wirkung ausüben. Bei frischen Seren ist diese unspezifische Bindung u. U. größer als die spezifische bei alten homologen Seren, und auch im Vergleich mit frischem homologem Serum ist sie so groß, daß die spezifische Wirkung nur schwach zu erkennen ist. Die unspezifische Wirkung der Seren nimmt aber während der Alterung schnell ab, sofern sie nicht im gefrorenen Zustand aufbewahrt werden. Der Erfolg einer Neutralisation wird im Infektionstest geprüft, und es ist zunächst angenommen worden, daß das Normalserum nicht auf das Virus, sondern auf die Wirtspflanze wirkt. Nach späteren Untersuchungen bestehen aber zwischen der spezifischen und unspezifischen Wirkung keine qualitativen, sondern nur quantitative Unterschiede, d. h. daß es sich in jedem Fall um Verbindungen des Virus mit Bestandteilen des Serums handelt.

Die bisherigen Beispiele befaßten sich mit der Diagnose einer oder mehrerer Virusarten. Auf serologischem Wege läßt sich auch bis zu einem gewissen Grade eine Differenzierung verschiedener Stämme eines Virus durchführen. Es ist also möglich, Verwandtschaften aufzudecken und Beiträge zur Klassifizierung bestimmter Viren zu liefern. Die Grundlage dafür bietet die eingangs erwähnte Tatsache, daß ein Antigen mehrere serologisch wirksame, d. h. determinante Gruppen aufweisen kann. Für die Viren trifft das ohne Zweifel stets zu. Als Folge davon enthalten die bei der Immunisierung entstehenden Antikörper ebenfalls mehrere determinante Gruppen, die jeweils mit den entsprechenden Antigengruppen reagieren. Folgendes Schema mag zur Erklärung dienen. Stamm 1 eines Virus möge die antigenen Gruppen a b c d aufweisen, die zur Bildung der Antikörper A B C D führen. Stamm 2 enthalte die Gruppen a b e f, die die Bildung der Antikörper A B E F auslösen. Die Folge davon ist, daß die Stämme mit ihren homologen Seren vollständig reagieren, weil für jede antigene Gruppe entsprechende Antikörper vorhanden sind. Aus dem Schema geht weiter hervor, daß beide Stämme bzw. Seren von den vier angenommenen determinanten Gruppen zwei gemeinsam haben. Infolgedessen reagieren beide Stämme auch mit den heterologen Seren. Damit erklärt sich die generell für eine Diagnose wichtige Tatsache, daß ein gegen einen beliebigen Stamm eines Virus hergestelltes Serum mit jedem anderen Stamm desselben Virus reagiert. Andererseits erlauben die unterschiedlichen Gruppen auch eine Differenzierung innerhalb einer Virusart. Sie kann in der Weise erfolgen, daß ein gegen den Stamm 1 hergestelltes Serum (A B C D) so weit mit Stamm 2 (a b e f) abgesättigt wird, daß es mit ihm nicht mehr reagiert. Dabei verbinden sich A B mit a b, während die Antikörper C D nicht gebunden werden. Diese können infolgedessen bei einem nachfolgenden Zusatz des Stammes 1 noch mit dessen Gruppen c d reagieren. In dem vorliegenden Fall würde es sich erübrigen, den analogen Versuch mit dem zweiten Serum durchzuführen, da das Ergebnis eindeutig ist. Trotzdem ist es im allgemeinen ratsam, auch die Reaktion des zweiten Serums zu prüfen. Die Verhältnisse können nämlich auch anders liegen, als in dem Schema angenommen wurde. Hat z. B. der Virusstam 1 nur die beiden antigenen Gruppen a b, so werden die Antikörper A B gebildet, während ein zweiter Stamm mit den determinanten Gruppen a b c die Bildung der Antikörper A B C bewirkt. Wird nun in der eben dargestellten Weise vorgegangen und zu dem Serum gegen den ersten Stamm mit den Antikörpern A B eine genügende Menge des zweiten Stammes (a b c) gegeben, so werden A B völlig abgesättigt. Infolgedessen tritt keine weitere Reaktion mit dem homologen Stamm ein. Wird aber umgekehrt verfahren und zu dem zweiten Serum (A B C) der erste Virusstamm mit den determinanten Gruppen a b zugesetzt, so bleibt der Antikörper C frei. Er kann also noch mit c des zweiten Virusstammes reagieren. Wäre nur die erste Reaktion ausgeführt worden, so hätte das zu dem irrtümlichen Schluß geführt, daß die beiden untersuchten Stämme in ihrem serologischen Verhalten identisch wären.

Bei derartigen Differenzierungsversuchen ist zu berücksichtigen, daß nach allgemeiner Erfahrung starke Seren, d. h. Seren mit hohem Antikörpergehalt, dazu neigen, heterologe Reaktionen zu geben, die eine einwandfreie Differenzierung erschweren, während schwächere Seren vorhandene Unterschiede deutlich zeigen. Dies trifft sicher auch für Seren gegen pflanzenpathogene Viren zu. Nach Versuchen, die mit einem schwachen und einem starken Serum gegen das TMV angestellt worden sind, ist anzunehmen, daß sich solche Seren nicht nur quantitativ, sondern auch qualitativ unterscheiden. Trotz dieser Einschränkung ist es bisher schon bei einigen Viren gelungen, verschiedene antigene Gruppen aufzufinden. Bereits vor 20 Jahren wurden in USA 3 Gruppen des Kartoffel-X-Virus unterschieden und zwar:

mottle strain mit den antigenen Gruppen a, b, c,
masked mottle strain mit den antigenen Gruppen a, b, d,
ringspot strain mit den antigenen Gruppen a, d, e.

Die Bezeichnung dieser Stämme ist seinerzeit nach ihren Symptomen gewählt worden, und es könnte der Eindruck entstehen, daß Symptombild und serologische Unterscheidungsmöglichkeit parallel gehen. Eingehende in Deutschland durchgeführte Untersuchungen zeigten aber, daß die hier vorkommenden Stämme des Kartoffel-X-Virus unabhängig von ihren Symptomen in zwei Gruppen eingeteilt werden können und die Unterscheidung von mottle- und ringspot-Stämmen kein richtiges Bild gibt. Es stellte sich heraus, daß zu einer Gruppe sowohl mottle- wie auch ringspot-Stämme gehören können. Die serologische Prüfung von Vertretern beider Gruppen bestätigte dies. Im Jahre 1936 ist in England ein Virus isoliert und von dem Kartoffel-X-Virus, mit dem es gemeinsam in der Kartoffelsorte ,,Up-to-Date" vorkam, unterschieden worden. Es erhielt die Bezeichnung Kartoffel-B-Virus. Später wurde aus der Sorte ,,Duke of York" ein Virus gewonnen, das als identisch mit dem B-Virus angesehen wurde. Im Laufe weiterer Untersuchungen wurde dann gefunden, daß dieses Virus nur ein verhältnismäßig stark abweichender Stamm des X-Virus ist. Er reagiert mit Seren gegen andere Stämme des X-Virus, läßt sich aber auch serologisch differenzieren und steht vielleicht in näherer Beziehung zu den in Deutschland als X^{E}-Gruppe bezeichneten Stämmen. Bei einer in England durchgeführten Prüfung von zehn X-Virusstämmen wurde nochmals deutlich, daß keine Beziehung zwischen Symptomtyp und Verwandtschaft besteht. Es konnten mit Hilfe der Absättigungsmethode vier Gruppen mit folgenden Antigenformeln festgestellt werden: 1. G, a, b, 2. G, a, b, h, 3. G, b, c, e, 4. G, c, g. Die einzelnen Buchstaben dürfen übrigens nicht zu der Ansicht verleiten, daß jeder ein einzelnes Antigen darstellt; ohne Zweifel repräsentieren sie mehrere antigene Fraktionen, die bei einer verbesserten Methode vielleicht noch weiter unterteilt werden können.

Ähnliche Untersuchungen sind mit dem TMV angestellt worden. Von den gewöhnlichen Stämmen konnten bisher unterschieden werden 1. Aucuba mosaic virus, 2. Enation mosaic virus und 3. Rib grass-Stamm.

Ein Hinweis auf spezifische antigene Gruppen ist auch dann gegeben, wenn Antiseren mit ihren homologen Virusstämmen höhere Titer geben als mit heterologen. Derartige Prüfungen erlauben noch gewisse Differenzierungen, wenn die Absättigungsmethode versagt. So ließen sich der C-Stamm und der auf Tabak nekrotische Reaktionen hervorrufende veinal-necrosis-Stamm des Kartoffel-Y-Virus bisher durch Absättigungsversuche nicht unterscheiden, wohl aber wurden bei homologem Antiserum und Antigen höhere Titer als bei heterologen Reaktionen festgestellt.

Die im Vorstehenden beschriebenen Ergebnisse wurden nach der Praezipitin-Methode erhalten. Untersuchungen an verschiedenen Stämmen des TMV zeigen, daß sie auch mit Hilfe der Komplement-Bindungs-Reaktion gewonnen werden können.

Der Ausfall der serologischen Reaktionen wird im allgemeinen zwar nicht als das einzige, wohl aber als ein sehr wichtiges und in Zweifelsfällen oft als das entscheidende Kriterium für die Zugehörigkeit von Stämmen zu einer Art bzw. Differenzierung von Viren angesehen. Diese Ansicht entspricht den bisherigen

Erfahrungen bis auf zwei ungeklärte Fälle, von denen einer das Verhältnis von Gurkenvirus 3 und 4 zum TMV betrifft. Die beiden Gurkenviren reagieren mit Antiserum gegen TMV, allerdings tritt die Reaktion erst bei einer ziemlich hohen Verdünnung des Antigens ein. Umgekehrt reagiert TMV mit Antiserum gegen die Gurkenviren, und zwar ebenfalls nur bei einer höheren Verdünnung des Virus. Aus diesem Verhalten ist geschlossen worden, daß die Gurkenviren 3 und 4 Stämme des TMV darstellen, obgleich sie sich von den übrigen Stämmen des TMV in vielen Eigenschaften unterscheiden. Bei einem kritischen Vergleich der verschiedenen Eigenschaften ist nun in neuester Zeit die allerdings nicht unwidersprochen gebliebene Meinung vertreten worden, daß trotz des serologischen Verhaltens die Viren als selbständige Arten anzusehen sind. Falls diese Annahme zu Recht besteht, kann eine sichere Erklärung für den positiven Ausfall der serologischen Reaktion zur Zeit nicht gegeben werden. Ohne Zweifel sind einige, die serologische Reaktion bestimmende antigene Gruppen bei den verschiedenen Viren gleich. Ob diese Übereinstimmung und die beobachtete Prämunität ausreichen, um doch eine Verwandtschaft festzustellen, wird die Zukunft zeigen müssen.

Der zweite Fall betrifft die Bohnenviren 1 und 2, und zwar reagieren hier Antiseren und Viren wechselseitig miteinander. Da die beiden Viren auch in einigen anderen Eigenschaften übereinstimmen, dürfte das serologische Verhalten tatsächlich der Ausdruck einer näheren Verwandtschaft sein, falls man nicht bei einer weiteren Analyse in Zukunft sogar zu der Überzeugung kommt, daß die beiden Viren nur Stämme einer Art sind, wie auch von einzelnen Autoren angenommen wird.

Diese noch ungeklärten Fälle können die auf vielfache Untersuchungen gestützte Ansicht nicht erschüttern, daß Antiseren gegen pflanzenpathogene Viren artspezifische Reaktionen geben. Abgesehen davon, daß eindeutige Artabgrenzungen für viele Viren zur Zeit noch unmöglich sind, bleibt unseres Erachtens die Frage offen, ob in Zukunft nicht doch verwandtschaftliche Beziehungen zwischen eindeutig definierbaren Arten gefunden werden. Wenn man von der Voraussetzung ausgeht, daß nicht jede Virusart auf eine völlig selbständige Weise entstanden, sondern jeweils bei einer größeren Zahl ein gemeinsamer Ursprung vorhanden ist, muß grundsätzlich mit der Möglichkeit gerechnet werden, daß verschiedenartige Viren eine gewisse Zahl von gleichen antigenen Gruppen haben. Es wäre z. B. denkbar, daß ein Serum gegen ein Virus A auch mit einem Virus B reagiert und das Serum gegen B mit dem Virus C, während das Antiserum gegen A keine Reaktion mit C ergibt. Wenn sich bisherige Versuche bestätigen, hat sich ein erster Hinweis auf eine solche Möglichkeit bei vergleichenden Untersuchungen über das Bukett- und das Pseudo-Aucuba-Virus der Kartoffel, die beide in den Verwandtschaftskreis des Tabakringfleckenvirus gehören, mit der amerikanischen Tabakringfleckigkeit ergeben. Serum gegen das Bukettvirus reagierte nämlich im Praezipitationsversuch mit dem Pseudo-Aucuba und Serum gegen Pseudo-Aucuba auch mit Tabakringfleckigkeit, während Bukett-Antiserum gegenüber letzterem versagte. Das negative Ergebnis beweist nicht, daß keine gemeinsamen determinanten Gruppen bei Bukett- und Tabakringflecken-Virus vorkommen. Es ist durchaus möglich, daß sie vorhanden sind aber unter den gegebenen Bedingungen keine Reaktion auslösten. Die Versuche werden deshalb auch nicht als Beweis, sondern nur zur Unterstützung der Ansicht erwähnt, daß sich bei einer Intensivierung der serologischen Untersuchungen vielleicht in manchen Fällen „Reaktionsketten“ aufzeigen lassen, die weiter verwandte Viren miteinander verknüpfen.

Das serologische Reaktionsvermögen ist nicht an das intakte Virus gebunden, z. B. reagiert ein TMV-Antiserum mit Untereinheiten des Virus, die bei einer bestimmten chemischen Behandlung in großer Anzahl entstehen. Damit wird die aus anderen Versuchen gewonnene Erkenntnis bestätigt, daß sich das Virus aus kleinen gleichartigen Einheiten zusammensetzt. Mit TMV-Antiserum reagieren ebenfalls die nur bei kranken Pflanzen festgestellten verhältnismäßig hochmolekularen Eiweißkörper. Umgekehrt reagieren Seren gegen diese Eiweiße auch mit dem Virus. Auf diese Weise wurde bewiesen, daß die Stoffe in irgendeiner Beziehung zueinander stehen und u. U. die hochmolekularen Eiweiße dem Virusaufbau dienen. Die Serologie kann also auch bei der Erforschung von Virus-Aufbau und -Vermehrung mit Erfolg angewandt werden. Die genannten Virusuntereinheiten und Eiweißkörper enthalten übrigens keine Nucleinsäure, die deshalb höchstens eine untergeordnete Rolle für das antigene Verhalten des Virus spielt.

Serologische Methoden können weiterhin mit Vorteil bei Untersuchungen über Lokalisation und Transport der Viren benutzt werden. Dabei interessiert oft nicht nur die Frage, in welchen Teilen der Pflanzen sich Virus befindet und wie schnell es von einer Infektionsstelle in die verschiedenen Teile einwandert, sondern auch welche Konzentrationen erreicht werden. Allgemein sind quantitative Virusuntersuchungen nach dem am meisten angewendeten Verfahren der Läsionszählungen auf geeigneten Testpflanzen nur in verhältnismäßig geringem Umfang gemacht worden, da sie sehr viel Zeit und Raum benötigen und in vielen Fällen zu ungenaue Werte ergeben. Für Konzentrationsbestimmungen bietet aber die Praezipitinmethode besondere Vorteile. Gewöhnlich wird dabei in der Weise vorgegangen, daß verschiedene Verdünnungen des zu prüfenden Pflanzensaftes (Verdünnungsreihen) hergestellt und zu jeder Verdünnung eine konstante Serummenge gegeben wird. Auf diese Weise lassen sich verschiedene Viruskonzentrationen vergleichen. Bei einem zweiten Verfahren wird, wie bereits erwähnt, der optimale Praezipitationspunkt bestimmt, d. h. jene Verdünnung, bei der die Praezipitation zuerst auftritt. Beide Verfahren geben ziemlich übereinstimmende Werte, d. h., wenn z. B. nach der ersten Methode ein hoher Safttiter festgestellt wird, liegt auch der optimale Praezipitationspunkt bei einer hohen Verdünnungsstufe.

Für vergleichende Konzentrationsbestimmungen ist Voraussetzung, daß die einzelnen Messungen mit demselben Serum durchgeführt werden. Wenn auch der Safttiter bis zu einem gewissen Grade vom Serumtiter unabhängig ist, so lassen sich mit einem hochtitrigen Serum dennoch geringere Virusmengen nachweisen als mit einem niedrigtitrigen. Außerdem sind auch andere individuelle Unterschiede zwischen einzelnen Seren möglich. Da sich die meisten Seren bei entsprechender Konservierung ohne wesentliche Veränderungen über eine längere Zeit halten, sind Vergleiche über größere Zeiträume möglich. Dies ist ein besonders zu erwähnender Vorteil gegenüber den Läsionszählungen, da Testpflanzen zu verschiedenen Zeiten unter nicht ganz gleichen Bedingungen sehr unterschiedliche Werte liefern können.

Der absolute Virusgehalt läßt sich nur bei reinen Viruslösungen messen. Wenn aber z. B. die serologische Prüfung des Preßsaftes eines kleinen Blattes eine höhere Viruskonzentration ergibt als die eines größeren Blattes und festgestellt werden soll, wie sich die absoluten Mengen in den beiden Blättern verhalten, können die sog. Serumeinheiten errechnet werden. Hierzu werden die ml des aus dem jeweiligen Blatt erhaltenen Saftes mit dem Safttiter multipliziert. Das Verfahren gibt zwar nur grobe Annäherungswerte, ermöglicht aber doch gewisse Aussagen über die Gesamtvirusmenge eines oder sämtlicher Blätter einer Pflanze.

Alle quantitativen Bestimmungen des Virusgehalts einer Pflanze sind nicht nur von der Methode der Virusbestimmung, sondern auch von der Virusgewinnung abhängig. Bei der Gewinnung von Pflanzensäften mit Hilfe von Mörsern oder Preßzangen bleibt, wie schon erwähnt wurde, ein mehr oder weniger großer Teil des Virus im Rückstand. Aus diesem kann das Virus durch Enzymeinwirkung befreit werden. Zu etwa der gleichen Ausbeute gelangt man, worauf ebenfalls schon hingewiesen wurde, wenn das Pflanzengewebe mit einem Homogenisator so weit zerkleinert wird, daß alle Zellen zerstört sind. Sofern nach einer bestimmten Extraktionsmethode bei allen Blättern einer bzw. verschiedener Pflanzen prozentual die gleiche Virusmenge im Rückstand bleibt, werden vergleichende Untersuchungen dadurch nicht wesentlich gestört. Allerdings ist diese Frage noch nicht genügend geklärt. Bei alten, mit Kartoffel-X-Virus infizierten Tabakpflanzen führte die Verwendung eines Homogenisators bzw. einer Preßzange bei alten Blättern zur gleichen Virusausbeute, während bei jungen Blättern mit einem Homogenisator weit mehr Virus gefunden wurde als mit Hilfe von Preßzangen. Derartige Schwierigkeiten berühren allerdings nicht nur den serologischen, sondern ebenso jeden anderen Nachweis und müssen bei jeder Auswertung berücksichtigt werden.

Mit Hilfe von serologischen Prüfungen wurde in mehreren Fällen die Viruskonzentration in einzelnen Pflanzenteilen während einer ganzen Vegetationsperiode verfolgt. Bei der Untersuchung von Tabakpflanzen, die im Vierblattstadium mit Kartoffel-X-Virus beimpft worden waren, stieg der Virusgehalt in den beimpften Blättern zunächst an. Je nach den Wachstumsbedingungen wurde auch in den nachwachsenden Blättern mehr oder weniger schnell ein unterschiedliches Maximum erreicht. Alte Blätter zeigten z. T. schon zu einem Zeitpunkt, in dem die Konzentration in jüngeren Blättern noch zunahm, einen sich immer mehr verstärkenden Rückgang der Virusmenge. Während der Blütenbildung war ein nochmaliger Virusanstieg zu verzeichnen, über dessen Ursache noch nichts Sicheres gesagt werden kann. Nach dem Verblühen nahm die Konzentration in allen Blättern stark ab. Grundsätzlich gleiche Ergebnisse wurden bei der serologischen Prüfung von Kartoffelpflanzen, die im Freiland aus X-viruskranken Knollen aufgewachsen waren, beobachtet. Auch diese Pflanzen zeigten nach einer gewissen Zeit ein ausgeprägtes Virusmaximum bei den mittleren Blättern, eine Zunahme der Konzentration bei jüngeren Blättern zur Blütezeit und einen Rückgang während der Abreife.

Bei Untersuchungen über das Kartoffel-A-Virus in Tabakpflanzen wurde ebenfalls eine Abnahme des Virusgehaltes bei alten Blättern gefunden. Sie erfolgte schneller als beim X-Virus und trat bereits vor der Blütenbildung ein.

Schon diese Beispiele zeigen, daß von dem Verhalten des einen Virus nicht auf das eines anderen geschlossen werden darf. Man muß damit rechnen, daß stabile Viren, wie etwa das TMV, einen ganz anderen Konzentrationsverlauf zeigen. Derartige Untersuchungen haben in mannigfacher Hinsicht nicht nur theoretische, sondern auch praktische Bedeutung. So kann die Frage wichtig sein, wann die Viruskonzentration in einer Pflanze am höchsten ist und damit auch eine erhöhte Übertragungsgefahr besteht. Ferner ist es bei der Herstellung reiner Präparate von solchen Viren, die in der Pflanze nur eine geringe Konzentration erreichen, vorteilhaft, günstiges Ausgangsmaterial auswählen zu können. Es dürfte deshalb wertvoll sein, in Zukunft quantitative Untersuchungen in größerem Umfange durchzuführen.

Den vielfachen Vorteilen, die die Anwendung serologischer Methoden bietet, stehen gewisse Nachteile und Grenzen gegenüber. Zunächst ist darauf hinzuweisen, daß es bisher erst für verhältnismäßig wenige Viren gelungen ist, brauchbare Antiseren herzustellen. Abgesehen davon, daß es auch ohne besondere Schwierigkeiten möglich sein wird, Seren gegen eine Anzahl weiterer Viren zu gewinnen, treten des öfteren dadurch Schwierigkeiten auf, daß die Viren in der Pflanze im allgemeinen nur eine geringe Konzentration erreichen. Für die Herstellung von Antiseren wird dies in vielen Fällen kein unüberwindbares Hindernis sein. Da, wie schon erwähnt, die meisten Viren einen mehr oder weniger großen Wirtspflanzenkreis haben und die Viruskonzentration bei verschiedenen Pflanzenarten unterschiedlich sein kann, dürfte es bis zu einem gewissen Grad gelingen, geeignete Pflanzen als Antigenlieferanten ausfindig zu machen. Hinzu kommt noch, daß die Viruskonzentration von Umweltfaktoren abhängig ist und durch günstige Bedingungen erhöht werden kann. Allerdings ist der serologische Nachweis mit der Herstellung eines guten Antiserums nicht gesichert, da er ebenso von dem Virusgehalt der zu untersuchenden Pflanze abhängig ist. Dieser kann so niedrig sein, daß er auch mit empfindlichen serologischen Methoden nicht faßbar ist. Aus diesem Grunde gelingt z. B. der serologische Nachweis des Kartoffel-A-Virus in den Kartoffelpflanzen nicht, obgleich der Preßsaft von kranken Tabakpflanzen im allgemeinen einwandfreie Reaktionen ergibt. In derartigen Fällen ist man also auf geeignete Testpflanzen angewiesen.

Die geringe Stabilität mancher Viren in vitro macht ebenfalls oft die Anwendung serologischer Methoden unmöglich. Allerdings kann die Beständigkeit durch Zusatz reduzierender Substanzen oder durch Pufferung der Preßsäfte in einigen Fällen erhöht werden. Bei einer intensiveren Erforschung der chemischen und physikalischen Eigenschaften labiler Viren dürften deshalb auch weitere Fortschritte in der Anwendungsmöglichkeit serologischer Verfahren zu erwarten sein.

Die einwandfreie Diagnose kann bei der Prüfung von Pflanzenpreßsäften durch unspezifische Reaktionen erschwert werden. Sie zeigen sich darin, daß die Säfte nicht nur mit Anti- sondern auch mit Normalserum reagieren oder sogar ohne jeden Serumzusatz ausflocken. Ihre Ursachen sind im einzelnen unbekannt, in erster Linie wird es sich aber um Eiweißreaktionen handeln. Bei der Prüfung von Kartoffelblättern auf X-Virus hat es sich als zweckmäßig erwiesen, den Preßsaft eine gewisse Zeit altern zu lassen, oder, falls das nicht ausreicht, ihn kurze Zeit auf 55° C zu erhitzen. Gegebenenfalls bleibt keine andere Wahl, als eine zweite Probe zu untersuchen. Bei der Verwendung von an Papier angetrocknetem Anti-X-Serum treten übrigens unspezifische Reaktionen in einem sehr geringen Umfang auf, so daß sie praktisch bedeutungslos sind.

Serologische Reaktionen werden vielfach bei einer Temperatur von 37° C durchgeführt. Bei der Untersuchung von vergilbungskranken Zuckerrüben wurden bei dieser Temperatur Ausflockungen beobachtet, die bei 25° C nicht oder nur in verschwindendem Maße auftraten. Unspezifische Reaktionen stellen also kein grundsätzlich unüberwindbares Problem dar.

Prinzipielle Grenzen sind der Serologie aber in gewisser Hinsicht dadurch gesetzt, daß serologische Aktivität und Infektionsvermögen nicht ohne weiteres parallel gehen. Bei einer Reihe von Viren zerstören bestimmte Chemikalien (z. B. Formalin und verdünnte Lösungen von Wasserstoffsuperoxyd) zwar die Infektiosität, beeinflussen aber die serologische Reaktion nicht. Dementsprechend werden bei der serologischen Prüfung von virushaltigen Pflanzensäften oder Virus-Präparaten auch nichtinfektiöse Viruspartikeln erfaßt. Wie schon erwähnt, reagieren sogar Bruchstücke des TMV und im Verlauf einer Infektion auftretende andere Eiweißkörper mit Serum gegen natives Virus. So wertvolle Aufschlüsse derartige Reaktionen auch geben, zeigen sie aber wiederum eindringlich, daß serologische Aktivität kein Kennzeichen für infektiöses oder intaktes Virus ist. Für die praktische Virusdiagnose, d. h. für die Feststellung, ob eine Pflanze krank ist, spielt diese Einschränkung aber keine Rolle. Wie weit nichtinfektiöse Viruspartikeln den Wert quantitativer Prüfungen einschränken können, läßt sich zur Zeit noch nicht sagen. Es ist nämlich noch nicht klar, ob die gewöhnlich als normale Viruspartikeln angesehenen Teilchen (z. B. beim TMV mit einer Länge von ungefähr 280 mμ) tatsächlich die infektiösen Einheiten darstellen und wieweit vielleicht in der Pflanze vorhandene zeitweise nichtinfektiöse Teilchen wieder infektiös werden können.

Überblickt man die verschiedenen Anwendungsmöglichkeiten und Vorzüge serologischer Methoden, so wird man sagen dürfen, daß sie es verdienen, in weit stärkerem Maße eingesetzt zu werden, als das bisher in der pflanzlichen Virusforschung geschehen ist. Dabei ist allerdings nochmals hervorzuheben, daß sie sowohl vorläufige als auch grundsätzliche Grenzen haben und in vielen Fällen am besten in Kombination mit anderen Methoden benutzt werden.

Variabilität pflanzlicher Viren

Von

O. Bode

Vorkommen von Varianten, Unterschiede zwischen Stämmen einer Virusart, Auslösung von Mutationen, Prämunität.

Die meisten Viren kommen in der Natur als Komplexe verwandter Stämme oder Varianten vor, die sich, wie bereits in der Symptomatologie beschrieben wurde, in gewisser Hinsicht in der Ausprägung ihrer Symptome auf den Wirtspflanzen unterscheiden können. Für die meisten untersuchten Viren konnte experimentell eine mehr oder weniger große Zahl solcher abweichender Stämme nachgewiesen werden. So spalten manche Viren, wie das TMV, das Kartoffel-X-, das Gurkenmosaik und das Curly top-Virus der Rübe offenbar sehr häufig Varianten ab, andere Viren dagegen seltener, so daß von ihnen nur eine geringere Zahl differenter Stämme bekannt ist. Für wenige Viren, wie z. B. für das Virus des Rübenmosaiks, sind bislang keine Varianten nachgewiesen worden. Es besteht jedoch die Möglichkeit, daß auftretende Varianten sich nur wenig vom ursprünglichen Virus unterscheiden und sich wegen ihres schwierigen Nachweises und geringer Unterschiede der Untersuchung entziehen, wie auch erst neuerdings für die Blattrollkrankheit der Kartoffel die Existenz verschiedener Stämme erwiesen werden konnte.

Der Nachweis und die Identifizierung von Varianten ist möglich auf Grund
- des verschiedenen Symptombildes auf der gleichen Wirtspflanze,
- des unterschiedlichen Symptombildes auf verschiedenen Wirtspflanzen,
- des unterschiedlichen Wirtspflanzenkreises,
- der differenten Übertragbarkeit,
- des verschiedenen serologischen Verhaltens,
- der abweichenden physikalischen Eigenschaften,
- der unterschiedlichen chemischen Zusammensetzung.

Ein exakter Nachweis der Reinheit von Stämmen ist kaum möglich, da nicht von einer Infektionseinheit, wie etwa einer Einsporenkultur in der Bakteriologie, ausgegangen werden kann. Dennoch ist eine Reinigung und Isolierung bei solchen Viren am aussichtsreichsten, die saftübertragbar sind und auf den eingeriebenen Blättern von Testpflanzen die Bildung von Lokalläsionen verursachen. Durch

Ausstanzen und Verimpfen von Einzelherden erhält man in den meisten Fällen die reinen Linien. Zweckmäßig ist es jedoch, diesen Isolierungsvorgang mehrfach zu wiederholen, um evtl. Verunreinigungen auszuschließen. Schwieriger ist die Isolierung bei solchen Viren, die keine Primärläsionen hervorrufen. In solchen Fällen ist eine Verimpfung weitgehend verdünnter Preßsäfte auf eine größere Zahl von Pflanzen erforderlich. Auf Grund des Krankheitsbildes an infizierten Pflanzen lassen sich unter Umständen erst nach mehrfacher Wiederholung der Verdünnungsversuche die Linien ausgliedern.

Bereits frühzeitig sind die Viren in der Literatur auf Grund ihrer Eigenschaften mit den Genen verglichen worden. Eine besondere Stütze fand diese Auffassung dadurch, daß für fast alle Viren das Vorhandensein von Varianten nachgewiesen werden konnte, deren Entstehung als Mutante aus dem ursprünglichen Virus aufgefaßt wurde. Obwohl ein experimenteller Beweis für diese Hypothese bislang nicht möglich ist, hat sich heute der Begriff Mutation allgemein eingebürgert.

Die Unterschiede zwischen Varianten eines Virus können sich einmal quantitativ als stärkere oder schwächere Symptome abzeichnen oder aber es kann der Charakter der Symptome qualitativ verändert sein. Da die Symptomatologie wegen der starken Abhängigkeit des Symptombildes von Art, Alter und Zustand der Testpflanze sowie von ökologischen Faktoren nicht immer ein sicheres Kriterium für das Vorhandensein von Varianten darstellt, sind umfangreiche Untersuchungen über den chemischen Aufbau, vor allen Dingen des Proteinanteils, durchgeführt worden. Diese erstreckten sich besonders auf Analysen der Aminosäurebausteine bei verschiedenen Stämmen des TMV und der Gurkenmosaikviren 3 und 4. Wie die Tabelle 16 zeigt, bestehen in der Zusammensetzung der einzelnen Aminosäuren für die verschiedenen Viren und Varianten nicht unbeträchtliche Unterschiede, die sich einmal in abweichender Konzentration der Komponenten ausprägen kann; dann aber sind auch Abweichungen derart festzustellen, daß bestimmte Aminosäuren für einige Varianten völlig fehlen.

Weitere Unterschiede der Stämme können in ihren physikalischen Eigenschaften bestehen. So konnten u. a. für das Kartoffel-X-Virus zwei auch serologisch differenzierbare Gruppen der Varianten festgelegt werden, die sich deutlich in ihrer thermalen Inaktivierung (69 und 74° C) abgrenzen lassen. Auch bei der Bestimmung des isoelektrischen Punktes für verschiedene Stämme des TMV (p_H 3,45—3,8) und des südlichen Bohnenmosaik-Virus (p_H 5,5—5,9) ergaben sich abweichende Werte, obwohl bei letzterem keine Unterschiede im Symptombild zu bemerken waren. Demgegenüber brauchen aber Mutationen, selbst wenn sie sich tiefgreifend auf das pathogene Verhalten auswirken, keine nachweisbare Veränderung der Antigeneigenschaften aufzuweisen. Ebenfalls sind morphologische Abweichungen bislang in keinem Fall mit Sicherheit nachgewiesen worden.

In der Literatur aufgeführte Differenzen in der Teilchenlänge usw. konnten bei späteren Nachprüfungen nicht bestätigt werden. Während die beim Tabaknekrose-Virus vorkommenden Formen mit unterschiedlichen Durchmessern der

Tabelle 16

Aminosäuregehalt hochgereinigter Präparate von 8 Stämmen des TMV (nach KNIGHT) (g Aminosäure auf 100 g Virus)

Aminosäure	TMV	M	J14Dl	GA	YA	HR	CV_3	CV_4
Alanin	5,1	5,2	4,8	5,1	5,1	6,4		6,1
Arginin	9,8	9,9	10,0	11,1	11,2	9,9	9,3	9,3
Asparaginsäure	13,5	13,5	13,4	13,7	13,8	12,6		13,1
Cystein	0,69	0,67	0,64	0,60	0,60	0,70		0
Cystin	0		0	0	0	0	0	0
Glutaminsäure	11,3	11,5	10,4	11,5	11,3	15,5	6,4	6,5
Glycin	1,9	1,7	1,9	1,9	1,8	1,3	1,2	1,5
Histidin	0	0	0	0	0	0,72	0	0
Isoleucin	6,6	6,7	6,6	5,7	5,7	5,9	5,4	4,6
Leucin	9,3	9,3	9,4	9,2	9,4	9,0	9,3	9,4
Lysin	1,47	1,49	1,95	1,45	1,47	1,51	2,55	2,43
Methionin	0	0	0	0	0	2,2	0	0
Phenylalanin	8,4	8,4	8,4	8,3	8,4	5,4	9,9	9,8
Prolin	5,8	5,9	5,5	5,8	5,7	5,5		5,7
Serin	7,2	7,0	6,8	7,0	5,1	5,7	9,3	9,4
Threonin	9,9	10,1	10,0	10,4	10,1	8,2	6,9	7,0
Tryptophan	2,1	2,2	2,2	2,1	2,1	1,4	0,5	0,5
Tyrosin	3,8	3,8	3,9	3,7	3,7	6,8	3,8	3,7
Valin	9,2	9,0	8,9	8,8	9,1	6,2	8,8	8,9

Die Abkürzungen der Stammesbezeichnungen bedeuten: TMV = Tabakmosaik-Virus; M = masked tobacco mosaic virus von HOLMES; J14Dl = Abkömmling (Gelbstamm) von JENSENS (1937) Stamm J14; GA und YA = grünes und gelbes Tomaten-Aucubamosaik; HR = rib-grass-Stamm von HOLMES (1941); CV_3 und CV_4 = Gurkenmosaik-Viren 3 und 4.

Die Abweichungen der Werte dieser Tabelle gegenüber der Tabelle 12 sind dadurch zu erklären, daß infolge verbesserter Methoden gewisse Korrekturen für die Werte einzelner Aminosäuren erforderlich geworden sind.

sphärischen Teilchen bei gleichartigen Symptomen auf der Testpflanze (Tabak) früher als Varianten eines Virus angesehen wurden, neigt man heute auf Grund serologischer Untersuchungen dazu, sie als differente Viren aufzufassen, die jedoch oft vergesellschaftet auftreten.

Wie bereits ausgeführt, ist die Entstehung neuer Varianten am leichtesten auf Grund von Veränderungen der Pathogenität erkennbar, wobei meistens eine mehr oder weniger starke Abwandlung des Symptombildes auftritt. Dabei kann es aber vorkommen, daß die Symptome der neuen Linie einmal durch den ursprünglichen Stamm überdeckt werden, so daß ein Nachweis und eine Isolierung erst durch Übertragung auf andere Testpflanzen oder durch andere Untersuchungsmethoden möglich wird. Außerdem aber sind diese neuen Mutanten oft nicht mit dem Elternstamm genügend konkurrenzfähig, so daß bald eine Verdrängung erfolgen kann. Es konnte gezeigt werden, daß im Gemisch verimpfte schwachvirulente Stämme des Kartoffel-X-Virus infolge geringerer Vermehrungsfähigkeit und Ausbreitungsgeschwindigkeit in der Wirtspflanze bald nicht mehr nachzuweisen waren. Daraus wird ersichtlich, daß nur solche Varianten Aussicht auf Existenz haben, die infektiöser sind als die Ausgangsstämme. Die Mutationsrate scheint auf Grund bisheriger Beobachtungen bei solchen Viren, die faden- oder stäbchenförmige Teilchen mit geringem Gehalt an Nucleinsäure besitzen, höher zu liegen, als bei solchen mit sphärischen Partikeln und höherem Gehalt an Nucleinsäure. Obwohl die Häufigkeit, in der Varianten entdeckt werden, in keinem Verhältnis zur möglichen Mutationsrate zu stehen scheint, darf sie jedoch nicht vom Standpunkt der Pflanze, sondern muß von der extrem hohen Zahl der Viruspartikeln in der infizierten Pflanze aus betrachtet werden.

Beim TMV ist die Variabilität offenbar besonders groß. Die auffälligste Abweichung stellen die ,,Gelbstämme'', die aus den normal vorkommenden Grünstämmen hervorgehen können, dar. Auf den Blättern von Tabakpflanzen, die mit Grünstämmen infiziert sind, werden oft scharf abgegrenzte reingelbe Flecke unterschiedlicher Größe erkennbar. Wird das Virus aus diesen Flecken nach dem Einzelherdverfahren isoliert, so bilden die mit ihm infizierten Tabakpflanzen ein Mosaik aus, das gegenüber dem Grünstamm statt der hellgrünen Zonen ein leuchtendes Gelb aufweist. Diese Gelbstämme breiten sich im allgemeinen recht langsam in der Pflanze aus, so daß bei gleichzeitiger Verimpfung mit Grünstämmen die letzteren bald überwiegen und es nach mehreren Passagen zu ihrer völligen Verdrängung kommt. So ist es auch zu verstehen, daß an Freilandpflanzen nur äußerst selten Gelbstämme des TMV beobachtet werden. Die biologischen Abweichungen zwischen den verschiedenen Grünstämmen sind oft signifikant. Dennoch bestehen auch innerhalb der Gelbstämme ähnliche Unterschiede wie z. B. in ihrem Verhalten auf *Nicotiana sylvestris* (siehe Symptomatologie). Eine ähnlich starke Variabilität wie beim TMV wurde auch für das Kartoffel-X-Virus beobachtet. Deshalb ist es schwierig, Stämme dieses Virus über längere Zeiträume in Reinkultur auf Wirtspflanzen zu halten, da sich oft bereits nach kurzer Zeit an parallel gehaltenen Kulturen solcher Stämme deutliche Veränderungen infolge Auftretens von neuen Varianten abzeichnen.

Die Auffindung von Faktoren, die eine Mutationsauslösung fördern, bzw. bestimmen, ist mit größten Schwierigkeiten verbunden, da ursprünglich homogene Stämme bereits bei Beginn der Versuche spontan entstandene Mutanten enthalten können. Daher sind bis heute unsere Kenntnisse über das Mutationsgeschehen bei Viren noch recht lückenhaft. Während in einer früheren Untersuchung nach Bestrahlung von Tabakpflanzen mit Röntgenstrahlen abweichende Varianten des TMV isoliert werden konnten, ergaben umfangreiche Nachprüfungen sowohl mit Röntgen- als auch mit UV-Strahlen hierfür keinen Anhalt.

Demgegenüber scheint die Temperatur nicht ohne Einfluß auf die Mutationsrate zu sein, was sich daraus ergab, daß erhöhte Temperaturen die Variabilität von Stämmen des TMV und des Kartoffel-X-Virus deutlich förderten.

Oft wird die Entstehung von Mutanten bei Passagen durch bestimmte Wirtspflanzen vorgetäuscht. Da die Ausbreitungsfähigkeit von Virusstämmen in verschiedenen Wirten different sein kann, findet zuweilen in diesen eine Selektion derart statt, daß eine Komponente eines Gemisches schneller die Pflanzen durchdringt als die andere und so deren Ausbreitung weitgehend unterbindet. Eine solche selektive Wirkung wurde für das Kartoffel-X-Virus bei Passagen durch *Cyphomandra betacea* nachgewiesen. Ebenso konnte gezeigt werden, daß virulente Stämme des TMV in *Eryngium aquaticum* nur eine geringere Wanderungsgeschwindigkeit aufweisen als mildere. Werden Stämme verschiedener Kartoffel-Viren (X-, Y-, Gelbverzwergungs-Virus) für längere Zeit auf Tabak kultiviert, so tritt deutlich eine Abnahme der Infektiosität für die Kartoffel ein. Ob in diesem Fall eine Mutation des Stammes vorliegt oder ob andere Faktoren eine Rolle spielen, ist vorläufig nicht zu entscheiden, obwohl die Annahme von Mutationen naheliegend ist. Gleich schwierig ist die Deutung des Befundes, daß virulente Stämme des Kräuselschopf-Virus der Rübe nach Passage durch *Chenopodium murale* eine deutliche Abschwächung der Symptome zeigten, die jedoch nach Passage durch *Stellaria media* wieder aufgehoben wurde, zumal bei anderen Viren reziproke Mutationen praktisch nicht beobachtet wurden.

Werden Pflanzen, die bereits von einem Virus infiziert sind, mit einem weiteren Stamm dieses Virus zusätzlich beimpft, so tritt meistens der Fall ein, daß eine Vermehrung dieses zweiten Virus unmöglich wird. Die Pflanzen weisen eine scheinbare Immunität gegen diesen Virusstamm auf. Da diese Erscheinung nur bei Verwendung einander nahestehender Viren eintritt, wurde bereits frühzeitig ihr Wert für die Feststellung einer Verwandtschaft zwischen Viren erkannt und entsprechend angewandt. Die in der englischen Literatur hierfür verwendeten Ausdrücke „acquired immunity", „cross immunity" oder „mutual antagonism" sind nicht sehr glücklich gewählt, da eine Bildung von Antikörpern nicht stattfindet und das Virus weiterhin aktiv bleibt; daher soll hier der Bezeichnung „Prämunität" der Vorzug gegeben werden.

Besondere Bedeutung hat dieser Test dadurch gewonnen, daß er die Erkennung der Verwandtschaft und Ermittlung von Hinweisen für die Klassifikation auch dann gestattet, wenn symptomatologisch stärkere Unterschiede zwischen den Partnern bestehen. Das Phänomen wurde erstmalig entdeckt, als man bereits vom TMV infizierte Tabakpflanzen zusätzlich mit einem Weißstamm dieses Virus zu infizieren versuchte. Seitdem ist dieses Verfahren bei vielen Untersuchungen angewandt worden und eine Bestätigung der Erscheinung auch für zahlreiche andere Viren erbracht. Im Verlauf dieser Arbeiten hat sich aber gezeigt, daß die erzielten Ergebnisse nicht immer vorbehaltlos hingenommen werden können. Wichtigste Voraussetzung für das Gelingen des Prämunitätstestes ist, daß die Gewebe der Wirtspflanze vom ersten Virus völlig durchdrungen sind, wobei nicht immer die Konzentration des Virus unbedingt ausschlaggebend zu sein braucht.

Für bestimmte Virus-Wirt-Kombinationen (z. B. Tabakringflecken-Virus auf Tabak) wurde nach einer anfänglich akuten nekrotischen Reaktion in den zuwachsenden Pflanzenteilen eine zunehmende Abschwächung der Symptome bis zu ihrem völligen Verschwinden festgestellt. Entsprechend dem Zurückgehen der Symptome während der „Gesundung" wird auch die Konzentration des Virus in den entsprechenden Blättern herabgesetzt. Die Tatsache, daß einer nekrotischen akuten Phase der Infektion eine Erholung folgt, ist inzwischen für viele Viren nachgewiesen worden, aber in keinem Falle so extrem wie beim Tabakringflecken-Virus. Trotz des wesentlich geringeren Virusgehaltes bleibt das Phänomen der Prämunität dennoch in den meisten Fällen erhalten, jedoch ist eine reziproke Anwendung des Prämunitätstestes nicht in allen Fällen möglich. So konnte erkannt werden, daß ein Gelbstamm des Tabakringflecken-Virus vor Infektionen durch den Normalstamm und einen Grünstamm schützt, während ein anderer Stamm (Nr. 2) keinen oder nur unvollständigen Schutz bietet.

Ähnlich konnte nachgewiesen werden, daß in mosaikkranken Tabakblättern (White Burley) nur die hellgrünen Zonen vollständig prämunisieren, während die dunkelgrünen Gewebeteile, die auch eine geringere Viruskonzentration aufweisen, nicht vollkommen vor einer Zweitinfektion des Paratabakmosaik-Virus, einer Variante des TMV, schützen. Ähnliche Ergebnisse wurden auch bei Versuchen mit Stämmen des Kartoffel-X-Virus erzielt, obwohl im allgemeinen eine Prämunität erreicht wurde, versagte sie bei Verwendung bestimmter Stämme jedoch bei reziproken Verimpfungen. Obwohl die methodisch einfach auszuführenden Prämunitätsteste wertvolle Hinweise für die Einordnung und Klassifikation von Viren ergeben, sind zusätzliche serologische Untersuchungen, soweit die Möglichkeit hierfür gegeben ist, für eine Bestätigung der Befunde aber unerläßlich. So konnte durch das Tabak-Ätz-Virus ein Schutz gegen das Kartoffel-Y-Virus bei Tabak erzielt werden, ohne daß irgendwelche serologischen Beziehungen zwischen beiden Viren vorliegen.

Eine vollständige Prämunität, also eine absolute Unterdrückung der Vermehrung des zweiten Virus, ist nur dann zu erwarten, wenn eine völlige Durchdringung der gesamten Wirtspflanze durch das erstere erfolgt ist. Im anderen Falle ist die Abwehrfähigkeit auf solche Pflanzenteile, die dieser Forderung entsprechen, begrenzt. Nicht ohne Einfluß auf das Ergebnis ist aber auch die verwendete Wirtspflanze selbst. Während bei *Datura stramonium* für die meisten Stämme des Kartoffel-X-Virus eine Prämunität bestätigt werden konnte, ist die Abwehr auf *Datura metel*, in der eine geringere Vermehrung dieses Virus erfolgt, äußerst unvollkommen.

Untersuchungen über die Prämunität sind besonders günstig bei saftverimpfbaren Viren dann durchzuführen, wenn das zweite Virus sich im Symptombild deutlich von dem ersten unterscheiden läßt, wie das bei Gelb- und Weißstämmen, sowie bei Viren mit nekrotischen Primärläsionen (als Zweitinfektion) der Fall ist. Schwieriger sind in dieser Hinsicht Versuche mit Viren, die nur durch Pfropfung zu übertragen sind. In diesem Falle gelangen vom Pfropfreis ausgehend laufend größere Virusmengen — nicht wie bei der Saftverimpfung nur einmal eine geringe Konzentration — in die Leitbahnen des Partners und können in diesem, ungehindert durch das vorhandene Virus, in die wachsenden Teile der Pflanze transportiert werden. Eine Hemmung und Beeinträchtigung der Virusvermehrung scheint in solchen Fällen erst in den Interkostalfeldern einzusetzen. Ähnlich wie bei der Pfropfung liegen auch die Verhältnisse bei der Verwendung von Vektoren, wenn der Einstich des Insekts das Phloem trifft. Jedoch konnte eine Prämunität bestätigt werden, wenn nur parenchymatisches Gewebe besogen wurde, da dann der mechanischen Saftübertragung ähnliche Bedingungen vorliegen.

Eine völlige, bisher nicht geklärte Durchbrechung der Prämunitätserscheinung scheint für einen Stamm des Kartoffel-Y-Virus nachgewiesen zu sein. Während alle früher bekannten Stämme dieses Virus untereinander Prämunität aufwiesen, kommt eine erst in den letzten Jahren bekannt gewordene auf Tabak äußerst virulente Variante (siehe Tabakrippenbräune) zur normalen Entwicklung auf Pflanzen, die mit einem anderen Stamm dieses Virus infiziert sind. Eine Erklärung dieses Phänomens ist bislang nicht möglich gewesen, da auf Grund der serologischen Reaktion, der physikalisch-chemischen Eigenschaften und morphologischer Befunde keinerlei Abweichungen zwischen den verschiedenen Stämmen festgestellt werden konnten.

Der Mechanismus der Prämunität ist bisher völlig unklar. Ebenso ungeklärt ist es, ob in allen Fällen eine gleiche Art der Reaktion vorliegt. Jedoch scheint festzustehen, daß die betreffenden Vorgänge sich innerhalb der Wirtszelle abspielen, da eine Prämunität erst dann nachzuweisen ist, wenn die entsprechenden Zellen vom Virus durchsetzt sind. Alle virusfreien Zellen dagegen bleiben für eine Infektion zugänglich. Auch ist eine simultane Infektion zweier, auch verwandter Viren jederzeit möglich, wobei es zu gleichzeitiger Ausbreitung und Vermehrung beider Partner kommt.

Zur Erklärung der Erscheinungen sind verschiedene Hypothesen aufgestellt worden, die zum Abschluß dieses Kapitels wiedergegeben werden sollen, ohne daß bislang jedoch nähere Kenntnisse über das Geschehen selbst gewonnen werden konnten.

1. Antikörpertheorie. Wie bei den Tieren werden Antikörper gebildet, die das eindringende Virus neutralisieren. Zur Bestätigung dieser Theorie müßte zunächst der Nachweis solcher Substanzen gefordert werden. Dazu wäre zu erwarten, daß sie nicht in der Zelle lokalisiert bleiben, sondern eine Ausbreitung in der Pflanze und ein Transport in den Leitbündeln, wie dies auch für das Virus bekannt ist, erfolgt. Wenn tatsächlich die Existenz von Antikörpern anzunehmen wäre, müßten diese jedoch auch das zunächst verimpfte Virus beeinflussen.

2. Minimumtheorie. Es wird angenommen, daß in der Zelle nur eine begrenzte Menge bestimmter, für den Aufbau der Virusteilchen erforderlicher Stoffe vorhanden ist, die durch das erste Virus voll in Anspruch genommen wird. Deshalb stehen dem zweiten Virus diese Stoffe nicht zur Verfügung, so daß eine Vermehrung unterbleibt. Artfremde Viren haben einen anderen Bedarf an Baustoffen und werde daher in ihrer Vermehrung nicht beeinträchtigt. Gegen diese Hypothese spricht die Tatsache, daß auch in erholten Pflanzen, die, wie bereits erwähnt, eine wesentlich geringere Viruskonzentration aufweisen, in den meisten Fällen eine Prämunität erreicht wird.

3. Eine weitere Theorie, die die Existenz begrenzter Zentren für die Virusvermehrung in der Zelle fordert, sucht eine Erklärung für die Tatsache, daß

auch Virusstämme mit geringerer Konzentration gegen solche höherer Konzentration zu prämunisieren vermögen. Die Vermehrungszentren verwandter Viren sollen demnach gleich sein, während sie für fremde Viren verschieden liegen.

4. Adsorptionstheorie. Es wird vorausgesetzt, daß Virusaggregate in der Zelle vorliegen, die stark adsorptive Eigenschaften aufweisen. In die Zelle eindringende Teilchen eines verwandten Stammes werden unmittelbar von diesen Aggregaten adsorbiert und in die bereits vorhandenen Partikeln eingefügt. Die adsorbierenden Kräfte gehen von den antigenen Gruppen aus. Kleinere Virusmengen können ohne weiteres adsorbiert werden, während, wie z. B. im Falle einer Pfropfung, die adsorptiven Kräfte zur vollständigen Bindung aller Teilchen nicht ausreichen.

Klassifizierung und Nomenklatur pflanzlicher Viren

Von

G. BAUMANN

Problematik der Virusnomenklatur, nichtbinomiale und binomiale Systeme.

Es ist bisher nicht gelungen, eine sinnvolle und allgemein anerkannte Klassifizierung der Viren zu schaffen oder über ihre Benennung eine internationale Übereinkunft und die Festlegung diesbezüglicher Regeln zu erreichen. Dieser Mangel erschwert die internationale Verständigung auf dem Gebiet der Virusforschung außerordentlich und führt zu einer ständig steigenden Anzahl von Synonymen für einzelne Viren. Aus diesem Grund wurde schon 1930 auf dem Internationalen Botaniker-Kongreß in Cambridge ein Komitee für Nomenklatur und Klassifizierung der Pflanzenviren gebildet, dessen Aufgabe es sein sollte, für das Gebiet der phytopathogenen Viren Vorschläge und Regeln für die Namensgebung auszuarbeiten. Diese Bemühungen sind bisher ohne Erfolg geblieben, da zwischen den drei Hauptrichtungen in der Virusnomenklatur, Katalogsysteme nach J. JOHNSON oder K. M. SMITH, Vulgärnamen (Common names) nach der vom Review of Applied Mycology 1945 und 1957 veröffentlichten Zusammenstellung oder binomiale Nomenklatur nach HOLMES u. a. eine allgemein anerkannte Wahl nicht getroffen werden konnte. So überläßt es das Komitee in seiner letzten Empfehlung (1950) jedem Autor, die Benennung eines neu zu beschreibenden Virus nach einem der drei erwähnten nomenklatorischen Prinzipien vorzunehmen.

Der Hauptgrund für die aufgetretenen Schwierigkeiten, über die Virenbenennung zu einer einheitlichen Auffassung zu gelangen, ist das Fehlen einer ausreichenden systematischen Grundlage, auf der ein Nomenklaturschema aufgebaut werden könnte. Unsere unvollkommenen Kenntnisse vom Wesen der Viren und ihren Eigenschaften sowie die geringe Größe der Viruspartikeln und ihre noch wenig erforschte Morphologie lassen heute noch keine auf morphologischen und physiologischen Unterschieden beruhende Klassifizierung zu.

Anfangs hat man sich auf die Beschreibung der bei den verschiedenen Wirtspflanzen hervorgerufenen Symptome beschränkt und die Namensgebung auf symptomatologischer Grundlage vorgenommen, ohne das Virus, das kausale Agens, zu berücksichtigen. Diese Benennungen ermöglichen zwar eine charakteristische Bezeichnung der Krankheit, sagen aber nichts über das Virus aus und stellen auch zwischen den einzelnen Viren keine Beziehung her.

J. JOHNSON machte 1927 den Vorschlag, in der Nomenklatur eine scharfe Trennung zwischen Krankheit und Virus vorzunehmen. Der von der Symptomatologie hergeleitete beschreibende Name sollte nur für die Krankheit verwendet, das Virus aber mit dem englischen Vulgärnamen der Wirtspflanze bezeichnet werden, auf der es zuerst gefunden worden war. Beim Vorkommen mehrerer Viren auf einem Wirt wären diese der chronologischen Reihenfolge ihrer Auffindung nach laufend zu numerieren, z. B. Tobacco virus 1, 2 usw. Andere Autoren folgten diesem Beispiel, nur wurden gelegentlich an Stelle der arabischen Ziffern die großen Buchstaben des Alphabetes zur Unterscheidung der auf einer Wirtspflanze vorkommenden Viren verwendet, z. B. Kartoffelviren A—G, S, X, Y.

In seinem 1937 erschienenen Textbook of plant viruses ersetzte K. M. SMITH die von J. JOHNSON verwendeten englischen Vulgärnamen der Wirtspflanzen durch ihre botanischen Gattungsbezeichnungen. Die Stämme eines Virus kennzeichnete er durch einen großen Buchstaben. *Nicotiana* Virus 1 nannte er somit den Typ-Stamm des TMV, die folgenden Stämme 1A, 1B, 1C usw. In der Neuauflage seines Buches (1957) hat K. M. SMITH wieder die Vulgärnamen der Viren als Einteilungsprinzip benutzt. Die von J. JOHNSON und K. M. SMITH verwendeten Ziffernbezeichnungen sind nicht in allen Fällen identisch. Verschiedene von ersterem als selbständige Arten angesehene Viren wurden von K. M. SMITH als Stämme eines Virus identifiziert und dementsprechend umgruppiert, wobei beispielsweise Tobacco virus 6 Johnson bei SMITH die Bezeichnung *Nicotiana* virus 1C erhielt.

Diese rein schematische Katalogisierung der Viren wurde bei ihrem Erscheinen wegen der Beseitigung des Namenwirrwarrs zunächst begrüßt. Sie weist jedoch starke Mängel auf, da sie eine Gruppierung der Viren nach gemeinsamen Eigenschaften und bestehenden Verwandtschaftsverhältnissen nicht zuläßt. Die sich aus fortschreitenden Untersuchungen ergebende Neugruppierung der Viren von Arten zu Stämmen oder Unterstämmen läßt sich diesem Schema nicht zwanglos eingliedern und führt immer wieder zu Störungen seiner Kontinuität.

Man ist in der Folgezeit bemüht gewesen, Kriterien zu finden, auf Grund deren sich eine Klassifizierung der Viren nach natürlichen Verwandtschaftsverhältnissen durchführen läßt und die man einer sinnvollen und zweckmäßigen Nomenklatur zugrunde legen könnte. Neben der Symptomatologie der Viruskrankheiten können hierfür charakteristische Eigenschaften der Viren in vitro und die verschiedensten Möglichkeiten ihrer Übertragung herangezogen werden. Nur in den seltensten Fällen ist es möglich, auf Grund ähnlicher Symptomausprägung an den einzelnen Wirten auf bestimmte Verwandtschaftsverhältnisse der Viren zu schließen. Die Ausprägung der Symptome wird bekanntlich nicht allein durch das Virus, sondern durch einen Komplex weiterer Faktoren bestimmt, die das Auftreten des Krankheitsbildes in verschiedenster Weise beeinflussen können. Das Vorkommen verschiedener Stämme eines Virus auf der gleichen Wirtspflanze und das Vorhandensein latenter Formen kann die Verhältnisse weiter komplizieren.

QUANJER hat schon 1931 darauf hingewiesen, daß eine generelle Klassifizierung der Viren auf der Grundlage der Symptomatologie allein nicht möglich ist und in diesem Zusammenhang auf die Bedeutung der als Folge der Infektion auftretenden histologischen Veränderungen in der Wirtspflanze hingewiesen. Mit Hilfe symptomatologischer und histologischer Befunde wurde von ihm ein Klassifizierungsschema der Kartoffelvirosen ausgearbeitet, das im wesentlichen auf dem Auftreten von Gewebenekrosen und ihrer Lokalisation oder Ausbreitung in bestimmten Organen der Wirtspflanze beruht. Er unterscheidet hierbei die nachstehend genannten vier Gruppen:

Anekrotisches Mosaik

Auftreten nur äußerlich sichtbarer Blattflecke, begleitet von mehr oder weniger starker Kräuselung der Blätter, keine Nekrosen. Viren meist mechanisch übertragbar. (Beispiel: Kartoffel-X-Virus.)

Phloem-Nekrose-Virus

Nekrosen auf den Siebteil der Blätter beschränkt, wobei neben den eigentlichen Siebzellen auch die angrenzenden Geleitzellen erfaßt werden können. Nur insektenübertragbare Viren. (Beispiel: Kartoffel-Blattroll-Virus.)

Top- oder Acronekrose-Virus

Die Nekrosen greifen in Blättern, Stengeln und Knollen, von einer engbegrenzten Stelle ausgehend, auf das angrenzende Parenchymgewebe über, wobei die Spitzen der Stengel absterben. Übertragung auf mechanischem Wege, Insektenübertragbarkeit zweifelhaft. (Beispiel: Gelbverzwergungs-Virus der Kartoffel.) (Der Vektor dieses Virus war damals noch nicht bekannt.)

Acropetales Nekrose-Virus

Nekrosen auf das Kollenchym der Blätter und Blattstiele beschränkt, selten auf andere Gewebeteile übergreifend, das Fortschreiten der Krankheit erfolgt in acropetaler Richtung. Übertragung mechanisch und durch Insekten. (Beispiel: Kartoffel-Y-Virus.)

QUANJER hat mit diesem Schema eine Grundlage für die Virusklassifizierung auf der Basis gut definierter Gewebeveränderungen schaffen wollen. Sein System ist nur für Kartoffelviren aufgestellt und nicht auf alle Viren ausdehnbar.

Andere Autoren haben die Symptomatologie nicht mehr berücksichtigt, sondern die Viren nach ihrem Verhalten in vitro und den verschiedenen Möglichkeiten ihrer Übertragung zu ordnen versucht. 1935 gelangten J. JOHNSON und HOGGAN zur Aufstellung recht sinnvoll erscheinender Gruppen, in die sie über 50 Viren nach gemeinsamen Charakteristika einordneten (Abb. 80).

Ihre Einteilung beruht auf der Art der Übertragung, wobei die Gruppe der insektenübertragbaren Viren von den übrigen unterschieden wird. Innerhalb dieser beiden Gruppen wird berücksichtigt, ob mechanische Übertragung bekannt ist und eine Unterteilung nach dem Verhalten der Viren in vitro vorgenommen. Die Feststellung chemisch-physikalischer Eigenschaften ist bei den nicht preßsaft-übertragbaren Viren unmöglich, so werden hier als Unterscheidungsmerkmale die Insektenüberträger bzw. bestimmte Differentialwirte herangezogen. Außerdem findet Berücksichtigung, ob noch andere Möglichkeiten der Übertragung (Saatgut, Boden) bestehen.

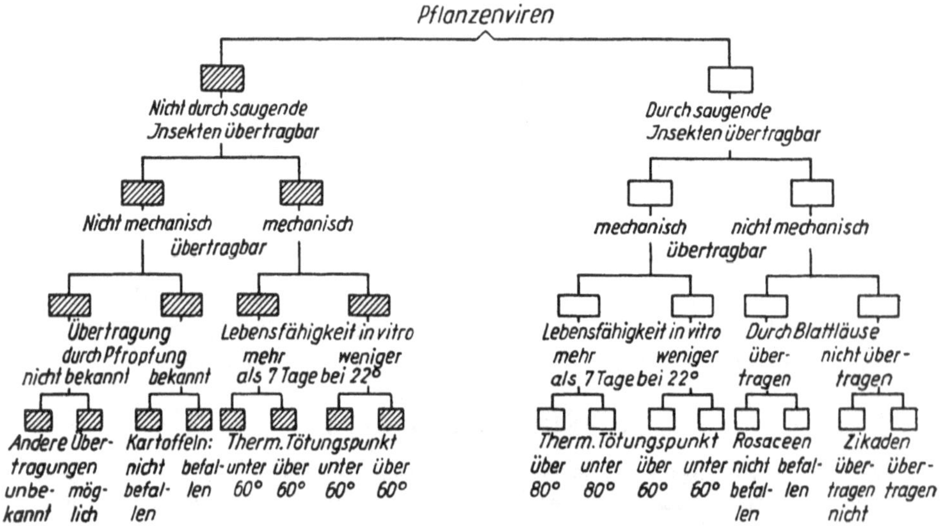

Abb. 80. Klassifizierungsschema der pflanzenpathogenen Viren
(nach JOHNSON und HOGGAN)

BAWDEN und CHESTER haben wenig später die Bedeutung serologischer Befunde für die Klassifizierung der Viren hervorgehoben und auf Grund serologischer Prüfungen eine Anzahl Pflanzenviren in 17, ihren serologischen Verwandtschaftsverhältnissen entsprechende Gruppen eingeordnet.

Serologische Beziehungen sowie morphologische Eigenschaften der Viren stellen auch RUSKA (1950), SCHRAMM (1954) und FRIEDRICH-FREKSA (1954) als die wichtigsten Kriterien für eine Einteilung der Viren in den Vordergrund. Unter der Morphologie soll hierbei nicht nur die elektronenoptisch erfaßbare äußere Gestalt, sondern auch die durch chemische Untersuchungen aufzuklärende Innenstruktur der Partikel verstanden werden. Innerhalb der phytopathogenen Viren unterscheidet SCHRAMM unter Berücksichtigung der erwähnten Kriterien folgende Gruppen:

a) Annähernd kugelförmige, kristallisierbare Virusmoleküle

Diese Viren stellen hinsichtlich ihrer Struktur und Zusammensetzung die einfachsten bisher bekannten Arten dar. Sie bestehen nur aus Protein und

Ribonucleinsäure (RNS). Mechanisch übertragbar. Vertreter: buschiges Verzwergungs-Virus der Tomate, Tabaknekrose-Virus, Wasserrübengelbmosaik-Virus, südliches Bohnenmosaik-Virus, das Tabakringflecken-Virus und das bisher nicht genauer untersuchte Luzernemosaik-Virus.

b) Stäbchenförmige Viren

Auch die Viren dieser Gruppe sind in ihrem Bau einheitlich, einige lassen sich in Form parakristalliner Nadeln gewinnen. Insekten- und mechanische Übertragung möglich. Das am besten untersuchte Virus dieser Gruppe ist das TMV, weiterhin das Kartoffel-X-Virus, das Kartoffel-Y-Virus, Ätzmosaik-Virus des Tabaks u. a.

c) Große, sich in Insekten vermehrende Pflanzenviren

Die Viren dieser Gruppe sind nur insektenübertragbar, wobei als Vektoren ausschließlich Zikaden fungieren. Für einige dieser Viren ist der exakte Nachweis ihrer Vermehrung im Insekt bereits erbracht worden, für andere wird sie vermutet. Vertreter dieser Gruppe sind das Vergilbungsvirus der Aster, das Gelbverzwergungs-Virus der Kartoffel u. a.

Nachdem für eine größere Zahl von Viren die Feststellung ihrer Eigenschaften und damit ihre Zusammenfassung zu natürlichen Gruppen möglich geworden war, wurde mehr und mehr die Forderung laut, nun auch in nomenklatorischer Hinsicht ein diese Ordnung berücksichtigendes international verständliches System aufzustellen. Von vielen Autoren wurde in diesem Zusammenhang die Zweckmäßigkeit der Anwendung des binomialen Nomenklatursystems auf die Viren betont.

Wenn es auch bisher noch umstritten ist, ob die Viren lebende Organismen sind, so ist es doch sicher, daß sie von den pflanzlichen und tierischen Proteinen als besondere Gruppe abgetrennt und auch in nomenklatorischer Hinsicht besonderen Regeln unterworfen werden müssen. Ihre Einbeziehung in die binomiale Nomenklatur wird als durchaus wünschenswert erachtet, da dieses System dem Biologen vertraut ist und internationale Einheitlichkeit erlaubt. Im binären System mit seinen Unterteilungen (Klasse, Ordnung, Familie, Gattung, Art) ist auch den natürlichen Verwandtschaftsgruppen am ehesten Rechnung zu tragen und die Kontinuität der Benennung am besten zu gewährleisten.

Es liegen heute verschiedene binomiale Nomenklatursysteme für die Viren vor, von denen allerdings bisher keines endgültige Anerkennung bzw. allgemeine Anwendung gefunden hat. Die ersten Meinungsverschiedenheiten entstehen bereits bei der Frage, unter welchem Sippenbegriff die Gesamtheit der Viren zusammenzufassen ist und welcher Platz ihnen innerhalb der botanischen Systematik eingeräumt werden soll. Während HOLMES (1939) sie in seinem System ursprünglich unter der Bezeichnung *Vira* dem Pflanzenreich gegenüberstellte und dieses Reich in die beiden Kreise der Phytophagen und Zoophagen unterteilte, gibt er ihnen in der 1948 erschienenen Neufassung seiner binomialen Nomenklatur den Rang einer den Bakterien angegliederten Ordnung *Virales*.

Auch THORNBERRY (1941) faßt die Viren zu einer Ordnung *Biovirales* zusammen, während McKINNEY (1944) sie als den Kreis der Viriphyten in das Pflanzenreich einordnet.

HOLMES will mit seinem System die durch die vielen Synonyme entstandene Verwirrung beseitigen und gegenüber den starren Schemata von SMITH und JOHNSON eine natürliche Ordnung der Viren vornehmen. Gemeinsame Eigenschaften und Merkmale sollen hierbei weitgehend Berücksichtigung finden, die Bezeichnungen allerdings sind im wesentlichen von der Symptomatologie abgeleitet. Anlaß zur Kritik an diesem Schema hat vor allem die einseitig erscheinende Betonung der Symptomatologie gegeben, sowie die große Mannigfaltigkeit der Gattung *Marmor* (von 128 pflanzenpathogenen Viren, die HOLMES in seinem System erfaßt, gehören 67 dieser Gattung an), ihre ungenügende Untergliederung und die Zusammenfassung aller Viren, über die bisher nur ungenügende Kenntnisse vorliegen, in eine Untergruppe dieser Gattung.

Wenn man auch über den systematischen Wert des HOLMES'schen Schemas geteilter Meinung sein kann, so bleibt doch unbestritten, daß HOLMES für die überwiegende Mehrzahl aller bisher beschriebenen phytopathogenen Viren international verständliche Bezeichnungen geprägt hat. Diesem Bemühen hat sich in diesem Umfang bisher keiner seiner Kritiker unterzogen. HOLMES ist als erster, zumindest in nomenklatorischer Hinsicht, der allgemeinen Forderung nach praktisch anwendbaren, einheitlichen und eindeutigen Bezeichnungen gerecht geworden.

Binomiale Nomenklatur nach HOLMES

Virales

Von den nachstehend erwähnten Unterordnungen wird nur bei den pflanzenpathogenen Viren auf die entsprechende Untergliederung näher eingegangen.

I. U. O. *Phagineae*	Bakteriophagen
II. U. O. *Phytophagineae*	pflanzenpathogene Viren
III. U. O. *Zoophagineae*	tierpathogene Viren

Phytophagineae

(griechisch: phytos = Pflanze, phagein = essen)

I. Familie: *Chlorogenaceae* (griechisch: chloros = grün, genos = erzeugend). Viren, die Vergilbungskrankheiten hervorrufen und durch Zikaden übertragen werden. 6 Gattungen:

	Arttypus:	Virus:
1. *Chlorogenus*	*C. callistephi*	infektiöse Chlorose der Aster
2. *Carpophthora* (griechisch: fruchtzerstörend)	*C. lacerans*	Pfirsich-X
3. *Morsus* (lateinisch: *morsus* = Biß, Quälung)	*M. suffodiens*	Luzerneverzwergung

	Arttypus:	Virus:
4. *Aureogenus* (lateinisch: *aureus* = golden, *genus* = Gruppe)	*A. vastans*	Gelbverzwergung der Kartoffel
5. *Galla* (lateinisch: *galla* = Geschwulst)	*G. fijiensis*	Fidjikrankheit des Zuckerrohrs
6. *Fractilinea* (lateinisch: *fractus* = unterbrochen, *linea* = Linie)	*F. maidis*	Mais-Strichel

II. Familie: *Marmoraceae* (lateinisch: *marmor* = Fleckung).
Neben der großen Gruppe der Mosaikkrankheiten eine große Anzahl recht verschiedenartiger Viren umfassend. 6 Gattungen:

1. *Marmor*	*M. tabaci*	TMV
2. *Acrogenus* (griechisch: die Spindelförmigkeit der Knollen kennzeichnend)	*A. solani*	Kartoffel-Spindelknollenkrankheit
3. *Corium* (lateinisch: *corium* = Leder)	*C. solani*	Kartoffel-Blattroll
4. *Nanus* (lateinisch: *nanus* = Zwerg)	*N. loganobacci*	Verzwergung von *Rubus loganobaccus*
5. *Rimocortius* (lateinisch: *rima* = Riß, *cortex* = Rinde)	*R. kwanzani*	Rauhrindigkeit von *Prunus serrulata*
6. *Adelonosus* (griechisch: adelos = unsichtbar, nosos = Krankheit)	*A. lilii*	symptomloses Lilienvirus

III. Familie: *Annulaceae* (lateinisch: *anulus*[1] = Ring).
Gruppe der Ringspot-Viren. 1 Gattung:

Annulus[1]	*A. tabaci*	Ringfleckigkeit des Tabaks

IV. Familie: *Rugaceae* (lateinisch: *ruga* = Runzel, Falte).
Umfaßt die Viren, die Kräuselkrankheit hervorrufen. 1 Gattung:

Ruga	*R. tabaci*	Tabakkräusel

V. Familie: *Savoiaceae*.
Viren dieser Gruppe verursachen an den befallenen Pflanzen ganz charakteristische Kräuselsymptome, die den Pflanzen das Aussehen von Wirsing (französisch: chou de Savoie) geben. 1 Gattung:

Savoia	*S. betae*	europäische Rüben-Kräuselkrankheit

[1] HOLMES gibt hier irrtümlich die Schreibweise „annulus" an.

VI. Familie: *Lethaceae* (lateinisch: *letum*[1] = Tod).

Diese Familie erhält in ihrer einen Gattung nur ein Virus:

Lethum	*L. australiense*	Bronzeflecken-krankheit der Tomate

Unter weitgehender Verwendung der HOLMES'schen Bezeichnungen hat MCKINNEY (1954) durch stärkere Berücksichtigung der Übertragungsart und

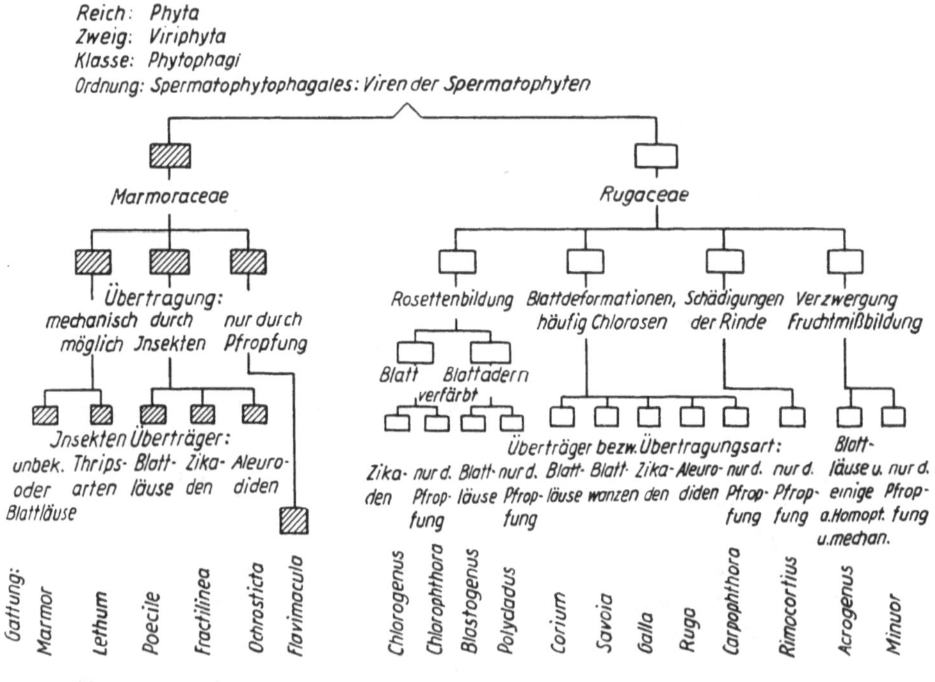

Abb. 81. Klassifizierungsschema der pflanzenpathogenen Viren (nach MCKINNEY)

der jeweiligen Vektoren folgende Verbesserung des HOLMES'schen Systems vorgeschlagen (Abb. 81): Die Klasse der *Spermatophytophagales* umfaßt nur zwei Familien: *Marmoraceae* und *Rugaceae*. Die erstere vereinigt *Annulaceae*, *Lethaceae* und einen Teil der *Rugaceae* und *Marmoraceae* nach HOLMES und damit alle Viren, die Mosaiksymptome an den befallenen Pflanzen hervorrufen. Die Gattungen werden nach ihrem Insektenüberträger unterschieden. In der zweiten Familie sind *Chlorogenaceae*, *Savoiaceae* und der Rest der *Rugaceae* und *Marmoraceae* nach HOLMES zusammengefaßt. Hier nimmt MCKINNEY zunächst eine grobe Unterteilung nach den charakteristischen Symptomen vor und unterscheidet innerhalb dieser Gruppen wieder nach dem Vektor.

[1] HOLMES gibt hier irrtümlich die Schreibweise „lethum" an.

Ein anderer Abänderungsvorschlag geht auf VALLEAU (1940) zurück, der einige von HOLMES in der Gattung *Marmor* zusammengefaßte Viren des Tabak u. a. in neue Gattungen stellte und ihnen folgende Bezeichnungen gab:

Musivum tabaci = TMV
Foliopellis erodens = Tabakätzmosaik-Virus
Murialba cucumeris = Gurkenmosaik-Virus
Tractus orae = Tabakstrichel-Virus

Von anderen binomialen Vorschlägen sei noch das von RYSHKOW (1952) veröffentlichte System erwähnt. RYSHKOW gibt wie MCKINNEY den Viren den Rang eines Stammes, wobei er betont, daß man sie wegen ihrer Vielzahl und ihrer großen Mannigfaltigkeit nicht im Rahmen einer Klasse oder einer Ordnung unterbringen könne. RYSHKOW versucht, die Angehörigen dieses Stammes *Ivanovskya* auf Grund der Gesamtheit ihrer Merkmale in 5 Klassen einzuteilen, die er folgendermaßen beschreibt[1]:

1. Klasse *Eucristallinae*

Stäbchen und Kügelchen mit einfacher innerer Regelmäßigkeit, echte Kristalle oder kristallähnlich. Zu ihren Bestandteilen gehört RNS. Gut untersucht sind von dieser Gruppe nur die pflanzenpathogenen Vertreter.

1. Ordnung *Beijerinckiales*

Stäbchen- oder kugelförmige Kristalle, hohe Widerstandsfähigkeit gegen äußere Einwirkungen, mechanisch übertragbar, Insektenübertragbarkeit selten oder fehlend.

Virothricaceae, stäbchenförmig, 2 Gattungen
Virothrix Ivanovskii = TMV
Solanophilus tuberosi = Kartoffel-X-Virus
Cristallococcaceae, kugelförmig
Cristallococcus lycopersici = buschiges Verzwergungs-Virus der Tomate u. a.

2. Ordnung *Insectophiles*

Nach elektronenmikroskopischen Befunden den Viren der vorhergehenden Ordnung sehr ähnlich, aber weniger untersucht als diese, chemische Zusammensetzung noch nicht bekannt. Wenig stabil, mechanisch schwierig zu übertragen, übertragbar durch saugende Insekten (meist Blattläuse), nicht persistent.

Aphidophilaceae, stäbchenförmig
Aphidophilus cucumeris = Gurkenmosaik-Virus
,, *phaseoli* = Bohnenmosaik-Virus 1 und 2
,, *tuberosi* = Kartoffel-Y-Virus
u. a.
Virococcaceae, kugelförmig
Virococcus cucurbitae = Kürbismosaik-Virus

[1] Im folgenden werden nur die pflanzenpathogene Viren enthaltenden Ordnungen näher beschrieben.

2. Klasse *Pseudocristallinae*
Dicke Stäbchen, eingeschlossen in Polyeder. In den Polyedern wurde RNS und DNS gefunden, ebenso wie bei den *Eucristallinae* fehlen Lipoide. Bisher sind aus dieser Klasse nur Insektenviren bekannt.
3. Klasse *Gamyleiae*
In diese Klasse ordnet RYSHKOW ausschließlich die Bakteriophagen ein, die eine von den pflanzen- und tierpathogenen Viren streng gesonderte Gruppe bilden.
4. Klasse *Arthropodophilae*
Neben einigen tierpathogenen, kugelförmigen oder ovalen Viren gehören in diese Klasse vor allem diejenigen Pflanzenviren, für die eine Vermehrung im Insekt nachgewiesen werden konnte. Morphologisch sind sie nur wenig untersucht, typischer Vertreter dieser Gruppe ist das Gelbverzwergungs-Virus der Kartoffel. Die beiden ersten Ordnungen der 4. Klasse *Arthropodophilae*, *Pantropiales* und *Neurotropiales* umfassen ausschließlich für Warmblüter pathogene Viren.
   3. Ordnung *Leptomotropiales*
   Pflanzenviren, die im wesentlichen auf das Phloem ihrer Wirte beschränkt bleiben und dem persistenten Typ der insektenübertragbaren Viren angehören. Da morphologische Befunde über fast alle in diese Ordnung zu stellenden Viren fehlen und auch über ihre chemische Zusammensetzung noch wenig bekannt ist, unterscheidet der Autor die einzelnen Familien nach ihren Vektoren.
   Leptomotropiaceae, durch Zikaden übertragen, 2 Gattungen
   Leptomotropus callistephi = Asternvergilbungs-Virus
   ,, *apii* = Virus der Gelbfleckigkeit des Sellerie
   ,, *Koraževscianus* = Stolbur-Virus
   u. a. Viren, die durch Zikaden übertragen werden und ,,stolbur"-artige Veränderungen an der Wirtspflanze hervorrufen.
   Die Gattung *Graminevorus* umfaßt die von Gramineen bekannten Viren.
   Graminevorus avenae = Virus der Pseudorosettenkrankheit des Hafers
   u. a.
   Thripsophilaceae, durch Thripse verbreitet, 2 Gattungen:
   Kreizbergia, K. pistaciae = Virus der Rosettenkrankheit der Pistazie
   Thripsophilus, T. lycopersici = Virus der Bronzefleckenkrankheit der Tomate
   Quanjeriaceae, durch Blattläuse verbreitet
   Quanjeria tuberosi = Kartoffelblattroll-Virus
   Piesmaphilaceae, durch Wanzen der Gattung *Piesma* übertragen
   Piesmaphilus europaeus = Virus der europäischen Rübenkräuselkrankheit
   u. a.
   Acarinaphilaceae, durch Milben übertragen
   Acarinophilus antholysatus = Viröser Atavismus der Schwarzen Johannisbeere

RYSHKOW hängt an diese Klasse noch eine Ordnung *Dubiales* an, die die Viren umfaßt, für die bisher nur eine Übertragung durch Pfropfung bekannt ist. Die Berechtigung, diese Ordnung gerade der Klasse *Arthropodophilae* anzugliedern, leitet der Autor von der Überlegung ab, daß die insektenübertragbaren Viren sicherlich die ältesten Viren sind und allmählich eine „Emanzipation" der Viren erfolgte, die sie von ihren Vektoren unabhängig machte. Auch von den Vertretern der Ordnung *Dubiales* glaubt RYSHKOW annehmen zu können, daß sie aus Viren entstanden sind, die früher durch Insekten verbreitet wurden. Eine Hypothese, für die bisher eine Beweisgrundlage fehlt und die nur des Interesses wegen hier angeführt sei.

5. Klasse *Chlamydozoa*

Nur tier- und menschenpathogene Viren enthaltend.

Vom systematischen Standpunkt aus betrachtet, scheint die von RYSHKOW vorgeschlagene Klassifizierung wegen der weitgehenden Berücksichtigung der uns heute bekannten Eigenschaften der Viren, ihren natürlichen Gruppen am ehesten gerecht zu werden. Allerdings besteht heute noch keine einheitliche Auffassung in der Frage, ob eine Zusammenfassung von pflanzen- und tierpathogenen Viren zu gemeinsamen Ordnungen und sogar Familien berechtigt ist.

In neuester Zeit wurde von HANSEN (1956) ein Klassifizierungs- und Nomenklaturvorschlag publiziert, auf den hier nur kurz eingegangen werden soll.

Zur Klassifizierung werden Wirtsgewebespezifität der Viren und Beeinflussung des Wirtsstoffwechsels in den Vordergrund gestellt und durch weitere Kriterien, wie Wirtskreis, Symptomatologie, Charakteristika der Viruspartikeln und serologische Eigenschaften der Viren, ergänzt. Die vier für Pflanzenviren aufgestellten Ordnungen werden nach ihrem Insektenüberträger unterschieden:

Aphivirales = durch Aphiden übertragen
Cicavirales = durch Zikaden übertragen
Invirales = Vektor unbekannt
Xenovirales = mit ungewöhnlichen Beziehungen zwischen Virus und Vektor

Die Unterteilung der Ordnungen und der Familien erfolgt ebenfalls nach den Vektoren, die Aufstellung der Unterfamilien nach der Morphologie der Viruspartikeln (*flexus*, *chorda*, *globus*). Die Gattungen werden nach der Möglichkeit der mechanischen Übertragbarkeit oder der Übertragung durch den Boden unterschieden, da diese Übertragungsarten mit der Wirtsgewebespezifität im Zusammenhang stehen. Zur Charakterisierung des Übertragungsmodus werden folgende Indices verwendet: M = mechanisch übertragbar; D = mechanisch schwierig zu übertragen; G = durch den Boden übertragbar. Die Gattungsbezeichnungen werden durch Zusammensetzen dieser Indices mit einem Index für den Vektor und einem solchen für die Partikelgestalt vorgenommen; letzterer wird bei Viren mit noch unbekannter Morphologie durch das Wort -virus ersetzt: *Maphiflexus*, *Maphiglobus Dinvirus* usw. Die Artbezeichnungen werden in Anlehnung an das System von K. M. SMITH nach dem lateinischen Gattungsnamen des Hauptwirtes gebildet: *Maphiflexus solani* = Kartoffel-Y-Virus, *Maphiglobus cucumeris* = Gurkenmosaik-Virus, *Minchorda nicotianae* = TMV.

Gegenüber den bisher veröffentlichten Systemen dürfte dieses kaum einen wesentlichen Fortschritt in der Virussystematik darstellen, da bereits früher (z. B. RYSHKOW — 1952) die wichtigsten der hier verwendeten Kriterien berücksichtigt worden sind. Die Schaffung sog. Sammelgattungen („collective genus") für Viren, deren Morphologie noch nicht bekannt ist, erscheint verwirrend und bedenklich, weil z. B. so offenbar verschiedene Viren wie das TMV und das Steinfrüchtigkeitsvirus der Birne oder das *Citrus*-Psorosis-Virus in eine Familie gestellt worden sind. Die nomenklatorischen Bezeichnungen sind vielleicht zweckmäßig, aber sprachlich wenig glücklich.

Abschließend sei noch ein Vorschlag von KÖHLER (1951) erwähnt, der bis zur Annahme eines allgemeingültigen Nomenklaturschemas die Verwendung interimistischer Gattungsnamen und definitiver Artbezeichnungen empfiehlt, wobei letztere auf eine charakteristische Eigenschaft des Virus Bezug nehmen sollen, z. B. *Virus Nicotianae perdurans* für TMV. Ähnliche Bezeichnungen waren früher schon von BENNETT (1939) und auch von FAWCETT (1940) als Provisorien angeregt worden, z. B. *Nicotiana virus altathermus* BENNETT = TMV oder *Prunivir rosettae* FAWCETT = Rosettenkrankheit des Pfirsichs.

Zusammenfassend kann festgestellt werden, daß die überwiegende Mehrzahl der Virologen die Einführung einer binären Nomenklatur als wesentlichen Fortschritt gegenüber den beschriebenen Katalogsystemen empfindet und begrüßen würde, wobei allerdings keiner der bisherigen Vorschläge auf allgemeine Anerkennung gestoßen ist. Es wäre zu wünschen, daß unter vorläufig weitgehender Zurückstellung taxonomischer Bedenken wenigstens über die Nomenklaturfrage bei den Viren alsbald eine internationale Einigung erzielt werden könnte.

Eine Zusammenstellung der Synonyme für das TMV möge die besprochenen Nomenklaturvorschläge noch einmal charakterisieren:

Tobacco mosaic virus	Vulgärbezeichnung
Tobacco virus 1	J. JOHNSON
Nicotiana virus 1	K. M. SMITH
Marmor tabaci	HOLMES
Musivum tabaci	VALLEAU
Virothrix Ivanovskii	RYSHKOW
Minchorda nicotianae	HANSEN
Phytovirus nicomosaicum	THORNBERRY
Nicotiana virus altathermus	BENNETT
Nicotianaevir tabaci	FAWCETT
Virus Nicotianae perdurans	KÖHLER

Virusnachweis

Von

K. SCHMELZER

Äußere Symptome, Indikatorpflanzen, innere Symptome, physikalisch-chemische Verfahren, serologische Verfahren.

Die Zahl der zum Zwecke des Nachweises von Viren angegebenen Verfahren ist sehr groß. Sie beruhen einmal auf der Beobachtung der zu untersuchenden Pflanzen bzw. ihrer Teile auf makroskopischem oder mikroskopischem Wege. Weiterhin können derartige Beobachtungen an Testpflanzen gemacht werden, die mit den möglicherweise vorhandenen Viren der zu untersuchenden Pflanzen beimpft worden sind. Häufig verhelfen Färbemethoden zu einem besseren Sichtbarwerden anatomischer Veränderungen. Häufig ist ein Virusnachweis mit Hilfe der Serologie möglich. Schließlich sind noch diejenigen Verfahren zu erwähnen, bei denen auf physikalisch-chemischem Wege das Virus selbst oder physiologische Veränderungen der Wirtspflanzen erfaßt werden sollen.

Die Wahl des Nachweisverfahrens wird durch seine Zuverlässigkeit, Schnelligkeit und gegebenenfalls Billigkeit bestimmt, auch hängt sie von dem verfolgten Zweck ab. Es kann z. B. lediglich von Interesse sein, ob eine Pflanze überhaupt ein Virus enthält oder nicht. In anderen Fällen ist es wichtig zu wissen, welches Virus vorliegt. Häufig kommt es auch auf die Bestimmung der vorhandenen Viruskonzentration in der Pflanze an. Zuweilen besitzt der Gesundheitszustand der einzelnen Pflanze nur nebensächliche Bedeutung, es geht dann mehr um die Entscheidung, ob der durchschnittliche Krankheitsbesatz eines Kollektivs noch in tragbaren Grenzen bleibt.

Die nachfolgend gegebene Schilderung der Nachweismethoden erhebt nicht den Anspruch auf Vollständigkeit. Nur kurz werden vor allem solche Diagnosemöglichkeiten gestreift, die in anderen Kapiteln dieses Buches ausführliche Berücksichtigung fanden.

Am einfachsten ist es, wenn man auf Grund der äußeren, makroskopisch sichtbaren Symptome entscheiden kann, ob eine Pflanze viruskrank ist und um welches Virus es sich dabei handelt. Sehr häufig ist diese Möglichkeit jedoch nicht gegeben, da sich verschiedene Viren durch die gleichen Krankheitserscheinungen manifestieren können. Zum anderen kann eine Infektion „latent", also dauernd unsichtbar oder „maskiert", d. h. zeitweilig nicht erkennbar sein. Demgegenüber gibt es virusähnliche Symptome, z. B. auf Grund von Ernährungsstörungen oder genetischen Veränderungen. Der Geübte kann allerdings bis zu einem gewissen Grad der Wahrscheinlichkeit beurteilen, ob das vom Normalen abweichende Aussehen einer Pflanze virusbedingt ist oder nicht. Chlorotische Ringflecke werden beispielsweise in der Regel nur durch Viren verursacht.

Besonders schwierig ist der Nachweis auf Grund des Symptombildes bei Viren, die hauptsächlich im Phloem lokalisiert sind. Die befallenen Pflanzen zeigen jedoch in gewissen Fällen eine eigenartige Starre. Vom Blattroll-Virus infizierte Kartoffelpflanzen lassen bei der Berührung der Blätter ein „metallisches" Rascheln hören, verbiegt man die Blattlamina vergilbungskranker Beta-Rüben, so bricht sie oft mit knisterndem Geräusch.

Die Erkennung von Virussymptomen kann durch hohe Temperaturen erleichtert werden. So zeigen Gartenbohnen, die wegen eines Resistenzgenes für die praktische Züchtung von Interesse sind, nach einer Infektion mit dem Gewöhnlichen Bohnenmosaik-Virus, bei Temperaturen von etwa 32° C innerhalb von 3—4 Tagen Blattadernnekrosen, während vollanfällige symptomlos bleiben.

Bei Viruskrankheiten der Holzgewächse hat sich starker Rückschnitt gut bewährt. Es kommt danach zu besonders deutlichen Krankheitserscheinungen an den neu austreibenden Blättern.

Auch die Prämunität kann in bestimmten Fällen zum Virusnachweis herangezogen werden. Jungpflanzen aus Samen viruskranker Eltern wurden zur Erkennung der Samenübertragbarkeit des latenten Seide-Virus aufgezogen; sie zeigten keine Symptome. Daraufhin wurden sie mit diesem Virus abgerieben. Die sich nunmehr entwickelnde Erkrankung wurde als Nachweis dafür angesehen, daß das Virus nicht in latenter Form von den Elternpflanzen übernommen worden war.

Eine makroskopische Beurteilung von Virussymptomen an ruhenden Pflanzenorganen, vor allem an solchen, die der Vermehrung dienen, ist im allgemeinen kaum möglich. In derartigen Fällen läßt man eine Probe des Pflanzgutes vorzeitig im Gewächshaus austreiben. Dieses Verfahren wird beispielsweise bei Steckzwiebeln der Küchenzwiebel angewendet, um den zu erwartenden Befall mit dem Gelbstreifigkeits-Virus erkennbar zu machen.

Bei der Kartoffel wird namentlich in Zuchtbetrieben die sogenannte Augenstecklings-Methode (tuber index method) benutzt. Man schneidet aus Knollen, die in diffusem Licht und bei einer Temperatur von 10 bis 18° C vorgekeimt wurden, je ein kleines mit einem Keim versehenes Stück heraus und pflanzt es in Erde. Es ist von Nutzen, den Stecklingen nur wenig, mit Sand vermischte Erde zu bieten, da sie bei mangelhafter Ernährung stärker und früher Krankheitsmerkmale zeigen. Immerhin verstreichen jedoch etwa sechs Wochen, bis es möglich ist, den Befall durch das Blattroll-Virus zu beurteilen. Neuerdings wird die Anlage von Stecklingstesten in Wasserkultur empfohlen. Durch den „hydroponischen Stecklingstest" kommt es zu einem um etwa 4—12 Tage früheren Auftreten der Symptome. Außerdem gibt diese Methode Gelegenheit, die Intensität der Wurzelbildung als Bonitierungsfaktor mit heranzuziehen.

Namentlich die Strichelkrankheit ist so besser als im gewöhnlichen Test zu beurteilen. Dagegen ist die Ausprägung der Blattrollsymptome an oberirdischen Teilen der Stecklinge geringer, und das Wurzelwachstum bietet nicht bei allen Kartoffelsorten die Möglichkeit zur Unterscheidung zwischen „Blattrollern“ und gesunden Pflanzen. In den USA ist der „Florida-Test“ im Gebrauch, bei dem die zu prüfenden Knollenproben in südlichen Gebieten feldmäßig während des Winters angebaut werden, so daß vor dem Auspflanzen im Norden der Prüfungsbefund vorliegt. Ähnliche Bemühungen sind auch aus der Bundesrepublik Deutschland bekannt.

Wenn die auf Viren zu untersuchenden Pflanzen keine bzw. nur mangelhafte Symptome aufweisen oder an Hand des Krankheitsbildes keine Zuordnung zu einem bestimmten Virus möglich ist, dann kommt man häufig durch Übertragungen auf andere, sogenannte Indikatorpflanzen oder Differentialwirte (test plants) weiter. Es seien einige Beispiele genannt: Für das Blattroll-Virus der Kartoffel hat sich als besonders schnell und heftig reagierende Indikatorpflanze *Physalis floridana* bewährt, aber auch Kartoffelsämlinge der Sorte „Earlaine“ werden empfohlen, da sie bereits nach 4 Tagen die ersten Symptome zeigen. Für Nelkenviren ist *Dianthus barbatus* eine häufig gebrauchte Testpflanze. Bei den Erdbeerviren findet eine besonders deutliche Krankheitsbilder zeigende Form Verwendung, der „East-Malling-Klon“ von *Fragaria vesca*.

Nicht selten ist auch die Tatsache, daß bestimmte Pflanzenarten nicht infiziert werden können, zur Unterscheidung von Viren wichtig. So kann das Kartoffel-Y-Virus den Stechapfel nicht infizieren und das Grünscheckungsmosaik-Virus der Gurke befällt im Gegensatz zum Gewöhnlichen Gurkenmosaik-Virus keine Pflanzen außerhalb der Familie der Cucurbitaceen.

Zum Nachweis oder zur Identifizierung von Viren lassen sich die Testpflanzen durch Vorinfektion nicht nur prämunisieren, sondern auch sensibilisieren. So werden Tabakpflanzen durch das Kartoffel-Y-Virus derartig empfindlich gemacht, daß sie gegenüber Ringfleckenstämmen des Kartoffel-X-Virus mit ausgeprägten nekrotischen Flecken reagieren. Die Anwesenheit des erstgenannten Virus kann auf diese Weise festgestellt werden.

Bei einer Reihe mechanisch übertragbarer Viren sind die Nachweise dadurch erleichtert, daß sie Lokalläsionen bildende Wirte besitzen. Nicht selten genügt die Abreibung einiger weniger Blätter, um an Hand ihrer Reaktion die Frage nach einer Viruserkrankung zu beantworten. Die Blätter können entweder an der Pflanze belassen oder abgetrennt und unter konstanten Temperatur- und Feuchtigkeitsbedingungen bei Lichtzutritt in Petrischalen bis zur Symptomausprägung aufbewahrt werden. Wichtig ist ferner, daß lokale Reaktionen im allgemeinen viel schneller als systemische erkennbar werden.

Für die Auffindung der diagnostisch bedeutungsvollen Lokalläsionswirte gibt es keine allgemein gültige Regel. Sie werden durch Zufall oder durch Prüfung eines umfangreichen Sortimentes von Pflanzenarten gefunden. Es existiert allerdings eine Reihe Pflanzen, die durch besonders viele Viren zur Bildung von Lokalläsionen veranlaßt werden können. Beispielsweise reagiert *Vigna sinensis* auf die Viren des Gurkenmosaiks, des Luzernemosaiks, der Tabakringfleckigkeit, der Tabaknekrose und der Buschigen Verzwergung der Tomate durch nekrotische lokale Symptome. Auf der Gartenbohne verursachen das TMV, Tabaknekrose-, Tabakringflecken-, Tabakmauche-, Luzernemosaik-, Gurkenmosaik und Südliche Bohnenmosaik-Virus Lokalläsionen. In einigen Fällen jedoch, wie beim TMV und dem Südlichen Bohnenmosaik-Virus, reagieren nur bestimmte

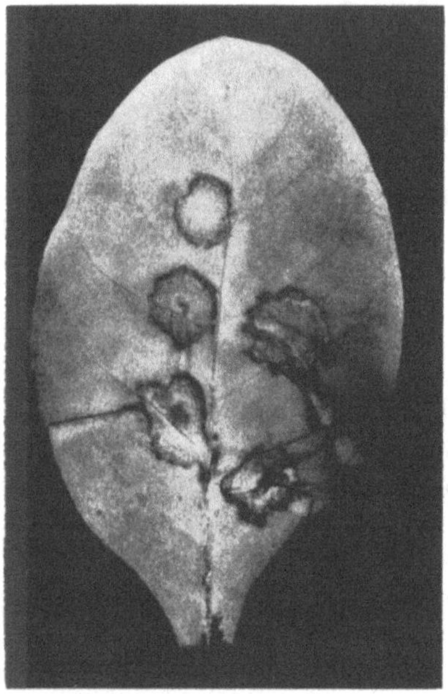

Abb. 82. Lokalläsionen des Tabakmauche-Virus auf Tabak, Sorte ,,Virgin Gold A" (Maßeinheit: |——| 1 cm) (nach Schmelzer)

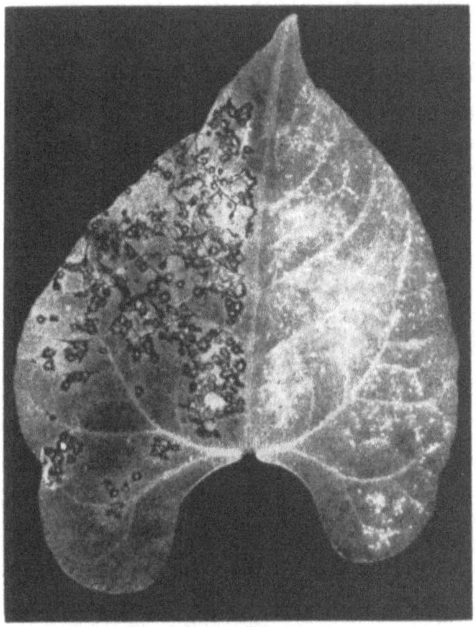

Abb. 83. Primärblatt von Gartenbohne, Sorte ,,Prinsa" mit Lokalläsionen. Links: Luzernemosaik-Virus, rechts: Tabakmauche-Virus (Original Schmelzer)

Sorten dieser Pflanze derartig. Beim Gurkenmosaik-Virus ist nur während der Wintermonate mit Läsionen zu rechnen.

Vielfach ist an Hand der Lokalläsionen einer Pflanze nicht zu ersehen, um welches Virus es sich handelt. Nicht selten werden jedoch deutlich verschiedene Läsionen hervorgerufen. Sie können z. B. nekrotisch oder chlorotisch sein. In anderen Fällen unterscheiden sie sich in der Größe. So erzeugt das Tabakmauche-Virus auf Tabak unter bestimmten Umständen Flecke von etwa einem Zentimeter Durchmesser (Abb. 82), während das Virus der Buschigen Verzwergung der Tomate auf der gleichen Wirtspflanze nur Areale von der Größe eines Stecknadelkopfes nekrotisiert. Auch in der Farbe können deutliche Unterschiede auftreten: Auf Gartenbohne (Sorte ,,Prinsa") verursacht das Luzernemosaik-Virus rotbraune, das Tabakmauche-Virus graue bis weiße Läsionen (Abb. 83). Von diagnostischem Wert ist zuweilen auch die unterschiedlich schnelle Ausprägung. Während unter normalen Bedingungen das TMV auf *Nicotiana glutinosa* 3—4 Tage nach der Verimpfung Läsionen hervorruft, kommt es durch das Bronzeflecken-Virus der Tomate auf derselben Wirtspflanze erst nach etwa einer Woche zu ihrer Ausbildung.

Eine wichtige Rolle spielen die Lokalläsionen beim quantitativen Virusnachweis, da ihre Anzahl in Abhängigkeit von der Virusmenge steht. Je höher der Virusgehalt einer Lösung ist, um so mehr Läsionen werden bei ihrer Verimpfung auf der Einheit der Blattfläche gebildet. Man kann jedoch mit dieser Methode nicht die eigentliche Viruskonzentration, sondern nur die „Virusaktivität" messen. Außerdem ergibt sich nur bei mittelstarken Verdünnungen eine annähernde Proportionalität zwischen dem Virusgehalt einer Lösung und der Anzahl der Lokalläsionen. Wird nur wenig verdünnt, so treten weniger Läsionen auf als zu erwarten ist. Wird in der Nähe des Verdünnungsendpunktes gearbeitet, so sind die Läsionszahlen zu hoch.

In vielen Fällen reicht die Beobachtung der äußeren Krankheitsmerkmale an den zu untersuchenden Pflanzen oder etwaigen Testpflanzen nicht aus, um die Frage nach einer Virusinfektion zu beantworten. Es kann dann die Suche nach inneren Symptomen von Nutzen sein. Eine ganze Anzahl Viren verursacht die Bildung von Einschlußkörpern im Zytoplasma seiner Wirtspflanzenarten. Sie können in Wirten mit Mosaiksymptomen auftreten. In anderen Wirten, in denen die gleichen Viren eine latente oder nekrotische Erkrankung hervorrufen, pflegen sie jedoch zu fehlen. Es ist zu beachten, daß nicht selten nur während eines begrenzten Zeitraumes nach der Infektion Zelleinschlüsse dieser Art in größeren Mengen vorliegen und daß späterhin ihre Anzahl stark abnimmt. Zum Teil besitzen die Viruskristalle in den Zellen ein recht charakteristisches Aussehen. Sie können aber mit andersartigen Gebilden verwechselt werden, wenn man keine spezifischen Anfärbungen vornimmt. Dasselbe gilt für die X-Körper, deren Unterscheidung von Zellkernen mit Feulgens Reagens möglich ist, das nur die letzteren und nicht die X-Körper färbt. Zur Färbung von Einschlußkörpern wird Trypanblau benutzt. Eine andere Methode besteht darin, daß nach Vorbehandlung mit Jodjodkalium oder konzentrierter Essigsäure eine Färbung mit Giemsa oder Giemsa-Orange G erfolgt. Auch andere Fixierlösungen bewährten sich.

Das Vorliegen von X-Körpern führte zur Entdeckung einer virösen Erkrankung bei Cactaceen wie *Rhipsalis*, *Opuntia* und *Pereskia*. Einige Virusarten sind an der Form ihrer Zelleinschlüsse zu unterscheiden. Beim TMV gibt es Stämme, die sich auf diese Weise charakteristisch voneinander differenzieren.

Absterbeerscheinungen und andere pathologische Veränderungen im Gewebe der Pflanzen können ebenfalls zum Nachweis einer Virusinfektion dienen. Der Teestrauch wird von einer Virose befallen, für deren Erkennung Phloemnekrosen von Wichtigkeit sind und die auch nach diesem Krankheitsbild benannt wurde. „Echte Phloemnekrose" befällt das Protophloem, Absterbeerscheinungen im Metaphloem sind nichtvirösen Ursprunges.

Bei der Kartoffel hat man sich mit der durch das Blattroll-Virus hervorgerufenen Phloemnekrose beschäftigt. Der BODE-Test (siehe S. 241) beruht auf der

Tatsache, daß diese Nekrosen durch kurzdauernde Färbung mit Säurefuchsin sichtbar zu machen sind. Der Nachteil dieses Testes ist darin zu suchen, daß er nur am Stengelmaterial, nicht jedoch an Knollen zu einigermaßen sicheren Ergebnissen führt. Andere Autoren haben zur Anfärbung Phloroglucin und Salzsäure verwendet. Bei vierzigfacher Vergrößerung kann unter dem Präpariermikroskop entschieden werden, ob eine Blattrollung viröse oder andere Ursachen hat. Ein weiterer Test ermöglicht auch die Untersuchung von Knollen. Hierbei wird ein Gemisch von Akridinorange und Bordeauxrot unter Zusatz von Kaliumchlorid im sauren p_H-Bereich auf Knollenschnitte zur Einwirkung gebracht. Darauf wird am besten mit UV-Strahlen belichtet. Das Zusammenwirken von Akridinorange mit dem Licht führt bei kranken Knollen zu einer derartigen Plasmaschädigung der Phloemzellen, daß ihre Anfärbung durch Bordeauxrot möglich wird.

Von verschiedenen Seiten wurden vor kurzem Berichte über eine neue Methode gegeben, die es gestattet, den Befall an Kartoffeln mit dem Blattroll-Virus zu diagnostizieren. Sie beruht auf der Beobachtung, daß die Infektion mit diesem Virus beschleunigtes Altern, eine „Vorreife", bewirkt. Wie bekannt, führt bei zahlreichen Pflanzenarten die Alterung der Siebröhrenstränge zu ihrer Verstopfung. Diese Lahmlegung wird durch Auflagerung von Kallose auf die Siebplatten zustandegebracht. Es gelang mit zahlreichen Kallose spezifisch anfärbenden Reagentien, besonders gut mit Resorcinblau, eine Differenzierung zwischen gesunden und kranken Pflanzen vorzunehmen. Grundsätzlich die gleichen Kallosebildungen können in basalen Internodien kranker und gesunder Kartoffelsprosse auftreten, da die Reaktion nicht spezifisch das Virus, sondern allgemein „Alterung" anzeigt. Verwendet man jedoch jüngere, kurz zuvor durch Streckungswachstum verlängerte Internodien, so sind mit relativ großer Sicherheit gesunde und kranke Pflanzen unterscheidbar. Besonders wichtig ist, daß Differenzen in der Kallosebildung auch an Knollen auftreten, vor allem am Nabelende. Im übrigen ist festzustellen, daß der Resorcin-Test bei sekundärkranken Pflanzen praktisch nicht funktioniert. Mit dieser Methode werden nicht das A-, X-, S- und Bukett-Virus erfaßt. Sehr zweifelhaft sind die Ergebnisse beim Y-Virus, das sich in latenter Form überhaupt nicht nachweisen läßt (siehe auch S. 248).

Es wurden im Lumen von Zellen schmale Querverbindungen als Symptom einer Viruserkrankung bei verschiedenen Pflanzen gefunden, jedoch haben diese sog. „intrazellularen Stäbe" nicht immer den erhofften diagnostischen Wert, da sie häufig erst nach Durchsuchung zahlreicher Schnittpräparate zu finden sind und auch aus anderweitigen Ursachen entstehen können.

Interessant ist, daß auch zur Erkennung von Pflanzenkrankheiten der Einsatz von Röntgenstrahlen möglich ist. Die Infektiöse Degeneration der Weinrebe führt zu einer Aufteilung des Markes durch schmale Brücken, die sich im Röntgenbild genau so dunkel wie der Holzkörper vom übrigen Gewebe abheben (Abb. 84).

Eine Reihe physikalisch-chemischer Hilfsmittel wurde bei der Aufzählung von Verfahren zur Beurteilung morphologischer und anatomischer virusspezifischer Veränderungen der Pflanzen bereits genannt. In den folgenden Abschnitten werden weitere Methoden geschildert, mit denen vor allem physiologische Abweichungen der Pflanzen, zum Teil auch die Viruspartikeln selbst, auf physikalisch-chemischem Wege nachgewiesen werden sollen. Naturgemäß hängen jedoch Änderungen im Aussehen und im Stoffwechsel der Pflanze derartig miteinander zusammen, daß diese Unterteilung nicht immer eindeutig durchgeführt werden kann und manche Teste in beiden Untergruppen ihren Platz finden könnten.

Besondere Bedeutung für die Unterscheidung von Viren haben ihre physikalischen Eigenschaften. Namentlich der thermale Inaktivierungspunkt und die Austrocknungsfähigkeit im Pflanzengewebe unter normalen Temperaturbedingungen sind von Wichtigkeit.

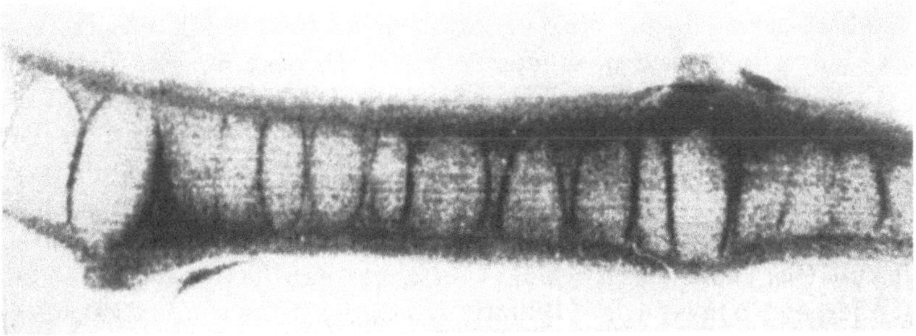

Abb. 84. Röntgenbild von Weinrebe, Sorte „Silvaner". Querbrücken im Mark als Kennzeichen eines stark reisigkranken Triebes (nach BREIDER)

Bis vor nicht allzu langer Zeit war die Anwendung des Elektronenmikroskopes in der pflanzlichen Virusforschung eine relativ umständliche und zeitraubende Angelegenheit. Die Einführung der Exsudatmethode hat dazu beigetragen, daß ein Wandel zu verzeichnen ist. Neuerdings ist die Präparation noch weiter vereinfacht worden. Bei der „Tauchmethode" wird das zu untersuchende Pflanzengewebe angeschnitten und die Schnittfläche in einen auf dem elektronenmikroskopischen Objektträger befindlichen Wassertropfen getaucht. Mit der Ausnahme des Blattroll-Virus sind die für Deutschland bekannten Viren der Kartoffel nunmehr durch elektronenoptische Untersuchungen erfaßbar und auf Grund ihrer unterschiedlichen Länge auch bis auf die beiden etwa gleich gestalteten Viren A und Y leicht voneinander abzugrenzen.

Auch die Feststellung der Konzentration von Viruspartikeln in Flüssigkeiten ist möglich, indem sie mit Latexkügelchen versetzt werden. Durch Zählungen unter dem Elektronenmikroskop läßt sich das Verhältnis der Menge an Latexkügelchen zu der an Viruspartikeln feststellen. Wenn die Konzentration der ersteren bekannt ist, kann somit auch die Konzentration der letzteren errechnet werden.

Zur Feststellung des TMV in Tabak wurde eine papierchromatische Methode angegeben: Es wird ein Tropfen des zu untersuchenden Preßsaftes absteigend chromatographiert, wobei sich Wasser, das im p_H-Bereich von 6—7 gepuffert war, als günstiges Lösungsmittel erwies. Wenn die Lösungsmittelfront das Ende des Papierstreifens erreicht hat, wird dieser getrocknet und mit den Reagentien auf Arginin nach Sakaguchi besprüht. Es ergibt sich eine Rosafärbung in einiger Entfernung vom Startpunkt, die das Virus anzeigt. Die meisten Arginin enthaltenden normalen Proteine und das Chlorophyll bleiben am Startpunkt liegen und stören den Test nicht. Es wurde auch gefunden, daß mit Hilfe ihrer elektrophoretischen Wanderungsgeschwindigkeit verschiedene Stämme des TMV charakterisiert werden können.

Eine andere Reaktion zur Erkennung von Viruskrankheiten auf Tabak beruht auf dem Zusatz einer zwanzigprozentigen Kochsalzlösung zum Preßsaft. Innerhalb von 1—2 Tagen senkt sich eine Flockung aus Säften gesunder Pflanzen, während bei solchen, die mit einigen Stämmen des Kartoffel-X-Virus bzw. TMV infiziert sind, kein Absetzen, sondern nur eine Opaleszenz oder Trübung eintritt. Auch gefrorene und wieder aufgetaute Preßsäfte können untersucht werden. Hierbei wird verdünnte Essigsäure verwendet. Der Grund für die verschiedenartige Reaktion gesunder und kranker Pflanzen wird in der unterschiedlichen Denaturierbarkeit ihrer makromolekularen Nucleoproteide gesucht.

In vielen Virus-Wirtkombinationen kommt es nicht zu äußerlich sichtbarem Lokalbefall. Hier bedient man sich des Umstandes, daß die Gewebe an Infektionsstellen Änderungen in bezug auf Bildung und Speicherung von Stärke aufweisen. Man entfärbt die zu untersuchenden Blätter mit Alkohol und überführt sie anschließend in Jodjodkalium-Lösung. Wenn die Blätter unmittelbar vor der Abnahme einer längeren Lichtperiode ausgesetzt waren, so fallen die Infektionsstellen durch hellere Farbe auf, da die Stärkebildung in ihnen gehemmt ist. Dagegen sind sie nach ausgedehnter Dunkelperiode wegen erschwerten Stärkeabbaues intensiver als das umliegende Gewebe gefärbt.

Kürzlich wurde eine Farbreaktion beschrieben, bei der Natriumsulfit in wäßriger Lösung zu frisch zermörserten Blättern hinzugegeben wird. Es tritt für wenige Augenblicke Rotfärbung ein, wenn Infektionen mit TMV und den Viren der Tabakringfleckigkeit und des Apfelmosaiks in Tabakblättern vorliegen. Das gleiche gilt für den Befall der Sonnenblume mit einem Virus, das am Gelbknospenmosaik des Pfirsichs beteiligt ist. Andere Kombinationen von Viren und Wirtspflanzen gaben keine derartige Verfärbung. Es ist allerdings zweifelhaft, ob diese Reaktion von großem diagnostischem Wert ist.

Seit mehr als zwanzig Jahren ist ein Test zur Erkennung der progressiven Zwergwüchsigkeit des Pfirsichs im Gebrauch: Man legt Querschnitte durch den Holzkörper von Ästen oder Wurzeln in absoluten Methylalkohol ein, dem einige Tropfen konzentrierter Salzsäure zugefügt sind. Auf den Schnitten kranker Bäume werden innerhalb weniger Minuten rötliche Flecke sichtbar, die sich gut von ihrer nicht oder nur wenig gefärbten Umgebung abheben. An gesundem Material sind sie nicht zu finden. Auch andere Säuren sind für diesen Test verwendbar. Er beruht nach neueren Untersuchungen darauf, daß verstopfte Gefäße und verdickte Wände benachbarter Zellen angefärbt werden. Einige wenige Flecke pro Querschnitt sind zum Nachweis der Progressiven Zwergwüchsigkeit bereits ausreichend. Außer bei Pfirsichen kann die Reaktion auch bei anderen anfälligen *Prunus*-Arten durchgeführt werden, jedoch ist ihre Deutlichkeit artverschieden. Auch bei der Diagnose der Sproßschwellungskrankheit des Kakaos wird mit wasserfreiem Methylalkohol gearbeitet, der mit etwas Salzsäure versetzt worden ist. Die Astquerschnitte zeigen in positiven Fällen nach wenigen Minuten eine Rotfärbung.

Ein Test zur Feststellung von latenten Erkrankungen des Pfirsichs mit dem Pfirsichmosaik-Virus verwendet dünne Schnitte von Wurzeln oder Stämmen, die mit einem Tropfen gesättigter Phloroglucin-Lösung in absolutem Methylalkohol befeuchtet werden. Nachdem der Schnitt wieder getrocknet ist, wird ein Tropfen Nitrophenol-Lösung in Methanol hinzugegeben. Die Holzteile gesunder Bäume färben sich rötlich, die von kranken bleiben weiß oder gelb. Die Farbreaktion gelingt am besten mit Material, das im Herbst oder zeitigen Frühjahr entnommen und sofort geprüft wird. Während der Vegetationsperiode treten keine klaren Unterschiede auf.

Unter dem Namen „LINDNER-Test" ist ein Verfahren zur Diagnose von Obstvirosen bekannt, auf das ursprünglich große Hoffnungen gesetzt wurden. Mit ihm sollen die unter dem Einfluß einer Viruserkrankung vermehrten Polyphenole erfaßt werden. Als Reagens dient Kupfersulfat in alkalischer Lösung. Es zeigte sich jedoch, daß vielfach nur starke Erkrankungen zu erkennen sind und auch anderweitig verursachte Steigerung des Polyphenolgehaltes zu der für Auszüge aus erkranktem Gewebe charakteristischen Rotfärbung führt.

Ein weiteres Verfahren benutzt das Ultraviolett-Absorptionsspektrum der Extrakte von Blättern, aus denen zuvor lediglich das Chlorophyll und die anderen alkohollöslichen Farbstoffe entfernt wurden. Es soll möglich sein, an Hand der Absorptionsmaxima nicht nur zwischen kranken und gesunden Bäumen zu unterscheiden, sondern auch die Art des Virus zu erkennen. Nachuntersuchungen von anderer Seite konnten diese Angaben jedoch nicht bestätigen. Die Absorptionsspektren erkrankter Bäume kommen nicht durch die Nucleinsäuren des Virus zustande, wie ursprünglich angenommen wurde, vielmehr spielen dabei hauptsächlich Polyphenole und Pentosezucker eine Rolle. Die UV-Absorptionsmethode beruht also auf dem gleichen Prinzip wie der Farbtest nach LINDNER und hat mit diesem die Mängel gemeinsam. Der UV-Test scheint in der angegebenen Form auch keine Anwendungsmöglichkeit bei viruskranken krautigen Pflanzen zu besitzen.

Von verschiedener Seite wurde mit Erfolg das UV-Licht zur quantitativen Bestimmung des Virusgehaltes TMV-kranker Pflanzen herangezogen. Er ergibt sich aus der optischen Dichte gegenüber UV-Licht, wenn die zu untersuchende Lösung vorher durch Zentrifugieren und durch Chemikalien gereinigt wurde.

Zur Diagnose des Nelkenmosaik-Virus geht man von Material vegetativer Sproßspitzen aus. Es wird für 45 Min. unter Druck in destilliertem Wasser gekocht. Sodann wird Butanol hinzugefügt und kräftig geschüttelt. Etwas Ammoniak dient zur Erhöhung des p_H-Wertes. Bei der Beobachtung im UV-Licht fluoreszieren Extrakte kranker Pflanzen an der Grenzfläche zwischen Wasser und Butanol schwach rosa.

In vielen Fällen zeigen virusbefallene Gewebeteile unter der UV-Lampe eine deutliche Fluoreszenz. Blaugrün fluoreszieren z. B. Bohnensamen, die das Gewöhnliche Bohnenmosaik-Virus enthalten.

Zahlreiche Verfahren sind entwickelt worden, um den Virusbefall des Kartoffelpflanzgutes auf Grund physiologischer Veränderungen zu erfassen. Allen nachstehend geschilderten und vielen weiteren Methoden haften jedoch Mängel an, so daß sie keine Anwendung auf breiter Grundlage gefunden haben. Einmal erhält man mit ihnen in einem gewissen Prozentsatz der Fälle zweifelhafte oder sogar unrichtige Ergebnisse. Häufig funktionieren sie überhaupt nur an Material, das seit langer Zeit unter möglichst gleichartigen Bedingungen, z. B. in bezug auf Lagerung, gehalten wurde. Meist wurden die Verfahren an Material erarbeitet, dessen Gesundheitszustand nur nach dem äußerlichen Erscheinungsbild in der Vegetationsperiode beurteilt worden war. Es kann mit diesen Methoden nicht zwischen den einzelnen Virusarten unterschieden werden. Inwieweit latent bleibende Stämme der seit langem bekannten Kartoffelviren erfaßt werden, ist ebenso ungewiß, wie der Einfluß des erst vor kurzem entdeckten, jedoch sehr weit verbreiteten und zweifellos schon lange vorhandenen Kartoffel-S-Virus auf das Testergebnis.

Bei der Kupferprobe nach BECHHOLD wird je ein blankes Kupferblech in die zu untersuchenden Knollen eingestochen und für längere Zeit darin belassen. Es entwickelt sich dadurch eine Verfärbung des Knollenfleisches in kleinerem oder größerem Ausmaß. Die am wenigsten verfärbten Knollen sind für gewöhnlich Virusträger. Wahrscheinlich bilden sie weniger Melanine, weil sie einen höheren Gehalt an Elektrolyten als gesunde Knollen besitzen, jedoch spielt vielleicht auch unterschiedliche Fermentaktivität eine Rolle.

Es wurde auch versucht, die Messung der aktuellen Azidität in den Dienst der Pflanzgutwertbestimmung zu stellen. Die Meinungen über die p_H-Verhältnisse gesunder und kranker Knollen waren sehr unterschiedlich. Die Preßsäfte abgebauter Knollen sind im allgemeinen besser als die gesunder gepuffert. Das sogenannte „Redoxpotential“ der rohen Breie von Kartoffelknollen wurde ebenfalls als Kriterium ihres Gesundheitszustandes herangezogen. Breie kranker Knollen entwickeln im Vergleich zu gesunden eine größere Reduktionskraft an indifferenten Metallelektroden. Die Messungen der Pufferung und des Redoxpotentials setzen aber in besonderem Maße Material voraus, das unter annähernd gleichen Bedingungen gewachsen ist.

Bei der „Jodprobe“ wird die Jodstärke-Reaktion unter Zusatz von Knollenpreßsaft durchgeführt. Werden verhältnismäßig große Jodmengen verwendet, so kann man verfolgen, wie die anfängliche Schwarzblaufärbung durch Preßsaft abgebauter Knollen weitgehend verschwindet, während gesundes Material diese Veränderung nicht zustande bringt.

Mischungen der Reagentien für die Biuret-Reaktion mit Knollenpreßsäften ergaben ebenfalls Anhaltspunkte für den Abbaugrad. Nach längerem Stehen entfärben sich gesunde Proben bis zu einer hellgelben Tönung. Eine Viruserkrankung macht sich dadurch kenntlich, daß die dunkelviolette Farbe der Biuret-Reaktion bestehen bleibt.

Der Gehalt an einigen freien Aminosäuren ist in Knollen viruskranker Stauden im Vergleich zu gesunden erhöht. Es konnte vor allem viel freies Tryptophan gefunden werden. Diese Tatsache wurde auf der Basis einer quantitativen Xanthoprotein-Reaktion zur Bestimmung des Krankheitsbefalls ausgenutzt. Salpetersäure (25%ig) verursacht eine Grüngelbfärbung der Knollensäfte, hauptsächlich durch Nitrierung des Tryptophans. In photometrischen Untersuchungen von Extrakten war für Knollen, die durch Kräuselmosaik (A- + X-Virus), Blattroll-, Strichel- und „Sprenkelmosaik" (X-Virus) befallen waren, eine geringere Lichtdurchlässigkeit und damit ein höherer Tryptophangehalt gefunden worden als für gesunde Knollen. Jedoch trat eine gewisse Überlappung der Werte für gesund und krank hauptsächlich beim X-Virus in Erscheinung.

Eine stetig wachsende Bedeutung auf dem Gebiet der Virusdiagnose gewinnt die Anwendung der Serologie. Sie wird vor allem bei Serienuntersuchungen den meisten anderen Methoden vorgezogen, weil sie verhältnismäßig billig und schnell sowie einfach und zuverlässig in der Handhabung ist. In Deutschland, Frankreich und Holland hat sie namentlich zur Erkennung des Kartoffel-X-Virus weite Verbreitung gefunden. Auch das Kartoffel-S-Virus und eine Reihe von Zierpflanzenvirosen werden laufend serologisch kontrolliert. Bezüglich weiterer Einzelheiten sei auf den Abschnitt „Serologie pflanzlicher Viren" (S. 162) verwiesen.

Bekämpfung pflanzlicher Viren

Von

M. KLINKOWSKI

Saat- und Pflanzgut, Kultur- und Pflegemaßnahmen, Unkraut- und Vektorenbekämpfung, Anbau resistenter Sorten, Prämunisierung, Wärme- und Chemotherapie

Bei der Bekämpfung der pflanzlichen Viruskrankheiten verfügen wir nicht über die gleichen Möglichkeiten wie bei Pilzkrankheiten und Insektenschäden. Die meisten unserer Maßnahmen müssen bei den Virosen auf Infektionsverhütung gerichtet sein. Immer bedeutungsvoller wird daneben der Anbau resistenter Sorten. Der eigentlichen Therapie ist bisher nur ein kleiner Spielraum geboten. Welche Maßnahmen im Rahmen der Bekämpfung bzw. der Infektionsverhütung zur Anwendung gelangen, hängt von der betreffenden Kulturpflanze, dem Grad der Erkrankung, dem wirtschaftlich vertretbaren Aufwand sowie von dem zu erwartenden Wirkungseffekt ab.

Nur wenige Viren sind samenübertragbar. Eine der dringlichsten Forderungen besteht darin, für den Anbau nur gesundes, d. h. virusfreies Saat- bzw. Pflanzgut zu verwenden. Nicht immer wird es möglich sein, hochwertiges Saatgut zu kaufen, sondern oft wird man gezwungen sein, im eigenen Betriebe zu produzieren. Man muß in diesem Fall das Saatgut von einwandfrei gesunden Pflanzen ernten und notfalls eine entsprechende Selektion betreiben. Oft wird man die Saatgutflächen isoliert von anderen Feldern legen, um eine Infektion derselben zu verhüten. Ein derartiges Verfahren empfiehlt sich z. B. für Kartoffeln und Himbeeren. Die Vermehrungsflächen müssen während der Vegetationsperiode regelmäßig überwacht werden, auch Bekämpfungsmaßnahmen zur Vernichtung etwaiger Vektoren können notwendig sein. Wir müssen uns darüber im klaren sein, daß wir auf diesem Wege nicht immer zu einem virusfreien Saat- bzw. Pflanzgut kommen, da im Falle von Spätinfektionen keine äußerlich erkennbaren Symptome in Erscheinung treten. Dort, wo ein derartiger Verdacht besteht, wird man sich daher zusätzlicher Verfahren bedienen müssen, um zu einer einwandfreien Beurteilung des Gesundheitszustandes zu gelangen. Es ist bekannt, daß verschiedene Viren mit Stecklingen, Zwiebeln, Fechsern, Sproßknollen und Knollen übertragen werden. Dies ist auch der Grund, warum diejenigen Kulturpflanzen, bei denen eine vegetative Vermehrung üblich ist, besonders stark unter den Virosen leiden. Die zweckentsprechende Auswahl der

Mutterpflanzen ist daher gerade hier von ausschlaggebender Bedeutung. Wichtig ist es, daß viruskranke Pflanzen baldmöglichst vernichtet werden, damit sie nicht als Infektionsquellen dienen können. Für Saat- und Pflanzgutkontrollen stehen uns eine Reihe verschiedener Laboratoriums- und Gewächshausverfahren zur Verfügung. So ist im Pflanzkartoffelbau die Augenstecklingsmethode allgemein üblich geworden, die in der Regel im Gewächshaus durchgeführt wird und den Vorteil besitzt, daß sie zwischen Ernte und Auspflanzen vorgenommen werden kann. Nachteilig ist, daß ein latenter Befall nicht nachgewiesen werden kann. Daneben kommt auch die Testpflanzenmethode zur Anwendung. Zum Test werden Pflanzenarten benutzt, die bei Infektion mit einem bestimmten Virus in kurzer Zeit mit charakteristischen Symptomen reagieren. In etwas abgeänderter Form kann der Nachweis des X-Virus erfolgen. Die Kartoffelknolle wird an einer Stelle leicht mit Sandpapier abgerieben. Von der Reibefläche aus kann dann ein Abreiben auf Testpflanzen, unter Zusatz von Karborund, erfolgen. An ständiger Bedeutung gewinnen die serologischen Untersuchungsmethoden, die nicht nur für die Kartoffel, sondern auch für die Rübe und eine Reihe von Zierpflanzen geradezu unentbehrlich geworden sind. Groß ist die Zahl der Farbteste, die speziell bei der Kartoffel zum Nachweis des Pflanzgutwertes benutzt werden. Diese Methoden haben jedoch in der Regel nicht die gehegten Erwartungen erfüllen können, da sie nicht spezifisch auf eine Virusinfektion, sondern lediglich auf physiologische Störungen des Stoffwechsels reagieren und damit kein wahres Bild vermitteln. Dies gilt auch für den sog. LINDNER-Test, der für den Nachweis von Steinobstvirosen empfohlen worden ist. Bedeutungsvoll für die Virusausbreitung kann auch die Veredlungspfropfung werden, wenn virusinfizierte Reiser Verwendung finden, so z. B. beim Obst, wo erwiesenermaßen viele Virosen virusinfizierten Reisern ihre Ausbreitung verdanken. Das Bestreben geht heute in allen obstbautreibenden Ländern der Erde dahin, nur virusfreie Reiser zu verwenden, jedoch begegnet die Verwirklichung dieser Forderung bisher noch großen Schwierigkeiten, da z. B. der Nachweis latenter Viren bei Obstgehölzen nicht immer eindeutig gelingt. Große Bedeutung kommt der Saatenanerkennung zu, die bei der Kartoffel in erster Linie eine Beurteilung des Gesundheitszustandes darstellt. Wir müssen uns jedoch darüber im klaren sein, daß der Saatenanerkennung große Mängel anhaften, solange sie sich nur auf die Feldbesichtigung beschränkt. Auch eine zusätzliche Augenstecklingsprüfung löst dieses Problem nicht endgültig. Ohne Verwendung serologischer Methoden kann der höchste Wirkungseffekt nicht erzielt werden. Die Voraussetzungen hierfür sind für die Mosaikviren weitgehend gegeben, lediglich das Virus der Blattrollkrankheit kann auf diesem Wege bisher nicht diagnostiziert werden.

Nicht allzu selten kommt es zur Ausbreitung der Virusinfektion bei hochinfektiösen Viren durch Kultur- und Pflegemaßnahmen. Wir können dies immer wieder beim TMV in Tomaten- und Tabakbeständen verfolgen, wo das Virus durch Ausgeizen der Tomatenpflanzen oder beim Pflücken von Tabakblättern mit dem Messer oder mit den Händen von Pflanze zu Pflanze übertragen wird.

Sehr bedeutsam ist auch das Beschmutzen der Hände durch Rauch- und Kautabak, da das TMV bekanntlich die Fermentation übersteht. Pflegemaßnahmen sollen möglichst bei trockener Witterung durchgeführt werden, da die Ansteckungsgefahr bei regenfeuchten Pflanzen oder bei Tau viermal so groß ist. Wir wissen, daß das X-Virus der Kartoffel beim Hacken und Häufeln der Stauden und auch durch das Schuhwerk und die Kleidung des Menschen und durch Zugtiere verbreitet wird, ein gleiches gilt auch für das Aukubavirus der Kartoffel. Werden Pflanzknollen mit dem Messer geschnitten, wie es bei großknolligen Sorten oft zur Pflanzgutersparnis geschieht, so ist auch hier mit einer Infektion bisher gesunder Knollen zu rechnen. Durchschnittlich können hierbei 10% der Knollenhälften infiziert werden.

Bei Viren, die eine gewisse Zeit im Boden lebensfähig bleiben können, dies trifft beim Tabak für das TMV und das Rattle-Virus zu, dürfen virusinfizierte Ernterückstände weder kompostiert noch untergepflügt werden. Es ist daher auch zu empfehlen, Anzuchtbeete für Jungpflanzen nicht an der Stelle des Vorjahres anzulegen und gerade hier dafür zu sorgen, daß alle Ernterückstände im Boden vermieden werden. Läßt sich ein Wechsel des Standortes nicht ermöglichen, so ist eine Bodendesinfektion erforderlich. Speziell im Tabak- und im Tomatenanbau ist eine sorgfältige Desinfektion der Hände und der Arbeitsgeräte ein unbedingtes Erfordernis. Zur Vermeidung der Saatübertragung des TMV bei der Samengewinnung der Tomate wird eine Säureextraktionsmethode empfohlen. Auf je 1 kg Fruchtfleisch reifer Tomaten, das sich in einem Holzgefäß befinden soll, werden 12,5 ccm konzentrierte Salzsäure zugegeben und gut gemischt. Nach 3 Std. wird die Saat mit Wasser gründlich ausgewaschen und rückgetrocknet. Mit Hilfe dieser Methode können aber nur infektiöse Stoffe beseitigt werden, die äußerlich der Samenschale anhaften.

In bestimmten Fällen vermag auch eine Abänderung der Aussaattermine sowie eine Vorverlegung der Ernte von Vorteil zu sein. Bei früher Aussaat leiden Rüben weniger unter der virösen Vergilbung, da sie sich bei beginnender Vektorenvermehrung bereits in einem weniger anfälligen Stadium befinden. Dem gleichen Prinzip der Infektionsverhütung dient auch die sog. Spätpflanzung der Kartoffel (in der UdSSR als Sommerpflanzung bezeichnet), da hier zur Zeit des Auspflanzens bereits der erste sommerliche Vermehrungsgipfel der Vektoren überschritten ist. In bestimmten Fällen wird auch zu einer stärkeren Aussaat geraten, um speziell bei Pflanzen, wie z. B. bei der Rübe, die später vereinzelt werden, durch Auswahl der gesund gebliebenen Pflanzen die Infektionsschädigung zu vermindern. Im Kartoffelbau bedient man sich der Möglichkeit vorzeitiger Ernte der Knollen, um hierbei einen Zeitpunkt zu erfassen, in dem nach etwaiger vorangegangener Infektion das Virus noch nicht in die neugebildeten Pflanzknollen abgewandert ist. Wir kennen in diesem Zusammenhang die Methoden des Abmelkens einzelner Knollen, der Unreifrodung und des sog. Krautziehens. In gewissen Fällen soll man es vermeiden, bestimmte Pflanzen benachbart anzubauen. So empfiehlt es sich oft nicht, Gartenbohnen und Erbsen in unmittelbarer Nachbarschaft von Kleefeldern anzubauen, da Kleepflanzen oft ein Dauerwirt verschiedener insektenübertragbarer Viren sein können. Grundsätzlich sollte man es vermeiden, eine anfällige Sorte neben einem bekannten symptomlosen Virusträger der gleichen Artzugehörigkeit anzubauen. Hierauf ist besonders bei Himbeeren, Erdbeeren, Hopfen, Dahlien, Kartoffeln u. a. zu achten. Ebenso soll man im Rübenbau den Anbau der Fabrikrüben von dem der Samenträger trennen, und insbesondere der Stecklingsanbau sollte nicht in der Nachbarschaft von Samenbeständen erfolgen, da von diesen sehr häufig die Infektion durch das Rübenmosaik- und das Vergilbungs-Virus erfolgt.

Von weittragender Bedeutung im Rahmen aller infektionsverhütenden Maßnahmen ist die Unkrautbekämpfung. Mehrjährige Unkräuter können als Virusreservoire dienen, wobei auch bei ihnen symptomlose Träger bekannt sind. Bei überwinternden Formen kann eine Virusinfektion bis in die neue Vegetationsperiode wirksam bleiben. Wir wissen, daß derartige Verhältnisse beim TMV bei Tabak und Tomate eine Rolle spielen, und daß insbesondere die Viren des Gurkenmosaiks und der Bronzefleckenkrankheit der Tomate innerhalb ihres großen Wirtspflanzenkreises wichtige Zwischenträger aufweisen können. Auch Zierpflanzen verdienen für die Überwinterung Beachtung, so ist bekannt, daß das Virus der Bronzefleckenkrankheit der Tomate z. B. in Dahlienknollen „überwintert" wird. Ähnliche Bedeutung haben Zierpflanzen auch für das Virus der infektiösen Vergilbung der Aster. Im einzelnen ist unsere Kenntnis auf diesem Gebiet jedoch noch unzureichend, so daß keine allgemein gültigen Empfehlungen gegeben werden können. Die Verhältnisse variieren von Viruskrankheit zu Viruskrankheit und oft auch von Anbaugebiet zu Anbaugebiet. Man kann selten an anderer Stelle erarbeitete Erfahrungen übernehmen, sondern muß jeweils prüfen, ob die daraus resultierenden Maßnahmen auch unter anderen Verhältnissen ratsam sind. Dazu gehört die Kenntnis der Art und der Entfernung der Ausbreitungsmöglichkeit und die genaue Kenntnis der Infektionsquellen.

In Gewächshäusern kann man durch entsprechende Bekämpfungsmaßnahmen (z. B. Räuchern) eine wirksame Vernichtung von Vektoren von Viren (z. B. Blattläuse und Blasenfüße) erreichen. Unter den Verhältnissen des Freilandes ist eine Bekämpfung von Vektoren durch Insektizide weitaus problematischer. Die systemischen Insektizide (Systox, Cebetox[1] u. a.) haben hier zwar zu einem wesentlichen Fortschritt geführt, lösen jedoch das Problem der Infektionsverhütung ebenfalls nicht vollkommen. Die Möglichkeiten der Virusbekämpfung im Pflanzkartoffelbau durch Bekämpfung der Vektoren mit systemischen Insektiziden lassen sich nur dann richtig beurteilen, wenn man zwischen persistenten und nichtpersistenten Viren unterscheidet. Ferner ist zwischen geflügelten und ungeflügelten Vektoren zu unterscheiden. Nur wenn die Passage eines Virus durch den Insektenkörper länger dauert als die zur Abtötung benötigte Frist, können die systemischen Gifte eine ausreichende Wirkung entfalten. Das ist bis zu einem gewissen Grade bei dem Blattrollvirus der Kartoffel der Fall, sofern es sich um

[1] Neuerdings lautet die Handelsbezeichnung „Dinox".

ungeflügelte oder nichtinfektiöse geflügelte Vektoren handelt. Das nichtpersistente Y-Virus kann unter den gleichen Umständen noch durch Ungeflügelte und durch nichtinfektiös anfliegende Geflügelte übertragen werden. Im allgemeinen kann man sagen, daß der Bekämpfungserfolg für die Ansprüche des Pflanzkartoffelbaues nicht ausreicht, allein aus dem Grunde, weil eine Bekämpfungsaktion auf größerer zusammenhängender Fläche bisher wirtschaftlich nicht tragbar ist. Bei der virösen Vergilbung der Rübe erzielt man bereits durch eine Bekämpfung eine ausreichende Initialwirkung gegen die Blattläuse der *Beta*-Rüben. Auf den Zuflug bleibt diese Behandlung ohne Einfluß, so daß der Dauererfolg um so größer bleibt, je mehr die biologischen Voraussetzungen erfüllt sind, die einen Massenzuflug verringern. Die Behandlung ist um so wirksamer, je früher gedrillt wird, je enger der Standraum der Pflanzen ist und je günstiger die allgemeinen Kulturbedingungen sind. Eine einzige Behandlung im Frühsommer verhindert weitgehend die Bildung der virginogenen Sommergeflügelten. Normalerweise werden jedoch 2—3 Behandlungen erforderlich sein. Bei der virösen Vergilbung der Aster hat man auf kleinsten Flächen durch Bedecken der Pflanzen mit insektensicheren Käfigen eine totale Infektionsverhütung erreicht. Diese Maßnahme, die im Prinzip für eine Reihe von Virosen in Betracht käme, ist in der Regel jedoch auf größerer Fläche wirtschaftlich nicht tragbar. In bestimmten Fällen ist man bestrebt, die Überwinterung der Vektoren unmöglich zu machen. Einer der wichtigsten Vektoren, die grüne Pfirsichblattlaus, überwintert auf Pfirsich und Aprikose. Durch entsprechende Bekämpfungsmaßnahmen ist es möglich, an den genannten Winterwirten die dort abgelegten Eier und damit die Ausgangspopulation zu vernichten. Eine andere Möglichkeit besteht darin, den Winterwirt selbst auszuschalten. So ist man im deutschen Pflanzkartoffelbau den Weg gegangen, in den Pflanzkartoffelanbaugebieten den Anbau von Pfirsich und Aprikose zu verbieten. Die Durchführung beider Maßnahmen hat eine weitgehende Verhütung von Frühinfektionen zur Folge, sie bleibt jedoch in den Gebieten ohne Erfolg, wo die grüne Pfirsichblattlaus im Freiland zu überwintern vermag. Im Fall der Wanzenkräuselkrankheit der *Beta*-Rübe hat man gute Erfolge durch das sog. Fangpflanzenverfahren erzielt. Die hier als Vektor fungierende Rübenblattwanze wandert aus den Winterquartieren in die Fangstreifen ein und kann dort durch Insektizide bzw. Unterpflügen wirksam bekämpft werden. In den Befallsgebieten in Deutschland und in Polen ist lediglich durch diese Maßnahmen der Rübenbau noch rentabel zu gestalten. Immer größere Bedeutung erlangen Maßnahmen, die sich auf Grund fortlaufender Beobachtungen der Blattlauspopulation ergeben. Im Pflanzkartoffelbau kann man mit einem hohen Grad von Wahrscheinlichkeit das Auftreten der sog. Sommergeflügelten, die sich aus den Nymphen entwickeln, voraussagen. In der Bundesrepublik hat man in den Pflanzkartoffelgebieten Norddeutschlands, ein gleiches gilt für Holland, einen Beobachtungsdienst eingerichtet, der die Interessenten zu gegebener Zeit über das Auftreten der Sommergeflügelten unterrichtet. Damit ist es möglich geworden, direkte Bekämpfungsmaßnahmen oder das Roden der Pflanzkartoffeln rechtzeitig durchzuführen.

Die zweckmäßigste und einfachste Methode zur Bekämpfung der Viruskrankheiten besteht im Anbau virusresistenter Sorten. Wir verfügen über eine Reihe diesbezüglicher Möglichkeiten, und das Bestreben der Züchter geht dahin, auf dem Wege der Kombination mit resistenten Eltern weitere Sorten zu züchten, die dem Landwirt wie dem Gärtner erwünschte Hilfe leisten sollen. Man steht hier vor der gleichen Problematik wie bei der Züchtung von Sorten, die gegen pilzparasitäre Erreger resistent sind. Zwingt dort die Bildung von physiologischen Rassen des Erregers zu einer steten Neuorientierung, die einem Wettlauf zwischen der Arbeit des Züchters und der Neuentstehung von Biotypen entspricht, so ist durch die Bildung neuer Virusstämme hier eine ähnliche Situation gegeben. Trotzdem sieht man im Anbau resistenter Sorten eines der bisher wirksamsten Mittel zur Bekämpfung von Viruskrankheiten. Im einfachsten Fall können resistente Sorten durch bloße Auslese aus einer Population gewonnen werden, in den weitaus meisten Fällen verdanken sie entsprechenden Kombinationen ihre Entstehung. Wir kennen infektionsresistente Sorten, bei denen morphologische Eigenschaften, wie z. B. Behaarung oder Dicke der Kutikula, den Vektor abhalten und damit infektionsverhütend wirken. Wir kennen den Typ der Hypersensibilität oder Überempfindlichkeit, wo infolge eines besonders hohen Anfälligkeitsgrades die Pflanze oder Teile von ihr nach erfolgter Infektion abgetötet werden und dadurch das Virus an weiterer Verbreitung gehindert wird. In der angloamerikanischen Literatur spricht man in diesem Zusammenhang von „Feldimmunität", besser wäre es, von „Feldresistenz" zu sprechen. Weiterhin ist eine Lokalisierungsresistenz zu erwähnen, wo die Infektionsstelle von nekrotischem Gewebe gegen das gesunde Gewebe abgegrenzt ist und dem Virus auf diese Weise die Möglichkeit einer systemischen Infektion genommen wurde. Ein derartiger Fall ist z. B. bei *Nicotiana glutinosa* bei Infektion mit dem TMV realisiert. Die Nekrosenbildung ist die Folge der Virusinvasion. Ursprünglich war man der Auffassung, daß die Lokalisierung eine Folge der Überempfindlichkeit ist, wobei im abgestorbenen Gewebe das Virus festgelegt und an seiner weiteren Ausbreitung gehindert werden soll. Unabhängig von der Bildung der Nekrosen oder mit ihr in Zusammenhang stehend, sind noch virusinaktivierende Faktoren wirksam, die den Effekt der Lokalisierung auslösen. Man ist daher heute der Meinung, daß bei der Lokalisierung zwei Phasen zu unterscheiden sind, und daß die Hypersensibilität lediglich eine Begleiterscheinung des Inaktivierungsprozesses ist, die sogar fehlen kann. Als Abwehrresistenz bezeichnet man alle Fälle, bei denen ein absoluter oder relativer Schutz entweder gegen das Zustandekommen einer Infektion überhaupt oder zumindest gegen die weitere Ausbreitung des Virus besteht. Man kann dementsprechend verschiedene Grade der Abwehrresistenz unterscheiden.

Weitgehende praktische Bedeutung hat auch die Züchtung toleranter Sorten erlangt. Unter Toleranz versteht man, daß eine Infektion zwar zustandekommt und auch systemisch erfolgen kann, die sonst jedoch üblichen Krankheitssymptome und Minderungen der Ertragsleistung ausbleiben oder kaum wahrnehmbar sind. Bei der gleichen Sorte können sowohl Faktoren der Abwehrresistenz wie der Toleranz wirksam werden, so daß erst aus ihrem Zusammenspiel das charakteristische Verhalten der betreffenden Sorte resultiert.

Wir kennen heute in langjähriger Arbeit gezüchtete mosaikresistente Tabaksorten, wobei man einen Ambalema- und einen Glutinosa-Typ der Resistenz unterscheidet. Im erstgenannten Fall sind zwei rezessive Genpaare für die Resistenz verantwortlich. Derartigen Formen ist mit einer erhöhten Toleranz eine Hemmung der Virusvermehrung und -ausbreitung eigen. Beim Glutinosa-Typ ist ein dominantes Gen für die Lokalisierung des Virus auf die Infektionsstelle verantwortlich. Zur Einkreuzung in den Kulturtabak wurde hier der Weg über *Nicotiana digluta* gewählt, eine fertile amphidiploide Art, die aus der Bastardierung von *N. glutinosa* mit dem Kulturtabak stammt. Neuerdings sind auch unter Tomatenhybriden (*Lycopersicum esculentum* x *L. chiloense*) Formen gefunden worden, die gegen das TMV resistent sind. Auch Einkreuzungen der Kulturtomate mit *Lycopersicum peruvianum*, *L. pimpinellifolium* und *L. hirsutum* führten zu Formen, die wesentlich resistenter als die Kulturtomate waren.

Resistent gegen die Vergilbung des Spinats, die durch das Gurkenmosaikvirus hervorgerufen wird, sind die Sorten „Virginia Savoy" und „Old Dominion". Die Resistenz beruht bei der erstgenannten Sorte auf einer Inaktivierung des Virus nach erfolgter Infektion, die jedoch nur bis zu Temperaturen von 28° C wirksam bleibt.

Wir kennen heute Kartoffelsorten, die gegen eine große Zahl, vielleicht sogar gegen alle bekannten Stämme des X- und des A-Virus überempfindlich sind und in diesem Sinne als „feldresistent" angesprochen werden können. Besondere Bedeutung hat ein Sämling „US 41956" erlangt, der als immun gegen das X-Virus bezeichnet wurde, andere Autoren halten ihn für einen Extremfall einer Lokalisierungsresistenz. Es gibt weiterhin Kartoffelsorten, die ohne überempfindlich zu sein, das Y-Virus lokalisieren. Anfänglich kommt es hier im Bereich der Infektionsstelle zu einer Virusvermehrung, nach zwei Wochen ist jedoch das Virus weitgehend inaktiviert. Lediglich für eine Blattrollresistenz fehlen bisher noch wirkliche Anhaltspunkte.

Erwähnen wir noch, daß es Gartenbohnensorten gibt, die gegen das gewöhnliche Bohnenmosaikvirus resistent sind, daß eine Toleranz gegen Viren der Erdbeere bekannt ist sowie eine solche gegen die viröse Vergilbung der Rübe und anderes mehr. Im Falle der Toleranz müssen wir uns jedoch stets immer vor Augen halten, daß wir damit nur eine zeitlich beschränkte Notlösung aufgreifen. Eine tolerante Pflanze ist eine viruskranke Pflanze und damit eine ständige Bedrohung für alle übrigen Sorten, sie sichert den Fortbestand des betreffenden Virus. Wir müssen daher stets bestrebt sein, tolerante durch resistente Sorten zu ersetzen. Auch für die mutative Entstehung neuer Virusstämme bilden tolerante Sorten gefährliche Ausgangsherde. Die Virusanfälligkeit kann außerdem auch gewisse Beziehungen bei einjährigen Pflanzen zum Alter aufweisen. Es ist mehrfach eine sog. Altersresistenz festgestellt worden, wobei vermutet wird, daß der im Alter veränderte Eiweißstoffwechsel hierbei eine Rolle spielt.

Wird eine Pflanze von einem Virusstamm befallen, so ist sie gegen Infektionen weiterer Stämme des gleichen Virus geschützt (Prämunität). Man hat versucht, diesen Tatbestand einer Schutzwirkung auch praktisch zu verwerten, indem man künstlich mit einem schwach virulenten Stamm infizierte, um damit die Infektion durch stärker virulente Stämme zu vermeiden. Zunächst kommt diesen Fragen jedoch nur ein rein akademisches Interesse zu, und es ist auch kaum anzunehmen, daß in größerem Umfange einmal von diesen Möglichkeiten Gebrauch gemacht werden wird. Zu den Nachteilen gehört u. a., daß bei Infektion durch ein anderes Virus Mischinfektionen entstehen können, die zu erheblichen wirtschaftlichen Verlusten führen. Für die praktische Anwendung der Prämunisierung sind zwei notwendige Voraussetzungen erforderlich: von dem betreffenden Virus müssen Stämme bekannt sein, was in der Regel bei den meisten Viren der Fall sein dürfte, und zweitens muß einer dieser Stämme avirulent bzw. schwach virulent sein und darf bei Infektion nur unwesentliche Krankheitssymptome verursachen.

Zur unmittelbaren Heilung virusinfizierter Pflanzen stehen uns Maßnahmen der Wärmetherapie und der Chemotherapie zur Verfügung. Die ersteren sind bisher die wirkungsvollsten, der Chemotherapie dürfte die Zukunft gehören. Der bisherige langsame Fortschritt in der Entwicklung einer Chemotherapie der Viruskrankheiten beruht bis zu einem gewissen Grade zweifellos darauf, daß wir nur verhältnismäßig wenig über die Entwicklungs- und Vermehrungsbedingungen der Viren wissen. Mit zunehmender Kenntnis auf diesen Gebieten dürften vielerseits die Voraussetzungen für eine Chemotherapie der Viren geschaffen sein. Die ersten positiven Ergebnisse einer Wärmetherapie liegen fast 35 Jahre zurück und wurden bei Stecklingen des Zuckerrohrs erzielt. Vor nunmehr 20 Jahren gelang der Nachweis, daß eine Reihe von Pfirsichvirosen durch Wärmebehandlung von Pfropf- oder Okulationsreisern und auch von ganzen Bäumen zu heilen sind. Es handelt sich hierbei ausschließlich um Virosen, deren Vorkommen bisher in Europa noch nicht nachgewiesen worden ist. *Vinca rosea*, infiziert mit dem Virus der infektiösen Vergilbung der Aster, kann durch zweiwöchentliche Behandlung in einem Raum von 38° C geheilt werden. Die gleiche Wirkung erzielt man, wenn man wenige Stunden die Pflanzen in ein Wasserbad von 40—50° C einstellt. Die Versuche, Viren in der Kartoffelknolle auf diesem Wege auszuschalten, sind bei den Viren des Hexenbesens und der Blattrollkrankheit von Erfolg begleitet gewesen. Werden Knollen bei genügender Feuchtigkeit 25 Tage bei einer Temperatur von 37,5° C gehalten, so wird das Blattrollvirus zerstört, sofern die Knollen selbst diese lange Behandlungsdauer ohne Schädigung vertragen. Daß diese Tatsache über die Bedeutung für den Züchter hinaus auch eine praktische erlangen kann, haben Mitteilungen aus Indien ergeben. Blattrollkranke Knollen, die nach der Ernte in strohgedeckten Hütten zeitweilig Temperaturen bis 41,7° C ausgesetzt waren, ergeben dort ausnahmslos gesunde Pflanzen, so daß die Temperaturempfindlichkeit des Blattrollvirus unter den Verhältnissen der indischen Ebenen eine praktische Bekämpfung auf diesem Wege gestattet. Durch kombinierte Behandlung von Dunkelkeimen (1—2 cm) Y-virusinfizierter Kartoffeln (35—38° C) bei unterschiedlichen Expositionszeiten und nachfolgender Gewebekultur terminaler Sproßteile (5 mm) war ein Teil der überlebenden Individuen frei vom Y-Virus.

Bei Blumenkohl kann mit einer Behandlung bei einer Wassertemperatur von 44° C (25 Min.) eine Bekämpfung des Mosaiks erfolgen, jedoch erweist sich in diesem Fall die Gewinnung von Saatgut von gesunden Samenträgern als weitaus zweckmäßiger. Bei Himbeeren ist es gelungen, die Virose der Rubusverzwergung zu heilen, wenn die Pflanzen mindestens 8 Tage einer Lufttemperatur von 32° C oder $1^1/_2$ bis 2 Std. einer Temperatur von 45° C ausgesetzt werden. Die Versuche, viruskranke Erdbeeren durch Wärmebehandlung zu heilen, scheitern oft an der Empfindlichkeit der Erdbeere gegen höhere Temperaturen. Die Pflanzen sind aber weniger anfällig und bleiben zum großen Teil am Leben, wenn sie vor der Behandlung erst einige Wochen bei 27° C gehalten werden. Gute Erfolge wurden sowohl gegen die Blattrandvergilbung wie gegen die Kräuselkrankheit und den Komplex beider Viren bei Temperaturen von 37—38° C bei einer Behandlungsdauer von 10—12 Tagen erzielt. In England und in der Schweiz ist es gelungen, auf diesem Wege gesunde Klone von Erdbeersorten aufzubauen, von denen nur virusinfiziertes Material vorhanden war. Durch eine 3—4 Wochen dauernde Behandlung bei 36° C konnten Pflanzen, die systemisch mit nachstehend genannten Viren infiziert waren, virusfrei erhalten werden: Bushy-stunt-Virus auf Stechapfel, Ringfleckigkeitsvirus auf Nelke, Gurkenmosaik auf Gurke, Stechapfel und Tabak, das Aspermie-Virus auf Tomate und die infektiöse Chlorose auf *Abutilon*. Der während der Wärmebehandlung gebildete Triebzuwachs war in der Regel virusfrei. Stecklinge dieser Region wachsen meist zu gesunden Pflanzen. Bei den drei zuletzt genannten Viren gesunden teilweise die ganzen Pflanzen. Bei Wahl geeigneter Kombinationen zwischen Temperatur und Behandlungsdauer dürfte zweifellos die Wärmetherapie noch gegen andere Viren an verschiedenen Wirtspflanzen von Erfolg sein. Es besteht Grund zu der Annahme, daß dem Temperaturkoeffizienten der thermalen Inaktivierung, der als „Q_{10}" bezeichnet worden ist, im Zusammenhang mit der Wärmetherapie gewisse Bedeutung zukommt. Bei Erhitzung in vitro lassen sich die Viren in 2 Gruppen einteilen, so wie dies in gleicher Weise für ihre Gestalt und ihre chemische Zusammensetzung zutrifft. Viren mit stäbchenförmigen Partikeln enthalten ca. 6% RNS bei einem hohen Wert für Q_{10}. Der Infektiositätsverlust bei Erhitzung ist mit ihrer Denaturierung korreliert und die Inaktivierung erfolgt nur dann, wenn die Erhitzung nahezu die Werte der thermalen Denaturierungspunkte erreicht. Sphärische Viren, deren RNS-Gehalt das dreifache und mehr beträgt, haben einen kleinen Wert für Q_{10} und verlieren ihre Infektiosität bei Temperaturen, die weit unter ihren thermalen Denaturierungspunkten liegen.

Es gibt zur Zeit keine einzige chemotherapeutische Bekämpfungsmaßnahme pflanzlicher Viren, die allgemein zur Anwendung käme. Die Schwierigkeiten liegen bisher darin begründet, daß alle Substanzen, die die Virusentwicklung in der pflanzlichen Zelle beeinflussen, in ähnlicher Weise auch den Wirt selbst in Mitleidenschaft ziehen. Unter Chemotherapie verstehen wir in diesem Zusammenhang die Wirkung von Substanzen, die in bestimmten Ausmaßen die Virusvermehrung oder die Krankheitsentwicklung verzögern bzw. hemmen. In der Regel handelt es sich hierbei um Verbindungen, die nur dann zur Auswirkung kommen, wenn sie in einem frühen Infektionsstadium zur Anwendung gelangen. Ihre Wirkung ist daher im wesentlichen eine prophylaktische. Eine Chemotherapie kommt zur Zeit nur unter besonderen Umständen in Betracht. Die erste Mitteilung geht auf das Jahr 1942 zurück. Augen von Pfirsichbäumen, die mit dem Virus der X-Krankheit infiziert waren, konnten durch Eintauchen in wäßrige Lösungen von Chinhydron, in geringerem Umfange auch durch Harnstoff und Natriumthiosulfat geheilt werden. Für Lösungen des Malachitgrüns (2—4 p. p. m.) ist eine Hemmung der Vermehrung des TMV bekannt. Bei Tabak, der für das TMV hypersensibel ist, kann eine systemische Nekrose und das damit im Zusammenhang stehende Absterben der Pflanzen durch tägliche Bewässerung (4—12 Tage) mit 5 mg Thiouracil/Pflanze in 0,01%iger wäßriger Lösung verhindert werden. Dem Züchter z. B. würde damit die Samengewinnung von derartigen Pflanzen möglich gemacht, sofern die Behandlung unmittelbar nach dem Beginn der Nekrosen einsetzt. Nelkenstecklinge, unbewurzelt und mosaikkrank, ergeben nach Behandlung mit 0,2% Calciumchlorid und 0,025% Zinksulfat zu 50% gesunde Pflanzen, jedoch macht der hohe Verlust an Pflanzen die Anwendung dieses Verfahrens unwirtschaftlich, auch haben Nachprüfungen nicht immer eine Bestätigung erbracht. Eine gewisse Wirkung ist dem Guanazol (5-amino-7-hydroxy-l-v-triazolo-(D)-pyrimidin) zuzuschreiben, das als Blattspritzung (0,01 mol) die systemische Infektion des Gurkenmosaikvirus bei mechanisch infizierten Gurkenpflanzen verzögerte bzw. verhinderte. Bei Wässerung des Bodens war eine gewisse Wirkung festzustellen, wenn die Infektion durch Blattläuse erfolgte. Für 2,4-D ist bekannt, daß es in einer Konzentration von 0,2% eine Maskierung der Symptome der Blattrollkrankheit der Kartoffel bedingt, was mit einer Verminderung der Viruskonzentration in Zusammenhang gebracht wird. In der Kokosnuß ist eine Substanz bekannt, die die Anfälligkeit der Pflanzen gegen TMV und X-Virus der Kartoffel herabsetzt, wobei diese Substanz das Virus nicht zerstört, aber auf seine Vermehrung hemmend einwirkt. Eine gleiche Hemmwirkung bei Tabak gegenüber TMV ist auch für Leucin und Taurin — jeweils 0,1% — bekannt. Dem Trichothecin kommt eine gewisse infektionshemmende Wirkung beim TMV zu, sofern es nicht später als einen Tag nach erfolgter Infektion zur Anwendung gelangt. Auch ein Antibiotikum, das von *Nocardia formica* gebildet wird (M K 61), hemmt die Vermehrung des TMV.

Die weitere Forschung wird sich auf 2 Probleme zu konzentrieren haben. Einmal wird man nach Substanzen suchen, die ohne die Pflanze zu schädigen, eine dauernde Hemmwirkung auf die Virusvermehrung ausüben, zum anderen ist nach Verbindungen zu suchen, die das Virus inaktivieren und deren Toxizität für die Wirtspflanze soweit nur möglich reduziert ist. Die therapeutische Anwendung würde dementsprechend unterschiedlich sein. Die erstgenannten virostatischen Substanzen würden dazu dienen, die Auswirkung einer Virusinfektion so weitgehend herabzusetzen, daß eine möglichst geringe Erntebeeinträchtigung erfolgt. Die inaktivierenden oder viruciden Substanzen sollen der Heilung virusinfizierter Pflanzen, Knollen, Zwiebeln, Reiser u. a. dienen und somit z. B. für eine total infizierte Sorte neue gesunde Ausgangsbasen schaffen.

ANHANG

Kleines virologisches Praktikum

Von

CH. SCHADE

I. Arbeitshinweise

1. Desinfektion

Die erste Voraussetzung für Versuche mit viruskranken Pflanzen bildet die gründliche Desinfektion von Aussaat- und Pflanzerde, Blumentöpfen, Händen und Geräten. In den vorliegenden Übungen arbeitet der Anfänger mit hochinfektiösen Viren, die zum Teil leicht durch Berührung übertragbar sind. Es ist deshalb dringend erforderlich, die Desinfektionsmaßnahmen sorgfältig durchzuführen und bei der Arbeit im Gewächshaus größte Vorsicht zu üben.

Erddesinfektion: Die Desinfektion der Erde durch Dampf hat sich am besten bewährt. Die Aussaaterde wird locker in den Sterilisator eingefüllt. Es hängt vom Typ des Dampfkessels ab, wie lange die Erde gedämpft werden muß. Am günstigsten ist ein Kessel mit Dampfüberhitzer, der die Dampftemperatur auf ca. 120°C erhöht. Bei dieser Temperatur werden Krankheitserreger und Unkrautsamen sicher abgetötet. Bei derartigen Sterilisatoren genügt es, eine Stunde zu dämpfen. Erde vor Gebrauch mindestens eine Woche liegen lassen.

Werden große Mengen von Pflanzerde benötigt, so ist es oft einfacher, die Desinfektion mit Formalin vorzunehmen, sie ist jedoch nicht so zuverlässig wie die Entseuchung durch Dampf.

100 l Wasser mit 2,5 l Formaldehydlösung (40 %ig) versetzen, davon 10 l für eine Fläche gut gemischter Erde von 1 qm Größe und 30 cm Schichthöhe verwenden. Erde schichtweise begießen, gut abdecken, nach 2 Tagen umschaufeln und letzteres 2—3mal wiederholen. Nach frühestens 14 Tagen ist die Erde gebrauchsfertig.

Desinfektion der Blumentöpfe: Gebrauchte Töpfe von Erde reinigen, 24 Std. in 2 %ige Formalinlösung legen und 24 Std. wässern.

Desinfektion der Hände: Vor und nach der Arbeit mit einer Viruskrankheit Hände desinfizieren, auch bei Versuchen mit verschiedenen Stämmen einer Virusart beachten.

Als Desinfektionsseife eignet sich eine Mischung aus 5 Teilen Trinatriumphosphat, 20 Teilen Toilettenseife und 100 Teilen Wasser, die zu einer halbfesten Masse verkocht wird.

Desinfektion der Geräte:

Porzellanreibschalen und Pistille:

1. 5%ige Natronlauge . . . . 24 Std.
2. dest. Wasser . . . . 24 Std.
3. Trockenschrank 120° C . . . . 2 Std.

oder die Mörser mit Sand und Seife gründlich ausscheuern, Trockenschrank 180° C 30 min.

Glasgeräte:

Nach der Reinigung in Seifenlösung und Wasser
Trockenschrank 180° C 30 min.

Glasgeräte für serologische Arbeiten:

1. Chromschwefelsäure (in konz. H_2SO_4 pulverisiertes Kaliumbichromat einrühren, bis es im Überschuß vorhanden ist) . . . . 24 Std.
2. 20%ige rohe Salzsäure . . . . 12 Std.
3. in dest. Wasser kochen . . . . 20 min
4. in dest. Wasser spülen
5. Trockenschrank 120° C . . . . 2 Std.

Die verchromten Handsaftpressen (Preßzangen) in 70%igem Äthylalkohol gründlich ausbürsten, in frischem Alkohol spülen, Trockenschrank 120° C 1 Std. oder mit Seifenlauge reinigen, Trockenschrank 180° C 30 min.

Es hat sich bewährt, für die Durchführung der Versuche Arbeitsgruppen von 2 Praktikanten zu bilden. Jede Arbeitsgruppe erhält für die Dauer des Praktikums folgende Geräte für die Infektionsversuche:

Einige Porzellanreibschalen (innerer ∅ 6—7 cm) oder Handsaftpressen (Preßzangen), Meßzylinder, kleine Bechergläser, ein Watteglas mit Filterpapierstückchen etwa 4×2,5 cm groß, eine große Petrischale mit Glasspateln, Spritzflasche mit dest. Wasser, einen Erlenmeyerkolben mit gründlich zermörsertem Quarzsand, Diatomeenerde oder Karborundpuder (Siliciumcarbid) feinkörnig, Nr. 2227 Merck. Die Öffnung des Kolbens wird mit einfachem oder doppeltem Mull zugebunden. Durch diesen läßt sich genügend Karborund auf die Blattspreite stäuben.

2. Versuchsmaterial

a) Pflanzen

Die starke Abhängigkeit der Symptomausprägung von äußeren Faktoren erfordert, daß die Pflanzen für einen Versuch unter gleichen Ernährungs-, Licht- und Temperaturbedingungen herangezogen werden. Diese Umweltfaktoren sind so zu wählen, daß die Entwicklung der Krankheitssymptome möglichst optimal erfolgt.

Für die Aussaat der Versuchspflanzen ist folgende Erdmischung geeignet:

2 Teile Kompost, gut gesiebt,
1 Teil Torfmull,
1 Teil Sand.

Ist dem Kompost während der Zersetzung genügend Kalk (1 kg Ätzkalk oder 2 kg kohlensaurer Kalk pro cbm) zugesetzt, so ist eine Düngung nicht erforderlich.

Als Pflanzerde hat sich folgende Mischung bewährt:

7 Teile Kompost,
3 Teile Torfmull,
1 Teil Sand.

Es ist günstig, den Torfmull einige Zeit vor der Mischung mit Ätzkalk zu neutralisieren, da der p_H-Wert der Pflanzerde um den Neutralpunkt liegen soll.

Die eingetopften Pflanzen erhalten einen wöchentlichen Dungguß mit Hakaphos (Mischdünger aus Harnstoff, Diammoniumphosphat, Kalisalpeter sowie Natronsalpeter).

Wichtig ist ferner, daß die Pflanzen zur rechten Zeit pikiert und umgetopft werden. Wachsen sie in zu kleinen Töpfen oder in nährstoffarmer Erde, so treten nicht die typischen Krankheitssymptome auf, es kann sogar zur Maskierung der Symptome kommen.

Das für die Virusinfektion günstigste Entwicklungsstadium der Pflanze ist fast für jede Art ein anderes. Infiziert man zu junge Pflanzen, so gehen sie häufig zugrunde. Im allgemeinen nimmt man die mechanische Übertragung bei krautigen Pflanzen im 4-Blattstadium vor. Die beiden ältesten vollentfalteten Blätter werden mit der virushaltigen Lösung abgerieben.

Die Ausbildung systemischer Symptome läßt sich, wenn nötig, durch Umtopfen einige Tage nach der Abreibung beschleunigen.

Für die Aufstellung der Anzucht- und Versuchspflanzen kommt nur ein insektenfreies Gewächshaus in Frage. Am günstigsten ist ein insektensicheres Haus mit Mittelgang. Zu beiden Seiten liegen die insektensicheren Zellen, Größe etwa 2,50 × 3 m, die eine Isolierung der einzelnen Viruskrankheiten gewährleisten. Schutz gegen Insekteneinflug durch die Außentür des Gewächshauses bietet eine Schleuse mit einer zweiten Tür. Vor den Lüftungsklappen sind Rahmen mit insektensicherer Bronzegaze anzubringen.

In Gewächshäusern, in denen Virusversuche durchgeführt werden, muß mindestens 2mal wöchentlich geräuchert werden, um Aphiden und andere Vektoren zu bekämpfen.

b) Viren

Für die Durchführung des Praktikums ist verhältnismäßig viel Gewächshausplatz erforderlich.

Eine Möglichkeit, etwas an Platz zu sparen, bietet die einfache Konservierung des TMV und des Kartoffel-X-Virus. Infolgedessen brauchen nicht für alle Versuche Gewächshauspflanzen als Virusquelle vorrätig zu sein. Das TMV bleibt in getrockneten Tabakblättern oder in tiefgefrorenem Preßsaft jahrelang infektiös. Für das X-Virus hat BERCKS[1] eine Konservierungsmethode mit Glycerin beschrieben:

Den rohen Preßsaft aus Tabakblättern, die deutliche X-Virussymptome zeigen (Alter der Infektion etwa 3 Wochen) über Nacht im sterilen Reagenzglas bei etwa —10° C einfrieren. Nach Auftauen 10 min zentrifugieren 3000 U/min. Den klaren, bräunlich gefärbten Preßsaft mit dem gleichen Volumen Glycerin (DAB 6) versetzen. Das Gemisch im sterilen Reagenzglas bei + 3° C aufheben.

Für eine Reihe von Viren, die weniger stabil sind, z. B. das Kartoffel-Y-Virus, Gurkenmosaikvirus, Tabakringfleckenvirus, Ätzmosaikvirus des Tabaks und Luzernemosaikvirus hat sich die Konservierung nach MCKINNEY[2] bewährt:

Den Boden eines Glasgefäßes mit eingeschliffenem Deckel in etwa 2 cm hoher Schicht mit Calciumchlorid (gekörnt) bedecken, ein Drahtnetz darauflegen und mit einer Gaze bedecken, die mit einem Gemisch aus Paraffin und Benzol (1 : 3) leicht besprüht wurde, ohne die Maschen zu verschließen. Die Blätter wüchsiger Pflanzen mit deutlichen Virussymptomen in kleine Stücke schneiden, auf der Gaze in dünner Schicht ausbreiten, starke Blattrippen verwerfen. Die Paraffinierung der Gaze verhindert das Aufsaugen des Zellsaftes. Gefäßrand mit Vaseline bestreichen, luftdicht verschließen, Blattstücke bei ± 2° C trocknen, nach der Trocknung in Flaschen mit Schraubverschluß oder lose verschlossene Flaschen, die sich in Gefäßen mit $CaCl_2$ befinden, umfüllen. Aufbewahrung bei ± 2° C.

Sollten einige Viren für das Praktikum nicht ohne weiteres zu beschaffen sein, so besteht die Möglichkeit, bei der American Type Culture Collection, 2029 M Street, N. W. Washington 6, D. C. genau bestimmte Viren käuflich zu erwerben, die je nach Haltbarkeitsbedingungen in verschiedener Form versandt werden. Außerdem können von dort auch die Samen der speziellen Testpflanzen für die betreffenden Viren geliefert werden.

Arbeitshinweise für die Anlage von Blattlauskulturen finden sich auf S. 99.

II. Die experimentelle Virusübertragung

Versuch 1: **Glasspatelmethode.**

Versuchsmaterial: TMVhaltiger konservierter Preßsaft oder TMVinfizierte Pflanze, testreifer Tabak (*Nicotiana tabacum*) Sorte „Samsun", „White Burley" o. a. in Töpfen, 4-Blattstadium.

Geräte: Infektionsgeräte siehe Seite 222, Stecketikette.

TMV haltigen konservierten Preßsaft verwenden oder ein Blatt aus der mittleren Stengelregion einer systemisch infizierten Pflanze, das deutliche Symptome des TMV zeigt, in steriler Reibschale gründlich zerreiben, bzw. das

---

[1] BERCKS, R. (1950) Über die Konservierung von Kartoffel-X-Virus durch Glycerin. Phytopath. Z. **16**, 508—510.

[2] MCKINNEY, H. H. (1947) Stability of labile viruses in desiccated tissue. Phytopathology **37**, 139—142.

zusammengefaltete Blatt mit Preßzange ausdrücken. Den Preßsaft 1 : 100[1] mit Leitungswasser verdünnen und mit Hilfe eines Glasspatels, dessen Reibfläche aufgerauht ist, gleichmäßig auf 2 vollentfaltete Blätter einer Tabakpflanze verreiben. Unter das abzureibende Blatt mit Hilfe des linken Zeige- und Mittelfingers 2 saubere Filterpapierstückchen in Blattgröße legen (Abb. 85). Abreibung vorsichtig durchführen, zu starker Druck führt zu Abreibeschäden! Blätter sofort nach der Abreibung mit dest. Wasser (Spritzflasche) abspülen oder mit nassen Filterpapierstückchen in passender Größe bedecken. Abreibung an drei weiteren Pflanzen wiederholen, Töpfe genau bezeichnen.

Abb. 85. Glasspatelmethode (Original SCHADE)

Zur Kontrolle gleichaltrige Tabakpflanzen mit Leitungswasser abreiben. Alle Versuchspflanzen bei hoher Luftfeuchtigkeit aufstellen, vor direktem Sonnenlicht schützen.

Für die Abreibung läßt sich statt des Glasspatels auch der Zeigefinger oder ein Stäbchen, dessen Ende mit Mull umwickelt ist, verwenden.

Beobachte nach 5—10 Tagen Früh- und Folgesymptome des TMV: Adernaufhellung der jüngeren Blätter, verwaschene Flecke auf den abgeriebenen Blättern und anschließend mosaikartige Scheckung auf allen Blättern, mehr oder weniger deformierte Blattspreiten (Abb. 19).

SAMUEL, G. (1931) Some experiments on inoculating methods with plant viruses, and on local lesions. Ann. appl. biol. **18**, 494—507.

---

[1] Die Angabe der Verdünnung 1 : 100 bedeutet, daß man 1 ml Preßsaft zu 99 ml Wasser hinzufügt. Alle in den Versuchen angegebenen Verdünnungen sind in dieser Weise aufzufassen.

Versuch 2: **Nadelstichinfektion.**

Versuchsmaterial: TMVinfizierte Pflanze, Tabak (*Nicotiana tabacum*) Sorte „Samsun", „White Burley" o. a. in Töpfen, 4-Blattstadium.
Geräte: Infektionsgeräte, Präpariernadel.

Die Virusübertragung geschieht mit Hilfe einer sterilen Präpariernadel. Die Nadel in die charakteristischen dunkelgrünen bzw. gelben Mosaikflecke der mit einem Grün- oder Gelbstamm des TMV infizierten Pflanze einstechen, darauf die Nadel in die Mittel- oder Seitenrippe des zu infizierenden Blattes stechen — die günstigste Stelle ist der Blattgrund — beides 6—8mal wiederholen. Blatt mit dest. Wasser abspritzen, Pflanze bei hoher Luftfeuchtigkeit aufstellen.

Vergleiche die Zeitspanne von der Impfung bis zum Auftreten der ersten Symptome in diesem Versuch und Versuch 1 bei Übertragung derselben Viren auf entsprechende Wirtspflanzen.

Die injizierte Virusmenge ist bei 6—8 Nadelstichen gering, so daß die Symptome später in Erscheinung treten als nach Abreibung der Blätter mit Preßsaft. Die Methode ist in manchen Fällen wertvoll, z. B. zur Isolierung von Mutanten, die in einem sehr kleinen Blattbezirk auftreten können oder zur Übertragung von Viren, die in vitro schnell inaktiviert werden.

Versuch 3: **Infektion mit und ohne Karborund** (siehe auch S. 55 und S. 109).

Versuchsmaterial: TMVinfizierte Pflanze oder TMVhaltiger konservierter Preßsaft, *Nicotiana glutinosa* in Töpfen, etwa 8-Blattstadium.
Geräte und Reagenzien: Infektionsgeräte, Zentrifuge (3000 U/min), Zentrifugenröhrchen, Reagenzgläser mit Ständer, Meßpipetten 1 ml.
0,15 m Phosphatpufferlösung p_H 7, Karborundpuder feinkörnig Nr. 2227 Merck.

Frisch hergestellten oder konservierten TMVhaltigen Preßsaft 10 min bei 3000 U/min zentrifugieren, um grobe Zellbestandteile zu entfernen. Den Überstand + neutralen Phosphatpuffer für eine Verdünnungsreihe mit den Stufen 10^{-2} bis 10^{-7} in folgender Weise verwenden: 6 Reagenzgläser mit je 9 ml Pufferlösung vorbereiten. 0,2 ml zentrifugierten Preßsaft zu 1,8 ml Pufferlösung pipettieren, durch mehrmaliges Hochziehen der Flüssigkeit gut mischen. Hiervon 1 ml zu 9 ml Pufferlösung abpipettieren, sorgfältig mischen usf. siehe Schema. Für jede Verdünnungsstufe eine neue Pipette verwenden. Jede Verdünnung wird von der nächst höheren Konzentration aus vorgenommen.

Pufferlösung	9 ml →	9 ml →	9 ml →	9 ml →
Verdünnung	10^{-2}	10^{-3}	10^{-4}	10^{-5}

jeweils einen ml überpipettieren.

Jede Verdünnungsstufe auf je 2 *Nicotiana glutinosa* abreiben. Vor der Abreibung, die bei diesem Versuch am besten mit dem Zeigefinger geschieht, die rechten Blatthälften von 5 älteren Blättern einer testreifen *N. glutinosa* mit wenig Karborund bestreuen. Linke Blatthälften ohne Karborund abreiben, Blätter gründlich mit dest. Wasser abspritzen, Pflanzen bei hoher Luftfeuchtigkeit aufstellen.

Berechne die durchschnittliche Anzahl der Lokalläsionen auf den Blatthälften.

Ist die Abreibung einwandfrei durchgeführt, so zeigt sich nach 2—4 Tagen, daß die Lokalläsionen auf den mit Karborund abgeriebenen Blatthälften zahlreicher auftreten, da mehr Eintrittsstellen für das Virus geschaffen wurden (Abb. 86). Außerdem erhöht sich der Verdünnungsendpunkt des Virus bei Anwendung von Karborund.

Abb. 86. Abreibungsversuch mit TMV auf *Nicotiana glutinosa*. Linke Blatthälfte ohne, rechte Blatthälfte mit Hilfe eines Abrasivs abgerieben (Original SCHADE)

COSTA, A. S. (1944) Quantitative studies with carborundum and its use in local-lesion tests. Phytopathology **34**, 288—300.

KALMUS, H., und KASSANIS, B. (1945) The use of abrasives in the transmission of plant viruses. Ann. appl. biol. **32**, 230—235.

Versuch 4: **Infektionsmethode nach YARWOOD.**

Versuchsmaterial: Sonnenblume (*Helianthus annuus*) oder *Nicandra physaloides*, infiziert mit dem Virus der Bronzefleckenkrankheit der Tomate. *Nicandra physaloides*, 5-Blattstadium oder Gartenbohne (*Phaseolus vulgaris*) Sorte „Golden Cluster Wax", „Goldina Wachs" in Töpfen, Primärblattstadium.

Geräte und Reagenzien: Korkbohrer, Pinzette, Rasierklinge, Spritzflasche mit dest. Wasser.

0,15 m Phosphatpufferlösung p_H 7, Karborundpuder feinkörnig Nr. 2227 Merck.

Einige weniger stabile Viren, bei denen die Infektionsrate nach Übertragung mittels Glasspatel u. a. gering ist, lassen sich auf folgende Weise besser übertragen: Aus Blättern der Sonnenblume oder *Nicandra physaloides* mit systemischen Symptomen der Bronzefleckenkrankheit der Tomate 6—8 Blattstücke von etwa 1 cm Durchmesser ausstanzen, aufeinanderlegen, mit einer Pinzette zusammenhalten und die Rundung der Blattstücke an einer Seite geradeschneiden. Die frisch entstandenen Schnittflächen sofort auf je 2 Blätter von 3 *Nicandra physaloides* oder Gartenbohnen abreiben, die zuvor mit 0,15 m Phosphatpuffer p_H 7 besprengt und mit Karborund bestäubt wurden. Blätter sofort nach der Infektion mit dest. Wasser abspritzen, Pflanzen bei hoher Luftfeuchtigkeit aufstellen.

Wende zur Kontrolle die Spatelmethode (Versuch 1) bei 3 Pflanzen derselben Aussaat wie im Versuch an und vergleiche den Infektionserfolg.

Unter Vermeidung der üblichen Preßsaftherstellung wird das Virus bei der Methode von YARWOOD auf dem kürzesten Weg aus der Wirtszelle in die zu infizierende Zelle übertragen. Im Zellsaft treten Oxydationsvorgänge vor der Abreibung nicht ein, so daß der Infektionserfolg sicherer ist.

YARWOOD, C. E. (1953) Quick virus inoculation by rubbing with fresh leaf discs. Plant dis. reptr. **37**, 501—502.

Versuch 5: **Sensibilisierung der Pflanze durch eine Dunkelperiode** (siehe auch S. 56).

Versuchsmaterial: Kartoffel-X-Virus infizierte Pflanzen oder konservierter X-Virus enthaltender Preßsaft bzw. TMVhaltiger Preßsaft, 12 *Nicotiana acuminata*, 8- bis 10-Blattstadium, N. *glutinosa* 8-Blattstadium in Töpfen.

Geräte: Dunkelsturz oder leere, größere Blumentöpfe, Infektionsgeräte.

Von 12 infektionsreifen *Nicotiana acuminata*, die unter gleichen Bedingungen herangezogen wurden, 6 Pflanzen im Gewächshaus vor der Virusübertragung für 24 Std. mit Dunkelsturz bedecken, die übrigen bei normalen Lichtverhältnissen stehenlassen. Bei allen Pflanzen Saftübertragung des Kartoffel-X-Virus, Verdünnung 1 : 100 (Leitungswasser), ohne Karborund durchführen (siehe Versuch 1). Pflanzen bei hoher Luftfeuchtigkeit aufstellen. Der Versuch kann u. a. auch mit *N. glutinosa* und TMV vorgenommen werden.

Vergleiche Zeitpunkt und Stärke der Symptomausprägung in beiden Versuchsreihen.

Bei den dunkelbehandelten Pflanzen liegt eine erhöhte Empfindlichkeit gegen die Infektion vor, die durch den veränderten physiologischen Zustand dieser Pflanzen erklärt wird. Die Symptome der systemischen Infektion treten bei den dunkelgestellten *N. acuminata* früher und etwas stärker auf als bei den Kontrollen. Bei *N. glutinosa* erhöht sich die Anzahl der Lokalläsionen pro Blatteinheit nach Dunkelbehandlung vor der Abreibung.

BAWDEN, F. C. and ROBERTS, F. M. (1947) The influence of light intensity on the susceptibility of plants to certain viruses. Ann. appl. biol. **34**, 286—296.
BAWDEN, F. C. and PIRIE, N. W. (1952) Physiolcgy of virus diseases. Ann. rev. plant physiology **3**, 171—188.

Versuch 6: **Steigerung des Infektionserfolges durch Chemikalien.**

Versuchsmaterial: TMVhaltiger Preßsaft, Gartenbohne (*Phaseolus vulgaris*) Sorte „Golden Cluster Wax" oder „Goldina Wachs", Primärblattstadium.

Geräte und Reagenzien: Schere, Infektionsgeräte, große Petrischalen. 1 %ige Calciumchloridlösung.

Die Primärblätter von 3 Gartenbohnenpflanzen, die noch keine weiteren Blätter ausgebildet haben, mit TMVhaltigem Preßsaft (1 : 1000 mit Leitungswasser verdünnt) und Karborund abreiben, mit dest. Wasser abspülen. 10 min nach der Abreibung Blätter halbieren, die 6 rechten Blatthälften für 10 min in eine 1 %ige $CaCl_2$-Lösung tauchen, dann mit dest. Wasser abwaschen, zwischen Filterpapier abtrocknen und in Petrischalen auf wenig Wasser schwimmend, im

Gewächshaus bei guten Lichtverhältnissen aufstellen. Die linken Blatthälften zur Kontrolle in gleicher Weise behandeln, jedoch in Leitungswasser tauchen statt in $CaCl_2$-Lösung.

Vergleiche die durchschnittliche Anzahl der Lokalläsionen des TMV auf beiden Blatthälften. Die Primärblätter einer Pflanze gelten zwar als physiologisch gleichwertig, doch ist der Vergleich von Blatthälften zuverlässiger.

Die Behandlung mit $CaCl_2$ nach der Abreibung hat bei der Gartenbohne eine stimulierende Wirkung auf die TMV-Infektion. Die Anzahl der Lokalläsionen ist etwa um das vierfache gesteigert.

YARWOOD, C. E. (1954) Zinc increases susceptibility of bean leaves to tobacco mosaic virus. Phytopathology **44**, 230—233.

Versuch 7: **Spaltpfropfung** (siehe auch S. 52).

Versuchsmaterial: Junge, gesunde und Blattrollvirus infizierte Kartoffelpflanzen in Töpfen.

Geräte: Scharfes Skalpell oder Rasiermesser, Bast oder Perfolband, evtl. Glasglocken.

Wüchsige Pflanzen gleicher Sproßstärke verwenden. Pfropfreis von einer Blattrollvirus infizierten Kartoffelpflanze wählen, auf etwa 5 cm Länge kürzen, alle Blätter bis auf die jüngsten entfernen, um die Transpiration zu verringern. Das untere Ende (ca. 2—3 cm) des Pfropfreises keilförmig zuschneiden. Schnell arbeiten, Schnittflächen dürfen nicht austrocknen. Die gesunde Unterlage kappen, der Länge des Keilschnittes entsprechend längs spalten und dabei den Schnitt durch einen Stengelknoten führen. Das Reis einfügen und die Pfropfstelle in der ganzen Länge vorsichtig (Gewebequetschungen!), aber fest mit Bast umwickeln und diesen verknoten (siehe Abb. 36). Bei Verwendung von Perfolband es vor Gebrauch durch Wasser ziehen.

Pflanzen für 5—10 Tage in eine Kabine mit hoher Luftfeuchtigkeit oder unter eine Glasglocke stellen, gut schattieren, allmählich an geringere Luftfeuchtigkeit gewöhnen.

Beobachte, wann die Symptome des Blattrollvirus an der Unterlage in Erscheinung treten. Unter sommerlichen Temperaturverhältnissen geschieht es nach etwa 3 Wochen.

SMITH, K. M. (1947) Virus diseases of farm and garden crops. Littlebury and Co. Ltd. Worcester.

Versuch 8: **Nachbarschaftspfropfung (Ablaktieren mit Gegenzungen).**

Versuchsmaterial: Junge, wüchsige, gesunde und Blattrollvirus infizierte Kartoffelpflanzen in Töpfen.

Geräte: Scharfes Skalpell oder Rasiermesser, Bast oder Perfolband, Glasglocken.

Beim Ablaktieren wird das Reis erst nach Verwachsung der Pfropfpartner, zuweilen überhaupt nicht von der Mutterpflanze getrennt.

Eine gesunde und eine Blattrollvirus infizierte Kartoffelpflanze mit Sprossen gleicher Stärke nebeneinanderstellen. Blätter an den zu pfropfenden Sprossen nur entfernen, soweit sie bei der Pfropfung stören. Die erforderlichen Schnitte in gleicher Größe und passender Höhe an je einem Sproß der beiden Pflanzen ausführen, indem zuerst ein flacher Ausschnitt gemacht wird, in dessen Mitte

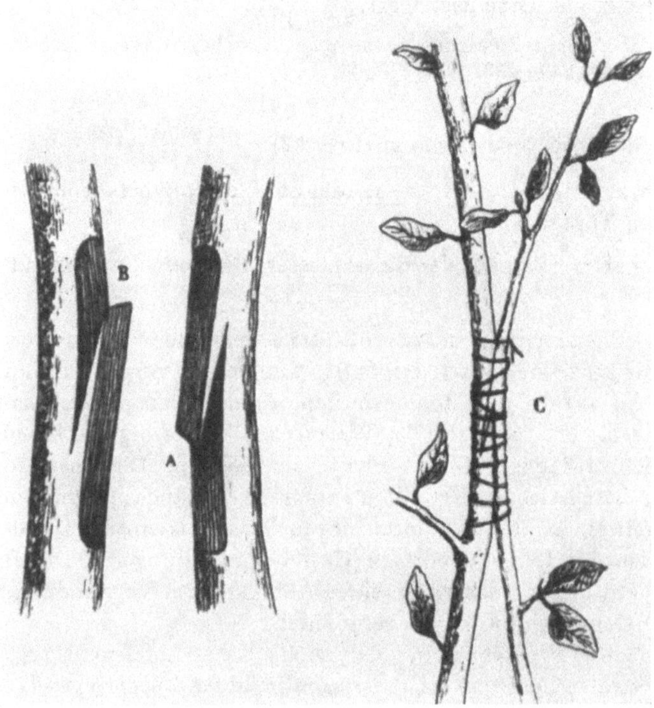

Abb. 87. Ablaktieren mit Gegenzungen (nach GAUCHER)

dann bei einem Sproß ein Schnitt von oben nach unten, bei dem anderen entgegengesetzt ausgeführt wird (Abb. 87). Die Zunge des einen Reises in den Schnitt des anderen einführen, sofort fest verbinden. Gepfropfte Pflanzen mit Glasglocke bedecken. Verband öfter kontrollieren, wenn nötig vorsichtig lösen und etwas lockerer erneuern.

Beobachte, wann sich die Symptome des Blattrollvirus bei dem gesunden Pfropfpartner entwickeln. Sobald sie deutlich sichtbar sind, das Pfropfreis von der Mutterpflanze trennen.

WINKLER, H. (1924) Die Methoden der Pfropfung bei Pflanzen. In Abderhalden, Handbuch der biologischen Arbeitsmethoden. Abt. XI, Teil 2, Bd. 2, 765—800.

Versuch 9: **Flaschenpfropfung.**

Versuchsmaterial: Junge, gesunde und Blattrollvirus infizierte Kartoffelpflanzen in Töpfen.

Geräte und Reagenzien: Scharfes Skalpell oder Rasiermesser, 150 ml Erlenmeyerkolben.

Knopsche Nährlösung.

Eine andere Art der Pfropfung, bei der das Reis während des Verwachsungsvorganges voll turgeszent bleibt, ist die sogenannte Flaschenpfropfung.

Abb. 88. Flaschenpfropfung (Original SCHADE)

An einem etwa 20 cm hohen Sproß einer jungen, gesunden, im Topf gezogenen Kartoffelpflanze einen flachen Ausschnitt von etwa 5 cm Länge anbringen, ebenso an dem blattrollkranken Reis, das mit langem Stengel oder sogar als ganzer Sproß mit Wurzel verwendet wird (Abb. 88). Die Sprosse werden an den angeschnittenen Stellen mit Bast zusammengebunden, so daß Kambium auf Kambium liegt. Unterhalb der Pfropfstelle den Stengel bzw. die Wurzel des Pfropfreises in einen Kolben mit Nährlösung (Knop) stellen. Der Kolben wird in passender Höhe mit Hilfe eines Stativs angebracht oder auf den Topf der Unterlage gestellt.

Alle Blätter der Unterlage, ausgenommen die vollentfalteten in der Nähe des Vegetationspunktes, entfernen, um den Virustransport in diese Blätter zu fördern.

Beobachte, wann sich Symptome des Blattrollvirus an der Unterlage zeigen, erst dann das Reis unterhalb der Pfropfstelle abschneiden.

BLAKESLEE, A.F. and FARNHAM, M.E. (1923) Bottle grafting. J. heredity **14**, 171–173.

Versuch 10: **Knollenpfropfung.**

Versuchsmaterial: Gesunde und Kartoffel-X-Virus infizierte Kartoffelknollen.

Geräte: Korkbohrer, Kästen oder Töpfe mit desinfizierter Erdmischung (Erde + Sand 1 : 1).

Aus einer gesunden Kartoffelknolle mit Hilfe eines Korkbohrers einen Zylinder von etwa 13 mm Durchmesser ausstechen. Dieser soll ein Auge haben und wird zur Gesundheitskontrolle ausgepflanzt. Aus einer X-Virus kranken Knolle mit einem um 1—2 Nummern größeren Korkbohrer einen augenlosen Zylinder ausstanzen und in die gesunde Knolle implantieren (siehe Abb. 36). Die gepfropfte Knolle in einem desinfizierten Gemisch von Sand und Erde (1 : 1) im Gewächshaus auspflanzen.

Sobald die Sprosse einige vollentfaltete Blätter haben, serologische Prüfung auf das X-Virus der Kartoffel mit der Blättchenmethode durchführen (siehe Versuch 24). Die Sprosse der ursprünglich gesunden Kartoffelknolle ergeben eine positive Reaktion.

Fügt man einen Zylinder aus einer gesunden Knolle mit einem Auge als „Reis" in eine kranke Knolle, so sind von dieser alle Augen zu entfernen.

MURPHY, P. A. and MCKAY, R. (1926) Methods for investigating the virus diseases of the potato, and some results obtained by their use. Sci. proc. roy. Dublin soc. **18**, 169—184.

Versuch 11: **Übertragung des Gurkenmosaikvirus durch *Cuscuta campestris* Yunck.** (siehe auch S. 59).

Versuchsmaterial: Junge, Gurkenmosaikvirus infizierte *Nicotiana glutinosa*, Samen von *Cuscuta campestris*, junge *N. glutinosa* in Töpfen.

Geräte und Reagenzien: Petrischalen 10 cm ∅, Filterpapier, Mull, Schere, Bindfaden.

Konz. Schwefelsäure.

Samen von *Cuscuta campestris* 30 min in konzentrierte H_2SO_4 legen, Säure abgießen, durch viel Wasser ersetzen, damit die entstehende Wärme nicht schädigend wirkt. Samen in Mull einbinden, wässern bis alle Säure entfernt ist. Die Keimfähigkeit der hartschaligen Samen erhöht sich durch die Säurebehandlung.

Samen in Petrischalen auf feuchtem Filterpapier bei diffusem Licht und Zimmertemperatur keimen lassen. Sobald die Keimpflanzen eine Länge von 3 bis 4 cm haben, Triebspitzen vorsichtig, ohne sie zu verletzen, an junge Gurkenmosaikvirus infizierte *N. glutinosa* lehnen. Nach erfolgter Parasitierung und beginnender Verzweigung der Seide Triebe auf gesunde, junge *N. glutinosa* überleiten oder vegetative Sprosse von 10 bis 20 cm Länge abschneiden und einzeln um Blattstiele junger *N. glutinosa* wickeln (siehe Abb. 37). Zur Kontrolle mit virusfreien Sproßstücken von *Cuscuta* und gesunden *N. glutinosa* ebenso verfahren.

Beobachte, wann die ersten Anzeichen der erfolgten Virusübertragung auftreten.

Bei jungen *N. glutinosa*, durch deren Stengelgewebe die Haustorien des Parasiten leicht eindringen können, zeigen sich die ersten Symptome des Gurkenmosaikvirus etwa nach 10 Tagen. Vergleiche diese Symptome mit denen des Gurkenmosaikvirus auf der ersten Wirtspflanze. Die Übereinstimmung des Krankheitsbildes zeigt, daß das GMV übertragen wurde.

SCHMELZER, K. (1956) Beiträge zur Kenntnis der Übertragbarkeit von Viren durch Cuscuta-Arten. Phytopath. Z. **28**, 1—56.

Versuch 12: **Übertragung des Blattrollvirus durch *Myzus persicae* Sulz.** (siehe auch S. 99).

Versuchsmaterial: Blattrollvirus infizierte Kartoffelblätter, besonders geeignet sind die Sorten „Voran", „Stärkereiche", „Erstling", „Sieglinde" bzw. Dunkel- oder Lichtkeime blattrollkranker Kartoffelknollen, Stammkultur von *Myzus persicae*. *Physalis floridana*, jeweils 3 Pflanzen in einem Topf, 1—2-Blattstadium.

Geräte und Reagenzien: Pinsel, Petrischalen, Cellophantüten, Pikierkästen, evtl. Zusatzbeleuchtung 500 Watt, Luxmeter, E 605 oder Wofatox.

Abb. 89. *Physalis floridana* im Alter von 3 Wochen links gesund, rechts im Kotyledonenstadium infiziert mit dem Blattrollvirus (nach Baerecke)

Falls keine Zusatzbeleuchtung zur Verfügung steht, Versuch in der Zeit von März bis Oktober durchführen. Blattrollvirus infizierte Kartoffelblätter bzw. Dunkel- oder Lichtkeime in Petrischalen legen und mit einem Pinsel 10—15 Blattläuse vorsichtig aus der virusfreien Stammzucht (vgl. S. 99) auf die Pflanzenteile übertragen, ohne die Blattläuse zu verletzen. Nach 3-tägiger Fütterung übertragen die Blattläuse das Virus mit Sicherheit. Sie werden vorsichtig umgesetzt, ohne die Stechborsten zu verletzen, auf gesunde, gut mit Wasser versorgte *Physalis floridana*, die höchstens 2 Laubblätter haben dürfen. Ältere Pflanzen sind nicht mehr so empfindlich. 2—3 Läuse genügen zur Infektion von 3 Testpflanzen. Über die Töpfe mit Versuchspflanzen Cellophantüten ziehen. Nach 3 Tagen Blattläuse mit dem Insektizid E 605 oder Wofatox abtöten und die Pflanzen in Pikierkästen umpflanzen. Um zu kontrollieren, welchen Einfluß Saugschäden auf das Wachstum von *Physalis* haben, den gleichen Versuch mit virusfreien Blattläusen aus der Stammkultur durchführen. Daneben eine Reihe gesunde, unbehandelte *Physalis floridana* einpflanzen. Wenn möglich, erhalten die Pflanzen anschließend Zusatzbeleuchtung, da diese die Ausbildung der Blattrollsymptome beschleunigt und verstärkt. Lampen (500 Watt) so aufhängen, daß in Höhe der Pflanzen eine Lichtintensität von etwa 3600 Lux herrscht.

Vergleiche das Wachstum der Pflanzen in den 3 Versuchsreihen und beobachte, wann die ersten Symptome des Blattrollvirus auftreten. Ohne Zusatzbeleuchtung sind die Krankheitssymptome nach 8—12 Tagen zu erkennen. Die Blätter rollen oder sie sind stark nach unten gebogen, die Blattspreite ist verkleinert und die Internodien sind verkürzt. Die Pflanzen der 2. Versuchsreihe, an denen virusfreie Blattläuse gesogen haben, weisen infolge der Saugschäden eine Wuchshemmung auf (Abb. 89).

Bei Anwendung von Zusatzbeleuchtung treten die Krankheitssymptome bereits nach 5—7 Tagen auf.

BAERECKE, M. L. (1950) Erfahrungen mit Physalis floridana Rydb. und Physalis angulata L. als Testpflanze für das Blattrollvirus der Kartoffel. Züchter **20**, 99—102.

HAMANN, U. (1956) Der Blattrollvirustest mit Physalis floridana Rydb. unter Verwendung von Zusatzbeleuchtung. Züchter **26**, 37—39.

III. Die viruskranke Pflanze

Versuch 13: **Virus-Einschlußkörper in Epidermis- und Haarzellen** (siehe auch S. 41 und S. 159).

a) Amorphe Einschlüsse (X-Körper).
b) Kristalline intrazelluläre Einschlüsse.
c) Kristalline intranucleäre Einschlüsse.

Die Untersuchung der Viruseinschlußkörper erfolgt am besten an Pflanzen, die vor 10—28 Tagen infiziert wurden. Zuerst entstehen die amorphen Einschlüsse (X-Körper), die bald in kristalline umgebildet werden und dann nicht mehr von den übrigen kristallinen Viruseinschlüssen zu unterscheiden sind, die von vornherein als solche gebildet wurden.

Versuchsmaterial: a) Blätter von *Solanum nodiflorum* infiziert mit Tomaten-Aucubamosaik-Virus.

b) Blätter von Tabak (*Nicotiana tabacum*) infiziert mit TMV, Gelb- oder Grünstamm.

c) Blätter von Tabak (*Nicotiana tabacum*) infiziert mit dem Ätzmosaikvirus des Tabaks (severe tobacco etch).

Geräte und Reagenzien: Rasierklinge, Pinzette, Objektträger, Deckgläser, Blockschälchen, Mikroskop, Mikroskopierlampe, Phasenkontrasteinrichtung. Fixiergemisch nach Carnoy: abs. Alkohol 60 ml, Chloroform 30 ml, Eisessig 10 ml oder 3 Teile abs. Alkohol (96—98 %iger genügt auch), 1 Teil Eisessig.

Äthylalkohol 96 %ig, Formaldehyd 8 %ig, wässeriges Glycerin, Bengalrosa 0,5 %ige wäßrige Lösung, Trypanblau 0,5 %ige wäßrige Lösung, 0,1 g Bromphenolblau, 10 g Quecksilberchlorid, Essigsäure 0,5 %ig, Lugolsche Lösung: 2 g Kaliumjodid und 1 g Jod in 300 ml dest. Wasser lösen.

a) Mittelrippe der Blattunterseite von infizierten *Solanum nodiflorum* Pflanzen leicht anschneiden, mit Pinzette ein Stück Epidermis abziehen und in Wasser mikroskopieren, besonders günstig mit Hilfe der Phasenkontrasteinrichtung.

Amorphe Einschlußkörper des Tomaten-Aucubamosaik-Virus in den Epidermishaaren beobachten.

Die Gestalt der X-Körper zeigt eine gewisse Abhängigkeit vom Virusstamm und von der Wirtspflanze. Bei *Solanum nodiflorum* fällt besonders die körnige Struktur der amorphen Einschlüsse des Tomaten-Aucubamosaik-Virus auf.

b) Epidermisabrisse von TMVinfizierten Tabakblättern herstellen.

Die kristallinen Einschlußkörper in den Epidermishaaren beobachten (siehe Abb. 77). Es handelt sich vorwiegend um hexagonale Plattenkristalle, die sehr zahlreich in den Epidermis- und Haarzellen auftreten können.

Um die kristallinen Einschlußkörper des TMV zu fixieren, frisch hergestellte Epidermisabrisse auf folgende Weise behandeln:

Fixieren: 3—4 Minuten in Carnoy.

Spülen: in 96 %igem reinem Alkohol.

Aufbewahren: in frischem 96 %igem reinem Alkohol.

Beobachten: in dest. Wasser.

Die fixierten kristallinen Viruseinschlüsse sind über ein Jahr haltbar.

Die amorphen und kristallinen Viruseinschlüsse des frischen Materials nach einer der 3 folgenden Methoden fixieren und färben:

I. Fixieren: Formalin 8 %ig 15 min.
Färben: Bengalrosa 0,5 %ig minimal 20 min.
Wässern: einige Minuten in Leitungswasser.
Beobachten: in Wasser oder Glycerin.

II. Fixieren: Formalin 8 %ig 15 min.
Färben: Trypanblau 0,5 %ig minimal 30 min.
Wässern: einige Minuten in dest. Wasser.
Beobachten: in Wasser oder Glycerin.

III. Fixieren: Formalin 8 %ig 15 min.
Färben: $HgCl_2$ 10 g, Bromphenolblau 0,1 g, dest. Wasser 100 ml 15 min.
Spülen: Essigsäure 0,5 %ig 20 min, dest. Wasser einige Minuten.
Beobachten: in Wasser oder Glycerin.

Mit diesen Farbstoffen färben sich ebenfalls der Nucleus, die Nucleolen und die Chloroplasten.

c) Epidermisabrisse herstellen von Tabakblättern, die seit wenigstens einer Woche systemische Symptome des Ätzmosaiks zeigen. In Lugolscher Lösung beobachten.

Im Zellkern sind die Einschlußkörper dieses Virus als kristalline, rechteckige, dünne Platten zu sehen, die sich leuchtend gelb gefärbt haben (Abb. 90). Ihre Zahl kann bis zu 30 in einem Kern betragen.

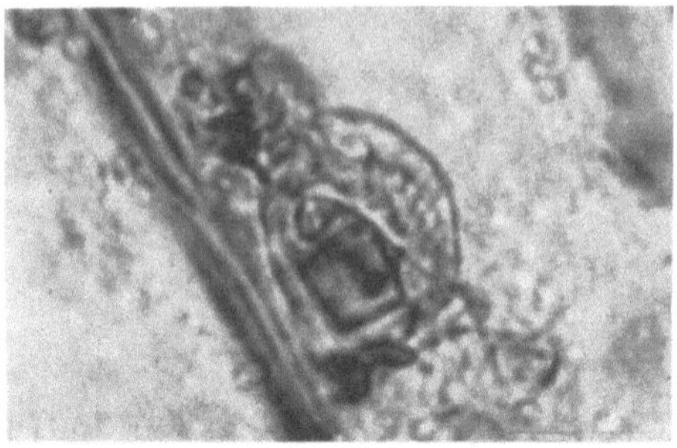

Abb. 90. Kristalline Einschlußkörper des Tabakätzmosaikvirus im Kern einer Epidermiszelle von Tabak, gefärbt mit Lugolscher Lösung (Original SCHADE)

KASSANIS, B. (1939) Intranuclear inclusions in virus infected plants. Ann. appl. biol. **26**, 705–709.

KASSANIS, B. and SHEFFIELD, F. M. L. (1941) Variations in the cytoplasmic inclusions induced by three strains of tobacco mosaic virus, Ann. appl. biol. **28**, 360–367.

MCWHORTER, F. P. (1941) Plant virus differentiation by trypan-blue reactions within infected tissue. Stain technol. **16**, 143–148.

XEROS, N. (1953) Development of intranuclear inclusions in virus diseased cells of lepidopterous larvae. Nature **172**, 309–310.

RUBIO-HUERTOS, M. (1954) Rapid extraction of intact crystalline inclusions from the cells of plants infected with tobacco mosaic virus. Nature **174**, 313.

Versuch 14: **Fluoreszenz kristalliner Einschlußkörper des TMV.**

Versuchsmaterial: Tabak (*Nicotiana tabacum*), der vor 10—14 Tagen mit TMV infiziert wurde, gesunde Kontrollpflanzen.

Geräte und Reagenzien: Rasierklinge, Pinzette, Blockschälchen, Objektträger, Deckgläser (Deckglasdicke 0,17 mm konstant), Mikroskop, Lumineszenzeinrichtung, Blaufilter, Sperrfilter OG 1 von Schott-Jena.

1 %ige wäßrige Pikrinsäure, Acridinorange (Merck), 1 : 10000 in 0,15 m Phosphatpuffer p_H 7.

Fixieren: Epidermisabrisse der TMVinfizierten und gesunden Blätter 60 bis 90 min in 1 %iger Pikrinsäure.

Wässern: 5 min in mehrfach gewechseltem dest. Wasser.

Fluorochromieren: 15—30 min mit frisch angesetztem Acridinorange 1 : 10000 in 0,15 m Phosphatpuffer p_H 7.

Spülen: 5—10 min in Phosphatpuffer p_H 7.

Beobachten: in Phosphatpuffer p_H 7 mit Blaufilter und Sperrfilter OG 1.

Nach Fluorochromierung mit Acridinorange sind Unterschiede in der Fluoreszenz der kristallinen Viruseinschlüsse und des Zellkerns zu beobachten. Die Einschlüsse fluoreszieren grün, die Kerne leuchtend bläulich. Bei längerer Einwirkung des Fluorochroms fluoreszieren die Kerne rosa bis orange, die Einschlüsse orange.

Beobachte zur Kontrolle die Fluoreszenz der Zellelemente einer gesunden Zelle. Die grün fluoreszierenden kristallinen Einschlüsse fehlen.

GOLDIN, M. I. (1954) Fluoreszenzmikroskopische Analyse der pflanzlichen Viruseinschlüsse. C. r. acad. sci. U. R. S. S. n. s. **95**, 657–659 (russisch).

Versuch 15: **Fluoreszenz virusinfizierter Tabakblätter.**

Versuchsmaterial: Blätter von Tabak (*Nicotiana tabacum*) mit deutlichen nekrotischen Ringflecken des Kartoffel-X-Virus oder mit systemischen Symptomen des Virus der Bronzefleckenkrankheit der Tomate.

Geräte: Lumineszenzeinrichtung.

Betrachte die obengenannten Virussymptome auf der Unterseite von frisch abgeschnittenen Tabakblättern im UV-Licht. Die Infektionsherde des Kartoffel-X-Virus sind von einem leuchtend hellblauen Ring umgeben, der sie größer erscheinen läßt als im Tageslicht. Im Zentrum leuchtet ein heller Punkt auf, der von einem braunen Ring umgeben ist. Besonders leuchtend fluoreszieren die Blattadern. Bei jungen systemischen Infektionen von Tabak mit dem Virus der Bronzefleckenkrankheit der Tomate fluoreszieren weit größere Bezirke um die Blattadern, als bei Tageslicht nekrotisch erscheinen (Abb. 91).

Die Fluoreszenz wird durch Skopoletin (6-Metoxy-7-oxy-1,2-benzopyron) hervorgerufen, eine wasserlösliche Substanz, die dem Tannin nahesteht und als Zwischenprodukt im Stoffwechsel der gesunden Pflanze gebildet wird, aber anscheinend in der viruskranken Pflanze in erhöhtem Maße auftritt.

BEST, R. J. (1936) Studies on a fluorescent substance present in plants. I. Production of the substance as a result of virus infection and some applications of the phenomen. Austral. j. exp. biol. med. sci. **14**, 199–213.

EICKE, R., und BODE, O. (1944) Zur Betrachtung von Virussymptomen im ultravioletten Licht. Archiv ges. Virusforschung **3**, 327–335.

Abb. 91. Fluoreszenz von systemischen Symptomen der Bronzefleckenkrankheit der Tomate auf der Unterseite eines Tabakblattes; Aufnahme bei gefiltertem UV-Licht (nach BEST)

Versuch 16: **Anatomie des mosaikkranken Blattes** (siehe auch S. 29).

Versuchsmaterial: Blätter von TMV- oder Kartoffel-X-Virus infizierten Tabakpflanzen mit deutlichen Mosaiksymptomen; sehr geeignet ist *Nicotiana acuminata*, infiziert mit dem X-Virus.

Geräte und Reagenzien: Rasiermesser, Holundermark, Objektträger, Deckgläser, Objekt- und Okularmikrometer, Mikroskop.
70 %iger Alkohol.

Querschnitte durch einen dunkelgrünen und angrenzenden gelblichen Blattbezirk herstellen. Schnitte gründlich in 70 %igem Alkohol spülen, um Luftblasen zu entfernen, in Wasser beobachten.

Die Länge der Palisadenzellen im grünen und gelben Blatteil messen und die Übergangsstelle vom normalen zum reduzierten Palisadengewebe zeichnen.

Die chlorotischen Blattpartien zeigen oft eine geringere Anzahl von Zellreihen im Schwammparenchym. Die Palisadenzellen können soweit verkürzt sein, daß sie isodiametrische Form besitzen (Abb. 92).

GOLDSTEIN, B. (1926) A cytological study of the leaves and growing points of healthy and mosaic diseased tobacco plants. Bull. Torrey bot. club **53, 499—599.**

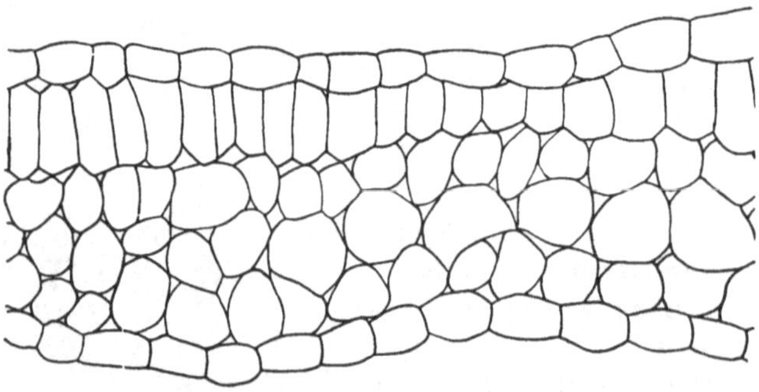

Abb. 92. Reduzierte Palisadenzellen eines Kartoffel-X-Virus infizierten Blattes von *Nicotiana acuminata* (Original SCHADE)

Versuch 17: **Anatomie der Wurzel blattrollkranker Kartoffelpflanzen.**

Versuchsmaterial: Blattrollkranke und gesunde Kartoffelknollen der Sorten „Erstling", „Allerfrüheste Gelbe", „Sieglinde" oder „Ackersegen".

Geräte und Reagenzien: Korkbohrer, Quarzsand, Tonschalen, Kulturgefäße.

Nährlösung II nach STEINECK:	H_2O	1000 ml
	KNO_3	646 mg
	K_2SO_4	140 ,,
	$Ca(H_2PO_4)_2$	374 ,,
	$Ca(NO_3)_2$	262 ,,
	$MgSO_4$	192 ,,

Rasiermesser, Holundermark, Objektträger, Deckgläser, Mikroskop, Mikroskopierlampe.

Das Kronenauge aus kranken und gesunden Kartoffelknollen mit Hilfe eines Korkbohrers ausstanzen, in feuchtem Quarzsand vorkeimen. Sobald die Wurzeln kräftig entwickelt sind, Stecklinge in Kulturgefäße mit Nährlösung II nach STEINECK umsetzen. Nach Auftreten der Symptome des Blattrollvirus Wurzelquerschnitte in Holundermark herstellen und mit solchen von gesunden Pflanzen aus der entsprechenden Wurzelzone vergleichen. Beide Querschnitte bei 60- bis 70facher Vergrößerung zeichnen.

In den Wurzeln der blattrollkranken Pflanzen ist das Xylem stark reduziert. Zahl und Größe der Gefäße sind verringert (Abb. 93). In vielen Fällen ist auch der absolute Durchmesser der Wurzel blattrollkranker Pflanzen kleiner als der gesunder Kontrollen.

STEINECK, O. (1955) Anatomische Änderungen im Bau der Wurzel blattrollkranker Kartoffelpflanzen. Pflschtzber. Wien **15**, 78–87.

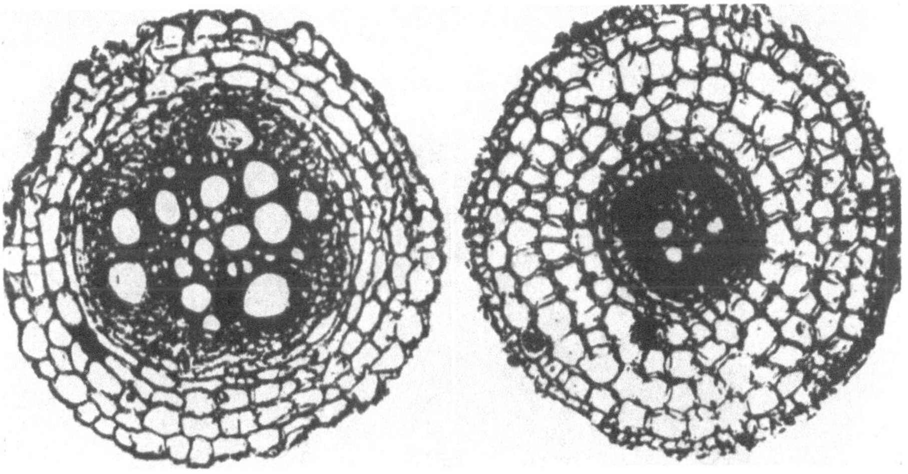

Abb. 93. Wurzelquerschnitte von Kartoffelpflanzen. Links gesunde, rechts blattrollkranke Pflanze der Sorte „Sieglinde" (nach STEINECK)

Versuch 18: **Sichtbarmachen des TMV durch Fällung und Färbung.**

Versuchsmaterial: Vor 2—3 Wochen mit TMV infizierte kräftige Tabakpflanze (*Nicotiana tabacum*), gesunde Kontrollpflanze.

Geräte und Reagenzien: Fettfreie Objektträger, Färbewannen, Reagenzgläser mit Ständer, Trichter, Filterpapier, Deckgläser 24 × 32 mm, Mikroskop, Mikroskopierlampe, Ölimmersion, Immersionsöl, Kompensokular 15 ×.
Gesättigte Ammoniumsulfatlösung, gesättigte wäßrige oder alkoholische Pikrinsäure, gesättigte Citronensäure, Viktoriablau 4 R hochkonzentriert nach HERZBERG, Kanadabalsam.

Etwa 2 Tropfen eines frischhergestellten Preßsaftes aus einem Blatt der mittleren Stengelregion einer TMV infizierten Pflanze auf fettfreiem Objektträger mit 1 Tropfen gesättigter $(NH_4)_2SO_4$-Lösung versetzen. Flüssigkeit über den Objektträger ausstreichen, an der Luft trocknen lassen. In gleicher Weise einen Ausstrich mit Saft einer gesunden Pflanze herstellen und beide Präparate wie folgt behandeln:

Fixieren: Gesättigte wäßrige oder alkoholische Pikrinsäure etwa 3 min auf dem Objektträger.

Wässern: Sehr gründlich unter fließendem H_2O 15—60 min bis zum vollständigen Herauslösen des $(NH_4)_2SO_4$ und der Pikrinsäure, Präparat trocknen lassen.

Färben: Viktoriablau 4 R hochkonzentriert verstärken mit Citronensäure: In ein Reagenzglas 0,25 ml kalt gesättigte Citronensäure geben, 5 ml der filtrierten Viktoriablaulösung zufließen lassen, gut durchmischen, sofort verwenden. Etwa 10 min auf dem Objektträger färben.

Wässern: 2 × 15 min in stehendem dest. Wasser, 1 × wechseln.

Einbetten: Lufttrockene Präparate in neutralen Kanadabalsam.

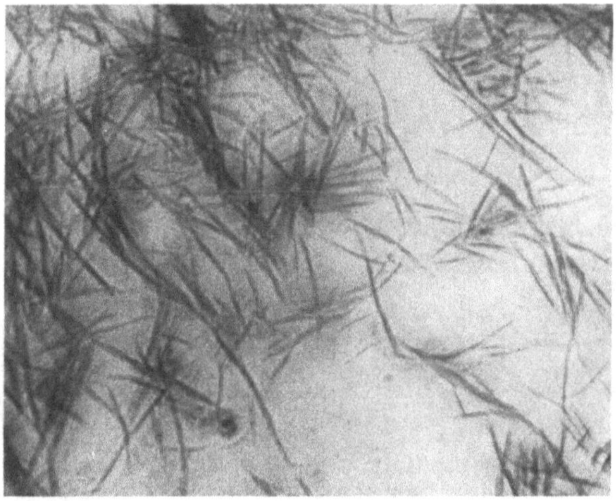

Abb. 94. Nadelkristalle des gereinigten TMV, gefärbt mit Viktoriablau nach Herzberg 1620 × (Original POP)

Bei etwa 1000-facher Vergrößerung sind die leuchtend blau gefärbten aggregierten parakristallinen Nadeln des TMV sichtbar. Das Virus bleibt nach der Fixierung, wenn es in wasserunlöslichen Zustand überführt wird, am Objektträger haften.

Im Präparat der Kontrollpflanzen fehlen derartige Aggregate. Für den Versuch ist eine besonders hohe Viruskonzentration in der Pflanze erforderlich. Sollte sie im vorhandenen Material nicht genügen, Versuch mit gereinigtem TMV (vgl. Versuch 19) durchführen (Abb. 94).

KAUSCHE, G. A. (1939) Über Färbungsmöglichkeiten von pflanzlichem Virus. Biol. Zbl. **59**, 536—541.

Versuch 19: **Reinigung des TMV** (siehe auch S. 116 und S. 136).

Versuchsmaterial: Im Gewächshaus angezogener Tabak (*Nicotiana tabacum*) Sorte „Samsun", der vor 3 Wochen mit TMV infiziert wurde.

Geräte und Reagenzien: Messer, Waage, große Petrischalen, Fleischwolf, Trichter, Mull, Zentrifuge mit Wasserkühlung 15000 U/min (25000 g), Dialyseschlauch, Perfolfaden, Glasstab, Becherglas, Zentrifugenröhrchen mit Ständer.

Gesättigte Ammoniumsulfatlösung, Nessler's Reagenz, 0,3 m Phosphatpufferlösung p_H 7, gebrauchsfertiges TMV-Antiserum, Normalserum.

Gewächshauspflanzen sind infolge ihres heller gefärbten Zellsaftes geeigneter als Freilandpflanzen. Blätter aus der mittleren Stengelregion der Pflanzen verwenden, in den alten und jüngsten Blättern ist die Viruskonzentration zu gering. 125 g Blattmasse abwiegen, in Petrischalen über Nacht tiefgefrieren. Die gefrorene Blattmasse durch einen Fleischwolf geben und durch doppelten Mull kräftig mit der Hand ausdrücken. Saft 10 min bei 3000 U/min zentrifugieren. Vom Überstand einige Tropfen zur serologischen Titerprüfung des Ausgangsmaterials entnehmen und bei + 4° C aufbewahren. Sediment verwerfen, den bräunlich gefärbten klaren Preßsaft mit $^1/_2$ Volumen kalter, gesättigter $(NH_4)_2SO_4$-Lösung versetzen, 30 min stehen lassen, Fällung abzentrifugieren (30 min 5000 U/min). Überstand verwerfen, Sediment mit 0,3 m Phosphatpuffer p_H 7 in $^1/_{10}$ des Ausgangsvolumens aufnehmen. Diese Lösung ist nur noch schwach gefärbt und frei von niedermolekularem Eiweiß. Zur Entfernung des $(NH_4)_2SO_4$ über Nacht gegen fließendes Leitungswasser dialysieren. Es genügt, den Dialyseschlauch an einen Glasstab in ein großes Becherglas zu hängen, in das der Wasserschlauch bis zum Boden führt. Nach 12—16 Std. einen Tropfen des Dialysats mit einem Tropfen Nessler's Reagenz prüfen, ob frei von $(NH_4)_2SO_4$. Ist dies der Fall, graubraune Flockung abzentrifugieren und den klaren Überstand 2 Std. bei 15000 U/min (25000 g) zentrifugieren. Das fast farblose Sediment mit Phosphatpuffer p_H 7 in $^1/_{20}$ des Ausgangsvolumens aufnehmen, sehr gut verrühren.

Vergleiche den Virustiter dieser gereinigten Lösung mit dem des Ausgangsmaterials (siehe Versuch 27). Der Virustiter des Endproduktes liegt um einige Stufen höher.

IV. Die Virus-Diagnose

Versuch 20: **Nachweis der Blattrollkrankheit in Kartoffelpflanzen durch den Fuchsintest nach Bode.**

Versuchsmaterial: Frische oder in 70 %igen Alkohol eingelegte Stengel blattrollkranker und gesunder Kartoffelpflanzen.

Geräte und Reagenzien: Rasiermesser, Blockschälchen, Objektträger, Deckgläser, Mikroskop, Mikroskopierlampe.

Diamantfuchsin DAB 6, 0,15 m Lösung von primärem Natriumphosphat p_H 4,5, dest. Wasser.

Dünne gleichmäßige Querschnitte von frischen oder in Alkohol eingelegten Stengeln blattrollkranker und gesunder Kartoffelpflanzen herstellen. Bei sekundär erkrankten Pflanzen (solchen, bei denen die Knolle im Vorjahr infiziert wurde) durch die unteren Knoten des Stengels, bei primär erkrankten Pflanzen (die im gleichen Jahr infiziert wurden) Knoten der oberen Stengelregion schneiden.

Färben: 1—2 min in gepufferter Fuchsinlösung: Diamantfuchsin DAB 6 1 : 20000 in Phosphatpuffer p_H 4,5 (10 ml einer 0,15 m-Lösung von primärem Natriumphosphat + 90 ml dest. Wasser).

Spülen: gründlich in Pufferlösung p_H 4,5.

Beobachten: in Pufferlösung, bei etwa 300-facher Vergrößerung.

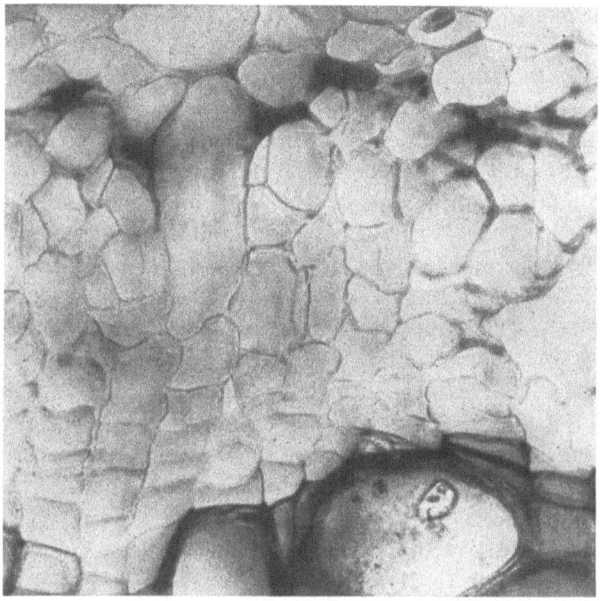

Abb. 95. Stengelquerschnitt einer blattrollkranken Kartoffelpflanze. Mit Fuchsin gefärbte Phloemnekrosen (nach BODE)

Bei gesunden Pflanzen färben sich nur der Holzteil und die Bastfasern rot, alle anderen Zellelemente bleiben ungefärbt. Bei blattrollkranken Pflanzen finden sich dagegen im Siebteil mehr oder minder hellrot bis dunkelkarmin gefärbte Zellen oder Zellgruppen, sogenannte Phloemnekrosen, die den Farbstoff speichern (Abb. 95). Sowohl das Außen- wie das Innenphloem und jedes der drei vorhandenen Leitbündel zur Beobachtung heranziehen, da bei schwächeren Infektionen die Nekrosen nur in einem der beiden Phloeme und außerdem nicht in allen Leitbündeln auftreten.

BODE, O. (1947) Beitrag zum frühzeitigen Nachweis der Blattrollkrankheit der Kartoffel durch Anfärbung des Phloems. Festschrift Otto Appel, Biol. Zentralanst. Berlin-Dahlem, 34—36.

Versuch 21: **Fluoreszenz der Phoemnekrosen blattrollkranker Kartoffelpflanzen.**

Versuchsmaterial: siehe Versuch 20.

Geräte und Reagenzien: Rasiermesser, Blockschälchen, Mikroskop, Mikroskopierlampe, Okularsperrfilter, z. B. OG 1 von Schott-Jena, planparallele Küvette Schichtdicke 1 cm, evtl. Lumineszenzeinrichtung.

5%ige Kupfersulfatlösung mit einigen Tropfen Ammoniak; Rhodamin B 1 : 20000 und Coriphosphin 1 : 20000 in Citratpuffer nach SÖRENSEN p_H 2.

Dünne Stengelquerschnitte von einer blattrollkranken und einer gesunden Kartoffelpflanze durch den Stengelknoten herstellen, wie in Versuch 20. In Pufferlösung (Citratpuffer nach SÖRENSEN p_H 2) einlegen und sofort mit Rhodamin B Lösung (1 : 20000 in Citratpuffer p_H 2) 1—2 min fluorochromieren. Anschließend 1—2 min in einer Lösung von Coriphosphin (1:20000 in Citratpuffer p_H 2) anfärben. Spülen in Pufferlösung p_H 2 etwa 1 min, beobachten in Pufferlösung p_H 2. Steht keine Lumineszenzeinrichtung zur Verfügung, kann man bei dem gewöhnlichen Mikroskop zwischen Mikroskopierlampe und Spiegel eine Küvette mit ammoniakalischer Kupfersulfatlösung stellen. Auf das Mikroskop ein Okularsperrfilter (OG 1 von Schott) setzen. Dieses absorbiert blaues Licht, ist aber durchlässig für hellgrüne, gelbe und rote Strahlen.

Xylem, Kambium sowie Bastfasern zeigen leuchtend gelbe Fluoreszenz im Farbton des reinen Coriphosphins. Phloemnekrosen der kranken Pflanzen fluoreszieren rötlich-braun. Diesen Farbton zeigt nur noch der Casparysche Streifen der Endodermis.

BODE, O. (1947) Beitrag zum frühzeitigen Nachweis der Blattrollkrankheit der Kartoffel durch Anfärbung des Phloems. Festschrift Otto Appel, Biol. Zentralanst. Berlin-Dahlem, 34–36.

Versuch 22: **Nachweis der Blattrollkrankheit durch den Resorcintest** (siehe auch S. 112 und S. 202).

Versuchsmaterial: Gesunde und blattrollkranke Augenstecklinge mit mindestens 2 vollentwickelten Blättern, gut ausgereifte Kartoffelknollen von blattrollkranken Stauden (primär erkrankte Pflanzen), gesunde Kartoffelknollen.

Geräte und Reagenzien: Rasiermesser, Objektträger, Deckgläser, Blockschälchen, Erlenmeyerkolben 200 ml.

Resoblaulösung: 1 g Resorcin, 100 ml dest. Wasser, 1 ml konzentriertes Ammoniak, 5 g Spülrei, Pril oder ein anderes grenzflächenaktives Mittel.

Die Resoblaulösung (1 g Resorcin, 100 ml dest. Wasser, 1 ml konz. Ammoniak) muß etwa 14 Tage offen an der Luft gestanden haben. Die oxydierte Lösung kurz auf 100° C erhitzen und mit 5% Spülrei, Pril oder einem ähnlichen Netzmittel versetzen, Lösung erkalten lassen. Das Gewebe nimmt den Farbstoff bei Zusatz von grenzflächenaktiven Stoffen schneller und elektiver auf.

Je drei Stengellängsschnitte der beiden jüngsten bereits gestreckten Internodien von blattrollkranken und gesunden Stecklingen herstellen, aus Leitungswasser in Resoblaulösung überführen, 5 min färben, in Leitungswasser spülen, bei 100- bis 150facher Vergrößerung beobachten. Während der Fuchsintest

(Versuch 20) auf dem Nachweis des Spätsymptoms der Blattrollkrankheit, den Phloemnekrosen, beruht, zeigt die Resoblaufärbung, daß die Blattrollvirusinfektion zunächst eine verstärkte Kallosebildung in den Phloemzellen hervorruft.

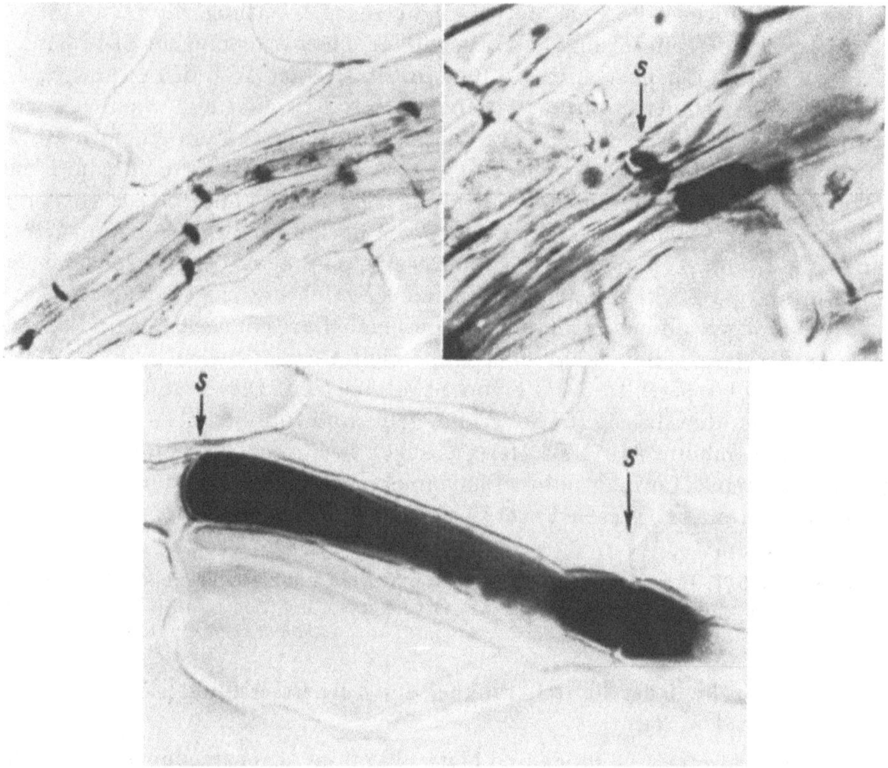

Abb. 96. Nachweis der Blattrollkrankheit im Kartoffelknollengewebe durch Resorcinblau. Oben: gesunde Knollen, links: Siebplatten des Phloems mit dünnen Kallosebelägen, rechts: Siebröhre mit Kallosepfropfen neben normaler Siebröhre (S). Unten: kranke Knolle, Siebröhre mit durchgehender Kallosebildung zwischen zwei Siebplatten (nach MOERICKE)

Vergleiche die Zellen des Innen- und Außenphloems bei blattrollkranken und gesunden Pflanzen. Die Phloemstränge des kranken Materials zeigen gewöhnlich viele Zellen mit Kallosepfropfen, die dunkelblau gefärbt sind, derartige Zellen fehlen bei der Kontrolle vollkommen. Manchmal treten im kranken Material nur vereinzelt gefärbte Phloemzellen auf.

Der Resorcintest eignet sich auch zur Untersuchung von Knollen, d. h. solchen von primär erkrankten Pflanzen.

Längsschnitte durch den Nabel blattrollkranker und gesunder Kartoffelknollen herstellen. Die Gefäßbündel sind schon makroskopisch als gelbliche Stränge zu erkennen. Die Schnitte brauchen nicht besonders dünn zu sein.

Färbung wie oben. Bei stark gealterter Farblösung kann je nach Oxydationsgrad mit Wasser verdünnt werden.

Bei mikroskopischer Prüfung (Vergrößerung 60- bis 100fach) zeigt sich, daß in den Phloemsträngen blattrollkranker Knollen sehr viele Kallosen in aufeinander folgenden Zellen auftreten. Im gesunden Material zeigen sich ebenfalls gefärbte Siebplatten mit Kallosepfropfen, die jedoch nur verstreut vorkommen (Abb. 96). Fällt der Test bei dem blattrollkranken Versuchsmaterial negativ aus, so müssen Schnitte von Gefäßbündeln aus der Nähe verschiedener Augen geprüft werden. Bei Spätinfektionen ist es möglich, daß nicht bei allen Gefäßbündeln die charakteristischen Kallosen vorliegen.

BAERECKE, M. L. (1955) Der Nachweis der Blattrollinfektion bei Kartoffeln durch ein neues Färbeverfahren. Züchter **25,** 309—313.

HOFFERBERT, W., und zu PUTLITZ, G. (1955) Neue Erkenntnisse und Erfahrungen über die Blattrollkrankheit der Kartoffel. Nachrbl. dtsch. Pflschtzd. Braunschweig **7,** Beilage 4 S.

MOERICKE, V. (1955) Über den Nachweis der Blattrollkrankheit in Kartoffelknollen durch den Resorzintest. Phytopath. Z. **24,** 462—464.

SCHUSTER, G. (1956) Zum Kallosetest („Igel-Lange-Test") für den Virusnachweis an Kartoffeln. Nachrbl. dtsch. Pflzschtzd. Berlin n. F. **10,** 243—250.

SPRAU, F. (1955) Pathologische Gewebeveränderungen durch das Blattrollvirus bei der Kartoffel und ihr färbetechnischer Nachweis. Ber. dtsch. bot. Ges. **68,** 239—246.

Versuch 23: **Nachweis des gewöhnlichen Bohnenmosaikvirus im Schalentest nach Quantz.**

Versuchsmaterial: Gesunde Bohnenpflanzen (*Phaseolus vulgaris*), deren erstes gefiedertes Blatt sich gerade entfaltet. Geeignet sind folgende hypersensible Sorten: „Topcrop", „Idagreen", „Rival", „Sensation Refugee 1066", „Servus". Gewöhnliches Bohnenmosaik (*Phaseolus*-Virus 1) auf anfälligen Bohnensorten, z. B. „Saxa" oder „Doppelte Holländische Prinzeß", die vor etwa 14 Tagen infiziert wurden.

Geräte: Infektionsgeräte, Karborund, Filterpapier, Rundfilter ∅ 10 cm, Petrischalen ∅ 10 cm, beleuchteter Brutschrank etwa 32° C. Helligkeit in Höhe der Testschalen etwa 1000 Lux, Luxmeter.

Der Nachweis des gewöhnlichen Bohnenmosaiks (PV 1) im Schalentest beruht hier auf der Überempfindlichkeitsreaktion bei erhöhter Temperatur.

Zur Herstellung des virushaltigen Preßsaftes aus den systemisch mit PV 1 infizierten Bohnenpflanzen auch die älteren und abgeriebenen Blätter verwenden, da diese am meisten Virus enthalten. Den Preßsaft unverdünnt auf 6 abgeschnittene Primärblätter der Testpflanzen mit Hilfe von Karborund und Glasspatel gleichmäßig verreiben. Blätter kurz mit Leitungswasser abspülen. Jedes Blatt mit der abgeriebenen Seite nach oben in eine feuchte Kammer legen. Um zu vermeiden, daß das Blatt im Wasser schwimmt, Boden der Petrischale zuerst mit Filterpapierschnitzeln bedecken, auf diese ein Rundfilter legen.

Zur Kontrolle die entsprechenden 6 Primärblätter mit Wasser und Karborund abreiben, Blätter in derselben Weise behandeln wie oben. Schalen bei etwa 32° C im beleuchteten Brutschrank aufstellen, Helligkeit mit dem Luxmeter kontrollieren, sie soll etwa 1000 Lux in Höhe der Testschalen betragen.

Nach 2—3 Tagen werden auf den PV 1 beimpften Blättern zuerst punktförmige, sich bald vergrößernde rötlichbraune Einzelherde sichtbar. Gleichzeitig mit der Vergrößerung der Einzelherde treten Verbräunungen der Adern auf. Das Tabaknekrosevirus (TNV), das ebenfalls auf der Bohne vorkommt, bildet sehr ähnliche Einzelherde. Bei der Versuchstemperatur von etwa 32° C findet jedoch keine Läsionenbildung des TNV mehr statt, so daß der Nachweis des PV 1 spezifisch ist.

Zähle die Einzelherde des PV 1 auf 6 Primärblättern aus und errechne den Durchschnitt pro Blatt.

QUANTZ, L. (1957) Ein Schalentest zum Schnellnachweis des Gewöhnlichen Bohnenmosaikvirus (*Phaseolus*-Virus 1). Nachrbl. dtsch. Pflschtzd. Braunschweig **9**, 71—74.

Versuch 24: **Serologischer Nachweis des Kartoffel-X-Virus (Blättchenmethode nach STAPP und BERCKS).**

Versuchsmaterial: Blätter aus der mittleren Stengelregion von gesunden und Kartoffel-X-Virus infizierten Tabak- oder Kartoffelpflanzen.

Geräte und Reagenzien: Preßzangen, Zentrifugenröhrchen mit Ständer, Zentrifuge (4000 U/min), fettfreie Objektträger ohne Schrammen, Objektträgermappen, Tropfpipetten, Brutschrank 23° C, Mikroskop und Sternblende oder Dunkelfeldkondensor und Niedervoltlampe.

0,5 %ige Natriumsulfatlösung, physiologische Kochsalzlösung (0,85 %ig), X-Virus-Antiserum- und Normalserumblättchen.

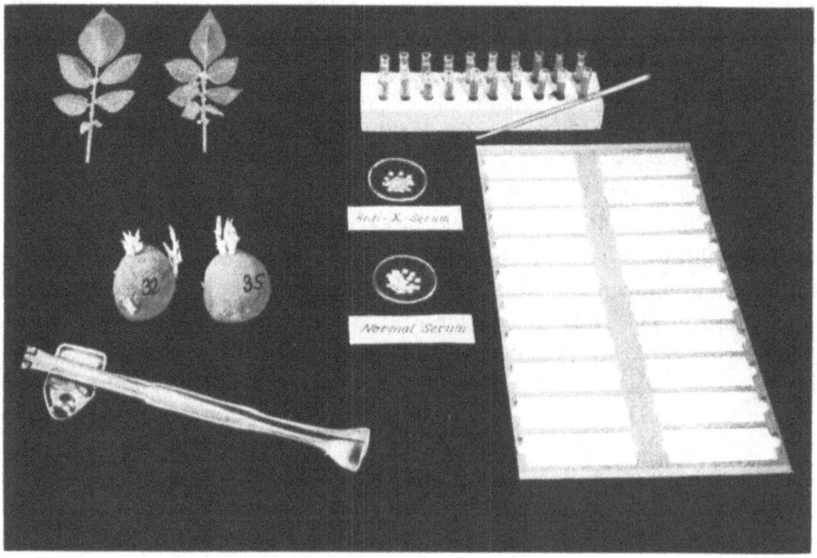

Abb. 97. Zubehör und Vorbereitung für die serologische Prüfung von Kartoffel-Viren nach der Blättchenmethode (Original BARTELS)

Am Vorabend des Versuches aus Kartoffel-X-Virus infiziertem Tabak- oder Kartoffellaub und zur Kontrolle des Serums aus gesunden Blättern einige Tropfen Preßsaft herstellen. In kleinen Zentrifugenröhrchen mit je einem Tropfen einer 0,5 %igen Natriumsulfatlösung versetzen und bei + 4° C aufstellen. Am Morgen den Preßsaft 30 min bei 4000 U/min zentrifugieren. Auf fettfreien Objektträgern (ohne Schrammen!) rechts das Antiserum-, links das Normalserumblättchen mit einem kleinen Tropfen physiologischer Kochsalzlösung anheften, 10 min stehenlassen zur Lösung des Serums und dann je einen Tropfen des gut geklärten Preßsaftes hinzugeben (Abb. 97). Nach 20 min Brutschrankaufenthalt bei 23° C ist im Tropfen mit dem X-Virus-Antiserumblättchen im Dunkelfeld (Sternblende) bei 50 bis 70-facher Vergrößerung eine mehr oder weniger dichte, wolkige Ausflockung – ein Praezipitat – zu beobachten, das als spezifische Fällung bei der Antikörper-Antigenreaktion entsteht (Abb. 98). Im Tropfen mit dem Normalserumblättchen und in der Kontrolle (Preßsaft gesunder Pflanzen) hat keine Veränderung stattgefunden. Die Prüfung mit dem Normalserum ist zur Kontrolle des Preßsaftes erforderlich, weil gelegentlich auch hier ein flockiges Praezipitat auftritt. Diese Reaktion ist unspezifisch, der Versuch kann dann nicht ausgewertet werden. Die Erscheinung tritt bei Anwendung der Blättchenmethode äußerst selten auf.

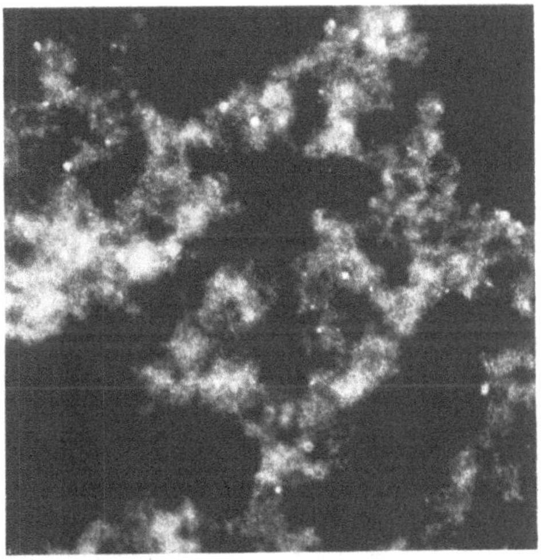

Abb. 98. Praezipitationsversuch mit Kartoffel-X-Virus nach der Blättchenmethode (Original BARTELS)

STAPP, C. und BERCKS, R. (1948/49) Über weitere Antrocknungsversuche mit Seren gegen Kartoffelviren. Phytopath. Z. **15**, 47–63.

Versuch 25: **Serologischer Nachweis des Kartoffel-X-Virus in Dunkel- und Lichtkeimen nach Stimulierung ruhender Kartoffelknollen** (siehe auch S. 167).

Versuchsmaterial: Gesunde und Kartoffel-X-Virus kranke Kartoffelknollen.

Geräte und Reagenzien: Zylindrische Glasgefäße, möglichst mit eingeschliffenem Deckel oder Glasplatte und Vaseline, Rundfilter in Größe des Deckels, Ziegelstein.

Äthylenchlorhydrin (CH_2Cl-CH_2OH) Äthylenchlorid, (CH_2Cl-CH_2Cl), Tetrachlorkohlenstoff (Rindite).

Den Versuch in der Zeit von August bis Januar durchführen. Ein 1—2 l fassendes zylindrisches Glasgefäß mit X-Virus kranken Kartoffelknollen füllen, ein zweites mit gesunden Knollen zur Kontrolle. Sind keine nachweislich X-kranken Kartoffeln vorhanden, Knollen der Sorte „Erstling" verwenden, die latent mit dem X-Virus verseucht ist. 2—3 Rundfilter (in Deckelgröße) auf die Innenseite des Deckels legen und mit folgender Stimulationsflüssigkeit (Rinditegemisch) beträufeln: 7 Teile Äthylenchlorhydrin + 3 Teile Äthylenchlorid + 1 Teil Tetrachlorkohlenstoff. Man verwendet 0,3 bis 0,5 ml pro Liter zu begasenden Raum.

Das Gefäß sofort dicht verschließen, indem eine Glasplatte fest auf den mit Vaseline bestrichenen Rand gedrückt und mit einem Ziegelstein beschwert wird, damit kein Gas entweichen kann und das Gefäß bei entstehendem Überdruck geschlossen bleibt. Bei eingeschliffenem Deckel Beschweren nicht nötig.

Die Kartoffeln bleiben 24 Std. im Glasgefäß bei 25° C im Dunkeln stehen, werden dann im Keller verdunkelt ausgelegt, wo sie nach wenigstens $4^1/_2$ Wochen oder länger etwa 4 cm lange Dunkelkeime bilden, deren Preßsaft zur Untersuchung auf das X-Virus nach der Blättchenmethode angesetzt wird (siehe Versuch 24).

Steht ein Brutschrank oder Keimschrank zur Verfügung, der auf 20° C eingestellt wird, so verkürzt sich die Keimzeit etwas. Keime der mit Rindite begasten Knollen besitzen einen erhöhten Virusgehalt, so daß die serologische Untersuchung von Dunkelkeimen nach Begasung besonders günstig ist.

Der Versuch läßt sich bei einigen Sorten in gleicher Form mit Lichtkeimen begaster Kartoffeln, die in diffusem Licht bei Zimmertemperatur gewachsen sind, durchführen (z. B. „Erstling", „Bona", „Flava", „Merkur").

Die Preßsaftgewinnung geschieht bei den wasserarmen Lichtkeimen von etwa 2 cm Länge nach Tiefgefrieren und Wiederauftauen der Keime. Den gewonnenen Preßsaft in diesem Falle in genauem Verhältnis 1 : 1 mit Natriumsulfat (0,5 %ig) versetzen, über Nacht bei + 4° C aufstellen und weiter wie in Versuch 24 serologisch nach der Blättchenmethode auf das Kartoffel-X-Virus untersuchen.

STAPP, C. und BARTELS, R. (1952) Fortgeführte Untersuchungen über den Nachweis des X-Virus in Kartoffeldunkelkeimen. Züchter **22**, 298—303.

Versuch 26: **Serologischer Nachweis des Kartoffel-Y-Virus nach BARTELS** (siehe auch S. 168).

Versuchsmaterial: Vollentwickelte Blätter von Stecklingen, die entweder latent krank sind oder Mosaiksymptome zeigen. Die Stecklinge müssen im Winter 6 Wochen, im Frühjahr 4 bis 5 Wochen alt sein. Bei Freilandmaterial frühe Kartoffelsorten vor der Blüte, späte Sorten nur bis Mitte Juli verwenden. Für die Probe nur ausgewachsene Blätter aus dem oberen Drittel der Pflanze auswählen. — Der Test gelingt nicht oder nur unsicher an Blättern mit Strichel- oder Flecknekrosen, weil hier die Viruskonzentration sehr gering ist.

Geräte und Reagenzien: Preßzangen, Zentrifugenröhrchen mit Ständer, Zentrifuge (6000 U/min), fettfreie Objektträger ohne Schrammen, Objektträgermappen, Tropfpipetten, Glasstäbchen, Brutschrank 25° C, Mikroskop mit Dunkelfeldkondensor und Niedervoltlampe.

Y-Antiserum und Normalserum, gebrauchsfertig verdünnt.

Fiederblättchen ohne Blattstiel auspressen, damit Viruskonzentration nicht herabgesetzt wird. Den ersten Tropfen Preßsaft verwerfen, da in diesem hauptsächlich Zellsaft und nur wenig Virus enthalten ist. Die unverdünnten Saftproben bis zur völligen Klärung zentrifugieren (etwa 1 Stunde 6000 U/min). Zentrifuge darf nicht zu warm werden; Safttemperatur soll 35° C möglichst nicht übersteigen.

Je einen Tropfen des „wasserklaren" Preßsaftes links und rechts auf den Objektträger geben, dann je einen Tropfen Y-Anti- und Normalserum hinzufügen. Mit Glasstäbchen auf etwa 5 Pfennigstückgröße verrühren, bis keine Schlieren mehr sichtbar. 40 min Brutschrank bei 25° C und 70 bis 80% rel. Feuchtigkeit. Praezipitat im Dunkelfeld bei 50- bis 80facher Vergrößerung ablesen. Das Normalserum darf keinen Niederschlag enthalten, sonst gilt die Probe als unspezifisch und muß verworfen werden. In einem solchen Fall muß neuer Preßsaft gewonnen werden.

BARTELS, R. (1957) Ein Beitrag zum serologischen Nachweis des Y-Virus in der Kartoffel. Phytopath. Z. **30**, 1—16.

Versuch 27: **Bestimmung des Serum- bzw. Virustiters** (siehe auch S. 164).

Versuchsmaterial: Frischer oder konservierter Preßsaft aus gesunden und Kartoffel-X-Virus infizierten Tabakblättern.

Geräte und Reagenzien: Zentrifugenröhrchen mit Ständer, Zentrifuge (4000 U/min), Reagenzgläser, Reagenzglasständer, fettfreie Objektträger ohne Schrammen, Objektträgermappen, Tropfpipetten, Glasstäbchen, Mikroskop mit Sternblende oder Dunkelfeldkondensor und Niedervoltlampe. Gebrauchsfertiges X-Virus-Antiserum und Normalserum, physiologische Kochsalzlösung (0,85 %ig).

Das gebrauchsfertige X-Antiserum und Normalserum 30 min bei 4000 U/min zentrifugieren. Das Serum muß vollkommen klar sein.

Preßsaft von X-Virus infizierten und gesunden Tabakpflanzen 30 min zentrifugieren wie oben. Verdünnungsreihe des X-Virus-Antiserums und Normalserums mit physiologischer Kochsalzlösung herstellen von 1 : 10, 1 : 20 usf. bis etwa 1 : 5120, je nach Qualität des Serums.

Je einen Tropfen der einzelnen Verdünnungsstufen des Antiserums und Normalserums auf fettfreie Objektträger geben und mit gleich großen Tropfen des geklärten Preßsaftes mischen, d. h. mit dem Glasstab, von der höchsten Verdünnungsstufe ausgehend, verrühren. Versuch in den Brutschrank bei 23° C stellen.

Beobachte im Dunkelfeld bei schwacher Vergrößerung (50—70fach), wann die Antikörper-Antigenreaktion in Form eines deutlichen Praezipitats eintritt, und stelle diejenige Verdünnungsstufe des Antiserums fest, bei der gerade noch ein sichtbares Praezipitat zu beobachten ist. Diese Stufe zeigt den Serumtiter an.

Der Versuch läßt sich zur Bestimmung des Virustiters einer Lösung in umgekehrter Weise durchführen. Dabei wird die Verdünnungsreihe mit der virushaltigen Lösung hergestellt, in den Stufen 1 : 2, 1 : 4 bis 1 : 256. Die Konzentration des Anti- bzw. Normalserums ist konstant. Die Grenzstufe, bei der noch ein Praezipitat auftritt, gibt den Virustiter an.

Versuch 28: **Serologische Mikroreaktion unter Paraffinöl.**

Versuchsmaterial: Siehe Versuch 27.

Geräte und Reagenzien: Petrischalen (innerer ∅ 10 cm) mit ebenem Boden (fehlerfreies Glas), sehr gut ausgezogene Tropfpipetten, Millimeterpapier, Glasstäbchen, Mikroskop mit Sternblende oder Dunkelfeldkondensor und Niedervoltlampe.

1%ige „Mowital"- oder „Formvar"-Lösung (Polyvinylformaldehyd), als Lösungsmittel dient reines Chloroform, Paraffinöl, Verdünnungsreihe des Kartoffel-X-Virus-Antiserums und Normalserums von Versuch 27.

Den Boden einer Petrischale mit einem sehr dünnen, durchsichtigen Film aus einer 1%igen „Mowital"- oder „Formvar"-Lösung überziehen. Die hydrophobe Schicht verhindert das Auslaufen der Tropfen. Verdünnungsreihe des Kartoffel-X-Virus-Antiserums von Versuch 27 verwenden. Sobald der Film trocken ist, kleine Tropfen des Antiserums bzw. Normalserums reihenweise, in gleichmäßigem Abstand auf den Boden der Petrischale setzen. Zur Erleichterung der

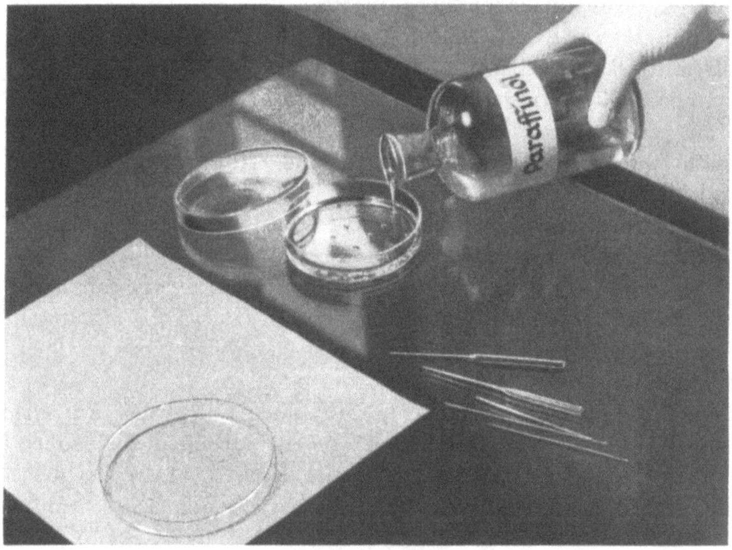

Abb. 99. Hilfsmittel für die serologische Mikroreaktion unter Paraffinöl (verändert nach van Slogteren)

Tropfenverteilung Schale auf Millimeterpapier stellen. Je einen kleinen Tropfen des zentrifugierten X-Virus enthaltenden Preßsaftes mit einem Tropfen Serum mittels dünnem Glasstab verrühren. Schnell arbeiten, damit die Tropfen nicht verdunsten. Zum Schluß das Paraffinöl vorsichtig von einer Seite aus in die Petrischale gießen, die Tropfen müssen stehenbleiben (Abb. 99). Versuch bei Zimmertemperatur stehenlassen.

Stelle den Serumtiter im Dunkelfeld nach 3, 6 und 12 Stunden fest.

Die Reaktion ist auch nach 12 Stunden infolge des Luftabschlusses unverändert.

VAN SLOGTEREN, D. H. M. (1955) Serological micro-reactions with plant viruses under paraffin oil. Proceedings of the second conference on potato virus diseases, Lisse-Wageningen, 1954, 51—54.

Versuch 29: **Agglutinationsreaktion.**

Versuchsmaterial: Blätter von Kartoffel-X-Virus infizierten und gesunden Tabak- oder Kartoffelpflanzen, das 3. bis 4. Blatt unterhalb des Vegetationspunktes ist am geeignetsten.

Geräte und Reagenzien: Preßzangen, fettfreie Objektträger, Tropfpipetten, Glasstäbchen, Mikroskop mit Sternblende, Mikroskopierlampe.

Kartoffel-X-Virus-Antiserum und Normalserum gebrauchsfertig verdünnt, physiologische Kochsalzlösung (0,85 %ig).

Preßsaft mittels Preßzangen aus jungen X-Virus infizierten und gesunden Pflanzen herstellen. Auf 2 fettfreie Objektträger je 5 Tropfen gebrauchsfertiges X-Antiserum geben und in derselben Weise 2 Objektträger mit Normalserum und 2 mit physiologischer Kochsalzlösung ansetzen. Das Antiserum, Normalserum und die Kochsalzlösung mit 1—2 Tropfen des rohen, d. h. nicht zentrifugierten Preßsaftes aus Tabak- oder Kartoffelblättern der infizierten bzw. gesunden Kontrollpflanzen gut verrühren. Versuch bei Zimmertemperatur stehenlassen.

Beobachte nach 3—30 min, je nach Viruskonzentration, Qualität des Serums und Temperatur, die Agglutinationsreaktion makroskopisch oder bei schwacher Vergrößerung im Dunkelfeld.

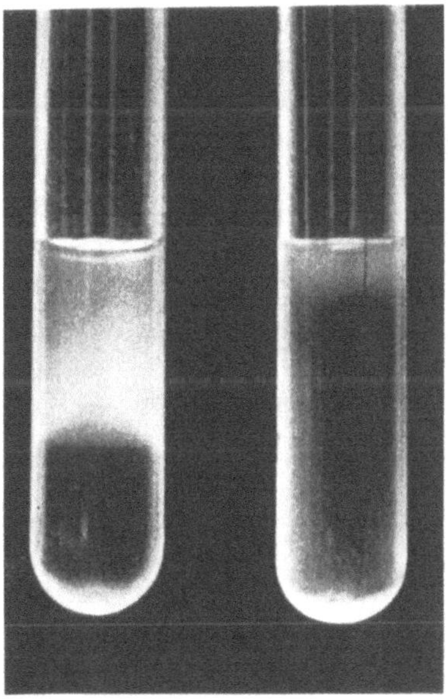

Abb. 100
Agglutinationsversuch mit Kartoffel-X-Virus. Links Antiserum, rechts Normalserum (Original BARTELS)

Bei Anwesenheit des Kartoffel-X-Virus verursachen die Antikörper die Zusammenballung der Plastiden und Zellreste des Rohsaftes, während die Tropfen mit dem

Normalserum und der physiologischen Kochsalzlösung ein unverändertes Bild zeigen. Ergebnis nur auswertbar, wenn die Kontrollen negativ ausfallen. Der Versuch kann auch im Reagenzglas ausgeführt werden (Abb. 100).

VAN SLOGTEREN, E. (1952) The serological diagnosis of plant diseases caused by viruses. Report thirteenth int. horticultural congress 1952.

Versuch 30: **Augenstecklingstest nach KÖHLER** (siehe auch S. 198).

Versuchsmaterial: Vorgekeimte, viruskranke Kartoffelknollen (Blattroll-, X- und Y-Virus). Etwa 4 Wochen nach Versuchsbeginn *Physalis floridana*, Tabak (*Nicotiana tabacum*) Sorte „Samsun".

Geräte und Reagenzien: Scharfes Messer, Pikierkästen 7 cm hoch, oder 7 cm Töpfe, desinfizierte Erdmischung $^2/_3$ Kompost, $^1/_3$ Sand, Stecketikette, Desinfektionsseife siehe Seite 222.

Viruskranke und gesunde Kartoffelknollen, die in diffusem Licht bei etwa 15° C vorgekeimt wurden, sollen Keime mit gut entwickelten Wurzelanlagen haben. Pro Knolle am Nabelende ein keilförmiges Stück mit einem kräftigen Auge herausschneiden und als Augensteckling in 7 cm hohe Holzkästen oder einzeln in 7 cm Töpfe in eine Mischung von $^2/_3$ Kompost + $^1/_3$ Sand pflanzen. Keime lose mit etwas Torfmull bedecken, um gleichmäßige Feuchtigkeit zu erzielen. Messer und Hände vor dem Schneiden jeder neuen Knolle desinfizieren. Die restliche Knolle und den Augensteckling mit gleicher Nummer versehen. Die angeschnittene Knolle über Nacht bei hoher Luftfeuchtigkeit liegenlassen, da zu schnelle Austrocknung der Wundkorkbildung hinderlich ist. Die Augenstecklinge im Gewächshaus bei guten Lichtverhältnissen aufstellen, Temperatur möglichst nicht über 18° C. Das Gewächshaus muß während des Testes absolut läusefrei gehalten werden.

Nach 4—6 Wochen Krankheitssymptome sorgfältig protokollieren. Bei fraglichen Blattrollsymptomen Übertragung auf *Physalis floridana* durchführen (Versuch 12). Bei Stecklingen, die Mosaiksymptome zeigen, läßt die Abreibung auf Tabak, Sorte „Samsun", die Diagnose verschiedener Viren zu (A-, X-, Y- und Rattle-Virus).

KÖHLER, E. (1935) Der Nachweis von Virusinfektionen am Kartoffelpflanzgut mit der Stecklingsprobe. Züchter 7, 62—65.

Versuch 31: **Prämunität** (siehe auch S. 115 und S. 181).

Versuchsmaterial: 9 gleichaltrige Pflanzen von *Nicotiana sylvestris*, davon 3 gesunde und 6 mit einem milden Grünstamm des TMV infizierte Pflanzen, Alter der Infektion 3 bzw. 6 Wochen.

Tomaten-Aucubamosaik-Virus enthaltender Preßsaft. Es kommt nur ein Stamm in Frage, der Lokalläsionen auf *N. sylvestris* bildet.

Geräte: Infektionsgeräte.

Die vor 3 bzw. 6 Wochen mit einem milden Grünstamm des TMV infizierten Versuchspflanzen zeigen die charakteristischen, systemischen Symptome dieses Stammes. Alle Versuchspflanzen in der üblichen Weise (Glasspatel,

Karborund) mit dem Tomaten-Aucubamosaik-Virus, Verdünnung 1 : 500 (Leitungswasser) abreiben, 5 Blätter pro Pflanze. *Nicotiana sylvestris* reagiert auf diesen Gelbstamm des TMV mit der Bildung von Lokalläsionen.

Übertrage die Blattgröße auf Millimeterpapier und berechne die Anzahl der Läsionen pro Blatteinheit bei den neun Versuchspflanzen.

Abb. 101. Prämunitätsversuch mit 2 Stämmen des TMV. Das linke Blatt wurde mit einem milden Grünstamm vorinfiziert. Nur das rechte, nicht vorinfizierte Blatt zeigt die Lokalläsionen des Tomaten-Aucubamosaikvirus (nach KUNKEL)

Die Lokalläsionen des Tomaten-Aucubamosaik-Virus treten nach Infektion der gesunden Pflanzen sehr zahlreich auf, während bei den mit dem milden Grünstamm vorinfizierten Pflanzen nur wenige oder keine Lokalläsionen zu beobachten sind. Sie entwickeln sich nur in Blattbezirken, die noch nicht vom erstinfizierten Virus durchdrungen sind. Derartige Blattpartien sind bei den vor 3 Wochen mit dem Grünstamm abgeriebenen Pflanzen häufiger als bei den vor 6 Wochen beimpften, die unter günstigen Bedingungen schon vollkommen vom erstinfizierten Stamm durchdrungen sein können (Abb. 101).

Bei letzteren wurde das Substrat bereits durch den ersten Stamm beansprucht, so daß die Vermehrung des zweiten Stammes, der fast die gleichen Substratansprüche stellt, mehr oder weniger unterdrückt wird.

Der zuerst in der Pflanze vorhandene Stamm des Virus verleiht ihr eine Prämunität, d. h. Abwehrfähigkeit gegen die Infektion mit dem zweiten Virusstamm.

KUNKEL, L. C. (1934) Studies on acquired immunity with tobacco and aucuba mosaics. Phytopathology **24**, **437–466**.

Versuch 32: **Trennung von Kartoffel-X- und Y-Virus durch Filterpflanzen.**

Versuchsmaterial: Mischinfektion des Kartoffel-X- und Y-Virus auf Tabak (*Nicotiana tabacum*) Sorte „Samsun“. Als Kartoffel-X-Virus kommt in diesem Versuch nur der Stamm „M 23“ in Frage. Stechapfel (*Datura stramonium*), 4-Blattstadium und *Petunia nyctaginiflora* 8-Blattstadium, etwa 14 Tage nach Versuchsbeginn Tabak (*Nicotiana tabacum*), 4-Blattstadium und *Physalis floridana*.

Geräte: Infektionsgeräte.

Preßsaft aus Tabak, der vor 3 Wochen mit einem Gemisch von Kartoffel-X-Virus (Stamm „M23“) und Kartoffel-Y-Virus infiziert wurde, auf folgende Pflanzen in der üblichen Weise unverdünnt abreiben:

1. Stechapfel 6 Pflanzen, je 2 vollentfaltete Blätter,
2. *Petunia nyctaginiflora* 3 Pflanzen, je 4 vollentfaltete Blätter.

Haben sich nach etwa 14 Tagen auf allen Testpflanzen deutliche systemische Symptome entwickelt, Preßsaft von Stechapfel auf Tabak, Sorte „Samsun“ abreiben. Krankheitssymptome mit denen der Ausgangspflanzen, die das Gemisch des X- und Y-Virus enthalten, vergleichen. Nach Passage über Stechapfel entwickeln sich auf Tabak nur noch reine X-Virussymptome, weil der Stechapfel immun gegen das Kartoffel-Y-Virus ist.

Den Preßsaft der infizierten Petunien auf *Physalis floridana* abreiben. Auf *Physalis* zeigen sich nur die nekrotischen Herde des Y-Virus, da *Petunia nyctaginiflora* nicht anfällig gegen den Kartoffel-X-Virusstamm „M 23“ ist.

KÖHLER, E. (1933) Untersuchungen über die Viruskrankheiten der Kartoffeln. I. Versuche mit Viren aus der Mosaikgruppe. Phytopath. Z. **5**, 567—591.

Versuch 33: **Trennung des TMV vom Kartoffel-X-Virus durch Verdünnung** (siehe auch S. 122).

Versuchsmaterial: TMV- und Kartoffel-X-Virus enthaltenden Preßsaft, *Nicotiana glutinosa*, 8—10 Blattstadium.

Geräte und Reagenzien: Zentrifugenröhrchen mit Ständer, Zentrifuge (3000 U/min), Reagenzgläser mit Ständer, Meßpipetten 1 und 10 ml, Infektionsgeräte.

0,15 m Phosphatpufferlösung p_H 7.

TMV und Kartoffel-X-Virus enthaltenden Preßsaft 10 min 3000 U/min zentrifugieren. Verdünnungsreihe einer Mischung gleicher Volumina der beiden Preßsäfte in den Stufen 10^{-3} bis 10^{-6} mit neutralem Phosphatpuffer herstellen (vgl. Versuch 3). Abreibung der 4 Verdünnungsstufen wie gewöhnlich auf je 3 *Nicotiana glutinosa* mit Karborund, 5 Blätter pro Pflanze.

Beobachte nach Abreibung welcher Verdünnungsstufen die Symptome beider Viren auftreten, d. h. Lokalläsionen des TMV plus mildes Mosaik des X-Virus. In welcher Versuchsreihe treten nur Symptome des TMV auf?

Versuch nicht zu früh abbrechen. Die systemischen Symptome des X-Virus treten einige Tage später auf als die Lokalläsionen des TMV, die unter günstigen

Temperaturverhältnissen nach 2—3 Tagen auf den abgeriebenen Blättern sichtbar sind. Die Mosaiksymptome des X-Virus treten zuerst an den jüngsten Blättern in Erscheinung.

Der Verdünnungsendpunkt des Kartoffel-X-Virus liegt etwa bei 10^{-5}. Da das TMV in der Verdünnung 10^{-6} noch infektiös ist, treten in der betreffenden Versuchsreihe nur die Lokalnekrosen dieses Virus auf.

Versuch 34: **Trennung des TMV vom Ätzmosaikvirus durch Hitzeinaktivierung.**

Versuchsmaterial: TMV- und Ätzmosaikvirus infizierte Blätter von Tabak (*Nicotiana tabacum*), *Nicotiana glutinosa*, 8 bis 10-Blattstadium.

Geräte: Zentrifugenröhrchen mit Ständer, Zentrifuge (3000 U/min), dünnwandige Reagenzgläser 40—50 mm (∅ 7 mm) mit Korken und Ständer, Meßpipetten 2 ml, Wasserbad von 60 ± 0,2° C.

Zwei frisch hergestellte, unverdünnte Preßsäfte aus TMV- bzw. Ätzmosaikvirus infizierten Blättern wüchsiger Tabakpflanzen 10 min bei 3000 U/min zentrifugieren, je 2 ml Preßsaft in dünnwandige Reagenzgläser abpipettieren, zukorken. Röhrchen im Wasserbad bei 60 ± 0,2° C 10 min lang untertauchen, sofort unter fließendem Wasser abkühlen. Die wenigen Sekunden, die nötig sind, um die Temperatur von 60° C in den Röhrchen zu erreichen, bleiben unberücksichtigt. Die beiden Preßsäfte zu gleichen Teilen mischen und mit 100 Teilen dest. Wassers verdünnen, auf je 4 Blätter von 5 *Nicotiana glutinosa* abreiben. Zur Kontrolle das gleiche Preßsaftgemisch ohne vorhergehende Erwärmung abreiben wie oben.

Beobachte die Symptome in beiden Versuchsreihen.

Der unterschiedliche thermale Inaktivierungspunkt der beiden Viren ermöglicht die Abtrennung des TMV. Das Ätzmosaik wird bereits bei 53—55° C inaktiviert, so daß sich in der ersten Versuchsreihe nur die Lokalläsionen des TMV entwickeln. Letzteres verliert seine Infektiosität erst bei 90—95° C (siehe Versuch 40). Die Kontrollpflanzen zeigen sowohl die Läsionen des TMV, als auch die systemischen Symptome des Ätzmosaikvirus, das ein kleinfleckiges Mosaik hervorruft. Es tritt etwa nach 8 Tagen auf.

PRICE, W. C. (1933) The thermal death rate of tobacco mosaic virus. Phytopathology **23**, 749—768.

Versuch 35: **Trennung des TMV und Kartoffel-X-Virus durch Basen-Säurebehandlung** (siehe auch S. 123).

Versuchsmaterial: TMV und Kartoffel-X-Virus infizierter Tabak (*Nicotiana tabacum*) Sorte „Samsun", 4-Blattstadium.

Geräte und Reagenzien: Infektionsgeräte, Zentrifugenröhrchen, Zentrifuge (3000 U/min), Meßpipetten 2 ml, Reagenzgläser mit Korken und Ständer. Pufferlösung p_H 8,6 (Glykokoll + Natronlauge nach SÖRENSEN und CLARK), 0,15 m Phosphatpufferlösung p_H 6,8, Pufferlösung p_H 2,2 (Glykokoll + Salzsäure nach SÖRENSEN und CLARK).

Frisch hergestellte TMV und Kartoffel-X-Virus enthaltende Preßsäfte 10 min bei 3000 U/min zentrifugieren, zu gleichen Teilen mischen. 1/3 des Volumens mit Pufferlösung p_H 2,1 1 : 30 verdünnen, 24 Std. bei Zimmertemperatur im verschlossenen Reagenzglas stehenlassen, abreiben wie üblich auf 4 Tabakpflanzen, Sorte „Samsun", ohne Karborund. Das zweite Drittel des Preßsaftgemisches mit Pufferlösung p_H 8,6 1 : 30 verdünnen, 4 Tage bei Zimmertemperatur stehenlassen, abreiben wie oben. Kontrolle: Das letzte Drittel des Preßsaftgemisches mit 0,15 m Phosphatpuffer p_H 6,8 1 : 30 verdünnen, 24 Std. bzw. 4 Tage bei Zimmertemperatur aufstellen, abreiben wie oben.

Bonitiere die systemischen Symptome der 4 Versuchsreihen. Während beide Kontrollreihen schwere, nekrotische Symptome der typischen Mischinfektion des TMV und X-Virus aufweisen, zeigt sich bei den anderen Pflanzen, daß das X-Virus im sauren, das TMV dagegen im alkalischen Bereich inaktiviert wird.

KAUSCHE, G. A. (1938) Über die Trennung von Virusgemischen auf Grund der unterschiedlichen Säuren-Basenempfindlichkeit ihrer Komponenten. Angew. Bot. **20**, 246—256.

Versuch 36: **Trennung des TMV und Tabakringfleckenvirus auf Grund der unterschiedlichen Empfindlichkeit gegen Phenol und Natriumpermanganat.**

Versuchsmaterial: TMV und Tabakringfleckenvirus infizierter Tabak (*Nicotiana tabacum*), Tabak (*N. tabacum*), Sorte „Samsun", 4-Blattstadium.

Geräte und Reagenzien: Infektionsgeräte, Mull, Trichter, Meßpipetten 2 ml, Reagenzgläser mit Korken und Ständer.

8 %ige Phenollösung, 1 %ige Natriumpermanganatlösung.

Frisch hergestellten Preßsaft aus einer TMV und einer TRV[1] kranken Tabakpflanze zu gleichen Teilen mischen und durch doppelten Mull filtrieren. Das halbe Volumen des Preßsaftes mit dem gleichen Volumen einer 8 %igen Phenol lösung versetzen, den übrigen Preßsaft zu gleichen Teilen mit 1 %iger Natriumpermanganatlösung mischen. Preßsäfte 1 Stunde bei 20—22° C stehenlassen. Je 1 ml der Gemische mit 50 ml dest. Wassers verdünnen, abreiben auf je 4 testreife Tabakpflanzen, Sorte „Samsun".

Beobachte die auftretenden Symptome in beiden Versuchsreihen.

Das TMV wird durch 4 %iges Phenol inaktiviert, das TRV bleibt infektionsfähig. Natriumpermanganat 0,5%ig hat die umgekehrte Wirkung, so daß auf diese Weise die Trennung von Mischinfektionen dieser beiden Viren möglich ist.

ALLINGTON, W. B. (1938) The separation of plant viruses by chemical means. Phytopathology **28**, 902—908.

V. Der quantitative Virusnachweis

Versuch 37: **Vergleich von 2 TMV-Lösungen nach der Halbblattmethode.**

Versuchsmaterial: *Nicotiana glutinosa* 8—10-Blattstadium, Tomaten-Aucubamosaik-Virus und TMVhaltiger Preßsaft (milder Grünstamm), bzw. gereinigtes TMV.

---

[1] TRV = Abkürzung für Tabakringfleckenvirus.

Geräte: Infektionsgeräte, Millimeterpapier, evtl. Planimeter.

Je 4 Blätter von 10 testreifen *Nicotiana glutinosa* Pflanzen gleichmäßiger Größe abreiben wie gewöhnlich (Karborund):

Tomaten-Aucubamosaik-Virus Verdünnung 1 : 1000 auf rechte Blatthälften,

TMV (milder Grünstamm) Verdünnung 1 : 1000 auf linke Blatthälften.

Nach den ersten 5 Versuchspflanzen Blatthälften wechseln.

Sobald die Lokalläsionen auszählbar sind, nach etwa 4—5 Tagen, Blätter abschneiden, auf Millimeterpapier legen, Umrisse abzeichnen. Flächenwert bestimmen durch Auszählung der Quadrate. Steht ein Planimeter zur Verfügung, Fläche der Blatthälften planimetrisch bestimmen.

Errechne die Anzahl der gebildeten Lokalläsionen pro cm^2 Blattfläche für die beiden TMV-Stämme, bzw. für nicht gereinigtes und gereinigtes TMV.

HOLMES. F. O. (1931) Local lesions of mosaic in Nicotiana tabacum L. Contrib. Boyce Thompson inst. **3**, 163—172.

SAMUEL, G. und BALD, I. G. (1933) On the use of the primary lesions in quantitative work with two plant viruses. Ann. appl. biol. **20**, 70—99.

Versuch 38: **Vergleich von mehr als 2 Viruslösungen nach YOUDEN und BEALE.**

Versuchsmaterial: 4 TMVhaltige Preßsäfte (vier Stämme von unterschiedlicher Konzentration), gleichaltrige *Nicotiana glutinosa* von gleichmäßiger Größe, 8- bis 10-Blattstadium.

Geräte: Infektionsgeräte, Klebestreifen oder Hühnerringe.

Die Viruskonzentration von drei TMV-Stämmen vergleichen mit der bekannten Konzentration eines vierten Stammes.

Preßsäfte (1 : 1000 verdünnt, Leitungswasser) nach folgendem Schema auf je 6 Blätter einer *Nicotiana glutinosa* Pflanze (Halbblattmethode) abreiben (6fache Wiederholung).

Pflanze	Aa	Bb	Cc	Dd	Ee	Ff
1 →	1I	2I	3I	1I	2I	3I
2→	2I	3I	1I	2I	3I	1I
3→	3I	1I	2I	3I	1I	2I
4→	I1	I2	I3	I1	I2	I3
usf.						

Große und kleine Buchstaben bezeichnen die Hälften gleicher Blätter. Zu untersuchende Preßsäfte mit 1, 2, 3 bezeichnet, Kontrolle (TMV-Stamm bekannter Konzentration) mit I.

Vor Versuchsbeginn dasjenige Blatt einer Pflanze, auf das jeweils die Lösung 1 und I abgerieben wird, mit Papierfähnchen (Klebestreifen) oder buntem Ring bezeichnen.

Blatthälfte für die mit I bezeichnete Lösung nach 3 Pflanzen wechseln (vgl. Schema).

Berechne die durchschnittliche Läsionenzahl pro Blatthälfte im Vergleich zur Kontrolle. Beachte die unterschiedliche Läsionenzahl einer Viruslösung auf verschieden hoch inserierten Blättern der gleichen Testpflanze.

Versuchsfehler, die durch unterschiedliche Empfindlichkeit alter und junger Blätter entstehen können, werden durch diese Versuchsanordnung ausgeschaltet.

YOUDEN, W. J. und BEALE, H. P. (1934) A statistical study of the local lesion method for estimating tobacco mosaic virus. Contrib. Boyce Thompson inst. **6**, 437–454.

Versuch 39: **Nachweis von Lokalläsionen mittels Jodjodkali nach HOLMES.**

Versuchsmaterial: Tabak (*Nicotiana tabacum*), „Sorte Samsun", 4-Blattstadium, TMV- oder Ätzmosaikvirus enthaltender Preßsaft.

Geräte und Reagenzien: Infektionsgeräte, Watte, Dunkelsturze, kochendes Wasser, 2 Bechergläser, Thermostat 40° C, große Petrischalen.
95 und 30 %iger Äthylalkohol, Lugolsche Lösung (vgl. Seite 235).

Abb. 102. Nachweis der Lokalläsionen des TMV auf Tabak durch Jodfärbung. A — 2 Tage, B — 3 Tage und C — 4 Tage nach der Abreibung (nach HOLMES)

Je 2 linke Blatthälften von 3 Tabakpflanzen Sorte „Samsun" mittels Wattebausch ohne Karborund mit TMV oder Ätzmosaikvirus, Verdünnung 1 : 10 (Leitungswasser) beimpfen, die rechten Blatthälften mit Wasser abreiben.

Nach etwa 3 Tagen — Symptome sind zu dieser Zeit noch nicht sichtbar, Pflanzen 12—16 Std. bei 10° C verdunkelt aufstellen. Der Zeitpunkt für den Beginn der Dunkelperiode nach der Infektion hängt hauptsächlich von der Temperatur nach der Infektion ab und muß ausprobiert werden.

Nach der Dunkelperiode abgeriebene Blätter abschneiden, mit kochendem Wasser übergießen, Chlorophyll mit 95 %igem Äthylalkohol bei 40° C extrahieren, Gefäß gut verschließen. Nach 1—2 Std. die chlorophyllfreien Blätter in dest. Wasser abspülen, in Jodjodkaliumlösung (Lugol) tauchen. Überschüssige Lugolsche Lösung mit 30 %igem Alkohol abspülen.

Zahl der blaugefärbten „Lokalläsionen“ (Abb. 102) auf den infizierten Blatthälften feststellen.

Es kommt darauf an, die Pflanze nach der Infektion rechtzeitig verdunkelt aufzustellen, das heißt, solange das Virus noch auf lokale Herde beschränkt ist. Die Dunkelperiode muß gerade so bemessen sein, daß die Stärke aus den nichtinfizierten Zellen zum großen Teil abgewandert ist, während sie in den infizierten Zellen, infolge des verzögerten Abtransportes, noch vorhanden ist (Stärkeschoppung).

HOLMES, F. O. (1931) Local lesions of mosaic in Nicotiana tabacum L. Contrib. Boyce Thompson inst. **3**, 163—172.

VI. Virusinaktivierung und Infektionshemmung

Versuch 40: **Inaktivierung des TMV durch Erhitzen (Bestimmung des thermalen Inaktivierungspunktes** (siehe auch S. 121).

Versuchsmaterial: TMVhaltiger Preßsaft, *Nicotiana glutinosa*, 8- bis 10-Blattstadium.

Geräte und Reagenzien: Zentrifugenröhrchen mit Ständer, Zentrifuge (3000 U/min), Meßzylinder, Meßpipetten 2 ml, Reagenzgläser mit Korken und Ständer, Infektionsgeräte.

0,15 m Phosphatpufferlösung p_H 7.

Den TMVhaltigen Preßsaft grob reinigen, das heißt 10 min bei 3000 U/min zentrifugieren, 1 : 100 mit Phosphatpuffer p_H 7 verdünnen, je 2 ml in 3 dünnwandigen, verkorkten Reagenzgläsern im Wasserbad 10 min lang auf 80 $\pm$ 0,2° C, 90 $\pm$ 0,2° C und 95 $\pm$ 0,2° C erhitzen, sofort unter fließendem Wasser abkühlen, jede Probe auf je 4 Blätter von 2 *Nicotiana glutinosa* wie gewöhnlich mit Karborund abreiben.

Diejenige Versuchsreihe, bei der keine Lokalläsionen des TMV mehr auftreten, zeigt ungefähr die Temperatur an, bei der das Virus im neutralen Medium inaktiviert wird.

Während der auf 80 und 90° C erwärmte Preßsaft noch infektiös ist, hat der auf 95°C erhitzte seine Aktivität verloren, das Virus wird bei dieser Temperatur denaturiert.

Die thermale Inaktivierung des TMV findet also zwischen 90 und 95° C statt.

LAUFFER, M. A. und PRICE, W. C. (1940) Thermal denaturation of tobacco mosaic virus. J. biol. chem. **133**, 1—15.

Versuch 41: **Inaktivierung des Kartoffel-Y-Virus durch Alterung in vitro** (siehe auch S. 122).

Versuchsmaterial: Testreife *Physalis floridana*, frischer Kartoffel-Y-Virus enthaltender Preßsaft von Tabak (*Nicotiana tabacum*) Sorte „Samsun“, 20 Tage alter Preßsaft der gleichen Pflanze, der bei Zimmertemperatur aufbewahrt wurde. Y-Virus konserviert nach MCKINNEY, vgl. S. 224.

Geräte: Infektionsgeräte, Meßpipetten 2 ml.

Zur üblichen Abreibung mit Karborund auf je 4 Blätter von 12 *Physalis floridana* 3 Lösungen verwenden:

1. frisch hergestellten Kartoffel-Y-Virus enthaltenden Preßsaft, 1 : 10 verdünnt mit dest. Wasser;
2. 20 Tage lang bei Zimmertemperatur aufbewahrten Kartoffel-Y-Virus enthaltenden Preßsaft der gleichen Pflanze wie bei 1, 1 : 10 verdünnt mit dest. Wasser;
3. wäßrige Aufschwemmung von zermörserten Kartoffel-Y-Virus infizierten Blättern, die nach MCKINNEY konserviert wurden.

Diese Viruskonzentration entspricht nicht derjenigen bei 1 und 2, es werden etwa 10 Blattstücke zermörsert und in 2 ml dest. Wassers suspendiert.

Vergleiche den Infektionserfolg in den 3 Versuchsreihen.

Das Kartoffel-Y-Virus gehört zu den wenig stabilen Viren, es wird bei Zimmertemperatur in vitro bereits nach 18 Tagen inaktiviert, läßt sich dagegen gut im Blatt nach Trocknung über Calciumchlorid und Aufbewahrung bei niedrigen Temperaturen konservieren.

MCKINNEY, H. H. (1947) Stability of labile viruses in desiccated tissue. Phytopathology **37**, 139—142.

Versuch 42: **Inaktivierung des TMV durch Wasserstoffsuperoxyd.**

Versuchsmaterial: TMVinfizierte Tabakpflanze (*Nicotiana tabacum*), *Nicotiana glutinosa*, 8- bis 10-Blattstadium.

Geräte und Reagenzien: Infektionsgeräte, Trichter, Mull, Meßpipetten 2 und 10 ml.
6 %iges Wasserstoffsuperoxyd.

Den frisch hergestellten filtrierten, TMVhaltigen Preßsaft zu gleichen Teilen mit 6 %igem H_2O_2 versetzen, 1 Stunde bei Zimmertemperatur stehenlassen. 1 ml des Gemisches 1 : 100 mit dest. Wasser verdünnen, abreiben auf je 4 Blatthälften von 3 *Nicotiana glutinosa*. Den gleichen Versuch mit Preßsaftgemisch in der Verdünnung 1 : 10000 durchführen. Kontrolle: TMVhaltigen Preßsaft 1 : 200 bzw. 1 : 10000 mit dest. Wasser verdünnen und auf die andere Blatthälfte abreiben.

Stelle die durchschnittliche Anzahl der Lokalläsionen pro Blatthälfte fest.

Das TMV wird durch 3 %iges H_2O_2 inaktiviert. Die 2. Versuchsreihe zeigt, daß der Verlust der Infektiosität irreversibel ist, da trotz starker Verdünnung des Gemisches keine Lokalläsionen des TMV gebildet werden.

STANLEY, W. M. (1935) Chemical studies on the virus of tobacco mosaic. IV. Some effects of different chemical agents on infectivity. Phytopathology **25**, 899—921.

Versuch 43: **Inaktivierung des Kartoffel-X-Virus ohne Verlust der serologischen Aktivität** (siehe auch S. 176).

Versuchsmaterial: Kartoffel-X-Virus enthaltender Preßsaft von Tabak (*Nicotiana tabacum*) Sorte „Samsun", *Gomphrena globosa* kurz vor Blühbeginn.

Geräte und Reagenzien: Infektionsgeräte, große Petrischalen, Filterpapier, Zentrifugenröhrchen mit Ständer, Zentrifuge (4000 U/min), Tropfpipetten, Meßpipetten 2 ml, Reagenzgläser mit Ständer, fettfreie Objektträger ohne Schrammen, Brutschrank 23° C, Mikroskop mit Sternblende, Mikroskopierlampe.

0,2 %ige Wasserstoffsuperoxydlösung, 0,5 %ige Natriumsulfatlösung, physiologische Kochsalzlösung (0,85 %ig), X-Antiserum- und Normalserum-Blättchen.

1 Vol Kartoffel-X-Virus enthaltenden Preßsaft + 1 Vol 0,2 %ige H_2O_2 Lösung, 1 Vol Kartoffel-X-Virus enthaltenden Preßsaft + 1 Vol Leitungswasser ansetzen. Beide Preßsäfte 5 Std. bei Zimmertemperatur stehenlassen.

Das halbe Volumen jeder Mischung auf 10 testfähige Blätter von *Gomphrena globosa* mit Karborund abreiben, Blätter abspritzen und abschneiden, in feuchte Kammern (Petrischalen) legen, bei guter Beleuchtung und möglichst konstanter Temperatur (22° C) aufstellen. Vom übrigen Preßsaft einige Tropfen für die serologische Blättchenmethode mit 1—2 Tropfen 0,5 %igem Na_2SO_4 versetzen, 16 Std. bei + 2° C aufstellen.

Am Morgen Preßsäfte 30 min bei 4000 U/min zentrifugieren, Verdünnungsreihen von 1 : 8 bis 1 : 128 mit physiologischer Kochsalzlösung herstellen, nach der Blättchenmethode auf serologische Aktivität prüfen (siehe Versuch 24).

Da im Schalentest mit *Gomphrena globosa* keine Läsionen des X-Virus auftreten, obgleich die Testpflanze sehr empfindlich ist, muß die Infektiosität des Kartoffel-X-Virus durch die Behandlung mit 0,2 %iger H_2O_2-Lösung zerstört worden sein. Die Untersuchung mit Hilfe der Blättchenmethode zeigt, daß die serologische Aktivität unverändert blieb. Die serologische Bestimmung des Virustiters fällt in dem mit H_2O_2 behandelten und unbehandelten Preßsaft gleich aus.

Versuch 44: **Hemmung der TMV-Infektion durch Kupfersulfat.**

Versuchsmaterial: TMVinfizierte Tabakpflanze, *Nicotiana glutinosa*, 8 bis 10-Blattstadium.

Geräte und Reagenzien: Infektionsgeräte, Trichter, Mull, Meßpipetten 2 und 10 ml, Reagenzgläser mit Ständer.

2 %ige Kupfersulfatlösung.

Den frisch hergestellten filtrierten TMVhaltigen Preßsaft mit gleichen Teilen einer 2 %igen $CuSO_4$-Lösung versetzen. 10 min stehenlassen, Verdünnungsreihe des Gemisches mit dest. Wasser in den Stufen 10^{-3} bis 10^{-5} (s. Versuch 3) ansetzen. Mit jeder Verdünnungsstufe Abreibung auf 3 *Nicotiana glutinosa*, 4 Blatthälften pro Pflanze, durchführen. Die übrigen Blatthälften zur Kontrolle mit unbehandeltem TMVhaltigem Preßsaft in entsprechender Verdünnung abreiben.

Die Infektionshemmung läßt sich zum Teil durch Verdünnung des Gemisches aufheben, sie ist also reversibel.

Berechne den Prozentsatz der Hemmung nach folgender Formel:

$$H = \frac{(K - V) \cdot 100}{K}$$

; H ist der auftretende Hemmungsprozentsatz der Läsionenbildung, K die Gesamtzahl der Läsionen nach Abreibung ohne Zusatz von $CuSO_4$ und V die Gesamtzahl der Läsionen nach Abreibung mit Zusatz von $CuSO_4$.

WENT, J. C. (1937) The influence of various chemicals on the inactivation of tobacco virus 1. Phytopath. Z. **10**, 480—489.

Versuch 45: **Hemmung der TMV-Infektion durch Nelkenpreßsaft.**

Versuchsmaterial: Blätter gesunder Nelken (*Dianthus caryophyllus*), TMV-haltiger Preßsaft, *Nicotiana glutinosa*, 8- bis 10-Blattstadium.

Geräte: Preßzangen, Becherglas 100 ml, Wasserbad, 2 Thermometer, Zentrifugenröhrchen, Zentrifuge (3000 U/min), große Petrischalen, kleine Petrischalen ∅ 10 cm, Filterpapier.

Preßsaft aus den Blättern gesunder Nelkenpflanzen herstellen und auf 60° C erwärmen, bis der entstandene Schaum verschwunden ist, 10 min bei 3000 U/min zentrifugieren. Nelkenpreßsaft in verschiedener Konzentration mit 1 : 100 verdünntem TMVhaltigem grobgereinigtem Preßsaft mischen:

1 ml Nelkensaft unverdünnt
1 ml Nelkensaft 1 : 10 verdünnt } + 1 ml TMV 1 : 100.
1 ml Nelkensaft 1 : 100 ,,

a) Blätter von *Nicotiana glutinosa* der Länge nach halbieren, je 4 rechte Blatthälften mit einem Nelkensaftgemisch der 3 Konzentrationsstufen und Karborund abreiben, die linken Blatthälften mit TMV 1 : 100, das mit gleichem Volumen Wasser verdünnt wird. Die Blatthälften im Schalentest bei möglichst konstanter Temperatur von 22° C und guten Lichtverhältnissen aufstellen, auf der rechten und linken Blatthälfte Lokalläsionen in den 3 Versuchsreihen auszählen, prozentuale Hemmung berechnen wie in Versuch 44.

b) Rechte Blatthälften von *Nicotiana glutinosa* in Nelkensaft unverdünnt, 1 : 10 und 1 : 100 verdünnt 5 min lang eintauchen, unter der Wasserleitung abspülen, vorsichtig zwischen Filterpapier trocknen und mit TMV 1 : 100 wie gewöhnlich infizieren. Zur Kontrolle Tauchversuch mit den linken Blatthälften in Wasser durchführen. Abreibung wie oben, Lokalläsionen auszählen wie bei a), Hemmung berechnen.

Der Nelkenpreßsaft enthält einen Hemmstoff, der die TMV-Infektion bei *Nicotiana glutinosa* u. a. mehr oder weniger unterbindet, nicht aber bei der Nelke selbst. Der Hemmstoff wurde deshalb als „relativ" bezeichnet. Je höher die Konzentration des Hemmstoffes, desto wirksamer ist er.

VAN DER WANT, J. P. H. (1951) Onderzoekingen over anjermozaiek II. Tijdschr. plantenz. **57**, 72—74.

VII. Therapie der Viruskrankheiten

Versuch 46: **Wärmetherapie Blattrollvirus infizierter Kartoffelknollen** (siehe auch S. 215).

Versuchsmaterial: 1 kg Blattrollvirus infizierte Kartoffelknollen.

Geräte: Einige Schalen mit Wasser, Brutschrank 37,5° C, Messer, Desinfektionsseife, 7 cm hohe Pikierkästen, desinfizierte Erdmischung Kompost-Sand 1 : 1, Hygrometer.

500 g der Blattrollvirus infizierten Kartoffelknollen für 25 Tage in einen Brutschrank bei 37,5° C stellen. Die nötige Feuchtigkeit (ca. 70%) durch Schalen mit Wasser herstellen, mit Hilfe des Hygrometers kontrollieren. Restliche Knollen im Keller lagern. Augenstecklinge (siehe Versuch 30) der wärmebehandelten und unbehandelten Kartoffelknollen im Gewächshaus auspflanzen.

Beobachte den Unterschied im Gesundheitszustand der wärmebehandelten und nicht behandelten Knollen.

Erstere zeigen keine Blattrollsymptome. Die Wärmebehandlung läßt sich gegen das Blattrollvirus in Kartoffelknollen mit Erfolg anwenden. War außerdem das Kartoffel-X-Virus in der Knolle vorhanden, wie z. B. bei der Sorte „Erstling", so läßt sich mit Hilfe der serologischen Blättchenmethode (siehe Versuch 24) oder durch den Pflanzentest mit *Gomphrena globosa* zeigen, daß dieses Virus nicht durch die erfolgte Wärmebehandlung zu bekämpfen ist.

KASSANIS, B. (1949) Potato tubers freed from leaf-roll virus by heat. Nature **164**, 881.

Versuch 47: **Wärmetherapie virusinfizierter Pflanzen** (siehe auch S. 216).

Versuchsmaterial: Kräftige Tomatenpflanzen in Töpfen infiziert mit dem Tomaten-Aspermie-Virus, *Chenopodium amaranticolor*, 8- bis 10-Blattstadium.

Geräte: Brutschrank 36° C mit Glaswänden oder Beleuchtung und guter Lüftung. Schalen mit Wasser, Hygrometer, Messer, desinfizierte Erdmischung Sand — Kompost 2 : 1, Pikierkästen, Infektionsgeräte.

Kräftige, nicht zu junge Aspermie-Virus infizierte Tomatenpflanzen 3 Wochen lang in einen beleuchteten und gut belüfteten Brutschrank bei 36° C stellen, Feuchtigkeit durch Schalen mit Wasser regulieren.

Beobachte die sich neu entwickelnden Blätter. Sie zeigen äußerlich keine Virussymptome.

Nach 3 Wochen Stecklinge aus dem symptomfreien Triebzuwachs herstellen und in Kästen mit desinfizierter Erdmischung Sand — Kompost 2 : 1 setzen. Sobald die Stecklinge angewachsen sind, Abreibungen mit 1 : 10 verdünntem Preßsaft auf *Chenopodium amaranticolor* vornehmen, um zu prüfen, ob die Stecklinge virusfrei sind. Sind sie noch mit dem Aspermie-Virus der Tomate infiziert, so entwickeln sich Lokalläsionen auf *Chenopodium*. Es zeigt sich jedoch, daß die Stecklinge gesund sind.

Der Versuch kann auch mit der infektiösen Buntblättrigkeit auf *Abutilon striatum* (Abb. 103), dem Gurkenmosaik-Virus auf Gurke, Stechapfel oder Tabak durchgeführt werden.

KASSANIS, B. (1954) Heat-therapy of virus-infected plants. Ann. appl. biol. **41**, 470–474.

Abb. 103. Wärmebehandlungsversuch mit *Abutilon striatum*. Links: Steckling einer gescheckten Pflanze, die 28 Tage einer Temperatur von 36° C ausgesetzt war. Rechts: Gleichaltriger Steckling einer Gewächshauspflanze, die bei normalen Temperaturen gewachsen ist (nach KASSANIS)

Virusliteratur

BAWDEN, F. C. (1950) Plant viruses and virus diseases.
Waltham, Mass., USA, 3. Aufl.

BRIERLEY, P. (1944) Viruses described primarily on ornamental or miscellaneous plants.
Plant dis. reptr., Suppl. 150.

COOK, M. T. (1947) Viruses and virus diseases of plants.
Burgess Publishing Comp., Minneapolis.

HEINZE, K. (1952) Die Überträger pflanzlicher Viruskrankheiten.
Mitt. Biolog. Zentralanstalt Berlin-Dahlem, Heft 71.

HOLMES, F. O. (1948) The filterable viruses.
In Bergey's manual of determinative bacteriology. Williams and Wilkins, Baltimore, 6. Aufl.

KÖHLER, E., und KLINKOWSKI, M. (1954) Viruskrankheiten.
In Sorauer, Handbuch der Pflanzenkrankheiten Bd. 2, 1. Lieferung, 6. Aufl., Paul Parey, Berlin und Hamburg.

LURIA, S. A. (1953) General virology.
John Wiley & Sons, New York und Chapman & Hall, London.

MATTHEWS, R. E. F. (1957) Plant virus serology.
Univ. Press, Cambridge.

POLLARD, E. C. (1953) The physics of viruses.
Academic press, New York.

RYSHKOW, W. L. (1944) Lehrbuch über die Grundlagen der Viruskrankheiten an Pflanzen.
Akademie der Wissenschaften UdSSR, Moskau-Leningrad (russisch).

RYSHKOW, W. L. (1946) Phytopathogene Viren.
Akademie der Wissenschaften UdSSR, Moskau-Leningrad (russisch).

SCHRAMM, G. (1954) Die Biochemie der Viren.
J. Springer, Berlin-Heidelberg-Göttingen.

SMITH, K. M. (1947) Virus diseases of farm and garden crops.
Littlebury & Comp., The Worcester Press, Worcester, 2. Aufl.

SMITH, K. M. (1950) An introduction to the study of viruses.
Sir Isaac Pitman & Sons, London.

SMITH, K. M. (1951) Recent advances in the study of plant viruses.
J. & A. Churchill, London, 2. Aufl.

SMITH, K. M. (1957) A textbook of plant virus diseases.
J. & A. Churchill, London, 2. Aufl.

SUCHOW, K. S., und RASWJASKINA, G. M. (1955) Biologie der Viren und der Viruskrankheiten an Pflanzen.
Verlag der Sowjetwissenschaften, Moskau (russisch).

THUNG, T. H. (1949) Grondbeginselen der plantenvirologie.
H. Veenman & Zonen, Wageningen.

TROLL, W. (1951) Das Virusproblem in ontologischer Sicht.
Franz Steiner, Wiesbaden.

WEIDEL, W. (1957) Virus.
J. Springer, Berlin-Göttingen-Heidelberg.

WEISS, F. (1945) Viruses described primarily on leguminous, vegetable and forage crops.
Plant dis. reptr., Suppl. 154.

Zeitschriften bzw. Jahresberichte

Advances in virus research, Bd. 1—5 (1953—1957), herausgegeben von K. M. SMITH und M. A. LAUFFER, Academic Press Inc., New York.

Archiv für Virusforschung, Bd. 1—8 (1940—1957), herausgegeben von C. HALLAUER, K. F. MEYER und E. G. NAUCK, Julius Springer, Wien.

Virology, Bd. 1—3 (1955—1957), herausgegeben von G. K. HIRST, L. M. BLACK und S. E. LURIA, Academic Press Inc., New York.

Weiter sei verwiesen auf die Zeitschriften „Phytopathology", „The annals of applied biology", „Tijdschrift over plantenziekten", „Phytopathologische Zeitschrift" u. a.

Sachregister

(Mit * bezeichnete Seitenzahlen weisen auf Abbildungen bzw. Tabellen hin.)

Kolibri 360 GmbH
Ferdinand-Jühlke-Straße 7
99095 Erfurt, Deutschland
produktsicherheit@kolibri360.de